教育部高等学校
材料科学与工程教学指导委员会规划教材

●丛书主编　黄伯云

功能材料导论

主　编　李廷希　张文丽
主　审　肖立新

U0332041

Introduction to Functional Materials

中南大学出版社
www.csupress.com.cn

内 容 简 介

　　本书为教育部高等学校材料科学与工程教学指导委员会规划教材，根据新时期高等学校材料科学与工程的教学要求编写。

　　本书简明扼要地阐述了功能材料的基本知识和研究方法。全书共分 10 章，内容包括：功能材料概论、电功能材料、敏感材料、超导材料、磁性功能材料、新型能源材料、智能材料与结构、化学功能材料、生物医学功能材料、光学功能材料等。

　　本书注重多学科的渗透与交叉，实现个性与共性的结合，以材料类知识背景为主线，兼顾化学类、化工类等专业学生的知识结构，对功能材料进行了较全面的知识介绍，同时依据材料科学中功能材料的独特地位，对国内国际功能材料领域的最新研究动态作了介绍。

　　本书为材料科学与工程类相关专业研究生、本科高年级学生的教材，也可供相关专业的科研人员和管理人员参考。

教育部高等学校材料科学与工程教学指导委员会规划教材

编 审 委 员 会

主 任

黄伯云(教育部高等学校材料科学与工程教学指导委员会主任委员、中国工程院院士、中南大学教授、博士生导师)

副主任

姜茂发(分指委*主任委员、东北大学教授、博士生导师)

吕　庆(分指委副主任委员、河北理工大学教授、博士生导师)

张新明(分指委副主任委员、中南大学教授、博士生导师)

陈延峰(材物与材化分指委**副主任委员、南京大学教授、博士生导师)

李越生(材物与材化分指委副主任委员、复旦大学教授、博士生导师)

汪明朴(教育部高等学校材料科学与工程教学指导委员会秘书长、中南大学教授、博士生导师)

委 员
(以姓氏笔画为序)

于旭光(分指委委员、石家庄铁道学院教授)

韦　春(桂林工学院教授、博士生导师)

王　敏(分指委委员、上海交通大学教授、博士生导师)

介万奇(分指委委员、西北工业大学教授、博士生导师)

水中和(武汉理工大学教授、博士生导师)

孙　军(分指委委员、西安交通大学教授、博士生导师)

刘　庆(重庆大学教授、博士生导师)

刘心宇(分指委委员、桂林电子科技大学教授、博士生导师)

刘　颖(分指委委员、北京理工大学教授、博士生导师)

朱　敏(分指委委员、华南理工大学教授、博士生导师)

注：　*　分指委：全称教育部高等学校金属材料工程与冶金工程专业教学指导分委员会；

　　**　材物与材化分指委：全称教育部高等学校材料物理与材料化学专业教学指导分委员会。

曲选辉（北京科技大学教授、博士生导师）

任慧平（教育部高职高专材料类教学指导委员会主任委员、内蒙古科技大学教授）

关绍康（分指委委员、郑州大学教授、博士生导师）

阮建明（中南大学教授、博士生导师）

吴玉程（分指委委员、合肥工业大学教授、博士生导师）

吴　化（分指委委员、长春工业大学教授）

李　强（福州大学教授、博士生导师）

李子全（分指委委员、南京航空航天大学教授、博士生导师）

李惠琪（分指委委员、山东科技大学教授、博士生导师）

余志明（中南大学教授、博士生导师）

余志伟（分指委委员、东华理工学院教授）

张　平（分指委委员、装甲兵工程学院教授、博士生导师）

张　昭（分指委委员、四川大学教授、博士生导师）

张　涛（分指委委员、北京航空航天大学教授、博士生导师）

张文征（分指委委员、清华大学教授、博士生导师）

张建新（河北工业大学教授）

张建勋（西安交通大学教授、博士生导师）

沈峰满（分指委秘书长、东北大学教授、博士生导师）

杨贤金（分指委委员、天津大学教授、博士生导师）

陈文哲（分指委委员、福建工程学院教授、博士生导师）

陈翌庆（材物与材化分指委委员、合肥工业大学教授、博士生导师）

周小平（湖北工业大学教授）

赵昆渝（昆明理工大学教授、博士生导师）

赵新兵（分指委委员、浙江大学教授、博士生导师）

姜洪义（武汉理工大学教授、博士生导师）

柳瑞清（江西理工大学教授）

聂祚仁（北京工业大学教授、博士生导师）

郭兴蓬（材物与材化分指委委员、华中科技大学教授、博士生导师）

黄　晋（分指委委员、湖北工业大学教授）

阎殿然（分指委委员、河北工业大学教授、博士生导师）

蒋　青（分指委委员、吉林大学教授、博士生导师）

蒋建清（分指委委员、东南大学教授、博士生导师）

潘春旭（材物与材化分指委委员、武汉大学教授、博士生导师）

戴光泽（分指委委员、西南交通大学教授、博士生导师）

总 序

　　材料是国民经济、社会进步和国家安全的物质基础与先导，材料技术已成为现代工业、国防和高技术发展的共性基础技术，是当前最重要、发展最快的科学技术领域之一。发展材料技术将促进包括新材料产业在内的我国高新技术产业的形成和发展，同时又将带动传统产业和支柱产业的改造和产品的升级换代。"十五"期间，我国材料领域在光电子材料、特种功能材料和高性能结构材料等方面取得了较大的突破，在一些重点方向迈入了国际先进行列。依据国家"十一五"规划，材料领域将立足国家重大需求，自主创新、提高核心竞争力、增强材料领域持续创新能力将成为战略重心。纳米材料与器件、信息功能材料与器件、高新能源转换与储能材料、生物医用与仿生材料、环境友好材料、重大工程及装备用关键材料、基础材料高性能化与绿色制备技术、材料设计与先进制备技术将成为材料领域研究与发展的主导方向。不难看出，这些主导方向体现了材料学科一个重要发展趋势，即材料学科正在由单纯的材料科学与工程向与众多高新科学技术领域交叉融合的方向发展。材料领域科学技术的快速进步，对担负材料科学与工程高等教育和科学研究双重任务的高等学校提出了严峻的挑战，为迎接这一挑战，高等学校不但要担负起材料科学与工程前沿领域的科学研究、知识创新任务，而且要担负起培养能适应材料科学与工程领域高速发展需求的、具有新知识结构的创新型高素质人才的重任。

　　为适应材料领域高等教育的新形势，2006—2010 年教育部高等学校材料科学与工程教学指导委员会积极组织了材料类高等学校教材的建设规划工作，成立了规划教材编审委员会，编审委员会由相关学科的分教学指导委员会主任委员、委员以及全国 30 余所有影响力和代表性的高校材料学院院长组成。编审委员会分别于 2006 年 10 月和 2007 年 5 月在湖南张家界和中南大学召开了教材建设研讨会和教材提纲审定会。经教学指导委员会和编审委员会推荐和遴选，逾百名来自全国几十所高校的具有丰富教学与科研经验的专家、学者参加了这套教材的编写工作。历经八年的努力，这套教材终于与读者见面了，它凝结了全体编写者与组织者的心血，充分体现了广大编写者对教育部"质量工程"精神的深刻体会，对当代材料领域知识结构的牢固掌握和对高等教育规律的熟练把握，是我国材料领域高等教育工作者集体智慧的结晶。

这套教材基本涵盖了金属材料工程专业的主要课程，同时还包含了材料物理专业和材料化学专业部分专业基础课程，以及金属、无机非金属和高分子三大类材料学科的实验课程。整体看来，这套教材具有如下特色：①根据教育部高等学校教学指导委员会相关课程的"教学大纲"及"基本要求"编写；②统一规划，结构严谨，整套教材具有完整性、系统性，基础课与专业课之间的内容有机衔接；③注重基础，强调实践，体现了科学性、实用性；④编委会及作者由材料领域的院士、知名教授及专家组成，确保了教材的高质量及权威性；⑤注重创新，反映了材料科学领域的新知识、新技术、新工艺、新方法；⑥深入浅出，说理透彻，便于老师教学及学生自学。

教材的生命力在于质量，而提高质量是永恒的主题。希望教材的编审委员会及出版社能做到与时俱进，根据高等教育改革和发展的形势及材料专业技术发展的趋势，不断对教材进行修订、改进、完善，精益求精，使之更好地适应高等教育人才培养的需要，也希望他们能够一如既往地依靠业内专家，与科研、教学、产业第一线人员紧密结合，加强合作，不断开拓，出版更多的精品教材，为高等教育提供优质的教学资源和服务。

衷心希望这套教材能在我国材料高等教育中充分发挥它的作用，也期待着在这套教材的哺育下，新一代材料学子能茁壮成长，脱颖而出。

黄伯云

前　言

　　本书为教育部高等学校材料科学与工程教学指导委员会规划教材，根据教育部高等学校材料科学与工程教学指导委员会提出的本课程教学基本要求，针对材料科学与工程类各专业及相关专业研究生、本科高年级学生的特点编写，也可供相关专业的科研人员和管理人员了解功能材料相关知识和理论时参考。

　　功能材料是指那些具有优良的电学、磁学、光学、热学、声学、力学、化学、生物医学功能，特殊的物理、化学、生物学效应，能完成功能相互转化，主要用来制造各种功能元器件而被广泛应用于各类高科技领域的高新技术材料。功能材料是新材料领域的核心，是国民经济、社会发展及国防建设的基础和先导，它涉及信息技术、生物工程技术、能源技术、纳米技术、环保技术、空间技术、计算机技术、海洋工程技术等现代高新技术及其产业。功能材料不仅对高新技术的发展起着重要的推动和支撑作用，还对我国相关传统产业的改造和升级，实现跨越式发展起着重要的促进作用。本书内容涵盖了电性功能材料、敏感材料、超导材料、磁性功能材料、新型能源材料、智能材料与结构、化学功能材料、生物医学功能材料、光学功能材料等内容。本书通过具体的案例，对功能材料的发展历史、制备方法、应用领域作了系统的阐述，介绍了最新的科技成果，反映了功能材料各个领域的最新发展动态。

　　在金属材料工程、无机非金属材料工程、高分子材料与工程和复合材料等材料科学与工程的大框架下，本教材针对材料物理和化学、材料学、材料加工工程等专业研究生的特点，注重多学科的渗透与交叉，实现个性与共性的结合，以材料类知识背景为主线，兼顾化学类、化工类等专业的研究生、本科高年级学生的知识结构，探索本教材的新型结构体系。依据材料科学中功能材料的独特地位和国内国际功能材料领域的最新研究动态，针对国内高校本科教学普遍开设功能材料、新材料等课程的情况，在不失本学科结构体系的前提下，增强了对学科研究的深度和广度的介绍，部分内容反映了学科前沿，为各个方向的研究生进入课题提供参考。在科学性、系统性和实用性的前提下，大量吸取国外及国内同类教材的精华，丰富和完善本教材的内容体系。本书涉及的信息面广与知识点多，各高校可根据不同专业学生的具体情况，针对培养目标的差异有选择地使用。教学安排上建议 40 学时左右。

　　本书由李廷希教授和张文丽教授负责组织编写。共分 10 章，第 1、8 章由李廷希教授编写；第 2、3 章由汪静教授编写；第 4、9 章由桑晓明教授编写；第 5 章由方鹏飞教授编写；第 7 章由魏建红博士编写；第 6、10 章由张文丽教授编写。全书由肖立新教授主审。本书的出版得到了中南大学出版社的大力支持，作者在此一并致谢。同时对本书编写过程中所参考和引用文献资料的作者致以诚挚的谢意。

　　由于编者水平有限，经验不足，书中难免有不妥不当之处，恳请读者批评指正。

编 者

2011 年 7 月

目 录

第1章 绪 论

  材料是现代社会的物质基础，是现代文明的支柱。材料科学是基础科学，又是新技术革命的先导。人类历史演变中，材料的每次划时代的进步如旧石器、新石器、陶器、青铜器、铁器等都把人类支配自然的能力提高到一个新水平。材料的发展突出特征表现为：学科之间的相互交叉渗透，使得各学科之间的关系日益密切，互相促进，难以分割；材料科学技术化、材料技术科学化，材料科学与工程技术日益融合，相互促进；新材料、新技术、新工艺相互结合，为各个工程领域开拓了新的研究内容，带来了新的生命力和发展前景。

1.1 功能材料发展概说

  功能材料是指那些具有优良的电学、磁学、光学、热学、声学、力学、化学、生物医学功能，特殊的物理、化学、生物学效应，能完成功能相互转化，主要用来制造各种功能元器件而被广泛应用于各类高科技领域的高新技术材料。功能材料是新材料领域的核心，是国民经济、社会发展及国防建设的基础和先导。它涉及信息技术、生物工程技术、能源技术、纳米技术、环保技术、空间技术、计算机技术、海洋工程技术等现代高新技术及其产业。功能材料不仅对高新技术的发展起着重要的推动和支撑作用，还对我国相关传统产业的改造和升级，实现跨越式发展起着重要的促进作用。

  功能材料种类繁多，用途广泛，正在形成一个规模宏大的高技术产业群，有着十分广阔的市场前景和极为重要的战略意义。世界各国均十分重视功能材料的研发与应用，它已成为世界各国新材料研究发展的热点和重点，也是世界各国高技术发展中战略竞争的热点。功能材料按使用性能分，可分为微电子材料、光电子材料、传感器材料、信息材料、生物医用材料、生态环境材料、能源材料和机敏（智能）材料。由于我们已把电子信息材料单独作为一类新材料领域，所以这里所指的新型功能材料是除电子信息材料以外的主要功能材料。功能材料是新材料领域的核心，对高新技术的发展起着重要的推动和支撑作用，在全球新材料研究领域中，功能材料约占85%。随着信息社会的到来，特种功能材料对高新技术的发展起着重要的推动和支撑作用，是21世纪信息、生物、能源、环保、空间等高技术领域的关键材料，成为世界各国新材料领域研究发展的重点，也是世界各国高技术发展中战略竞争的热点。鉴于功能材料的重要地位，世界各国均十分重视功能材料技术的研究。1989年美国200多位科学家撰写了《90年代的材料科学与材料工程》报告，建议政府支持的6类材料中有5类属于功能材料。从1995年至2010年每两年更新一次的《美国国家关键技术》报告中，特种功能材料和制品技术占了很大的比例。2001 年日本文部省科学技术政策研究所发布的第七次技术预测研究报告中列出了影响未来的 100 项重要课题，一半以上的课题为新材料或依赖于新材料发展的课题，而其中绝大部分均为功能材料。欧盟的第六框架计划和韩国的国家计划等在他们的最新科技发展计划中，都把功能材料技术列为关键技术之一加以重点支持。我国非常重视功能材料的发展，在国家攻关 863、973 等计划中，功能材料都占有很大比例。这些科技行动的实施，使我国在功能材料领域取得了丰硕的成果。在 863 计划支持下，开辟了超导材料、平板显示材料、稀土功能材料、生物医用材料、储氢等新能源材料，金刚石薄膜、高性能固体推进剂材料、红外隐身材料、材料设计与性能预测等功能材料新领域，取得了一批接近或达到国际先进水平的研究成果，在国际上占有了一席之地。镍氢电池、锂离子电池的主要性能指标和生产工艺技术均达到了国际的先进水平，推动了镍氢电池的产业化；功能陶瓷材料的研究开发取得了显著进展，以片式电子组件为目标，我国在高性能瓷料的研究上取得了突破，并在低烧瓷料和贱金属电极上形成了自己的特色并实现了产业化，使片式电容材料及其组件进入了世界先进行列；高档钕铁硼产品的研究开发和产业化取得显著进展，在某些成分配方和相关技术上取得了自主知识产权；功能材料还在"两弹一星"、"四大装备四颗星"等国防工程中作出了举足轻重的贡献。各国都非常强调功能材料对发展本国国民经济、保卫国家安全、增进人民健康和提高人民生活质量等方面的突出作用。当前国际功能材料及其应用技术正面临新的突破，诸如超导材料、微电子材料、光子材料、信息材料、能源转换及储能材料、生态环境材料、生物医用材料及材料的分子、原子设计等正处于日新月异的发展之中，发展功能材料技术正在成为一些发达国家强化其经济及军事优势的重要手段。

我国国防现代化建设，如军事通信、航空、航天、导弹、热核聚变、激光武器、激光雷达、新型战斗机、主战坦克以及军用高能量密度组件等，都离不开特种功能材料的支撑。

现阶段功能材料的发展重点包括：高温超导材料，稀土功能材料，新型能量转换材料（能源材料），生物医用材料，膜材料与技术，印刷（制版、感光）、显示（OLED）材料等。

2011 年教育部颁布的国家战略性新兴产业相关本科专业中就有功能材料，足显功能材料在国家战略及新兴产业中的重要性。

1.2　功能材料的分类及特点

功能材料是指那些具有优良的电学、磁学、光学、热学、声学、力学、化学、生物医学功能，特殊的物理、化学、生物学效应，能完成功能相互转化，主要用来制造各种功能元器件而被广泛应用于各类高科技领域的高新技术材料。

功能材料有多种分类方法，按材料的物质性可分为：金属功能材料、无机非金属功能材料、有机功能材料、复合功能材料；

按材料的功能特性可分为：磁学功能材料、电学功能材料、光学功能材料、声学功能材料、热学功能材料、力学功能材料、生物医学功能材料等；

按材料的用途又可分为：仪器仪表材料、传感器材料、电子材料、电信材料、储能材料、储氢材料、形状记忆材料等。

进入 21 世纪以来，功能材料的发展异常迅速。前沿高新技术功能材料的特点主要如下：

(1)功能微电子材料 主要是大直径(400 mm)硅单晶及片材技术，大直径(200 mm)硅片外延技术，150 mm Ga – As 和 100 mm In – P 晶片及其以它们为基的 ⅢA ~ ⅤA 族半导体超晶格、量子阱异质结构材料制备技术，Ge – Si 合金和宽禁带半导体材料等。

(2)功能光子材料：主要是大直径、高光学质量人工晶体制备技术和有机、无机新型非线性光学晶体探索，大功率半导体激光光纤模块及全固态(可调谐)激光技术，有机、无机超高亮度红、绿、蓝之基色材料及应用技术，新型红外、蓝、紫半导体激光材料以及新型光探测和光存储材料等。

(3)稀土功能材料：主要是高纯稀土材料的制备技术，超高磁能稀土永磁材料大规模生产先进技术，高性能稀土储氢材料及相关技术。

(4)生物医用材料：高可靠性植入人体内的生物活性材料合成关键技术，生物相容材料，如组织器官替代材料、人造血液、人造皮和透析膜技术，以及生物新材料制品性能、质量的在线监测和评价技术。

(5)先进复合材料：主要是复合材料低成本制备技术，复合材料的界面控制与优化技术，不同尺度不同结构异质材料复合新技术。

(6)新型功能金属材料：主要是交通运输用轻质高强材料，能源动力用高温耐蚀材料，新型有序金属间化合物的脆性控制与韧化技术以及高可靠性生产制造技术。

(7)功能陶瓷材料：主要是信息功能陶瓷的多功能化及系统集成技术，高性能陶瓷薄膜、异质薄膜的制备、集成与微加工技术，结构陶瓷及其复合材料的补强、韧化技术，先进陶瓷的低成本、高可靠性、批量化制备技术。

(8)高温超导材料：主要是高温超导体材料(准单晶和织构材料)批量生产技术，可实用化高温超导薄膜及异质结构薄膜制备、集成和微加工技术研究开发等。

(9)环境功能材料：主要是材料的环境协调性评价技术，材料的延寿、再生与综合利用新技术，降低材料生产资源和能源消耗新技术。

(10)纳米材料及技术：主要是纳米材料制备与应用关键技术，固态量子器件的制备及纳米加工技术。

(11)智能材料：主要是智能材料与智能系统的设计、制备及应用技术。

1.3 功能材料的制备方法简介

为达到功能材料常需的结构高度精细化和成分高度精确的要求，常常需要采用一些先进的材料制备技术来制备功能材料，例如：真空镀膜技术（包括离子镀、电子束蒸发沉积、离子注入、激光蒸发沉积等）、分子束外延、快速凝固、机械合金化、单晶生长、极限条件下（高温、高压、失重）制备材料、复合及杂化、晶须及大单晶制备法等。采用这样一些先进的材料制备技术，可以获得具有超纯、超低缺陷密度、微观结构高度精细（如超晶格、纳米多层膜、量子点等）、亚稳态结构等微观结构特征的材料。下面对一些功能材料的制备方法做一些简要的介绍。

1.3.1　溶胶－凝胶法

在溶胶－凝胶方法中，常是把含有 Si、Al、Ti、B 等网络形成元素的烃氧化物作为母体，以添加碱或酸作催化剂，在酒精溶液中使烃氧化物水解、浓聚而形成[—M—O—M—]链的无机氧化物网络。

$$Si(OR)_4 + xH_2O \longrightarrow Si(HO)_x(OR)_{4-x} + xROH$$

$$nSi(OH)_x(OR)_{4-x} \longrightarrow nSiO_2 + n(x-2)H_2O + n(4-x)ROH$$

通过改变母体的化学成分和生成条件，就可改变冷凝物的拓扑结构，可从无水氧化物的致密球变为稀疏的分枝状结构，以满足特定的使用要求。无水氧化物具有可以控制微孔尺寸、微孔体积、折射率和化学性质的特点，这对于高技术的应用是有利的。

1.3.2　快淬快凝技术

通过快淬快凝工艺可以得到在常规条件下的亚稳相。亚稳相可以是材料的使用状态，也可能是为得到好性能的中间状态。

在自然界中，亚稳相是很常见的。从亚稳相到平衡态的转变不少情况下是非常缓慢的。因此，实际上可以把亚稳状态的材料看作是平衡态来使用。材料学家利用这种动力学差别设计并加工制造了许多非平衡材料，扩大了可获得有用材料的范围。

1.3.3　复合与杂化

复合就是把两种以上组分材料组成一种新材料的方法；杂化的基本思想就是将原子、分子集团在几埃到几千埃的数量级上进行复合。

杂化是在纳米数量级上进行，从而使各原材料间的相互作用力与整体复合时不同，引起量子效应、表面能量效应等。这些现象对材料里的载流子的传输过程会产生很大的影响，使杂化材料的电学性质不再是各原材料的电学性质相加后的平均值，而可以说是相乘的结果。可以出现各向异性、超导电性等现象。例如，在绝缘性高分子薄膜表面镀上一层薄金属层，以此做成电极进行吡咯的电解聚合，在生成聚吡咯的同时形成了高分子薄膜中的导电通路，从而得到导电薄膜。采用杂化技术，还可以制得具有特殊功能的非线性光学有机薄膜等。杂化技术可以应用于高分子科学领域，也可以广泛地应用于其他领域。

1.3.4 无机非金属功能材料的典型制备方法

无机非金属功能材料，大多是晶体、微粒粉体或者陶瓷材料，因而需要某些特定的合成与制备方法。

1. 溶胶－凝胶法

所谓溶胶是指分散在液相中的固态粒子足够小，以致可以通过布朗运动保持无限期的悬浮凝胶，液体与固体都呈现一种高度分散的状态。所使用的原料为无机盐或金属醇盐。其主要原理是前驱物溶于溶剂水或有机溶剂形成均质溶液，溶质与溶剂发生水解或醇解反应，反应生成物聚集形成溶胶，溶胶经蒸发干燥转变为凝胶。反应过程包括水解和聚合两个阶段。优点：较低合成及烧结温度，高纯和高均匀产物，制造传统固相反应法无法得到的材料。

2. 化学气相沉积法

在相当高的温度下，混合气体与基体的表面相互作用，使混合气体中某些成分分解，并在基体上形成一种金属或化合物的固态薄膜或镀层。

3. 模板合成法

利用特定模板结构的基质为模板进行合成。特定结构的基质模板包括多孔玻璃、沸石分子筛，大孔离子交换树脂等。

例如：将 Na－Y 型沸石与 $Cd(NO_3)_2$ 溶液混合，离子交换后形成 Cd－Y 型沸石，经干燥后与 H_2S 气体反应，在分子筛八面体沸石笼中生成 CdS 纳米粒子。

4. 低温固相合成法

在接近室温的条件(室温～100 ℃)下通过混合、研磨固体反应物直接形成生成物。反应中增加、减少一些试剂或是略微改变反应条件即可获得不同结果，其对无机纳米材料形貌的影响尤为突出。常用的制备方法有：①直接合成，将两种或两种以上的反应物直接混合，采用研磨或其他手段来增加固－固接触，加快反应速率。反应结束后，所得产物经过超声洗涤和离心分离，去除副产物从而得到纯净的产物。②前驱体法，与直接反应法相比，只是本法直接得到的是前驱体，再经煅烧等使前驱体分解获得目标产物。前驱体法可采用的直接反应很多，包括氧化法、生成有机酸盐、碱式氧化物以及配合物等。③辅助试剂参与法，尤其在不同形貌及可控制粒度的纳米材料合成中非常有用。可以加入的试剂分别有：无机盐(不参与反应，充当模板剂)、表面活性剂(起模板和分散作用)。

下面我们再介绍材料几种化学湿法工艺、水热合成技术的方法。

(1)化学前驱体及其化学湿法工艺

化学湿法制备纳米粉末是目前公认的具有发展前途的制粉方法，也是实验室常用的手段。化学前驱体可以是控制组成的均匀共沉淀、凝胶溶胶或者化合物，然后将其在一定温度下热解，得到所需要的粉体材料，还可以进一步根据需要烧结成陶瓷器件等。

①化学沉淀法

该方法，首先是制成含有材料所规定的组分离子和化学计量的溶液，然后再加入沉淀剂，使之形成不溶性的氢氧化物、氧化物或盐类并从溶液中析出，然后将溶剂和溶液中原有的阴离子洗去，得到沉淀后进行热处理。该方法可以采取直接沉淀、共沉淀、均匀沉淀等。

②聚合物络合法和微乳液法

利用聚合物特有的官能团将金属粒子配位在骨架内，反应物组元通过短程扩散反应生成纳米粒子。特点是粒度可控，粒径均匀，粒度分布窄，并可制得多元复合氧化物粒子。还可以将水溶性聚合物与金属离子螯合后，用还原剂还原金属离子，便可以原位制得纳米复合材料。微乳液法反应物组元和絮凝剂制成微乳液，在一定的微区内控制胶粒成核和生长，热处理后得到纳米微粒。特点是粒子分散性好，但粒径较大且不易控制。

（2）水（溶剂）热合成技术

在高压釜里的高温（100~1 000 ℃）高压（1~100 MPa）条件下，用水或有机溶剂作为反应介质，使得通常难溶或不溶的物质溶解，然后进行反应结晶出产物晶体。以水为溶剂称作水热合成，以有机溶剂为介质的称为溶剂热合成。该法的特点是相对低的温度以及封闭系统避免了组分挥发。

水（溶剂）热合成技术的优点是粒子纯度高，粒径分布窄，晶形好且大小可控。采用水（溶剂）热合成技术，不但可以制备纳米晶体、纳米线、纳米棒和纳米管，还可以制备配合物晶体等。

1.3.5　功能高分子材料的制备

功能高分子材料的制备是通过化学或者物理的方法，按照材料的设计要求将某些带有特殊结构和功能基团的化合物高分子化，或者将这些小分子化合物和高分子骨架相结合，从而实现预定的性能和功能。实际应用上虽然功能高分子材料的种类繁多，要求不一，制备方法千变万化，但是归纳起来主要有以下四种类型，即功能性小分子材料的高分子化、已有高分子材料的功能化、多功能材料的复合及已有功能高分子材料的功能扩展。

1. 功能性小分子材料的高分子化

功能高分子的制备方法有些是利用聚合反应，如共聚、均聚等，将功能性小分子高分子化，得到的功能材料具有小分子和聚合物的共同性质；也有些是将功能性小分子化合物通过化学键连接的化学方法与聚合物骨架连接，将高分子化合物作为载体；也有些则是通过物理方法，例如共混、吸附、包埋等作用，将功能性小分子高分子化。

（1）带有功能性基团的单体的聚合

这种制备方法主要包括下述两个步骤：首先是通过在功能性小分子中引入可聚合基团得到单体，然后进行均聚或共聚反应生成功能聚合物；也可以在含有可聚合基团的单体中引入功能性基团得到功能性单体。这些可聚合功能性单体中的可聚合基团一般为双键、羟基、羧基、氨基、环氧基、酰氯基、吡咯基、噻吩基等基团。

丙烯酸分子中带有双键，同时又带有活性羧基。经过自由基均聚或共聚，即可形成聚丙烯酸及其共聚物，可以作为弱酸性离子交换树脂、高吸水性树脂等应用。这是带有功能性基团的单体聚合制备功能高分子的简单例子。

向功能性小分子化合物中引入可聚合基团的方法有很多，可根据实际需要而定。一般来说，双键可以通过卤代烃或醇的碱性消除反应制备形成，也可以通过功能性化合物与含双键单体之间的化学反应引入。含双键功能性单体可通过连锁聚合（如自由基聚合、阴离子聚合、阳离子聚合等）得到功能高分子化合物，聚合反应后功能基团均处于聚合物的侧链上。如果要在聚合物的主链上引入功能基团，则一般需要采用逐步聚合反应来制备。逐步聚合反应通常是通过酯化、酰胺化等反应，脱去一个小分子形成酯键或者酰胺键构成长链大分子的。

除了以上介绍的聚合方法之外，电化学聚合也是一种新型功能高分子材料的制备方法。对于含有端基双键的单体可以用诱导还原电化学聚合；对于含有吡咯或噻吩的芳香杂环单体，氧化电化学聚合方法已经被用于电导型聚合物的合成和聚合物电极表面修饰等。根据功能性小分子中可聚合基团与功能基团的相对位置，缩聚反应除了生成功能基在聚合物主链上的功能高分子以外，也可以合成功能基在聚合物侧链上的功能高分子。

（2）带有功能性基团的小分子与高分子骨架的结合

这种方法主要是利用化学反应将活性功能基引入聚合物骨架，从而改变聚合物的物理化学性质，赋予其新的功能。通常用于这种功能化反应的高分子材料都是较廉价的通用材料。在选聚合物母体的时候应考虑许多因素，首先应较容易的接入功能性基团，此外还应考虑价格低廉，来源丰富，具有机械、热、化学性能稳定等。但是商业上可以得到的聚合物相对来说都是化学惰性的，一般无法直接与小分子功能化试剂反应而引入功能性基团，因此往往需要对其进行一定结构改造从而达到引入活性基团的目的。高分子化合物的结构改造主要有：聚苯乙烯的功能化反应，聚氯乙烯的功能化反应，聚乙烯醇的功能化反应，聚环氧丙烷的功能化反应，缩合型聚合物的功能化，无机聚合物的功能化。

（3）功能性小分子通过聚合包埋与高分子材料结合

该方法是通过利用生成高分子的束缚作用将功能性小分子以某种形式包埋固定在高分子材料中来制备功能高分子材料。有两种基本方法。

一种方法是在聚合物反应之前，向单体溶液中加入小分子功能化合物，在聚合过程中小分子被生成的聚合物所包埋。得到的功能高分子材料聚合物骨架与小分子功能化合物之间没有化学键连接，固化作用通过聚合物的包络作用来完成。这种方法制备的高分子材料类似于共混方法制备的，但均匀性更好。

另一种方法是以微胶囊的形式将功能性小分子包埋在高分子材料中。微胶囊是以一种以高分子为外壳、功能性小分子为核的高分子材料，可通过界面聚合法、原位聚合法、水（油）中相分离法、溶液中干燥法等多种方法制备。

2. 通过物理方法制备功能高分子

功能高分子材料的第二类制备方法是通过物理方法对已有聚合物进行功能化，赋予这些通用的高分子材料以特定功能，成为功能高分子材料。这种制备方法的好处是可以利用廉价的商品化聚合物，并且通过对高分子材料的选择，使得到的功能高分子材料的机械性能比较有保障。聚合物的物理功能化方法主要是通过小分子功能化合物与聚合物的共混和复合来实现。物理共混方法主要有熔融共混和溶液共混两类。熔融共混与两种高分子的机械共混相似，是将聚合物熔融，再加入功能性小分子，搅拌均匀。溶液共混是将聚合物溶解在一定溶剂中，而将功能性小分子或者溶解在聚合物溶液中成分子分散相，或者悬浮在溶液中成悬浮体。溶剂蒸发后得共混聚合物。

3. 功能高分子材料的其他制备技术

由于功能高分子材料的多样性，制备功能材料的新方法不断涌现。功能高分子材料的多功能复合是将两种以上的功能高分子材料以某种方式结合，形成新的功能材料使其具有任何单一功能高分子均不具备的性能。在同一分子中引入多种功能基也是制备新型功能聚合物的另一种方法。

1.4　功能材料的表征方法简介

材料的性能都是与其化学和物理结构紧密相关的。因此，研究功能材料的化学组成、分子结构、聚集态结构以及宏观性能就成为功能材料研究的重要内容之一。功能材料的表征无外乎就是对材料的组成、结构以及性能进行的表征。

1.4.1　材料组成表征

材料的化学组成是决定材料性质的最基本因素，除了主体成分外，刻意的或客观的杂质、辅助添加剂等次要成分的含量、分布和结构形态，均对材料制备工艺和性能的影响很大。组分分析有两个类型：一种是化学含量分析。可以采用制备溶液，采取酸碱滴定、氧化还原滴定以及络合滴定等化学分析方法，也可以采用光度法和原子吸收光谱等仪器分析方法。但测定结果均是材料的体相平均含量，不能反映组分在材料中的分布。另一种是采用原位分析方法，在不破坏材料形态的情况下，采取仪器分析，譬如 X 射线能谱仪等，直接给出材料相微区的组成元素及其体分布。采取何种方法，原则上取决于研究的需要。

1.4.2　材料结构表征

材料的结构同样决定材料的性能，有时甚至更为重要。因此，材料研究中，结构分子起到重要的作用。结构分析主要分为三大类：①晶体结构分析，主要采用 X 射线衍射手段。对于单晶材料，最为有效的是 X 射线单晶衍射，可以获得晶体结构以及其中原子的位置和成键细节；对于粉末材料，则较多采用 X 射线粉末衍射（XRD）技术，它可以给出材料晶体类型，还可以确定多相材料的相组成以及定量含量。另外，还有可使用 X 射线光谱（XRF, AEFS 和 EXAFS）等技术。②材料显微分析，主要包括光学显微镜（OM）、透射电子显微镜（TEM）和扫描电子显微镜(SEM)。光学显微镜主要用于 $0.8 \sim 150~\mu m$ 范围内的颗粒的形貌和粒度;透射电子显微镜常用作 $0.001 \sim 5~\mu m$ 甚至可达 $0.1 \sim 0.2~nm$ 范围内材料微区的形貌和结构分析,但材料样品必须对电子有高度透明性,且厚度不大于 $20~nm$;扫描电子显微镜采用样品表面图像扫描成像,可以形成成分像,表征微区组成元素的种类及其分布,也可以形成形貌相,获得多相材料的微细结构、晶区、粗糙表面以及断裂表面、材料缺陷等信息。③材料谱学分析。谱学结果可以反映材料中组成元素原子的成键、价态以及性能等情况,主要手段有电子衍射(ED)、中子衍射(ND)、紫外 – 可见光谱(UV – vis)、红外光谱(IR)和拉曼光谱、核磁共振谱(NMR)、荧光光谱(LS)以及质谱(MS)等。

1.4.3 材料性能表征

材料的性能,主要为热学性能、力学性能、电学性能、光学性能、磁学性能、化学性能以及生物医学性能等。其性能测试,也可以划分为两大类型:一类是直接测试材料固体制备形态的性质;另一类是先制成材料应用器件形态,然后进行测试。实验中常用的测试方法有:①热分析技术(TA),材料在程序控制升温或降温过程中,发生的物理和化学变化对应样品质量的变化(热重,TG)和能量变化(差示扫描量热,DSC)以及机械性质变化(热机械,TM)等,可以揭示材料热分解过程、相变过程以及应变和变形过程。②电学测试技术,一般制成烧结陶瓷器件,测定其电导、电阻及其温度系数;光谱方法可以测定半导体晶体的禁带宽度,杂质能级等。电化学和光化学电池,则构成电池,测定其电动势等。③荧光测试技术,通过荧光吸收光谱测定磷光体激发光谱,荧光发射光谱测定磷光体发光特性。④磁性测试技术,铁磁体采用高斯计测定磁性,分子磁体则可以采用磁天平和磁强计分别测定等温和变温过程的磁化率等。

近几十年来随着科学技术的进步和金属、高分子金属结构、陶瓷和复合材料的飞速发展,传统的以金属结构材料为主导地位的格局已经被打破,新型功能材料的开发,受到了高度重视,高性能的新型功能材料不断涌现。总体上看,功能材料的发展主要受以下几方面的推动:①新的科学理论和现象的发现;②新的材料制备技术的出现;③新的工程和技术的要求。目前,功能材料的发展速度仍然很快,它不仅已是材料的一个重要组成部分,而且对人类社会发展和物质生活有着深远、重要的影响。

习 题

1. 简单介绍功能材料的分类及其特点。
2. 常见功能材料的制备方法有哪些?
3. 通常用哪些方法对功能材料的物性进行表征?

第 2 章　电性功能材料

2.1　电子导电材料

导电材料是电子元器件和集成电路中应用最广泛的一种材料,用来制造传输电能的电线、电缆,传导电信息的导线、引线和布线。导电材料最主要的性质是良好的导电性能,希望其电阻率尽可能的小($\leqslant 10^{-6}\ \Omega\cdot m$)。根据使用目的不同,除了导电性外,有时还要求有足够的机械强度、耐磨、弹性、耐高温、抗氧化、耐蚀、耐电弧、高的热导率等。导电材料主要包括金属、电极、厚膜导电材料、薄膜导电材料等。

1. 金属

金属导电材料,用得最多的是铜,其次是铝、铁等。

(1)铜及铜合金

铜的密度为 8.92 g/cm³,熔点为 1 083.4 ℃,沸点为 2 567 ℃,气化温度为 1 132 ℃,再结晶温度为 200～300 ℃,电阻率为 1.67 $\mu\Omega\cdot cm$,电阻温度系数(TCR)为 4 300×10⁻⁶/℃:铜的晶体结构为面心立方体,晶格常数为 0.361 7 nm。为了保证铜合金既具有高导电性、高导热性能,又具有高强度、良好的断后伸长率等加工性能,可以采用粉末冶金法生产弥散强化铜和采用时效热处理法生产高导电性、高强度铜合金。

用作导电材料的铜由电解法制得,即所谓电解铜,其纯度在 99.90% 以上,含有极少量的 Au、Ag、Ce、Pb、Sb 等杂质。电解铜铸造后加工退火成为制品,在常温下压延或拉伸处理后质地较硬。

(2)铝及铝合金

铝是具有仅次于铜的电导率的金属,近年来由于铜产量的不足而作为铜的代用材料而得到广泛应用。

铝的物理性质根据其纯度的不同而相差较大。一般纯度越高,电导率和电阻温度系数越高,抗拉强度和硬度越小,耐腐性越强。作为导电材料用的铝线一般为硬引线。

2. 电极

电极是电容器的重要组成部分,它在电容器中起着形成电场、聚集电荷的作用。尽管电极的形式随着电容器的结构不同而有变化,但作用是相同的。

铝的导电性能仅次于金、银和铜,是一种良好的导电材料。由于铝的面心立方晶格结构而富于延展性,具有优良的加工性。其力学强度良好,密度又小,因此,在电子元器件中,广泛用作电极和引线材料。

3. 厚膜导电材料

在厚膜混合集成电路中，厚膜导电材料的作用是固定分立的有源器件和无源元件，作为元件之间的互连线，厚膜电容的上、下电极及外引线的焊区等。厚膜导电材料浆料是厚膜工艺中使用的一种浆料。现在常用的浆料是含贵金属的厚膜导电材料浆料，所用的贵金属主要为金、银－金合金以及银、铂、钯的二元或三元合金。这些厚膜导电材料的导电性能很好，并且铂－金导体具有非常好的抗焊料溶解性。

由于贵金属价格上涨，需要寻求价格低廉而性能优良的新导体材料，因此出现了一些贱金属厚膜导电材料。常见的有铜、镍－硼合金、铝－硼合金，其中，铜导体是比较成熟的。

4. 薄膜导电材料

薄膜导电材料的电阻率高于同种的块状材料，这是由于薄膜的厚度较薄从而产生表面散射效应，以及薄膜具有较高的杂质和缺陷浓度所造成的结果。连续金属薄膜的电阻率为声子、杂质、缺陷、晶界和表面对电子散射所产生的电阻率之和。

薄膜导电材料分为两类：单元素薄膜和多层薄膜。前者系指用单一金属形成的薄膜导电材料，其主要材料是铝膜；后者系指不同的金属膜构成的薄膜导电材料，有二元系统(如铬－金)、三元系统(如钛－钯－金)；四元系统(如钛－铜－镍－金)等。薄膜混合集成电路中，应用最为广泛的薄膜导电材料是多层薄膜。这是因为多层薄膜能较好地满足对薄膜导电材料的要求。

2.2　电阻材料和电热材料

2.2.1　电阻材料

电阻材料主要包括线绕电阻材料、薄膜电阻材料和厚膜电阻材料。

线绕电阻材料主要是指电阻合金线。电阻合金线通常用元素周期表中ⅠB，ⅥB，ⅦB，Ⅷ族金属(如铜、银、金、铬、锰等)组成合金后经拉伸而成。这种合金线具有电阻率高、电阻温度系数小、使用温度范围宽、耐热性高、稳定性高、噪声小、耐磨等优点，它是制造线绕电阻器和线绕电位器的绕组材料。

在绝缘基体上(或基片上)用真空蒸发、溅射、化学沉积、热分解等方法制得的膜状电阻材料，其膜厚一般在 $1\ \mu m$ 以下，称它为薄膜电阻材料。它的特点是体积小、阻值范围宽、电阻温度系数小、性能稳定、容易调阻、易于散热、用料少、适合大量生产、应用广。特别适用于制造高频、高阻、大功率、小尺寸、片式和薄膜集成式电阻器。

能作为薄膜电阻材料的原料主要是：金属、合金、金属氧化物、金属化合物、碳、碳化物、硅化物、硼化物等，按组成分类主要有：碳系薄膜、锡锑氧化膜、合属膜、化学沉积金属膜、镍铬系薄膜、金属陶瓷薄膜、铬硅薄膜、银基薄膜、复合电阻薄、其他电阻薄膜等。

厚膜电阻材料是用厚膜电阻浆料通过丝网印刷、烧结(或固化)在绝缘基体上形成的一层较厚的膜,这层膜具有电阻的特性,故称为厚膜电阻材料。厚膜电阻浆料是厚膜电阻器的关键材料。厚膜电阻浆料是由导电相(又称功能相)、黏结相、有机载体和改性剂组成。

作为厚膜电阻的材料有很多,为降低成本,选用一些贱金属材料作为厚膜电阻,如氧化镉电阻、氧化铟电阻、氯化铊电阻、氧化锡电阻。为了提高稳定性和工作温度,选用一些难熔化合物作为厚膜电阻,如六硼化镧电阻、碳化钨电阻、二硅化钼电阻、氮化钽电阻。此外,还可用铜、铝等纯金属与玻璃混合来制造厚膜电阻。

2.2.2 电热材料

电流通过导体将放热,利用电流热效应的材料就是电热材料。电热材料广泛用作电热器。对电热材料的性能要求是:有高的电阻率和低的电阻温度系数,在高温时具有良好的抗氧化性,并有长期的稳定性,有足够的高温强度,易于拉丝。

电热材料的种类繁多,根据用途主要分为金属型和非金属型两种。

1. 金属类电热材料

由于纯金属电阻率低、TCR 高、抗氧化性低,所以金属类电热材料主要为合金。绝大多数纯金属的金属类电热材料在空气中加热,表面形成氧化膜,可保护材料与其他介质不易发生作用,使材料氧化变慢,甚至在一定条件内停止氧化,提高材料的使用寿命。

在金属型中分为:①贵金属及其合金,如铂、铂-铱合金等;②重金属及其合金,如钨等;③镍基合金,如铬-镍合金、铬-镍-铁合金等;④铁基合金,如铁-铬-铝合金、铁-铝合金等。

2. 非金属类电热材料

非金属类电热材料在工业中应用是非常广的,它们具有很好的耐热、耐高温等性能。

(1)碳化硅电热材料

碳化硅电热材料多数以六方晶系 α-SiC 为主相的碳化硅陶瓷,能耐高温,变形小,耐急冷急热性好,具有良好的化学稳定性,耐磨,有很好的抗蠕变性。

制备硅陶瓷时,先把石英、炭和木屑装入电弧炉中,在 1 900 ~ 2 000 ℃ 高温下合成碳化硅粉。碳化硅粉在高温下易升华分解,因而不能熔铸,所以碳化硅陶瓷是用粉末冶金法制得的,有反应烧结和热压烧结两种粉末冶金制造方法。

(2)二硅化钼电热材料

二硅化钼是用粉末冶金烧结法制成的,表面有 1 层二氧化硅薄膜,二硅化钼有耐氧化、耐腐蚀、室温下硬脆,抗冲击强度低,1 350 ℃ 以上变软,有延展性、耐急冷急热性好等特性。

(3)石墨

石墨是常用的电热材料,导热和导电性好。一般在还原性气氛或真空中使用。最高使用温度可达 3 000 ℃。

2.3　快离子导体材料

　　自由电子导电的能带理论可以解释金属和半导体材料的导电现象，却很难解释如陶瓷、玻璃及高分子材料等非金属材料的导电机理。无机非金属材料种类很多，导电性及导电机制相差也很大。无机非金属材料电导的载流子可以是电子、电子空穴，或离子、离子空位。载流子是电子或电子空穴的电导称为电子式电导，载流子是离子或离子空位的称为离子式电导。

2.3.1　离子类载流子电导机理

　　离子类载流子电导方式主要发生在非金属材料中，而非金属材料按其结构可以分为晶体材料和玻璃材料，它们的离子电导机理也有所不同，下面将分别讨论。

　　1. 离子晶体的导电机理

　　离子晶体都是电解质导体，如一些离子从晶体中离开而使点阵节点位置上缺少离子，就形成"空位"，离子空位容易容纳邻近来的离子，而空位本身就移到邻近的位置上去。在外电场作用下，空位做定向运动引起电流。这时阳离子空位带负电，阴离子空位带正电。实际上，空位移动是离子"接力式"运动，而不是某一离子的连续不断的运动。

　　离子电导是带电荷的离子载流子在电场作用下的定向运动，离子型晶体可以分为两种情况。一类是晶体点阵的基本离子由于热振动而离开晶格，形成缺陷，这种热缺陷无论是离子或空位都可以在电场作用下成为导电的载流子，参加导电。这种导电称为离子固有导电或本征导电。由于热缺陷的浓度随温度的升高而增大，因此本征电导率与温度有关，同时还与离子从一个空位跳到另一个空位的距离、难易程度以及有效的空位数有关。

　　第二类离子电导是结合力比较弱的离子运动造成的。这些离子主要是杂质离子，因而称为杂质电导。杂质离子载流子的浓度决定于杂质的数量和种类，因为杂质离子的存在，不仅增加电流载体数量，而且使点阵畸变，杂质离子离解活化能变小。在低温下，离子晶体的电导主要由杂质载流子浓度决定，而高温下本征导电表现显著。由杂质引起的电导率与可移动杂质的数目及由一个位置迁移到另一个位置所需的激活能有关。

　　对于材料中存在多种载流子的情况，材料的总电导率可以看成是各种电导率的总和。

　　2. 玻璃的导电机理

　　玻璃在通常情况下是绝缘体，但在高温下玻璃的电阻率却可能大大降低，因此在高温下有些玻璃可成为通过离子导电的导体。

　　玻璃的导电是由于在某些离子结构中的可动性导致，玻璃也是一种电解质导体。如在钠玻璃中，钠离子在二氧化硅网络中从一个间隙跳到另一个间隙，造成电流流动，与离子晶体中间隙离子导电类似。

玻璃的组成对玻璃的电阻率影响很大，影响方式也很复杂。例如，电阻率是硅酸盐玻璃的物理参数之一，它明显地随玻璃的组成而变化；通过控制组成，使制成的玻璃电阻率在室温下处在 $10^{15} \sim 10^{17}\ \Omega \cdot m$ 范围内，但是这一过程很大程度上仍然是基于经验或是通过试探法来达到的。

目前一些新型的半导体玻璃，室温电阻率在 $10^{2} \sim 10^{6}\ \Omega \cdot m$，其中存在着电子导电，但这些玻璃不是以二氧化硅为基的氧化物玻璃。

2.3.2 影响离子导电的因素

1. 温度的影响

温度以指数形式影响离子导电过程的电导率。随着温度从低温向高温增加，其电阻率对数的斜率会发生变化，即出现拐点，也就是高温区的本征导电和低温区的杂质导电。在有些情况下拐点并不一定是离子导电机制的变化，也可能是导电载流子种类发生变化。例如刚玉在低温下是杂质离子导电，而高温时则是电子导电。

2. 离子性质、结构的影响

离子性质、晶体结构对离子导电的影响是通过改变导电激活能实现的。那些熔点高的晶体，其结合力大，相应的导电激活能也高，电导率就低。研究卤化合物的导电激活能发现，负离子半径增大，其正离子激活能显著降低。例如 NaF 的激活能为 216 kJ/mol，NaCl 只有 169 kJ/mol，而 NaI 只有 118 kJ/mol，因而它们的电导率依次增加。一价正离子尺寸小，活化能低；相反，高价正离子，价键强，激活能高，故迁移率就低，电导率也低。

2.3.3 快离子导体的传导特性和晶体结构

一些固态电解质物质在较低的温度下具有特别高的离子电导率；通常把具有较大的离子电导率 σ_i（可达 10 S/m），活化能小于 0.5 eV 的物质称为快离子导体，又叫超离子导体；其 σ_i 值与熔盐或强电解质相近，但电子电导率甚低（即 $\sigma_e < 10^{-11}$ S/m）。由于含有一定量的空位与间隙离子等缺陷，离子能以跃迁的形式向邻近的空位进行扩散运动；在外电场的作用下，这种离子晶体可通过离子的迁移而导电，其导电性质与液体电介质相似。由于电子具有同一性，而离子则具有特异性，所以与电子导电材料不同，快离子导体具有不同载流子的特征性、选择性，在导电过程的同时伴随着物质的迁移，呈现导电离子在电极析出的现象，正是这一特点使其得到了多方面的应用。

按亚晶格液态模型理论，快离子导体具有固液二像性，它是由两种亚晶格构成，一种是由不运动离子组成的亚晶格，如 α-AgI 中的 I^- 离子；另一种是由运动离子组成的亚晶格，如 α-AgI 中的 Ag^+ 离子。当离子晶体处于快离子相时，不运动离子被束缚在固定的位置上做有限幅度的振动，形成快离子相的骨架，称为基体亚晶格。在这些骨架间除了有供可动离子占据的位置外，还有许多可容纳离子的间隙位置，为离子的运动提供通道；可动离子从一个位置跃迁到另一个位置时，无需克服很大的能量势垒。实际上运动离子是统计地分布在这些空位或间隙上。像液体中的原子那样，运动离子在快离子相的骨架中做布朗运动，它们可以在平衡位置附近运动，也可以穿越两个平衡位置间的势垒进行扩散。运动离子亚晶格具有液体结构的特征，在外电场作用下离子可以快速迁移，使快离子导体具有类似液体那样高的离子电导率。

在已发现的快离子导体化合物中，主要的迁移离子有 Na^+、Ag^+、Li^+、Cu^+、F^- 等一价离子。这些低价离子在晶格内的键型主要是离子键，与晶格中固定离子间的库仑引力较小，故易迁移。

快离子导体目前主要有两方面的应用：作为固体电解质用做各种电池的隔膜材料，用做固体离子器件。如由 $\beta-Al_2O_3$ 做固体电解质构成的钠硫电池是一种新型高能固体电解质蓄电池。它的能量密度可达 $300\ W\cdot h/kg$，是铅酸蓄电池的 10 倍，而且充电效率高、无污染、原料来源丰富，是一种潜力很大的新能源。

2.3.4 快离子导体材料(按照导电离子分类)

现在已经知道的快离子导体材料有几百种之多。快离子导体材料，按其导电离子的类型可分为阳离子导体(如 Na^+、Cu^+、Li^+、Ag^+ 等)和阴离子导体(如 F^-、O^{2-} 等)两大类。

（1）银、铜离子导体

银离子导体是发现较早、研究较多的快离子导体。在 20 世纪初就发现碘化银在 400 ℃以上具有接近电解质的离子电导率。当碘化银从低温相($\beta-AgI$)在 146 ℃转变为高温相($\alpha-AgI$)时，电导率增加三个数量级，达到 $1.3\ \Omega^{-1}\cdot cm^{-1}$。以后，发现一系列银和铜的卤化物和硫属化合物也具有这种特性，例如 CuBr、CuI、AgS 等。随后，又发现一些室温快离子导体，例如 AgSI、$RbAg_4I_5$。$RbAg_4I_5$ 的室温电导率为 $0.27\ \Omega^{-1}\cdot cm^{-1}$。

室温下具有最高电导率的是银离子导体，但银离子导体不太稳定，价格贵。铜离子导体具有银离子导体类似的性质，而且比较便宜，因此引人注目。但铜离子导体中的电子导电可同离子导体相比拟，这就限制了铜离子导体在某些方面的应用。

用离子置换的方法可以使 $\alpha-AgI$ 类似的结构在常温下稳定下来，从而获得在常温下具有高离子电导率的快离子导体。阴离子置换、阳离子置换或混合离子置换都可以。例如，用 S^{2-}、PO_4^{3-} 等阴离子可置换 AgI 中的部分 I^- 离子，可以得到室温电导率比 AgI 大 10^4 倍的高电导率快离子导体 Ag_3SI、$Ag_7I_4PO_4$ 等。

（2）钠离子导体

钠离子导体是一类重要的快离子导体，特别是 $\beta-$氧化铝有广泛的前途，此外，还有骨架结构的钠离子导体 $NaSiCo_n$ 系和 $NaMnSi_4O_{12}$ 系材料。$\beta-$氧化铝可用作钠硫电池的隔膜材料，还可用于钠金属提纯、制碱工业、钠探测器和固体离子器件。

(3) 锂离子导体

由于锂比钠更轻,锂的电极电势更低,对同样的负极材料,采用锂正极时,锂电池比钠电池的电动势更高,因而具有更高的能量密度和功率密度。采用锂离子导体作为隔膜材料的室温固态锂电池,由于其寿命长、配装方便、易于小型化,因此引起人们的注意。锂离子导体的种类很多,β - 锂霞石(β - LiAlSiO$_4$)、Li$_3$N、Liβ - Al$_2$O$_3$、Li$_{14}$Zn(GeO$_4$)$_4$等是重要的锂离子导体。

(4) 氢离子导体

氢离子是一个失去外层电子的氢原子核即质子,氢离子导体也称为质子导体。氢离子导体有可能在能源和电化学器件等方面应用,因此受到人们的重视。无论是水电解还是氢氧燃料电池,都需要氢离子导体或氧离子导体作为隔膜材料。

质子导体有许多种。其中,某些质子具有较高的室温电导率。其他无机氢离子导体和有机离子导体的电导率较小。具有质子电导的有三种:H$^+\beta$ - Al$_2$O$_3$、H$_3$O$^+\beta$ - Al$_2$O$_3$和NH$_4^+\beta$ - Al$_2$O$_3$,有单晶和多晶两种形态。多晶体才可能有实际应用。多晶 H$_3$O$^+\beta''$ - Al$_2$O$_3$和NH$_4^+\beta''$ - Al$_2$O$_3$是采用烧结 Naβ - Al$_2$O$_3$或Naβ - Al$_2$O$_3$多晶作为前驱材料,通过离子交换的方法来制备的。因为 H$_3$O$^+\beta''$ - Al$_2$O$_3$和NH$_4^+\beta''$ - Al$_2$O$_3$在 150 ~ 300 ℃脱水,不可能直接采用烧结的方法来制备。

(5) 氧离子导体

早在四十几年前,就发现氧化钇稳定的氧化锆固熔体晶格中存在大量氧空位。稳定氧化锆的电导主要是氧离子电导。氧离子导体在工业上已有广泛应用。用稳定氧化锆做固体电解质的氧分析器,已广泛应用于测定钢、铜、银、钠及其合金等熔融金属的氧含量,控制锅炉和内燃机的空气燃料比,控制热处理炉的气氛,检测超纯气体中的微量氧等。此外,氧离子导体还可用做高温燃料电池、再生氧、真空检测和氧泵的隔膜材料。

2.3.5 快离子导体材料的应用

快离子导体主要有两方面的应用:①作为固体电解质用做各种电池的隔膜材料;②用做固体离子器件。

(1) 钠硫电池

钠硫电池是一种新型高能固体电解质蓄电池。它的理论比能量达760 W·h/kg,为铅酸蓄电池的 10 倍,而且充电效率高、无污染、原料来源丰富。用钠 β - 氧化铝做固体电解质的钠硫电池的结构为:

$$Na \mid \beta - Al_2O_3 \mid Na_xS_x, S(c) \qquad (2-8)$$

电池负极为金属钠,其电极电位较负。电池正极采用熔融硫。为了降低硫极电阻,硫极中加入多孔石墨、碳毡等。电池的固体电解质为 β - 氧化铝陶瓷管,它只允许钠离子通过。电池工作时的电化学反应如下

$$负极 \qquad Na^+ + e^- \underset{放电}{\overset{充电}{\rightleftharpoons}} Na \qquad\qquad (2-9)$$

$$正极 \qquad S_x^{2-} \underset{放电}{\overset{充电}{\rightleftharpoons}} xS + 2e^- \qquad\qquad (2-10)$$

$$总反应 \qquad Na_2S_x \underset{放电}{\overset{充电}{\rightleftharpoons}} 2Na + xS \qquad\qquad (2-11)$$

钠硫电池要求寿命超过 5 年，才能进入实用。除了密封和容器腐蚀存在问题外，固体电解质 β 或 β'' - 氧化铝还存在如下问题：固体电解质同钠极接触引起的化学腐蚀，钠通过裂纹渗入固体电解质中引起短路，钠在固体电解质中沉积，固体电解质同硫极接触引起的腐蚀和裂纹。以上问题还有待进一步解决。

(2)高温燃料电池

电化学的能量转换方法就是一种高效率的直接能量转换法。它通过组装电池把燃料的化学能直接转换为电能，这就是燃料电池。氢氧燃料电池是比较成熟的燃料电池。高温燃料电池的工作温度是 500 ~ 1 000 ℃。在 800 ~ 1 000 ℃ 工作的燃料电池可以采用氧离子导体作为固体电解质。

在燃料电池和高温水解电池中，氢和氧反应生成水，燃烧产生的化学能通过电池转化为电能。用稳定氧化锆为电解质，Ni 为阳极，$LiNiO_3$ 为阴极的燃料电池的预期寿命为 5 年。

(3)低能量电池

低能量电池要求重量小、体积小、电压稳定、寿命长。低能量电池可用于手表、心脏起搏器及精密电子仪器。同液体电解质比较，采用固体电解质的低能量电池寿命长得多。

低能量电池按导电离子种类可分为银、铜、锂、氟离子等固体电解质电池。以碘化锂为固体电解质的锂碘电池是 20 世纪 70 年代发展的新型电池。它有寿命长、可靠性高的优点，已用做心脏起搏器。我国研制的锂碘电池已于 1978 年成功地植入人体使用。

(4)氧传感器

氧传感器是用氧离子导体构成的氧浓差电池。电池的电动势和氧分压有关。电池一端为已知氧分压的参考电极，另一端的氧分压就可以从电池电动势的测量中算出来。电化学传感器可以在复杂的被测物质中迅速、灵敏、有选择地定量测出所需测定的离子或中性分子的浓度。

氧传感器已在炼钢工业上应用，如制作成定氧探头在钢液中直接定氧，还可以用于环境保护、分析和监控大气污染。

(5)电化学器件

电化学器件利用离子在外电场或浓度梯度作用下的定向运动的定量规律，可制成信息转换、放大、传输、控制元件。固体电解质的电化学器件有库仑计、可变电阻器、电化学开关、压敏元件、气敏传感器、电积分器、记忆元件、湿度计、双电层电容器、电色显示器、标准电池、氧泵等。

2.4 导电薄膜

2.4.1 导电薄膜的基本要求

导电薄膜在薄膜元件中占的比例较大，有时要占到50%以上，特别是对于中、大规模的薄膜混合集成电路来说，薄膜导体在无源网络中的比重几乎达到100%，因此它在薄膜混合集成电路中具有十分突出的作用。根据导电薄膜的功能对薄膜的主要要求是：

1）应具有良好的导电性，方电阻不大于 0.04 Ω/cm，金属的电阻率应小于 $4 \times 10^{-4}\Omega \cdot cm$。

2）与基片材料、介质材料、电阻材料的黏附性好。

3）能承受较大电流密度，而不出现明显的电迁移。

4）与 n 型或 p 型硅材料以及和薄膜电阻的端头能形成良好的欧姆接触。

5）可以电镀加厚，能经受高温处理。

6）原料成本低廉，淀积和制造工艺简便、经济。

显然，单一金属元素要满足上述各种要求几乎是不可能的，所以要采取组合金属薄膜，以发挥每种金属薄膜的特点，满足各种不同的要求。

2.4.2 导电薄膜的种类

1. 薄膜导体

（1）金、银、铜膜

金具有优良的导电性能，化学稳定性好，可以电镀加厚，焊接性能好，是薄膜电路以及其他的微型电路和器件中被广泛应用的主要金属材料。但是由于金与基片的附着力很差，所以在实际应用中，常常在淀积金以前先淀积一层与基片附着力强的金属薄膜，如钛、铬等。

银具有极为优良的导电性能，但它也有一些难以克服的弱点，致使不能或很少在薄膜集成电路中使用。其主要弱点是：在大气中容易氧化和硫化，使银膜表面发黄甚至发黑，在微量的水汽作用下，还会引起大量的银离子迁移，严重时银膜与其他的材料的端接处发生断裂。

铜是一种仅次于银的优良导电材料，而且它的价格远比金、银便宜。但由于铜在空气中易氧化，所以铜膜在实际应用中多在复合膜中用做过渡层材料。随着技术的进步，铜作为贱金属材料已被广泛的研究并在一些领域应用。

（2）铝膜

铝的导电性仅次于银、铜、金，是优良的导电材料之一，它被广泛地应用于薄膜电路以及其他的微型电路中。由于铝具有电阻率低，易于蒸发，易于光刻腐蚀，与金丝、铝丝容易键合等优点，成为导电薄膜的理想材料；铝与基片、一氧化硅、二氧化硅等介质薄膜具有较好的附着牢度，成为薄膜电容器的常用电极材料。铝与铬－氧化硅、铬－硅、镍－铬等电阻薄膜接触良好，作为电阻引出线的端接材料，可以得到比铬、金等小得多的接触电阻。

（3）复合金属膜

单一金属要满足薄膜导体的多方面要求是很困难的。根据各种金属元素的固有特性，采用多层薄膜复合成尽可能满足不同要求的薄膜导体。

①铬－金：铬在薄膜微电子技术中作为一种"过渡"金属，它与基片具有良好的附着特性，但作为导体则电阻率太高，而金与其相反。这样我们就用铬来"打底"，把它直接淀积在基片上，然后，再淀积一层金，形成导电性能和附着性能都好的复合金属导体薄膜。

②镍－铬－金：由于在铬系统中的铬和金之间的附着差，做焊接区时，较容易发生分离而使电路失效。因此必须使它们之间形成一层过渡层镍铬合金，才能避免上述缺陷。另外，镍铬合金是良好的电阻材料之一，它既与基片有良好的附着性，又与金接合得较牢固，所以，镍－铬－金系统不仅是良好的导体，而且是工艺方便的电阻网络材料。此外，还有镍－钯－金、钛－金、镍－铬－铜－金及镍－铬－铜－钯－金等复合金属膜导体材料。

2. 薄膜电阻材料

采用薄膜工艺可制得与原块状材料不同结构的薄膜，这使得薄膜导体的电阻率大大提高，而电阻的温度系数却变小，因此用薄膜材料制作各种电阻器一直被广泛采用。

根据薄膜电阻器使用材料的主要组分，大致可把薄膜电阻材料分类如下：

（1）单组分金属材料

一般单组分金属的电阻率很低，不适宜做电阻材料。但对于一些难熔金属，块电阻率较高，当它们处在薄膜状态时，电阻率还会增加几倍，甚至几十倍，温度系数也得到相应的改善，主要应用的有钽、铬、铼、钛、铪等。

钽膜是目前混合电路中应用最为广泛的材料，它既能作为电阻材料也可以作为电容材料，所以用单一的钽金属材料可以在同一块基片上制成钽膜电路。

（2）合金材料

单元素金属的电阻率一般都比较小，人们为了提高电阻材料的电阻率，降低温度系数，一般都采用合金。

镍铬合金：镍铬合金电阻器由于制造容易、工艺比较成熟、性能稳定、温度系数和噪声小，被广泛采用。常用的镍铬膜的方电阻范围为 $10 \sim 300\ \Omega/\square$，膜厚已接近 $100\ \text{Å}$，温度系数 $TCR = 200 \times 10^{-5}/℃$ 左右，噪声系数很小。

铬钴合金：铬钴薄膜中，铬的成分介于 $40\% \sim 80\%$ 之间，其余为钴。这种电阻的温度系数可控制在 $\pm 10 \times 10^{-6}/℃$，方电阻在 $10 \sim 350\ \Omega/\square$ 之间。

铍镍合金：铍镍合金电阻器，是一种温度特性较好的耐高温薄膜电阻器，其温度系数为 $\pm(10 \sim 15) \times 10^{-6}/℃$，使用温度可高达 $300\ ℃$，$100\ \Omega/\square$ 时的功率可达 $2\ \text{W/cm}^3$，同时方电阻范围宽，可从至 $100 \sim 8\ 000\ \Omega/\square$。

镍磷合金：镍磷电阻是一种化学沉积膜，它的方阻范围很宽，可从 $0.01 \sim 10^6\ \Omega/\square$，温度系数小于 $100 \times 10^{-6}/℃$，可弥补当前薄膜电阻的低阻和高阻范围的不足。

(3)金属－陶瓷材料

所谓金属－陶瓷膜是一种由金属和氧化物两种成分组成的一种电阻膜，目前最常用是铬－氧化硅。铬－氧化硅是一种中、高阻薄膜电阻材料，习惯上称它为铬－硅电阻膜。在铬－硅电阻膜中，膜电阻率与一氧化硅的含量密切相关。存在的主要问题是方电阻分散性大，重复性差，不宜制造精密的电阻器。

3. 透明导电薄膜

这种薄膜兼有很大的导电性和良好的可见光透射性，并具有很好的红外反射性。它可分为金属膜和氧化物半导体膜两大类。金属膜中包括 Au、Ag、Cu、Pb、Pt、Al、Cr、Rh 等。氧化物半导体膜包括 In_2O_3、SnO_2、Cd_2SnO_4、CdO 等，其中 In_2O_3 和 SnO_2 膜是光电子学应用的不可缺少的工业材料。

透明导电膜的用途十分广泛，不仅在电子学领域，诸如平板显示器、太阳能电池、光开关等方面都取得重要应用，而且在光学领域也有重要用途，例如防红外膜、节能膜、选择透射膜等已广泛用于民用与生产中。

2.4.3 导电薄膜的制备

薄膜制作的过程是将一种材料(薄膜材料)转移到另一种材料(基底)的表面，形成和基底牢固结合成薄膜的过程。所以，任何的薄膜制作方法都包括：源蒸发、迁移和凝聚三个重要环节。"源"的作用是提供镀膜的材料(或被材料中的某种组分)。通过物理或化学的方法使镀膜材料成为气态物质。"迁移"过程都是在气相中进行的，在气态物质迁移时，为了保证膜层的质量，一般都是在真空或惰性气氛中进行，并施加电场、磁场或高频等外界条件来进行活化，以增加到达基底上的气态物质的能量，提供气态物质发生反应的能量，即提供气态物质反应的激活能。薄膜在基底上的形成过程是一个复杂的过程，它包括：膜的形核、长大，膜与基底表面的相互作用等。近年来，薄膜制作时还在基底上施加电场、磁场、离子束轰击等辅助手段，其目的都是为了控制凝聚成膜的质量和性能。

从薄膜制备技术来看，分为：物理气相沉积(PVD)，如蒸发、溅射、离子镀、电弧镀、等离子镀、离子团束(ICB)和分子束外延(MBE)等方法；化学气相沉积(CVD)，如气相沉积、液相沉积、电解沉积、辉光放电沉积和金属有机物化学气相沉积(MOCVD)等方法。此外，还有很多独特的制备方法，如离子注入、激光助沉积等。现将最主要的三种方法简介如下：

1. 真空蒸发沉积

这是目前制备各类薄膜最普遍采用的方法。在真空室中压强低于 $10^{-2}\ Pa$，加热坩埚中的物质使其蒸发。在高真空环境中蒸发(或升华)的原子流是直线运动的，因此基底直接对着源,有一定距离(8~25 cm),使蒸发的原子沉积在基底表面。通常基底控制在一定的温度下,以形成所希望结构的薄膜。金属和稳定的化合物,如金属氧化物等,均可以用蒸发沉积法制备。蒸发沉积制成的薄膜是比较纯的,适用于制备各种功能性薄膜。

在蒸发沉积方法的基础上,发展了各种更精确的制备薄膜方法,如光助、电子束助蒸发法,原子团束蒸积法以及离子团束和分子束外延等,制备更好质量薄膜的方法。

2. 溅射沉积

用加速的离子轰击固体表面,离子和固体表面原子交换动量,使固体表面的原子离开固体,这一过程称为溅射。被轰击的固体是制备薄膜所用的材料,通常称为靶。溅射过程是外来离子的动能使源材料的原子发射出来,这点是与蒸发方法不同的。在实际溅射时,多是让被加速的正离子撞击靶,故也称这个过程为阳极强射。

在溅射时,将真空系统中充上 $10 \sim 10^{-1}$ Pa 的 Ar 气(或其他惰性气体),在基底和靶之间加高电压。这时,在溅射室产生辉光放电,Ar 气电离,产生正离子,即 Ar^+,被电场加速轰击靶,从靶上溅射出来的原子所具有的动能比热蒸发原子大 1~2 个量级。所以用溅射沉积薄膜,生长速率高,黏附性好,特别适用于制备难熔材料薄膜。如果在溅射室中加有反应气体,则在溅射过程中,离开靶的原子在沉积到基底上时,与反应气体发生化学反应,称这种溅射为反应溅射。

3. 化学气相沉积法

采用含有组成薄膜成分的化合物作为中间生成物(这种化合物的蒸气压比该物质单独存在时的蒸气压要高得多),把这种化合物的气体送入适当温度的反应室内,让它在基底表面进行热分解或者还原,或与其他气体、固体发生反应,结果在基底表面上生长薄膜,这就是化学气相沉积法。

化学气相沉积较广泛地用于 Si、GaAs 等半导体器件制备过程中所需的薄膜沉积。此方法的优点是薄膜的生长速度快,质量较好,容易控制掺杂。目前也用于高熔点物质薄膜的制备,如 Ta、Ti、Zr、Mo、W 等。由于化学气相沉积中化学反应的不同,这种方法又以分为:热分解法、还原法、歧化反应法、化学转移反应法等。在此基础上出现了射频、微波放电沉积和金属有机物化学气相沉积(MOCVD)等薄膜制备方法。

习 题

1. 电性功能材料是如何分类的?
2. 厚膜导电材料和薄膜导电材料是如何定义的,它们的主要区别是什么?
3. 什么叫电热材料,它与电阻材料的主要区别是什么?
4. 快离子导体材料的主要特点是什么?
5. 简要说明电子导电与离子导电的机理。

第3章　敏感材料

3.1　热敏陶瓷

　　热敏电阻是由金属氧化物与其他化合物烧结而成的一种半导体材料,用在电信等设备中起温度补偿、测量或调节作用。热敏电阻按其基本性能的不同可分为负温度系数 NTC 型热敏电阻、正温度系数 PTC 型热敏电阻、临界温度 CTR 型热敏电阻三类。

3.1.1　热敏电阻的基本参数

1. 温度特性

　　热敏电阻的基本特性是温度特性,即其电阻与温度之间的关系。温度特性是一条指数曲线。电阻与温度之间的关系可用下式表示:

$$R_T = R_1 e^{\beta \left(\frac{1}{T} - \frac{1}{T_0} \right)} \tag{3-1}$$

式中:R_T——温度为 T 时的电阻;

　　　R_1——温度为 20 ℃时的电阻,称为额定电阻;

　　　β——与热敏电阻材料性质有关,称为热敏电阻常数,通常取 3 000 ~ 5 000 K。

　　热敏电阻在某一温度下(通常是 20 ℃),其本身温度变化 1 ℃时,电阻的变化率与它本身的电阻之比称为热敏电阻的温度系数,即

$$\alpha = \frac{1}{R_1} \cdot \frac{dR_T}{dT} \tag{3-2}$$

　　α 是表示热敏电阻灵敏度的参数。它们的绝对值比金属的电阻灵敏度高很多倍,例如热敏电阻的温度系数是 $-0.03 \sim -0.05/℃$,约为铂电阻温度系数的 10 倍。这说明热敏电阻的灵敏度是很高的,且电阻大,测量线路简单,因此不需要考虑引线长度带来的误差,适合远距离测量。

2. 伏安特性

　　在稳态情况下,通过热敏电阻的电流 I 与其两端之间的电压 U 的关系,称为热敏电阻的伏安特性。当流过热敏电阻的电流很小时,热敏电阻的伏安特性符合欧姆定律。当电流增大到一定值时,引起热敏电阻自身温度的升高,使热敏电阻出现负阻特性,虽然电流增大,但其电阻减小,端电压反而下降。因此,在具体使用热敏电阻时,应尽量减小通过热敏电阻的电流,以减小自热效应的影响。

3.1.2　PTC 热敏电阻

PTC 热敏陶瓷，是指一类具有正的温度系数的半导体陶瓷材料。典型的 PTC 半导瓷材料系列有 $BaTiO_3$ 或以 $BaTiO_3$ 为基的 $(Ba, SrPb)TiO_3$ 固溶半导瓷材料、氧化钒等材料及以氧化镍为基的多元半导体陶瓷材料等。其中以 $BaTiO_3$ 半导体陶瓷最具代表性，也是当前研究得最成熟、实用范围最宽的 PTC 热敏半导瓷材料。

PTC 材料是以 $BaTiO_3$ 为基的 n 型半导体陶瓷。正温度系数（PTC）热敏陶瓷是一种体积电阻率在某一温度（居里温度 T_c，BT 为 120 ℃）以上随温度升高而急剧变大的陶瓷材料，电阻率一般会增大 3 ~ 4 个数量级，这就是 PTC 效应。

由于这一特性，PTC 热敏陶瓷最典型的应用之一是制作恒温发热元件。这种发热元件可以在温度升高到需要值后，由于电阻急剧增大，使加热功率下降，自动保持恒温。与普通低温电路相比，用 PTC 热敏陶瓷制作的温控器件，具有构造简单、容易恒温、无过热危险、安全可靠等优点。

PTC 热敏陶瓷主要是掺杂 $BaTiO_3$ 系陶瓷。在这种陶瓷中，通常加入一定比例的其他阳离子。这些阳离子的半径同 Ba^{2+} 或 Ti^{4+} 相近，而化合价却不同。例如同 Ba^{2+} 相近的 La^{3+}、Pr^{3+}、Nd^{3+}、Gd^{3+}、Y^{3+} 等稀土离子，同 Ti^{4+} 相近的 Nd^{5+}、Sb^{5+}、Ta^{5+} 等离子。这些阳离子替换了 Ba^{2+} 或 Ti^{4+} 的位置，使 $BaTiO_3$ 形成了 n 型半导体，反应式如下：

$$BaTiO_3 + xLa^{3+} \longrightarrow Ba_{1-x}^{2+}La_x^{3+}(Ti_x^{3+}Ti_{1-x}^{4+})O_3^{2-} + xBa^{2+} \qquad (3-3)$$

$$BaTiO_3 + yNb^{5+} \longrightarrow Ba^{2+}[Nb_y^{5+}(Ti_y^{3+}Ti_{1-2y}^{4+})]O_3^{2-} + yTi^{4+} \qquad (3-4)$$

然而，仅仅使 $BaTiO_3$ 半导化还不能实现 PTC 效应，大量实验结果表明：晶粒和晶界都充分半导化以及晶粒半导化而晶界或边界层充分绝缘化的 $BaTiO_3$ 陶瓷都不具有 PTC 效应；只有晶粒充分半导化，而晶界具备适当绝缘性的 $BaTiO_3$ 陶瓷才具有显著的 PTC 效应。

热敏 $BaTiO_3$ 陶瓷除用做加热恒温元件外，还广泛用做电流限流元件和温度敏感元件。作为温度敏感元件，热敏陶瓷有两种使用类型：一是根据电阻 - 温度系数特性，用于各种家用电器的过热报警和马达的过热保护；另一类是根据静态特性的温度变化，用于探测液面深度。作为电路限流元件，$BaTiO_3$ 热敏陶瓷可用于电路的过流保护、彩电的自动消磁和冰箱及空调等的马达起动等。

PTC 元件在通电、发热达到居里温度附近，电阻激增、几乎处于断路状态，冷却时，电阻又返回低值状态，继续发热。根据这个原理，PTC 发热器作为暖风机的新型热源取代有明火、有光耗的合金电热元件，近年来在国内得到迅速发展。

3.1.3　NTC 电阻材料

负温度系数（NTC）热敏半导体陶瓷是研究最早、生产最成熟、应用最广泛的半导体陶瓷之一。这类热敏半导体材料大都是用锰、钴、镍、铁等过渡金属氧化物按一定配比混合，采用陶瓷工艺制备而成，温度系数通常在 -0.01 ~ -0.06/℃左右。按使用温区可分为低温（-60 ~ 300 ℃）、中温（300 ~ 600 ℃）及高温（大于 600 ℃）三种类型。NTC 热敏电阻可广泛用于测温、控温、补偿、稳压以及延迟等电路及设备中，由于具有灵敏度高、时间常数小、寿命长、可靠性高和价格便宜等优点，因而深受使用者欢迎。

NTC 半导瓷一般为尖晶石结构，其通式为 AB_2O_4，式中 A 一般为二价正离子，B 为三价正离子，O 为氧离子。实际上尖晶石结构的单位晶体中共有 8 个 A 离子，16 个 B 离子和 32 个氧离子。由于氧离子的半径较大，故由氧离子密堆积而成，金属离子则位于氧离子的间隙中。氧离子间隙有两种，一是正四面体间隙，A 离子处于此间隙中，另一个是正八面体间隙，由 B 离子占据。这种正常结构状态称为正尖晶石结构，即 AB_2O_4。当全部 A 位被 B 离子占据，而 B 位则由 A、B 离子各半占据时，称为反尖晶石结构。结构式可表示为：$B(AB)O_4$。当只有部分 A 位被 B 离子占据时称为半反尖晶石结构。由此可见，只有全反尖晶石结构及半反尖晶石结构的氧化物才是半导体，而正尖晶石结构的氧化物则是绝缘体。

常温 NTC 热敏半导瓷材料种类很多，但大多数都是含锰二元或多元尖晶石型氧化物半导瓷。常用的含锰二元系氧化物半导瓷材料有 $MnO - CoO - O_2$ 系、$MnO - NiO - O_2$ 系、$MnO - FeO - O_2$ 系及 $MnO - CuO - O_2$ 系等。含锰三元系热敏半导瓷材料主要有 Mn - Co - Ni 系、Mn - Fe - Ni 系和 Mn - Co - Cu 系等系列材料，其中最常使用的为 Mn - Co - Ni 系，该系列材料的优点是重复性好、稳定性高及便于工业化生产等。

3.1.4　CTR 材料

CTR 陶瓷的电阻率在某一温度下由半导体性突变为金属态，电阻急剧变化，故也称急变温度热敏电阻材料。这类材料是以 V_2O_5 为基材，掺加入稀土氧化物或者 MgO、CaO、SrO、BaO、P_2O_5、SiO_2 来改善其性能。一般在含有 H_2、CO_2 混合气体的弱还原气氛中烧结而成。转变点（居里点）的温度可通过添加锗、镍、钨、锰等元素来移动。

利用 CTR 半导体陶瓷在急变温度附近，电压峰值发生很大变化的特性，该种材料可用来制成传感器，在火灾报警、温度报警方面有很大的用途。

3.1.5　高温热敏电阻材料

通常的半导体陶瓷材料长期工作在高温状态，很快就会发生老化。因此，衡量高温热敏材料好坏最主要的标准就是高温稳定性，一般要求热敏电阻在工作电压下于 500 ℃以上高温连续工作 1 000 h 其阻值变化率不应大于 ±5%。影响热敏电阻高温稳定性的因素很多，其中包括材料的化学配比及缺陷结构、离子电导、电极接触以及外界环境条件等。

高温热敏材料与常温热敏材料不同，由于其工作温度很高，材料本身有可能发生不可逆的化学变化而引起老化。另外，在烧结温度下，晶体中缺陷浓度形成的非平衡分布有可能在工作温度向新的平衡状态过渡引起缺陷浓度和载流子浓度的变化。当温度高到足以使原子缺陷的能量超过缺陷的生成焓时，就会引起缺陷浓度的变化。由于缺陷的生成能与氧化物的生成焓之间有内在联系，因此作为高温热敏半导瓷材料，应选择焓值较高的氧化物。

影响高温稳定性的另一重要因素就是氧的再吸附。一般在具有非化学计量比的氧化物中，原子缺陷及电子缺陷的浓度均与氧分压有关，因此，高温热敏材料宜选择接近化学计量比的氧化物制备，以消除或降低因氧分压的变化造成的误差，这一点在实际应用中十分重要。因为无论是汽车排气检测还是工业窑炉温度测量，其中氧分压的变化是相当大的。

离子电导也是影响高温稳定性的重要因素，某些金属氧化物在高温下会产生离解，这些离子将会参与导电。因此应选择离解能大的氧化物作为高温热敏材料。

除上述诸因素影响高温稳定性之外，电极的欧姆接触也是十分重要的。这是因为半导体与金属接触时总会产生势垒，这种势垒的高度对温度有很大的依存性，这种附加的温度特性不仅会造成测温误差，同时也会由于势垒稳定状态的变化使材料电导产生不可逆变化，从而引起稳定性变差。一般高温热敏材料常选用金属铂作电极，金属铂与不同的热敏材料之间的接触电阻相差很大，使用时应特别注意。下面介绍几种典型的高温热敏材料。

$PrFeO_3$ 系高温热敏材料。用过渡金属铁等的氧化物与稀土金属如镧、镁等的氧化物在高温下烧成、制备的 $PrFeO_3$ 等系陶瓷材料是一种稳定性很好的高温热敏材料，其特点是在高温下与氧分压的关系很小，特别适于作为汽车排气检测、温度的测量或对氧敏元件的温度补偿。调整稀土元素的种类，可以改变材料的电阻率和 β 值。

Al_2O_3 – MgO – Fe_2O_3 系高温热敏材料。这种系列也是一种高温烧结体，是由三种主晶相构成的固溶体，即高阻的 n 型 $MgAl_2O_4$、低阻的 p 型 $MgCr_2O_4$ 及低阻的 n 型 $MgFe_2O_4$，材料的电阻率与 β 值由三种主晶相的配比决定。材料的 β 值在 14 000 K 左右，使用温度为 600 ~ 1 000 ℃，线膨胀系数为 8.6×10^{-6}/℃，与白金电极相近，使制得的元件具有很好的力学强度。

$MgAl_2O_4$ – $MgCr_2O_4$ – $LaCrO_3$ 多元系高温热敏材料。这种多元系高温热敏材料使用温度为 400 ~ 1 000 ℃，具有很好的高温稳定性和重复性，在 500 ℃下加电压连续工作 1 000 h 后的阻值变化率可控制在 2% 以下。

材料的结构为尖晶石相 $MgAl_2O_4$、$MgCr_2O_4$ 及钙钛矿型 $LaCrO_3$ 固溶组成。电阻材料的电阻和 β 值可以通过改变尖晶石相中的 Al、Cr 的比例或改变尖晶石相与钙钛矿相的比例来调整。材料常数 β 的调整范围为 7 000 ~ 16 000 K。

3.1.6 低温热敏电阻材料

低温热敏材料一般是指能在 100 K 以下工作的热敏材料，由于普通的热敏材料在超低温度下电阻值比室温电阻增高 6 个数量级以上，电阻温度系数也高达百分之几百，因而无法使用。因此低温热敏材料要求低 B 值及低电阻率，工作在 100 K 以下的热敏电阻应为 10^3 ~ 10^4 Ω，β 值约在 200 K 左右。

常用的低温热敏材料一般仍用锰、钴、镍、铁等过渡金属氧化物来制备，为了降低 β 值可掺入稀土元素镧、铌、钇等或引入具有金属导电特性的氧化物如 RuO_2 等。上述热敏材料与其他如锗、硅等半导体热敏材料相比具有灵敏度高、时间常数小、抗磁性好、价格便宜等优点，因而有很高的实用价值。

3.2　气敏陶瓷

3.2.1　气敏陶瓷概论

气敏陶瓷的电阻将随其所处环境的气氛而变，不同类型的陶瓷，将对某一类或某几种气体特别敏感。其阻值将随该种气体的浓度做有规则的变化，其检测灵敏度通常为 10^{-6} 的量级，个别甚至可达 10^{-9} 的量级。远远超过动物的嗅觉感知度，故有"电子鼻"之称。

在温度不是特别高时，例如自室温至数百摄氏度，气体对陶瓷的作用，通常只限于表面，个别的情况下也只限于次表面（近微米量级），故对湿敏陶瓷将更多地涉及陶瓷的表面电导过程。

半导体陶瓷通常都是某种类型的金属氧化物，通过掺杂或非化学计量比的改变而使其半导化。其气敏特性，大多通过待测气体在陶瓷表面的附着，发生某种化学反应（如氧化、还原反应）、于表面产生电子的交换（俘获或释放电子）等作用来实现。这种气敏现象称之为表面过程。尽管表面过程在不同的陶瓷及不同的气氛中作用不尽相同，但大多与陶瓷表面氧原子（离子）的活性（结合能）的情况密切相关。

陶瓷的气敏特性与气体的吸附作用和催化剂的催化作用有关。气敏陶瓷对气体的吸附分为物理吸附和化学吸附两种。在一般情况下，物理吸附和化学吸附是同时存在的。在常温下物理吸附是吸附的主要形式。随着温度的升高，化学吸附增加，到某一温度达最大值。超过最大值后，气体解吸的几率增加，物理吸附和化学吸附同时减少。

3.2.2　等温吸附方程（Langmuir 公式）

等温吸附是指一定的吸附体系在一定的温度下一定量的吸附剂吸附某种气体吸附量的大小。吸附量常用单位质量的固体所吸附气体的物质的量或体积（标准状态时）来表示。对于一定量固体吸附剂，吸附平衡时，其吸附量与温度及气体的压力有关。

若吸附剂表面被覆盖的百分数为 θ，则 $1-\theta$ 表示表面尚未被覆盖的百分数。气体的吸附速率与气体的压力成正比，同时只有当气体碰撞到表面空白部分时才可能被吸附，即吸附速率又与 $(1-\theta)$ 成正比。

$$r_a = k_a p(1-\theta) \tag{3-5}$$

式中：k_a 为比例系数，在一定温度下为定值。

被吸附分子脱离表面重新回到气相中的脱附速率与 θ 成正比：$r_d \propto \theta$，即

$$r_d = k_d \theta \tag{3-6}$$

式中：k_d 是比例系数，它表示当表面覆盖率 $\theta = 1$ 时的脱附速率，此时吸附剂表面恰好被一层吸附分子盖满。

若将吸附与脱附用类似反应方程式的形式表示出来，用 B(g) 代表任意吸附质，用 A 代表空白表面，它们分别用压力 p 和空白率 $(1 - \theta)$ 表示，则

$$B(g) + A \Leftrightarrow AB$$
$$p \qquad (1 - \theta) \qquad \theta$$

当 $r_a = r_d$ 时，吸附达到平衡，则

$$k_a p (1 - \theta) = k_d \theta \tag{3-7}$$

$$\theta = \frac{k_a p}{k_d + k_a p} = \frac{\dfrac{k_a p}{k_d}}{1 + \dfrac{k_a p}{k_d}} \tag{3-8}$$

令 $k_a / k_d = \alpha$，则

$$\theta = \frac{\alpha p}{1 + \alpha p} \tag{3-9}$$

上式为 Langmuir 吸附等温式，式中：α 是吸附系数，它只是温度的函数，而与吸附质的压力无关。实际上，α 是吸附作用的平衡常数，α 的大小代表了固体表面吸附气体能力的强弱程度。在相同条件下，吸附系数 α 越大，平衡时吸附的气体越多，所以吸附系数可以看做表面对气体吸附程度的量度。p 是达到吸附平衡时的气体压力，θ 是达到吸附平衡时的表面覆盖率。

Langmuir 吸附等温式是单分子层吸附理论。其动力学推导假设：①吸附层是定位的，仅当气体分子与表面空位碰撞时才发生吸附作用；②每个分子仅占据一个吸附位；③每个吸附位的吸附能相同，吸附质与吸附质之间没有相互作用（吸附热与表面覆盖率无关）。该等温式适用于能量均匀表面上的化学吸附及定位物理吸附。

$$\frac{p}{V} = \frac{p}{V_m} + \frac{1}{\alpha V_m} \tag{3-10}$$

这是 Langmuir 公式的另一种形式，它描述吸附体积与压力的关系，V_m 代表吸附剂表面上吸满单分子层时的吸附量，V 代表压力为 p 时的实际吸附量，则 $\theta = \dfrac{V}{V_m}$ 整理 (3 - 9) 可得上式。

3.2.3　气敏陶瓷的种类

气敏元件有多种形式，但广泛使用的是半导体式和接触燃烧式。半导体与某种气体接触，其电阻或功函数就发生变化，利用此种性质来检测特定气体的元件即为半导体式气敏元

件，大致可分为电阻式和非电阻式。电阻式敏感元件一接触气体电阻就发生变化，而这种变化是由表面或体的性质的变化引起的。这类敏感元件以 SnO_2 系材料为中心正迅速得到普及，其结构有烧结型、厚膜型、薄膜型。作为非电阻式有 MOSFET、金属－半导体接触二极管、MOS 二极管等。

气敏陶瓷材料可分为半导体式和固体电解质式两大类。其中半导体气敏陶瓷又分为表面效应和体效应两种类型。利用半导体陶瓷元件进行气体检测时，气体在半导体上的吸附和脱吸必须迅速，而工作温度至少在 100 ℃ 以上气体在半导体上才会有足够大的吸脱速度，因此，元件需要在较高温度下长期暴露在氧化性或还原性气氛中工作。所以，气敏陶瓷材料多为氧化物半导体，具有物理和化学稳定性。

气敏半导体陶瓷中，由于表面吸附的气体分子和半导体粒子之间电子交换，在一定温度下电阻率随环境气体类型而电阻发生改变。

ZnO 气敏元件和 SnO_2 气敏元件是目前世界上产量大而且应用面广的气敏元件。氧化铁系半导体气敏元件（如 α－Fe_2O_3，γ－Fe_2O_3）是 20 世纪 80 年代开发的新型气敏元件，价格低廉，不需要添加贵金属添加剂就可制出灵敏度较高、稳定性好且具有一定选择性的气敏传感器。

3.2.4 SnO_2 系气敏元件

SnO_2 系气敏材料，是应用最广泛的气敏半导体陶瓷。氧化锡系气敏元件的灵敏度高，而且出现最高灵敏度的温度较低，约在 300 ℃（ZnO 则在较高温度 450 ℃），因此，可在较低温度下工作。通过掺加催化剂可以进一步降低氧化锡气敏元件的工作温度。为了改善 SnO_2 气敏材料的特性，还可以加入一些添加剂。例如，添加 0.5%～3%（克分子）Sn_2O_3，可以降低起始阻值；涂覆 MgO、PbO、CaO 等二价金属氧化物对以加速解吸速度；加入 CdO、PbO、CaO 等可以改善老化性能。

SnO_2 气敏半导体陶瓷对许多可燃性气体，例如氢、一氧化碳、甲烷、丙烷、乙醇、丙酮或芳香族气体都有相当高的灵敏度。

氧化锡气敏传感器，由氧化锡烧结体、内电极和兼做电极的加热线圈组成。利用氧化锡烧结体吸附还原气体时电阻减少的特性检测还原气体，已广泛用于家用石油液化气的漏气报警器、生产用探测警报器和自动排风扇等。氧化锡系半导体陶瓷属 n 型半导体。加入微量 $PdCl_2$ 或少量 Pt 等贵金属触媒，可促进气体的吸附和解吸，提高灵敏度和响应速度。氧化锡系气敏传感器对酒精和一氧化碳特别敏感，广泛用于一氧化碳报警和工作环境的空气监测。

氧化锡系也制成厚膜气体传感器。SnO_2 系厚膜气体传感器对 CO 的检测很有效。SnO_2 厚膜是以 SnO_2 为基体，加入 $Mg(NO_3)_2$ 和 ThO_2 后，再添加 $PdCl_2$ 触媒而形成的厚膜。在制备时，将这些混合物在 800 ℃ 烧制 1 h，球磨粉碎成原料粉末。在粉末中加入硅胶黏结剂，然后分散在有机溶剂中，制成可印刷厚胶的糊状物。然后印刷在氧化铝底片上，同 Pt 电极一起在 400

~800 ℃烧成。

氧化锡可以制成具有多功能性的气体传感器。通过改变氧化锡传感器的制备方法，气体传感器可以具有对混合气体中的某些气体的选择敏感性。

在氧化铅基底上，溅射 50 nm 厚的 SnO_2 薄膜，并以溅射 Pt 为电极的传感器，可以检测出氧、水分等混合气体中存在的 CO，检测范围为 1～100 $\mu g/g$。

真空沉积的薄膜传感器，可以检测出气体蒸气中的 CO 和乙醇。这种 SnO_2 传感器是这样制备的：在铁氧体的基底上，真空沉积一层 SiO_2 后，再在 SiO_2 层上真空沉积上 SnO_2 薄膜，并在 SnO_2 中掺杂 Pd，使之具有敏感性。

以 Pt 黑和 Pd 黑做触媒的氧化锡厚膜传感器，用于检测碳氢化物。这种传感器可有选择地检测氢气和乙醇，而 CO 不产生识别信号。

3.2.5　ZnO 系气敏元件

ZnO 系气敏材料是最早应用的气敏半导体陶瓷。从应用的广泛性来看，ZnO 系陶瓷的更要性仅次于 SnO_2 陶瓷。ZnO 气敏元件的特点是其灵敏度同催化剂的种类有关。这就提供了用掺杂来获得对不同气体选择性的可能性。

ZnO 气敏陶瓷的组成，Zn/O 原子比 $n(Zn):n(O)$ 大于 1，Zn 呈过剩状态，显示 n 型半导体性。当晶体的 Zn/O 比增大或者表面吸附对电子的亲和性较强的化学物时，传导电子数就减少，电阻加大。反之，当同 H_2 或碳氢化合物等还原性气体接触时，则吸附的氧气数量就减少，电阻降低。据此，ZnO 可用作气体传感器。

ZnO 单独使用时，灵敏度和选择性不够高，以 Ga_2O_3、Sb_2O_3 和 Cr_2O_3 浮掺杂并加入 Pt 或 Pd 作触媒，可大大提高其选择性。采用 Pt 化合物触媒时，对丁烷等碳氢化物很敏感，在浓度为零至数千 $\mu g/g$ 时，电阻就发生直线性变化。而采用 Pd 触媒时，则对 H_2、CO 很敏感，而且，即使同碳氢化物接触，电阻也不发生变化。ZnO 系气体传感器的工作温度为 723～773 K，比 SnO_2 高。

3.2.6　氧化铁系气敏元件

20 世纪 70 年代末到 80 年代初开发的氧化铁系气敏陶瓷，不需要添加贵金属催化剂就可制成灵敏度高、稳定性好、又有一定选择性的气体传感器。现在，氧化铁系气敏材料已发展为第三大气敏材料系列。

$\alpha-Fe_2O_3$ 和 $\gamma-Fe_2O_3$ 和 Fe_3O_4 都是 n 型半导体。$\alpha-Fe_2O_3$ 具有刚玉型晶体结构，$\gamma-Fe_2O_3$ 和 Fe_3O_4 都属尖晶石结构。在 300～400 ℃，当 $\gamma-Fe_2O_3$ 与还原性气体接触时，部分八面体中的 Fe^{3+} 被还原成 Fe^{2+}，并形成固溶体，当还原程度高时，变成 Fe_3O_4。在 300 ℃以上，$\alpha-Fe_2O_3$ 超微粒子与还原性气体接触时，也被还原为 Fe_3O_4。由于 Fe_3O_4 的比电阻较 $\alpha-Fe_2O_3$ 和 $\gamma-Fe_2O_3$ 低得多，因此，可以通过测定氧化铁气敏材料的电阻变化来检测还原性气体。

相反，在一定温度下 Fe_3O_4 同氧化性气体接触时，可相继氧化为 $\gamma - Fe_2O_3$ 和 $\alpha - Fe_2O_3$，也可通过氧化铁电阻的变化来检测氧化性气体。

3.2.7 接触燃烧式可燃气体气敏陶瓷

可燃性气体（H_2、CO、CH_4、LPG 等）与空气中的氧接触，发生氧化反应，产生反应热（无焰接触燃烧热），使得作为敏感材料的铂丝温度升高，电阻相应增大（由于金属铂具有正的温度系数，所以当温度升高时，其电阻相应增加。并且，这种温度 - 电阻率关系，在温度不太高时，具有良好的线性关系）。一般情况下，空气中可燃性气体的浓度都不太高（低于10%），可燃性气体可以完全燃烧，其发热量与可燃性气体的浓度有关。空气中可燃性气体浓度愈大，氧化反应（燃烧）产生的反应热量（燃烧热）愈多，铂丝的温度变化（增高）愈大，其电阻增加得就越多。因此只要测定作为敏感件的铜丝的电阻变化值（ΔR），就可以验知空气中可燃性气体的浓度。

接触燃烧式气敏元件是使用最早的可燃性气体敏感元件。元件的结构如图 3 - 1 所示，将 Al_2O_3 载体烧结在直径为 50 μm 的铂丝线圈上，又 Pt 和 Pd 的氧化催化剂分散在其表面，使在氧化铝（或氧化铝 - 氧化硅）载体上形成贵金属触媒层，最后组装成气体敏感元件。除此之外，也可以将贵金属触媒粉体与氧化铝、氧化硅等载

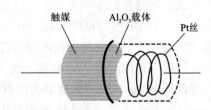

图 3 - 1　接触燃烧式气敏元件结构示意图

体充分混合后配成膏状，涂敷在钢丝绕成的线圈上，直接烧成后备用。另外，作为补偿元件的铂线圈，其尺寸、阻值均应与检测元件相同。被测气体一旦在元件上燃烧，铂丝线圈电阻将随气体浓度成正比增加，所以，采用桥式电路进行精密测量就可知气体浓度。接触燃烧式气敏元件的电阻变化 ΔR 为

$$\Delta R = \rho \cdot \Delta T = \rho \cdot \frac{\Delta H}{C} = \rho \cdot a \cdot m \cdot \frac{Q}{C} \qquad (3-10)$$

式中：ρ 为电阻的温度系数；C 为元件的热容；Q 为燃烧热；a 为常数；ΔT 为温度变化；m 为可燃性气体浓度；ΔH 为由于接触燃烧而产生的热量。

在接触燃烧式气敏元件检测的气体中，甲烷是难于吸附的分子，而乙炔是极容易吸附的分子。但在反应中有着共同的过程，即由活性金属产生的氧分子的解离吸附引起的氧 - 氧键的切断和由于被活化的氧与反应分子反应生成的氧化物的脱附以及金属还原的元反应。

接触燃烧式气体敏感元件的响应速度虽然比半导体气体敏感元件稍慢，但是具有以下特征：①其输出信号与可燃性气体浓度成比例；②除少数可燃性气体外，大多数可燃气体的摩尔燃烧热（Q）与 LEI，浓度（m）的乘积（$m \cdot Q$）大体上是常数，这样，与之配套的二次仪表的设计制作都可简单化；③在检测可燃性气体时，不受空气中水蒸气的影响；④可燃气体的浓度

与敏感元件输出信号之间具有良好的线性关系。

接触燃烧式气敏元件的问题是,虽然在低温下可检测容易被氧化的烯烃,但对于难以氧化的石蜡,特别是甲烷,就必须在高温下才能工作。此时,由于 Pt 和 Pd 容易产生氧化,寿命变短,所以,催化剂的稳定性变成主要问题,但是,最近开发出覆盖有 Pt－Pd/Al$_2$O$_3$ 并适用于包括甲烷在内的所有城市煤气的气敏元件,已开始用于城市煤气泄漏报警,特别用于对半导体敏感元件不适合的空气污染厉害的餐馆等行业。

3.2.8 氧敏传感器陶瓷

氧是地球上含量最多的元素之一,它在空气中的体积分数为 20.93%,地壳重量的一半。在工农业生产、科学研究和日常生活中,氧都有着十分重要的作用。氧敏材料是用来检测空气中氧含量元件的基础。

在氧敏材料中,常见的是固体电解质型氧敏材料和电阻型氧化物半导体材料。

1. 固体电解质型氧敏材料

固体电解质是具有离子导电性能的固体物质。一般认为,固体物质(金属或半导体)中,作为载流子传导电流的是电子或者空穴,液态物质(熔融的电解质或者电解质的水溶液)中,作为载流子传导电流的是正、负离子。在固体电解质中,作为载流子传导电流的却主要是正或者负离子。很早就知道,二氧化锆(ZrO$_2$)在高温下(但尚远未达到熔融的温度),具有氧离子传导性。1961 年以后,ZrO$_2$ 被制成固体电解质氧敏元件,用来检测、控制汽车发动机的空燃比和工业锅炉的燃烧情况。

二氧化锆在常温下属于单斜晶系,随着温度的升高,发生相转变。在 1 100 ℃下,为正方晶系,2 500 ℃下,为立方晶系,2 700 ℃下熔融。在二氧化锆中添加氧化钙、三氧化二钇、氧化镁等杂质后,成为稳定的正方晶型,具有萤石结构,称为稳定化二氧化锆。并由于杂质的加入,在二氧化锆晶格中产生氧空位,其浓度随杂质的种类和添加量而改变,其离子电导性也随杂质的种类和数量而变化。在 ZrO$_2$ 中添加一定的 Yb$_2$O$_3$、Y$_2$O$_3$ 或 CaO 后,都能使 ZrO$_2$ 在 800 ℃下获得较大的离子电导率,其中尤以添加 CaO 的效果最好。ZrO$_2$ 氧敏传感器利用 ZrO$_2$ 为导电材料,所组成的浓差电池的电压随氧分压的变化而不同。目前这种 ZrO$_2$ 氧敏传感器已被用做汽车发动机空燃比控制上。此外,还用于锅炉燃烧控制和冶金工业的钢水产氧含量的监控。

2. 电阻型氧化物半导体材料

ZrO$_2$ 型氧敏材料,虽然较成熟,但其器件工艺复杂,成本高。TiO$_2$ 系氧敏材料则以其制备工艺简单、成本低廉而日益受到重视。半导体 TiO$_2$ 陶瓷传感器的原理是基于汽车排出气体的氧分压随空燃比发生急剧的变化,同时陶瓷的电阻率又随氧分压变化:在室温下,TiO$_2$ 的电阻率很大;随着温度的升高,某些氧离子脱离固体进入环境中,留下氧空位或钛间隙。晶格缺陷作为施主为导带提供载流子。随着氧空位的增加,导带载流子浓度提高,材料的电阻率下降。吸附氧化性气体(或者还原性气体)后电阻率相应发生变化的现象,在氧化物半导体中普遍存在。

除了 TiO_2 外,还有其他氧化物半导体材料如五氧化二铝可以用来制作氧敏元件。此外,一种新型的 $Ce_2O_3 - CoO$ 系氧敏材料,可用于汽车发动机的主燃比控制,正引起国内外的关注。

3.3 热释电陶瓷

3.3.1 热释电陶瓷的结构与性能

晶体因温度变化(ΔT)而导致自发极化的变化(ΔP_S),并在晶体的一定方向上引起表面电荷改变的现象称为热释电效应。热释电效应的强弱可用热释电系数来表示:

$$\Delta P_S = P\Delta T \tag{3-11}$$

式中:P 为热释电系数,单位为 $C/(cm^3 \cdot K)$。

由上述可知,晶体中存在热释电效应的首要条件是具有自发极化,即晶体结构的某些方向的正、负电荷重心不重合(存在固有电矩);其次有温度变化,热释电效应是反映材料在温度变化状态下的性能。

热释电晶体可分为两类:一类是具有自发极化,但自发极化不能为外电场所转向的晶体;另一类是自发极化可为外电场所转向的晶体,即铁电晶体。这些铁电晶体中的大多数可制成多晶陶瓷,经强直流电场的极化处理后,由各向同性体变成各向异性体,并具有剩余极化,可像单晶体一样呈现热释电效应。在居里温度附近,自发极化急剧下降,而远低于居里温度 T_C 时,自发极化随温度的变化相对比较小;这意味着,在居里温度附近,热释电晶体具有较大的热释电效应。

热释电系数除与温度有关外,还与晶体所处状态有关。当晶体处于夹持状态时,由于晶体受热后尺寸和形状不变,所以称这种状态下的热释电系数为恒应变热释电系数或一级热释电系数,以 P_i^s 表示。应当注意到,在温度变化时,不但使系统的熵值变化产生自发极化的变化,而且会因温度变化造成应变而产生应力,通过正压电效应又使晶体的自发极化发生变化,这类热释电系数称为二级热释电系数,以 P_i^1 表示。所以在恒定应力下测得的总热释电系数 P 应由两部分组成:

$$P = P_i^s + P_i^1 \tag{3-12}$$

3.3.2 热释电陶瓷的主要应用

热释电材料分为两类,其一是能自发极化的晶体材料,如电气石、CaS、$CaSe$、$Li_2SO_4 - H_2O$ 和 ZnO 等,这类晶体在外电场作用下自发的极化不能转向,另一类能转向,如硫酸三甘钛（TGS）、$LiNbO_3$，$LiTaO_3$、$(Ba-Sr)Nb_2O_6$ 等。后一种铁电晶体制成的多晶陶瓷经过强直流电场极化处理后，能由各向同性体变为各向异性体而具有热释电性能。表 3-1 列出了部分热释电材料及其主要性能。

表 3-1 部分热释电材料的热释电性能

材料	居里温度 T_C /℃	比热容 c /$[J \cdot (kg \cdot ℃)^{-1}]$	密度 ρ /$(\times 10^3 \ kg \cdot m^{-3})$	热释电系数 P /$(C \cdot cm^{-2} \cdot K^{-1})$
TGC	49	2.5	1.69	3.5×10^{-8}
$BaTiO_3$	125	3.0	6.02	4×10^{-10}
$PbTiO_3$ 陶瓷	490	3.1	7.78	6×10^{-8}
PLZT(8/65/35)	~100	2.6	7.80	1.7×10^{-7}
$PbTi_{0.07}Zr_{0.93}$	~200	~3.0	7.35	3.1×10^{-8}

有机晶体硫酸三甘钛（TGS）、聚偏二氟乙烯（PVF_2）电性、光性均匀而且热释电系数大。$BaTiO_3$ 是最早发现的氧化物铁电体热释电材料，但在接近于居里温度时自发极化 P_S 起伏太大且晶体容易去极化，实际上未大量应用。$PbTiO_3$ 陶瓷具有热释电系数大、居里温度高、抗辐射性能好、工艺加工性好（切割研磨不影响极化状态）以及使用方便等特点，目前已用于人造卫星上的红外探测仪和热释电红外辐射温度计等。

热释电晶体和陶瓷通常加工成薄片的形式，其电极面与极化轴相垂直，用于热释电探测器中。热释电探测器的电压信号与晶片的热释电系数成正比，与温度变化也成正比，工作时不必达到热平衡，因而它既可在室温下工作，又具有响应快的特点。根据上述特点，热释电探测器-红外线传感器在非接触式远距离温度测量、医用热像仪、火车热轴探测、森林防火和无损深伤方面具有广泛的应用。

另外，人们还利用热释电陶瓷的热、电转换功能，制成了固体热发电机。在热释电陶瓷薄片两边涂覆金属电极，将它们进行周期性加热和冷却，在这种间歇性的热冲击下，不断地产生电荷和消失电荷，可产生出频率为 60 Hz 的电能。利用热释电陶瓷发电的优点在于能充分利用低温热源，如太阳能、地热或工厂余热等，发电成本低廉。

3.3.3 几种典型的热释电陶瓷

热释电材料有单晶和陶瓷两大类，通常均做成 10~50 μm 的厚膜。单晶热释电材料包括：TGS（硫酸三甘钛）、$LiTaO_3$，$LiNbO_3$，$(Ba,Sr)Nb_2O_6$ 等；多晶陶瓷热释电材料包括：$BaTiO_3$，$PbTiO_3$，$Pb(Zr,Ti)O_3$ 等。

1. 锆钛酸铅（$Pb(Zr,Ti)O_3$）铁电-铁电相变型陶瓷

对一般铁电材料来说，在居里温度附近，自发极化强度 P_S 随温度升高的变化是比较大的，介电常数同时上升也很快。由于许多热释电材料的热释电系数和介电常数近似呈正比关系，材料的热释电优值不大。研究发现，$PbZrO_3 - PbTiO_3$ 固溶体系（PZT 陶瓷）$PbZrO_3$ 的一侧（$Zr/Ti > 65/15$）的铁电 – 铁电相变材料既有大的热释电系数，又有较小介电常数。该材料由低温铁电相转变为高温铁电相时，自发极化发生突变，ΔP_S 约为 0.5×10^{-2} C/m^2，热释电系数达 $4.0 \times 10^{-6} C/(cm^2 \cdot K)$，介电常数在 $200 \sim 500$ 之间，且相变前后变化不大。经过改性的 PZT 陶瓷，通过添加 Pb 的第三组员如 $Pb(Nb_{1/2}Fe_{1/2})O_3$、$Pb(Ta_{1/2}Sc_{1/2})O_3$ 等，使相变温度降到室温附近，并渗入高价离子化合物（如 Nb_2O_5 等）以减少热滞，具有更佳的热释电性能。目前，用此材料已制成单体探测器，在红外探测和热成像系统中得到应用。

2. 钛酸铅陶瓷的热释电性能

$PbTiO_3$ 陶瓷的热释电系数大，接近 6×10^{-8} $C/(cm^2 \cdot K)$，介电常数低于其他铁电陶瓷，而且居里温度高（约 490 ℃），抗辐射性好；在实际使用温度范围内（$-20 \sim +60$ ℃），可使元件本身输出电压不变，作为探测器，无须保持恒温，这一点又比 TGS 简单方便。用改性 $PbTiO_3$ 陶瓷制成热释电探测器，探测温度已达到 TGS 探测器同一数量级。目前，此材料已制成了人造卫星上的红外地平仪和热释电红外辐射温度计等。

3. 透明铁电陶瓷（PLZT）的热释电性能

$Pb_{1-x}La_x(Zr_yTi_{1-y})_{1-x/4}O_3$ 陶瓷材料（PLZT）由于居里温度高，热释电系数也高，可达 17×10^{-8} $C/(cm^2 \cdot K)$，而且随 La 含量的增加，热释电系数上升。但其介电常数和介质损耗较大，对热释电探测器的电压灵敏度有所不利。

习　题

1. 衡量热敏材料的几个参数是什么？
2. 简要描述气敏材料的工作原理。
3. 热敏电阻材料是怎么分类的，它们各自有什么区别和联系？
4. 请列举几种有代表性的气敏材料。
5. 什么叫热释电性能，衡量热释电性能的主要参数是什么？
6. 列举几种典型的热释电陶瓷材料，并说明它们的应用方向。

第4章 超导材料

4.1 超导材料的基本性质

4.1.1 超导电性和超导体

超导现象首先是荷兰物理学家昂尼斯(Onnes)于1911年在研究水银低温电阻时发现的。当温度降低到4.2 K以下,水银的电阻突然变为零;后来又陆续发现一些金属、合金和化合物也具有这种现象,这就是超导现象。如果把超导金属制成一闭合环,且通过电磁感应在环中激起电流,那么,这个电流将在环中维持数年之久。物质在超低温下,失去电阻的性质称为超导电性;相应的具有这种性质的物质称为超导体。超导体在电阻消失前的状态称为常导状态,电阻消失后的状态称为超导状态。

超导现象的发现,引起了众多科学家的高度重视,但是一直没能合理地解释这种现象。直到20世纪30年代,迈斯纳效应的发现,才奠定了超导的理论基础。1957年,巴丁、库柏和施里弗发表了经典文章,提出了超导电性的量子理论,即BCS超导微观理论。这一理论解释了超导电性的起源。超导真正应用性的突破,却在20世纪60年代以后。1961年首次将Nb_3Sn制成实用螺管(磁场8.8 T、电流密度10 A/cm^2),接着又研究出Nb-Zr、Nb-Ti、Nb_3Al、Nb_3Si、$Nb_3(Al_{0.75}Ge_{0.25})$、V_3Si、V_3Ga、$PbMo_6S_8$等系列超导合金和化合物。同时约瑟夫森效应的发现,使超导电性的应用逐步形成一门新的技术,即低温超导电技术。到了70年代初,超导纤维制成,从而使超导技术得到很大发展。

1986年至今,液氦温区高温超导材料的出现使超导研究中的"温度壁垒"有了戏剧性的突破。超导体的临界转变温度(T_C)由液氦温区提高到液氮温区(77.4 K),这一前进被科学界视为一场"飞跃和革命"。1986年4月,美国IBM公司在苏黎世实验室的缪勒和柏诺兹两位学者宣布他们发现了转变温度为35 K的La-Ba-Cu氧化物超导体。此后,日、中、美科学家分别宣布通过实验验证了这一发现的可靠性,从而引起世界各国科学家的巨大反响,对高温超导的研究形成了所谓世界性"超导热"。1986年12月23日,日本宣布研制出了T_C=37.5 K的陶瓷超导材料;紧接着,12月26日,我国中科院物理所赵忠贤等人宣布获得了起始转变温度为48.6 K的Sr-La-O超导材料,并发现Ba-La-Cu-O在70 K时有超导迹象。1987年2月,美国的朱经武等人宣布了在一定的压力下Ba-La-Cu-O系统中52.5 K的超导转变。1987年可谓是超导发展历史上具有特殊意义的一年。这年的2月份,朱经武和赵忠贤等先后得到了 T_c 超过 90 K 的 Y – Ba – Cu 氧化物(YBCO)超导体,这标志着高温超导体进入液氮温区。在随后的 1988 年,相继发现了一系列不含稀土元素的 Bi – Sr – Ca – Cu – O (BSCCO)体系和 Tl – Ba – Ca – Cu – O 体系的高温超导体。近年来,Hg – Ba – Ca – Cu – O 的 T_c 超过 134 K,在加压下超过 164 K。

总体来说,超导材料的发展经历了一个从简单到复杂,即由一元系到二元系、三元系以至多元系的过程,如图 4 – 1 所示。

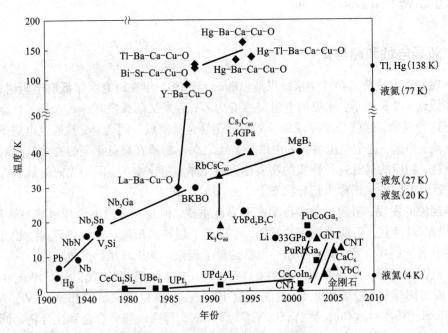

图 4 – 1 超导体临界温度随年代的变化

4.1.2 超导材料的基本物理性质

1. 零电阻现象

在理想的金属晶体中,电子的运动是畅通无阻的。因此,理想晶体是没有电阻的,这就是常导体的零电阻。实际上,由于金属晶格原子的热运动、晶体缺陷和杂质,使周期场受到破坏,电子受到散射,故而产生一定的电阻,即使温度降为零时,其电阻率 ρ_0 也不为零,仍保留一定的剩余电阻率。金属愈是不纯,剩余电阻率就愈大。

超导体具有零电阻现象与常导体零电阻在实质上截然不同。当温度 T 降至某一数值 T_c 或以下时,超导体的电阻突然变为零(电阻率约 $10^{-4}\ \Omega\cdot cm$),这就是超导体的零电阻现象。电阻率 ρ 与温度 T 的关系见图 4 – 2。

2. 完全抗磁性(迈斯纳效应)

1933 年迈斯纳(Meissner)和奥森菲尔德(Ocbsenfield)首次发现了超导体具有完全抗磁性的特点。把锡单晶球超导体在磁场($H \leqslant H_C$)中冷却,在达到临界温度 T_C 以下,超导体内的磁通线一下了被排斥出去;或者先把超导体冷却至 T_C 以下,再通以磁场,这时磁通线也被排斥出去,如图 4-3 所示。即在超导状态下,超导体内磁感应强度 $B \equiv 0$,这就是迈斯纳效应。

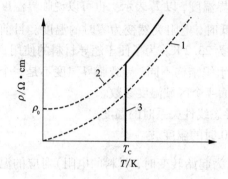

图4-2 电阻率 ρ 与温度 T 的关系

1—纯金属晶体;2—含杂质和缺陷的金属晶体;3—超导体

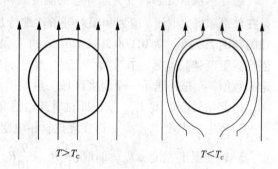

图4-3 迈斯纳效应示意图

$T < T_C$ 时,磁通线被排斥出超导体

迈斯纳效应,成功之点就是否定了把超导体看成是理想导体,指明了超导态是一个热力学平衡状态,与如何进入超导态的途径无关,超导态的零电阻现象和迈斯纳效应是超导态的两个相互独立,又相互联系的基本属性。单纯的零电阻并不能保证迈斯纳效应的存在,但零电阻又是迈斯纳效应的必要条件。因此,衡量一种材料是否是超导体,必须看是否同时具备零电阻和迈斯纳效应。

迈斯纳效应也揭示了超导体的零电阻与理想导体的零电阻有本质的不同。对于导体,即使是理想状态,电阻趋于零,而导体内部磁通密度取决于 $R \neq 0$ 时的磁通状态。对超导体,在超导状态下,内部磁通密度总是等于零。这也就是说金属在超导状态的磁化率 $\chi_m = \dfrac{M}{H} = -1$,$B = \mu_0(1 + \chi_m)H = 0$,其中 M 为磁化强度,H 为磁场强度,μ_0 为磁导系数。

产生迈斯纳效应的原因:当超导体处于超导态时,在磁场作用下,表面产生一个无损耗感应电流。这个电流产生的磁场恰恰与外加磁场大小相等、方向相反。因而总合成磁场为零。换句话说,这个无损感应电流对外加磁场起着屏蔽作用,因此称它为抗磁性屏蔽电流,在这里,我们引入参数 λ_L 即伦敦穿透深度来表征。λ_L 就是屏蔽电流在超导体表面存在的深度,也就是外磁场进入样品内部的穿透深度。λ_L 决定超导体的特性,实际上它依赖于温度和样品的纯度。在绝对零度时,λ_L 为 10^{-8} cm。

4.1.3 超导体的临界参数

超导体有 3 个基本的临界参数,即临界温度 T_C、临界磁场 H_C、临界电流 I_C(或临界电流密度 J_C)。

1. 临界温度 T_C

超导体从常导态转变为超导态的温度就叫做临界温度,以 T_C 表示。也可以说临界温度就是在外部磁场、电流、应力和辐射等条件维持足够低时,电阻突然变为零时的温度。目前已知的铑的 T_C 最低,为 0.000 2 K;Nb_3Ge 的 T_C 最高,为 23.2 K。为了便于超导材料的使用,希望临界温度越高越好。在实际情况中,由于材料的组织结构不同,导致临界温度不是一个特定的数值,而是跨越了一个温度区域。从而引入下面 4 个区域温度参数。

1)起始转变温度 $T_{C(on\ set)}$ 即材料开始偏离常导态线性关系时的温度。

2)零电阻温度 $T_{C(R=0)}$ 即在理论材料电阻 $R=0$ 时的温度。

3)转变温度宽度 ΔT_C 即取 $(\frac{1}{10}R_n \sim \frac{9}{10}R_n)$ (R_n 为起始转变时,材料的电阻)对应的温度区域宽度。如果 ΔT_C 越窄,说明材料的品质越好。

4)中间临界温度 $T_{C(mid)}$ 即取 $\frac{1}{2}R_n$ 对应的温度。对一般常规超导体,该温度有时可视为临界温度。以上这 4 个区域温度的关系见图 4-4。

2. 临界磁场 H_C

实验表明,对于超导态的物质,若施以足够强的磁场,可以破坏其超导性,使它由超导态转变为常导态,电阻重新恢复。这种能够破坏超导态所需的最小磁场强度,叫做临界磁场,以 H_C 表示。H_C 是温度的函数,一般可以近似表示为抛物线关系,即:

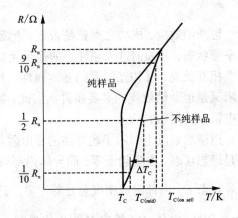

图 4-4　超导转变温度过渡示意图

$$H_C = H_{C0}\left(1 - \frac{T^2}{T_C^2}\right) \quad (其中\ T \leq T_C) \quad (4-1)$$

在临界温度 T_C 时,磁场 $H_C = 0$,式中 H_{C0} 为绝对零度(0 K)时的临界磁场。

超导体可分为两类:第一类超导体(除 V、Nb 以外的金属)和第二类超导体(V、Nb 及合金、化合物、高温超导体等)。第一类超导体主要用于固体物理、超导理论研究。对于第一类超导体而言,在临界磁场以下,即显示其超导性,超过临界磁场立即转变为常导体。具有实用价值的则主要是第二类超导体。对于第二类超导体而言,有 2 个临界磁场,即下临界磁场 H_{C1} 和上临界磁场 H_{C2},$H_{C1} < H_{C2}$。在 $T < T_C$,外磁场 $H < H_C$ 时,第一、二类超导体相同,处于

完全抗磁性状态。而当 H 介乎 H_{C1} 和 H_{C2} 之间时，第二类超导体处在超导态和正常态的混合状态。在混合状态时，磁力线成斑状进入超导体内部。电流在超导部分流动。随着外加磁场的增大，正常态部分逐渐增大，直到 $H = H_{C2}$ 时，超导部分消失，转为正常态。

3. 临界电流 I_C

破坏超导电性所需的最小极限电流，亦是产生临界磁场的电流，也就是超导态允许流动的最大电流，叫做临界电流。以 I_C 表示，相应的电流密度为临界电流密度 J_C。根据西尔斯彼（Silsbee）定则，对于半径为 a 的超导体所形成的回路中，I_C 与 H_C 的大小有关：

$$I_C = \frac{1}{2} a H_C \tag{4-2}$$

I_C 与温度的关系也可近似表示为抛物线关系：

$$I_C = I_{C0} \left(1 - \frac{T^2}{T_C^2} \right) \tag{4-3}$$

式中：I_{C0} 为绝对零度时的临界电流。

对于第一类超导体，电流仅在它的表层（$\delta = 10^{-5}$ cm）内部流动，且 H_C 和 I_C 都很小。当到达临界电流时，超导状态即被破坏了。所以，第一类超导体实用价值不大。对第二类超导体，在 H_{C1} 以下也可按第一类超导体考虑。进入混合状态后，超导体中常导部分在磁力线和电流作用下，产生一种力，叫洛伦兹力，使磁通在超导体发生运动，消耗能量。换言之，等于产生了电阻，临界电流为零。由于超导体的杂质、缺陷等，其内部总存在着阻碍磁通运动的力（叫钉扎力），只有电流继续增加，洛伦兹力增加至可以克服钉扎力时，磁力线才开始运动，此时的电流即超导体的临界电流。

4. 三个临界参数的关系

要使超导体处于超导状态，必须将它置于三个临界值 T_C、H_C 和 I_C 之下。三者缺一不可，任何一个条件遭到破坏，超导状态随即消失。其中 T_C、H_C 只与材料的电子结构有关，是材料的本征参数。而 I_C 和 H_C 不是相互独立的，是彼此有关并依赖于温度。三者关系可用图 4 - 5 所示曲面来表示。在临界面以下的状态为超导态，其余均为常导态。

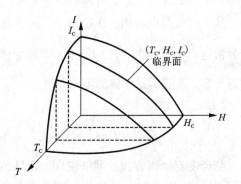

图 4 - 5　三个临界参数之间的关系

4.1.4　超导机理

1. 唯象理论

（1）二流体模型

超导体由常导体转变为超导体时，超导材料在相变时发生一定的有序化，熵值减小，比热容发生突变。在超导态转变时，电子比热容发生了 ΔC 的变化，开始形成额外的电子有序。

1934 年，戈特(Gorter)和卡西米尔(Casimir)以超导体在超导转变时发生热力学变化作为依据，提出了超导电性的二流体模型理论。二流体模型的核心内容如下。

1)金属处于超导态时，传导电子分为两部分：一部分叫常导电子，另一部分叫超导电子。常导电子流动形成常导电流，超导电子的流动形成超导电流。两种电子占据同一体积，彼此独立运动，在空间上互相渗透。

2)常导电子的到点规律与常规导体一样，受晶格振动而散射，因而产生电阻，对热力学熵有贡献。

3)超导电子处于某种凝聚状态，不受晶格振动而散射，对熵无贡献，其电阻为零，它在晶格中无阻地流动。这两种电子的相对数目与温度有关，$T > T_\mathrm{C}$ 时，没有凝聚；$T = T_\mathrm{C}$ 时，开始凝聚；$T = 0\ \mathrm{K}$ 时，超导电子成分占 100%。

这一模型成功地解释了超导体在超导态时的零电阻现象，同时也为伦敦方程提供了理论基础。

（2）伦敦方程

为了解释超导电流与电磁场的关系，伦敦兄弟(F. London，H. London)于 1935 年在二流体模型的基础上，提出了超导电流与电磁场关系的方程，与著名的麦克斯韦(Maxwell)方程一起，构成了超导体的电动力学基础。

1)第一方程

$$\frac{\partial J_\mathrm{s}}{\partial T} = \frac{n_\mathrm{s} \mathrm{e}^2}{m_\mathrm{e}} E \qquad (4-4)$$

式中：m_e 为电子质量；J_s 为超导电流密度；n_s 为超导电子密度。

从方程式可以看出：在稳态下，因为超导体中电流为常值，故 $\dfrac{\partial J_\mathrm{s}}{\partial T} = 0$，所以 $E = 0$。即超导体内电场强度等于零，说明了超导体的零电阻性质。

2)第二方程

$$\nabla \times J_\mathrm{s} = -\frac{n_\mathrm{s} \mathrm{e}^2}{m_\mathrm{e}} B \qquad (4-5)$$

结合麦克斯韦方程，可以说明，超导体表面的磁感应强度 B，以指数形式迅速衰减为零。两个方程同

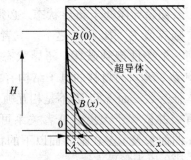

图 4-6　磁感分布与穿透深度

时包括了零电阻和迈斯纳效应，并预言了表面磁场穿透深度 λ_L。就一维而言，磁场在超导体中的磁感应强度分布情况和穿透深度见图 4-6。

2. 超导的微观机制

（1）超导能隙

当金属处于超导态时，超导态的电子能谱与正常金属不同，它的显著特点就是在费米能 E_F 附近，有一个半宽度为 Δ 的能量间隔，在这个间隔内不能有电子存在。这个 Δ 或 2Δ 叫做超导能隙参数。图4-7所示为在绝对零度时的电子能谱示意图。能隙大约在 $10^{-3} \sim 10^{-4}$ eV 数量级。在绝

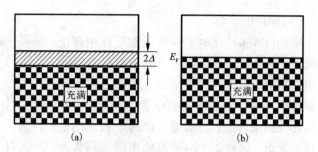

图4-7　绝对零度时的电子能谱
(a) $T=0$ K 时金属超导态能级；(b) 正常金属基态能级

对零度，能量处于能隙下边缘以下的状态全部占满，而能隙上边缘以上的状态全部空着，这种状态就是超导基。当 $T=0$ K 时，能量 E 在费米能附近 $|\Delta E| < h\omega_D$（ω_D 为德拜频率）范围的电子全部配成库柏对，超导态处于能量最低的状态（基态），基态相应的系统能量小于系统处于正常态 $T=0$ K 时的能量。

超导能隙还可以用库柏对的概念来说明：破坏一个库柏对，使之产生2个具有一定动量的单电子，也就相当于激发了2个准粒子，其所需要的最小激发能就是 2Δ。Δ 是 T 的函数。

当 $T=0$ K 时，

$$2\Delta(0) = 3.5k_B T_C$$

式中：k_B 是玻耳兹曼常数。

当 $T \rightarrow T_C$ 时，$\Delta(T) \rightarrow 0$。说明超导体在 $T > T_C$ 时，由超导态过渡到正常态。

（2）电子-声子相互作用

在温度高于绝对零度时，晶格点阵上的离子并不是固定不动的，而是要在各自的平衡位置附近振动。每个离子振动通过类似弹性力相互耦合在一起。因此，任何局部的扰动或激发，都会通过格波的传递，导致晶格点阵集体振动。这种集体振动，可以看成若干个相互独立、频率各异的简正振动的叠加。每一个简正振动的能量量子称为声子，以 $h\omega(q)$ 表示。q 表示该频率下晶格振动引起的格波动量（也叫格波矢量）。声子频率上限值 ω_D，叫做德拜频率。

声子就像粒子一样，与电子发生相互作用。电子与晶格点阵的相互作用称为电子-声子相互作用。当一个电子通过相互作用，把能量、动量转移给晶格点阵，从而激起它的某个简正频率的振动，叫做产生一个声子。相反，通过相互作用，使振动的晶格点阵获得能量、动量，同时又减弱某个简正频率的振动，叫做吸收一个声子。这种相互作用直接可以改变电子的运动状态，从而产生各种具体的物理效应，包括导体的电阻效应和超导体的零电阻效应。

利用电子-声子的相互作用可以解释两个电子通过晶格点阵发生的间接吸引作用，为下面讨论库柏电子对打下基础。电子在晶格点阵中运动，先对周围正离子吸引，造成局部正离子相对集中，这就导致它对另外电子的吸引，如图4-8所示。

（3）库柏电子对

库柏（Cooper）在电子－声子相互作用理论
基础上，进一步证明：当两个电子间存在净的
吸引作用时，不管这种吸引多么微弱，在费米
面附近就存在一个动量大小相等、方向相反且
自旋相反的束缚态；它的能量比两个独立的电
子总能量低，这种 2 个电子对的束缚态称为库
柏对。这是因为组成库柏对的 2 个电子，因相
互作用导致势能降低，降低的量将超过动能比
$2E_F$（费米能级）多出的量（即库柏对总能量低
于 $2E_F$）。此时，它们的吸引作用有可能超过库
仑排斥作用，因此形成了库柏对。

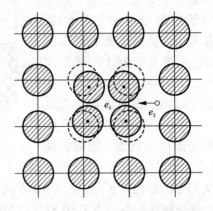

图 4－8　电子使正离子位移，从而吸引其他电子

换一个角度说，如果带电粒子的机械动量和场动量和为零，从 $J_C = n_s ev$ 可见，超导态不
过是由机械动量和场动量总和为零的超导电子所组成的，是动量空间的凝聚现象。要发生凝
聚，必定有吸引作用存在。库柏对是超导理论的基础。

3. BCS 超导微观理论

1957 年，美国物理学家巴丁（Bardeen）、库柏（Cooper）和施里弗（Schrieffer）发表了经典
性论文，提出了超导电性量子理论，后人称之为 BCS 超导微观理论。从微观角度看，这是对
超导电性机理作出合理解释的最富有成果的探索。BCS 理论核心点如下。

1）超导电性来源于电子间通过声子（在固体理论中，描述晶格振动的能量量子称为声
子）作媒介所产生的相互吸引作用，当这种作用超过电子间的库仑排斥作用时，电子会形成
束缚对，即库柏对，从而导致超导电性的出现。库柏对会导致能隙存在，超导临界场、热力
学性质和大多数电磁学性质都是这种库柏对的结果。

2）元素或合金的超导转变温度与费米面附近电子能态密度 $N(E_F)$ 和电子－声子相互作
用能 U 有关，它们可以从电阻率来估计，当 $UN(E_F) \ll 1$ 时，BCS 理论预测临界温度

$$T_C = 1.14 \Theta_D \exp \left[-\frac{1}{UN(E_F)} \right] \qquad (4-7)$$

式中：Θ_D 为德拜温度。

从上式得到这样一个有趣的结论：如果一种金属在室温下具有较高的电阻率（室温电阻
率是电子－声子相互作用的量度），冷却时就有更大可能成为超导体。

BCS 理论是从微观角度对超导电性机理做出的最富有成效的合理解释。他们三人也因此
而获得 1972 年诺贝尔物理学奖。

BCS 理论的物理图像可以理解为，在热力学零度下，对于超导态，低能量的即在费米球
内部深处的电子，仍与处于正常态中的电子一样。但在费米面附近的电子，则在吸引力作用

下，按相反的动量和自旋全部结成库柏对，也就是凝聚的超导电子。在有限的温度下，一方面出现一些不成对的单个激发电子，相当于所谓正常的电子；另一方面库柏对吸引力减弱，结合程度变差。温度越高，成对的电子数越少，结合程度越差。当达到临界温度时，库柏对全部拆散成单个的正常电子，超导态就转变成正常态了。

BCS 理论对零电阻和能隙的解释：当正常金属载流时，会出现电阻，因为电子散射而改变动量，载流电子沿电场方向加速受到阻碍；在超导态情况下，库柏对的电子虽然受到散射，但在过程中，总动量不变，电流就不会变，相当于无阻状态。

库柏对和超导能隙都是全部电子的集体效应。一对电子之间的吸引力，是通过整个电子与晶格相耦合而产生的，其大小取决于所有电子的状态。所以，破坏一个库柏对，至少需要 2Δ 能量，这就是能隙。

4. 超导隧道效应

在经典力学中，若两个区域被一个势垒隔开，只有粒子具有足够穿过势垒的能量，才能从一个区域到达另一个区域。但在量子力学中，一个能量不大的粒子，也有可能会以一定的几率穿过势垒，这就是隧道效应。超导体的隧道效应有 2 种情况：一是库柏对分裂成 2 个准粒子后，单电子的隧道效应；另一是库柏对成对电子的隧道效应。超导隧道效应在超导技术中占有重要地位。

正常金属 N 和一个超导体 S，中间为绝缘体 I，则形成了 S-I-N 结。如果 I 层足够薄，在几十至几百 nm 之间，电子就有相当大的几率穿越 I 层。S-I-N 隧道效应电子能带示意图见图 4-9。当没有外加电压的情况下，I 层两边均没有可接受电子的能量相同的空量子态，不产生隧道电流；当 S 端加一个正电压 U 时，在 $U < \dfrac{\Delta}{e}$ 时，N 和 S 端没有隧道电流；在 $U = \dfrac{\Delta}{e}$ 时，S 端出现与 N 端中被电子占据、能量相同的空量子态，N 端的电子通过隧道进入 S 端的激发态内相同能级的空量子态中，出现隧道电流；在 $U > \dfrac{\Delta}{e}$ 时，隧道电流随 U 的特性而增加。

正常电子穿越势垒，隧道电流是有电阻的，但如果绝缘介质的厚度只有 1 nm 时，则将会出现新的隧道现象，即库柏电子对的隧道效应，电子对穿越势垒后仍保持着配对状态。这就是约瑟夫森(Josephson)隧道效应。在不加任何外电场时，有直流电流通过结，这就是直流约瑟夫森效应。当外加一直流电压时，结可以产生单粒子隧道效应，结区将产生一个射频电流，结将以同样的频率向外辐射电磁波，这就是交流约瑟夫森效应，即在结的两端施加电压能使得结产生交变电流和辐射电磁波。对结进行微波辐照，则结的两端将产生一定电压的叠加。

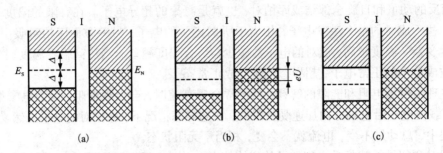

图 4 – 9   S – I – N 隧道效应电子能带示意图

$(a)U = 0$；$(b)U < \dfrac{\Delta}{e}$；$(c)U = \dfrac{\Delta}{e}$

4.2   超导材料的发展(金属、陶瓷、有机)

4.2.1   元素超导材料

在常压下已有 28 种超导元素。其中过渡族元素 18 种，如 Ti、V、Zr、Nb、Mo、Ta、W、Re 等；非过渡族元素 10 种，如 Bi、Al、Sn、Cd、Pb 等。按临界温度高低排列，铌居首位，临界温度 9.26 K；第二是人造元素锝，7.8 K；第三是铅，7.197 K；第四是镧，6.06 K；然后是钒，5.4 K；钽，4.47 K；汞，415 K；以下依次为锡、铟、铊、铅。超导元素中，除钒(V)、铌(Ni)、锝(Tc)属于第二类超导体外，其余均为第一类超导体。第一类超导体由于临界磁场很低，其超导状态很容易受磁场影响而遭受破坏，因此很难实用化，技术上实用价值不高。

在常压下不表现超导电性的元素，在高压下有可能呈现超导电性，而原为超导体的元素在高压下其超导性也会改变。如铋(Bi)在常压下不是超导体，但在高压下呈现超导电性。而镧(La)虽在常压下是超导体，其临界温度仅为 6.06 K，用 15 GPa 高压作用所产生的新相，T_C 可高达 12 K。另有一部分元素在经过特殊工艺处理(如制备薄膜、电磁波辐照、离子注入等)后显示出超导电性。

4.2.2   合金和化合物超导材料

与元素超导体相比，超导合金材料具有塑性好、易于大量生产、成本低等优点。目前常见的超导合金有以下两种。

(1)Nb – Ti 合金

在目前的合金超导材料中，Nb – Ti 系合金实用线材的应用最为广泛。Nb – Ti 合金具有良好的加工塑性、很高的强度以及良好的超导性能。Nb – Ti 合金线材虽然不是当前最佳的

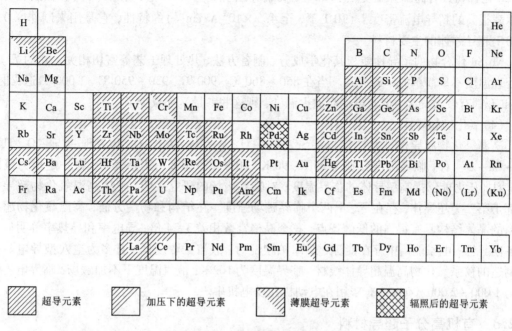

图 4 - 10　周期表中的超导元素

超导材料,但由于这种线材的制造技术比较成熟,性能也较稳定,生产成本低,他们是制造磁流体发电机大型磁体的理想材料。Ti 含量为 50% ~ 70% 的合金已广泛用于发生磁感应强度为 9 T 的电磁铁导线。

　　Nb - Ti 合金的 T_C 随成分而变化,在含 Ti 为 50% 左右时,T_C 为 9.9 K,达到最大值。同时,随 Ti 含量及 T_C 的增加,强磁场的特性提高。

　　(2)Nb - Zr 合金

　　作为合金系超导材料,最早的超导线为 Nb - Zr 系,用于制作超导磁体。Nb - Zr 合金具有低磁场、高电流的特点,在 1965 年以前曾是超导合金中最主要的产品。Nb - Zr 合金具有良好的 $H - J_C$ 特性,在高磁场下仍能承受很大的超导临界电流密度,而且比超导化合物材料延展性好、抗拉强度高、制作线圈工艺简单,但覆铜较困难,需采用镀铜和埋入法,工艺较麻烦、制造成本高,而与铜的结合性能较差。近年来由于 Nb - Ti 合金的发展,在应用上 Nb - Zr 合金逐渐被淘汰。

　　(3)化合物超导体

　　超导化合物的临界超导参量(T_C、H_C 和 J_C)均较高,是性能良好的强磁场超导材料。

　　以 Nb_3Sn 超导化合物为例,Nb - Sn 系统中有 5 个超导相:Nb 基固溶体,Nb_3Sn 化合物,Nb_6Sn_5 化合物,$NbSn_2$ 化合物和 Sn 基固溶体,其中以 Nb_3Sn 的超导临界温度最高(18 K)。

Nb_3Sn 化合物具有高临界温度(至 18 K),高临界磁场 H_C(4.2 K 下,至 22.1 T)和在强磁场下能承载很高的超导电流密度 J_C(10 T 下,至 4.5×10^5 A·cm^{-2})的特性,它是用来制作 8.0 ~ 15.0 T 超导磁体的主要材料。

Nb_3Sn 化合物的超导性能与其化学成分、制备方法、热处理工艺等密切相关。它的 T_C 与热处理温度不呈简单的单调关系。当在 850 ~ 860 ℃、900 ℃、930 ~ 950 ℃、1 000 ℃ 退火时,T_C 和 J_C 都有较大提高,但若再提高退火温度,则这些参量又都减少了。

(4)氧化物超导体

高温氧化物超导材料主要有 La - Sr - Cu - O、Y - Ba - Cu - O、Bi - Sr - Ca - O、Tl - Ba - Cu - O 4 种,临界温度分别为 35 K、90 K、80 K 和 120 K。实验表明,在一定压力范围内,增加压力能够提高超导体的临界温度;对临界磁场的研究表明,上述高温氧化物超导材料都是第二类超导体,存在下、上两个临界磁场强度。在结构和物性方面,高温氧化物超导材料的晶体结构具有很强的低微特点,三个晶格常数相差 3 ~ 4 倍;导电率和导热率等明显具有各向异性;电子能谱中存在能隙,属库柏型配对;载流子浓度低,且多为空穴型导电。目前制造的铋系氧化物高温超导体线材,临界温度为 102 K,液氮温度下不加磁场,临界电流密度为 1 000 ~ 2 000 A/cm^2,有望用在电动机和发电机中。

4.2.3 有机高分子超导材料

1979 年巴黎大学的热罗姆(Jerome)和哥本哈根大学的比奇加德(Bechgaard)发现了第一种有机超导体,以四甲基四硒富瓦烯(tetremethyletraselenafulvalene,缩写为 TMTSF)为基础的化合物,分子式为 $(TMTSF)_2PF_6$,其转变温度为 0.9 K。从 1979 年以来,人们一直努力发现转变温度更高的有机超导体。就实用意义来看,有机超导体和其他超导体的一个重要区别是有机材料的密度低,约为 2 g/cm^3,即它们的密度只有一般金属(如铌)的 20% ~ 30%,原因是原子和分子的间距大,且碳原子的质量小。

已经发现 40 多种具有超导性能的电荷转移盐类,但它们的转变温度普遍都比较低,而且它们中的许多只有在高压下才能出现超导。1991 年以前,多数转变温度升高的有机超导体都与有机分子的盐类双(乙撑二硫)四硫富瓦烯(常写作 ET)有关。1983 年美国加州 IBM 实验室的科学家发现了铼的化合物 $(ET)_2ReO_4$,在高压下其转变温度为 2 K,次年前苏联科学家发现了第一种常压下的 ET 超导体——碘盐 $\beta - (ET)_2I_3$,其转变温度为 1.5 K。到 1988 年硫氰胺铜的盐 $\kappa - (ET)_2Cu[(CN)]Cl$ 的转变温度达到了 13 K。后来改性的该类超导体,例如 $(EDT - TTF)_4Hg_{3-6}I_8$,$\delta = 0.1 ~ 0.2$($T_C = 8.1$ K)等都没有超过这个纪录。1991 年研究者发现了 K_3C_{60},这是球烯 C_{60} 的一种钾盐,其转变温度为 19 K。后来经过改进的铷、铯和球烯的化合物(Rb_2C_{60}),其 T_C 均为 33 K。现在该类超导体的最高纪录是美国朗讯科技公司发现的具有多孔表面的 C_{60} 单晶,其临界温度达到了 117 K。C_{60} 类超导体属于三维结构,是一种很有前途的有机超导体。

1993 年，俄罗斯的 Grigorov 发现了经过氧化的聚丙烯体系能在 300 K 时呈现超导性。他将用 Ziegler 合成法合成的聚丙烯溶于溶液后，沉积于铜或铟的基体上，形成厚度为 0.3 ~ 100 μm 的 PP 薄膜。经过 3 年的空气氧化(或采用紫外线照射后放置几个星期)，他发现产生了一些局部超导点，其转变温度大于 300 K，局部超导点的直径小于 0.1 μm。虽然这是有机超导体研究中所报道的唯一的室温转变温度，而且还有待进一步证实，但有机超导体出现如此举世瞩目的成果，提示了未来材料化学家追求的目标。

4.3　超导材料的应用

自从超导电性被发现以后，人们就不断地探索它应用的可能性。如超导体的零电阻效应显示了其无损耗输送电流的性质，大功率发电机、电动机如能实现超导化将会大大降低能耗，并使其小型化。若将超导体应用于潜艇的动力系统，可以大大提高它的隐蔽性和作战能力。同时超导体在国防、变通、电工、地质探矿和科学研究(回旋加速器、受控热核反应装置)中的大工程上都有很多应用。利用超导磁体磁场强、体积小、质量轻的特点，可用于负载能力强、速度快的超导悬浮列车和超导船。利用超导隧道效应，可制造世界上最灵敏的电磁信号的探测元件和用于高速运行的计算机元件。用这种探测器制造的超导量子干涉磁强计可以测量地球磁场几十亿分之一的变化，能测量人的脑磁图和心磁图，还可用于探测深水下的潜水艇;放在卫星上可用于矿产资源普查;通过测量地球磁场的细微变化为地震预报提供信息。超导体用于微波器件可以大大改善卫星通讯质量。超导材料的应用显示出巨大的优越性。

在超导应用中，一般分为低温超导材料和高温超导材料应用两大方面。

4.3.1　低温超导材料的应用

具有低临界转变温度($T_C < 30$ K)，在液氦温度条件下工作的超导材料。分为金属、合金和化合物。具有实用价值的低温超导金属是 Nb(铌)，$T_C = 9.26$ K，已制成薄膜材料用于弱电领域。合金系低温超导材料是以 Nb 为基的二元或三元合金组成的 β 相固溶体，T_C 在 9 K 以上。最早研究的是 Nb – Zr 合金，在此基础上又出现了 Nb – Ti 合金。Nb – Ti 合金的超导电性和加工性能均优于 Nb – Zr 合金，其使用已占低温超导合金的 95% 左右。Nb – Ti 合金可用一般难熔金属的加工方法加工成合金，再用多芯复合加工法加工成以铜(或铝)为基体的多芯复合超导线，最后用冶金方法使其最终合金由 β 单相转变为具有强钉扎中心的两相($\alpha + \beta$)合金，以满足使用要求。化合物低温超导材料有 NbN($T_C = 16$ K)、Nb_3Sn($T_C = 18.1$ K)和 V_3Ga ($T_C = 16.8$ K)。NbN 多以薄膜形式使用，由于其稳定性好，已制成实用的弱电元器件。Nb_3Sn 是脆性化合物，它和 V_3Ga 可以纯铜或青铜合金为基体材料，采用固态扩散法制备。为了提高Nb_3Sn(V_3Ga)的超导性能和改善其工艺性能，有时加入一些合金元素，如 Ti、Mg 等。

1. 强电方面的应用

超导材料的主要应用是超导磁体，它应用领域十分广泛，发展十分迅速，是因为其与常规超导体相比，具有明显的优越性。特点是超导磁体体积紧凑而质量轻，当它处于超导态时，可承载巨大的电流密度，用它制作绕组不需铁芯，故超导磁体小而轻。其次是超导磁体的耗电量很低。同时，超导磁体系统容易获得更高的磁场，而强磁场是现代物理研究的前提，也是衡量一个国家工业和技术实力的标准之一。

超导磁体从磁场上可分为直流超导磁体和脉冲超导磁体。直流超导磁体工作在持久的电流状态下，可以得到极其稳定的磁场。脉冲超导磁体产生的磁场为三角形或其他脉冲波形，周期为几秒至 1 min。目前超导线圈的主要应用为：

1）用于高能物理受控热核反应和凝聚态物理研究的强场磁体；

2）用于 NMR 装置上以提供 $1 \sim 10$ T 的均匀磁场（$B_0 = \mu_0 H$）；

3）用于制造发电机和电动机线圈；

4）用于高速列车上的磁悬浮线圈；

5）用于轮船和潜艇的磁流体和电磁推进系统。

此外，超导磁体还用于核磁共振层析扫描和超导能量储存等。医用核磁共振层析扫描技术是通过对弱电磁辐射的共振效应来确定一些核（如氢）的性质，共振频率正比于磁场强度。先进的核磁共振扫描装置内的磁场的临界电流密度为 $1.2 \times 10^6 \sim 1.6 \times 10^8$ A/m^2（即 $B_0 = 1.5 \sim 2$ T）。借助于计算机，对人体不同部位进行核磁共振分析，可以得到人体各种组织包括软组织的切片对比图像。它比 X 光技术不仅更加精确有效，而且是对人体无害的诊断手段。电能可以用很多方法储存，如以电荷形式储存在电容器中，以化学能的形式储存在蓄电池中，以核子能的形式储存在反应堆中，以位能形式储存在被压缩的气体中等。在超导磁体中，也可以储存巨大的能量。只要将超导闭合线圈保持超导态，它所储存的能量就能无损耗地长期保存。故可利用超导线圈作为储能器，平时不断地逐步将电磁能量储于其中，一旦需要时，既可让其缓慢地释放能量（如可用作电网峰值负载补偿或发生故障时供电），也可让其脉冲式的瞬间释放其能量（如激光武器中）。

超导电性在强电应用中的关键问题之一，是要求超导体必须具有很高的临界电流。

2. 弱电方面的应用

根据交流约瑟夫森效应，利用约瑟夫森结可以得到标准电压，而且数值精确，使用方便，在电压计量工作中具有重要意义。它把电压基准提高了二个数量级以上，并已确定为国际基准。超导电子可以穿越夹在两块超导体之间极薄（$1 \times 10^{-9} \sim 3 \times 10^{-9}$ m）绝缘层（这种结构称为超导结）而产生超导隧道效应。利用这一效应可制成各种器件，这些器件具有灵敏度高、噪声低、响应速度快和损耗小等特点。超导体从超导态转变到正常态时，电阻从零变到有限值，利用这种现象可制成各种快动开关元件。按照控制超导体状态改变的不同方式，超导开关分磁控式、热控式和电流控制式等。如按照超导体状态改变时发生突变的性质，则超导开关又可分为电阻开关、电感开关和热开关。一般而言，磁控式开关响应快，但对开关电路会产生一定干扰，且往往体积较大。热控式开关响应慢，但较简便，因此应用较广。

约瑟夫森效应的另一个基本应用是超导量子干涉器（SQUID），它是高灵敏度的磁传感器。在 SQUID 里可以有 1 个或 2 个约瑟夫森结，SQUID 要求没有磁滞的约瑟夫森结，因此可用一个足够小的电阻把薄膜微桥或隧道结并联起来。它的最基本的特点是对磁通非常敏感，能够分辨出 10^{-15} T 的磁场变化。超导量子干涉器又分为直流超导量子干涉器（dc-SQUID）和射频超导量子干涉器（rf-SQUID）。前者的特点是在一个超导环路中有两个约瑟夫森结，它是在直流偏置下工作的；后者为单结超导环，它对直流总是短路的，只能在射频条件下工作。SQUID 可以用于生物磁学。约瑟夫森结还有在计算应用上的巨大潜力，它的开关速度在 10^{-12} s 量级和能量损耗在皮可瓦范围，利用这种特性可开发新的电子器件，如可以为速度更快的计算机建造逻辑电路和存储器。超导电性还在精密测量中被广泛应用，如超导重力仪是用来测量地球重力加速度的仪器。以超导电子器件做成的超导磁强计的灵敏度最高。

高温超导体被发现后，由于低温超导薄膜有均匀性、工艺稳定性以及热噪声低等优点，低温超导材料目前仍在超导器件制造中占有十分重要的地位。其中，具有重要实用价值的有 B-1 型化合物薄膜如 NbN 以及 A-15 超导体膜如 Nb_3Sn、Nb_3Ge 等。

4.3.2　高温超导材料的应用

由于常规低温超导体的临界温度太低，必须在昂贵复杂的液氦（4.2 K）系统中使用，因而严重地限制了低温超导应用的发展。高温氧化物超导体的出现，突破了温度壁垒，把超导应用的温度从液氦提高到了液氮（77 K）温区。同液氦相比，液氮是一种非常经济的冷媒，并且具有较高的热容量，给工程应用带来了极大的方便。另外，高温超导体都具有相当高的上临界场 $[H_{C2}(4 K)>50 T]$，能够用来产生 20 T 以上的强磁场，这正好克服了常规低温超导材料的不足之处。正因为这些由本征特性 T_C、H_{C2} 所带来的在经济和技术上的巨大潜在能力，吸引了大量的科学工作者采用最先进的技术装备，对高 T_C 超导机制、材料的物理特性、化学性质、合成工艺及显微组织进行了广泛和深入的研究。高温氧化物超导体是非常复杂的多元体系，在研究过程中遇到了涉及多种领域的重要问题，这些领域包括凝聚态物理、晶体化学、工艺技术及微结构分析等。一些材料科学研究领域最新的技术和手段，如非晶技术、纳米粉技术、磁光技术、隧道显微技术及场离子显微技术等，都被用来研究高温超导体，其中许多研究工作都涉及到了材料科学的前沿问题。高温超导材料的研究工作已在单晶、薄膜、体材料、线材和应用等多方面取得了重要进展。

超导电性的实际应用对实用超导材料有几方面的要求。首先，在超导性能方面要有尽可能高的 $T_C(H, J)$、$H_{C2}(T, J)$ 和临界电流密度 $J_C(T, H)$（$>10^4$ A/cm^2，1 T），较低的交流损耗，以及较好的热力学和磁学稳定性；其次，超导线材的长度以及价格应满足实用的要求。

从本征特性来看，高温超导材料最大优势是具有较高的 T_C 和 H_{C2}，但材料本身为层状结构,具有极短的相干长度,超导性能和热力学特征都呈现很强的各向异性。另外,在这类复杂的多元体系氧化物超导体中存在着复杂的相转变问题,如在 YBCO 体系超导体中,由于氧的作用会发生四方－正交相变。在 BSCCO 体系超导体中,工艺参数的微小改变就会导致2223 相、2212 相及 2201 相的转化,因而在这类材料中,多相共生的现象普遍存在。这些特征,使得具有高角度晶界的多晶高温超导材料呈现严重的颗粒性及弱连接现象,导致极低的 J_c,并且使 J_c 随外磁场的增加呈指数下降。影响 J_c 的另一个主要因素是高温超导材料在液氮温区的磁通钉扎力较弱,导致较低的不可逆场和严重的磁通蠕变等。从成材角度而言,高温超导材料作为多元体系的氧化物陶瓷,在制造技术方面存在着较大的困难,必须克服来自加工脆性、氧的进出及与基体反应等问题。近年来,从事超导研究的科学家进行了大量的材料基础研究,深入了解了高温超导体的物理及化学特征,另一方面针对存在的制造技术方面的问题,发展了许多特种制造工艺技术,利用织构化技术已在很大程度上改善了各向异性的影响,采用熔化工艺及外延生长技术已能够克服颗粒性及弱连接,并且通过引入高密度的晶体缺陷作为有效的磁通钉扎中心,获得了高 J_c 值。但是,把这些成功的手段应用于成材技术中制备出满足工程应用要求的实用高温超导长线(带)方面,还需要进一步努力。近年来发展起来的熔化工艺已把 Y－Ba－Cu－O(YBCO,Y 系)系超导块材的 J_c 值提高到 10^5 A/cm^2(77 K,1 T)。在线(带)材方面,1994 年来,1 000 m 长的 Bi 系带材的 J_c 已超过 10^4 A/cm^2(77 K,0 T),用这类带材绕制的磁体已产生了 4 T(4.2 K)的磁场。制备出的高质量薄膜已达到了实用的要求,用它制成的高温 SQUID 已达商品化。另外,在大电流引线、储能、限流器、电缆和电机等方面的应用也取得了很大的进展。

1. 高温超导材料进展

(1)单晶

为了揭示氧化物超导体的超导机制和寻求更高 T_c 的新材料,需要对这些氧化物进行精确的物理测量,由于至今所发现的氧化物材料具有复杂的原子结构和强的各向异性,所以要获得高度可信的数据就必须使用高质量的单晶,这种高质量单晶应满足几个条件:大尺寸,好的表面形貌,高纯度,很好的均匀性和晶体缺陷低。此外,高质量大尺寸氧化物超导单晶是优质的高温超导薄膜基底,大尺寸氧化物超导单晶制造技术的发展促进了超导器件的开发。

由于氧化物超导体是由多种元素(至少 4 种)组成的化合物,再者因为 YBCO 体系相关系的复杂性,这些因素使得直接从 YBCO 组分的液相中得到 YBCO 单晶变得十分困难。因此,直到现在 YBCO 单晶的生长主要是通过各种类型的助溶剂(如 PbO－B$_2$O$_3$、KCl－NaCl)来实现的。但是用这些助溶剂要获得高质量的单晶却十分困难。在多数情况下一般采用 BaO－CuO 做助溶剂。但这种方法有许多缺点:首先,BaO－CuO 几乎和任何类型的坩埚都发生反应,从而使单晶受到坩埚材料的污染,所以难以获得高质量的单晶。其次,由于 YBCO 与BaO－CuO 熔液的化学性质几乎一致,所以从 BaO－CuO 溶剂中分离 YBCO 单晶十分困难。

此外，因为控制 YBCO 成核十分不易，因此用助溶剂法很难合成大尺寸的单晶。

最近发展了一种叫做 SRL‐CP(溶质富液相晶体提拉)法能够制备出 15 mm × 15 mm × 15 mm 的大尺寸 YBCO 单晶。晶体沿 c 轴方向以 0.06 ~ 0.09 mm/h 速度生长。ab 面及 c 轴方向的 T_C 均为 90 K，这是很有效的制备大尺寸 YBCO 单晶的方法，它将给薄膜器件的研制、物性研究及揭示高温超导机制带来很大便利，用这种大尺寸 YBCO 单晶做基底成功地制备了高质量的 YBCO 薄膜。

对 Bi 系和 Tl‐Ba‐Ca‐Cu‐O 体系(Tl 系)超导体来说，由于它们比 Y 系有更多的元素组分，更复杂的结构和更强的各向异性，所以要获得大尺寸高质量的单晶更加困难，大多数晶体都是 c 方向很薄的片状晶。在 Bi 系超导体中，通过助溶剂法、移动溶剂浮区法(TSFZ)和顶部籽晶生长法均能得到 2212 单晶，1993 年用 TSFZ 法制备了 ab 面为 20×5.5 mm^2 和 c 轴 1.5 mm 厚的 Bi‐2212 单晶，但至今尚没有报道 Bi‐2223 单晶的结果。

尽管现在可以稳定制备较大尺寸的 YBCO 单晶，但为了尽快推动超导器件的发展，还需要合成更大尺寸、更高质量的单晶，此外，还需要加快单晶的生长速率。

(2)高温超导块材

经过 10 年的发展，高 T_C 氧化物超导块材取得了很大的进展。首先表现在 J_c 值的提高。这方面的工作主要是围绕着 Y 系材料展开的。固态反应法是制备氧化物材料的传统方法。但是人们发现，无论怎样调整工艺参数，也不能使 J_c 突破 10^3 A/cm^2(77 K, 0 T)的量级，并且 J_c 值随磁场很快衰减，其 $J_c\text{‐}B$ 特性类似于约瑟夫森结。人们很快发现，这是由于超导晶粒间的弱连接造成的，产生弱连接的主要原因是超导体具有很强的各向异性和极短的相干长度。克服弱连接必须使晶粒沿 Cu‐O 面取向排列，并且晶粒

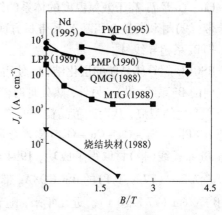

图 4‐11　几种融化工艺样品的 J_c 的比较

间必须很好的连接。1988 年，熔融织构(MTG)工艺(美国 AT&T Bell 实验室)首先在这方面取得了突破，随后又相继发展出液相处理法(LPP, 美国 Houston 大学)、淬火熔融生长(QMG, 日本 ISTEC 超导中心)和粉末熔化处理(PMP, 中国西北有色金属研究院)等熔化工艺，使 J_c 值超过了 10^4 A/cm^2(77 K, 1 T)。PMP 工艺采用 211 与 BaCuO$_2$ 及 CuO 为初始粉末，在超导体中引入了弥散分布的细小 211 粒子，这种细小 211 粒子一方面提供了钉扎力，另一方面又抑制了微裂纹的产生。另外，在 123 相晶体中引入了高密度的层错和位错作为有效的磁通钉扎中心，使 J_c 值大幅度提高。YBCO 超导块材的性能提高见图 4‐11，由图可见 PMP 法制备的材料 J_c 达到 1.4×10^5 A/cm^2(77 K, 1 T)，处于国际领先水平。

研究 YBCO 超导块材的目标之一是利用由于它在超导态下的迈斯纳效应及磁通钉扎特性

导致的磁悬浮力，试图应用于超导轴承、贮能以及磁浮列车等。目前 YBCO 体系块材在提高磁悬浮力方面也取得了较大的进展。日本钢铁公司最近制得的 $\phi80$ mm 的一个样品，与永久磁体间的相互作用力达 580 N，平均每平方厘米达 8.3 N，其制造的 $\phi48$ mm 的 YBCO 单晶畴样品，可悬起 22 kg 的重物，平均每平方厘米悬起约 1.5 kg 的重物，已接近实用化水平。我国北京有色院、西北有色院制备的 YBCO 块材磁悬力达到 10 N/cm²(77 K)。

YBCO 大块亦可用于捕获磁通，作为永久磁体用。我们现在所用的永久磁体，最高磁场不能超过 1 T。要得到大于 1 T 的磁场，就必须用超导材料。在这 10 年内，YBCO 超导体的捕获磁通已取得了很大的进展。日本 ISTEC 制造的 $\phi20$ mm × 30 mm 的 YBCO 块能捕获 7.4 T(76.5 K)，8.34 T(59 K)的磁场，美国 Houston 大学制造的 YBCO 块能捕获 3.1 T(77 K)的磁场，这些说明，YBCO 块材有着很大开发和应用潜力。

(3)高温超导线(带)材

高温超导体在强电方面众多的潜在应用(如磁体、电缆、限流器、电机等)都需要研究和开发高 J_c 的长线(带)材(约 1 km 长度量级)。所以，人们先后在 YBCO、BSCCO 及 Tl – Ba – Ca – Cu – O 等 T_c 高于液氮温度的体系的线材化方面做了大量的工作。目前已在 Bi 系 Ag 基复合带(线)材和柔性金属基 Y 系带材方面取得了很大进展。

1)Bi 系超导线材

BSCCO 超导体晶粒的层化结构，使得人们能够利用机械变形和热处理来获得具有较好晶体取向的 Bi 系线(带)，另外，热处理时液相的存在能够促进材料致密化，并且弥合在变形加工中所产生的裂痕，从而改善晶粒间的连接性。这种优点，使得人们利用粉末套管法(PIT)，即把 Bi(Pb) – Sr – Ca – Cu – O 粉装入金属管(Ag 或 Ag 合金)中进行加工和热处理的方法，制备 Bi 系长线(带)材取得了成功，1994 年美国超导公司率先制备出长度达 1 000 m、J_c 达 1×10^4 A/cm²(77 K，0 T)的 BSCCO/Ag 带材。目前所制备的 Bi – 2223/Ag 带的最高 J_c 值已接近 10^5 A/cm²(77 K，0 T)。近几年来，随着对该类超导体的结构形成机理、显微结构特征以及超导性能的深入研究，不断改善工艺技术，使 J_c 和带材的均匀性逐年提高。1996 年，美国超导公司(ASC)和日本住友公司制备的 1 200 m 带材的 J_c 值均超过 1.2×10^4 A/cm²(77 K，0 T)，并且能够稳定生产。这种带材已成功用来绕制小型超导磁体及超导电缆试制等。根据目前的研究结果，人们认为通过进一步改善工艺参数，提高带材的密度和晶粒的结构、改善晶粒间的连接性以及引入有效的磁通钉扎中心，Bi 系带材的 J_c 值将还会有较大幅度的提高。另外，在通过多芯化和基体材料的合金化来改善 Bi 系线(带)材的机械强度方面，也已取得了明显进展。

2)柔性金属基 YBCO 带材进展

YBCO 超导体在液氮温区有较强的本征钉扎特性，但它的晶粒很难通过常规的加工技术来实现取向，所以用 PIT 法及在普通金属基带上涂层后热处理的方法虽然能够制备出长线

（带）材，但其 J_c 值均小于 10^3 A/cm^2（77 K，0 T），并且，随磁场的增加迅速下降。受在单晶基体上通过外延生长制备高 J_c YBCO 薄膜的启发，最近人们发展了"离子束辅助沉积"（IBAD，美国 LANL）和"轧制辅助双轴织构"（RABITS，美国 ORNL）这两种柔性基带，并在这种基带上生长 YBCO 膜取得了成功，获得了高 J_c 的带材。这两种基带都是在柔性金属带（如 Ag，Ni 等）上沉积一层取向生长的钇稳定的氧化锆（YSZ），由于 YSZ 与 YBCO 的晶格点阵非常接近，并且具有良好的化学稳定性，它一方面可以诱导 YBCO 晶体取向生长，另一方面又作为阻隔层防止 YBCO 与金属基带反应。目前利用脉冲激光沉积（PLD）和 MOCVD 方法在IBAD 及 RABITS 带上制备的 YBCO 超导体在 65 K 强磁场中的 J_c 值均已超过低温实用超导体NbTi 和 Nb$_3$Sn 在 4.2 K 的 J_c 值。如：美国 LANL 制备的 IBAD 样品 J_c 最高达到 10^6 A/cm^2（75 K，0 T），ORNL 的 RABITS 带的 J_c 也已达到 7×10^5 A/cm^2（77 K，0 T）、3×10^5 A/cm^2（77 K，1 T）。虽然从目前的研究现状来看，制备长带还存在着一定的技术难度，但这种方法所带来的高 J_c 性能给高温超导体在 77 K 温区实现强电应用展示了美好的前景，人们已把它称为继 PIT 法 BSCCO 带后的第二代高温超导带材，并且投入较大的人力和物力进行开发研究。

（3）薄膜

自从高温超导体发现以来，人们对高温超导薄膜的制备与研究都给予了极大的重视，特别是液氮温度以上的高温超导体的发现，使人们看到了广泛利用超导电子器件优良性能的可能性，科学家们预计，高温超导体将使超导电子学发生一个根本的变革，超导体的临界温度 T_c 高于 77 K，大大简化了超导电子器件的使用条件，从而扩大了它的使用范围。

要想得到性能优良的高温超导器件就必须有质量很好的薄膜，但由于高温超导体是由多种元素（至少 4 种）组成的化合物，而且高温超导体往往还有几个不同的相，此外，高温超导体具有高度的各向异性，这些因素使制备高质量高 T_c 超导薄膜具有相当大的困难。尽管如此，通过各国科学家 10 年来坚持不懈的努力，已取得了很大的进展，高质量的外延 YBCO 薄膜的 T_c 在 90 K 以上，零磁场下 77 K 时，临界电流密度 J_c 已超过 1×10^6 A/cm^2，工艺已基本成熟，并有了一批高温超导薄膜电子器件问世。

2. 高温超导材料的应用

超导电性的实际应用从根本上取决于超导材料的性能。与实用低温超导材料相比，高温超导材料的最大优势在于它可能应用于液氮温区。目前在强电方面，接近实用要求并已开始商业开发的高温超导材料主要是 PIT 法 Bi 系线（带）材。它在 77 K、自场条件下的无阻载流能力是普通导体的 100 倍，但随外磁场的增加衰减很快，所以目前它仅适合于低磁场条件下的应用，如超导输电电缆、超导限流器等，而不具备在 77 K 下应用于其他需要较高磁场的强电应用项目，如电动机、发电机和超导磁能储存系统等。被认为第二代的 IBAD 和 RABITS 带材，如果研究开发成功，则可能在 77 K 下实现以上应用。但 Bi 系线（带）材在低于 30 K 温度下优越的高场性能，可以使它在该温区用于某些强电应用，并可用微型致冷机来进行系统的冷却。在弱电应用方面，由于已获得高质量的薄膜材料，所以 SQUID 等高温超导器件已商品化，但其在使用过程中的稳定性还需进一步改善。以下将概述近年来在高温超导材料应用研究方面取得的主要进展。

（1）电流引线

在给低温环境下工作的超导磁体和电力设备供电时，由低温到高温之间的电流引线会消耗许多液氦，一直是工程应用中的一个难题。高温超导体由于 T_C 高，热导率低，作为由低温区到高温区的过渡，可以在超导态下给磁体供电，从而把热漏减少到了极小的程度。目前用作电流引线的材料主要有 Bi – 2212 及 Bi – 2223 的棒、管和带材、以及熔化法 YBCO 棒材。根据应用的环境不同，引线的临界电流在 1 000 ~ 5 000 A 之间。目前，电流引线已成功地用于微型制冷机冷却的 NbTi 及 Nb_3Sn 磁体系统，第一次实现了不需用液氦的超导磁体应用。

（2）磁体

Bi – 2223/Ag 长带绕制线圈和磁体是目前研究的重点之一。Bi – 2223 具有较高的临界温度，用这种材料绕制的磁体具有高的稳定性和可靠性，因此，这种磁体能够在广阔的范围内得到应用。

日本住友电工的 K. Sato 报道了他们的 61 芯 Bi – 2223 带材，采用先反应后绕（R&W）技术制备了一个内径为 80 mm，外径为 292 mm，总匝数为 6 503 匝的磁体，在 4.2 K 和 20 K，可分别产生 7 T 的磁场，为目前高 T_C 超导磁体的最高记录。美国 ASC 在 1994 年报道了一个利用机械致冷机冷却的高温超导磁体，在 27 K 零外场下能产生 2.16 T 的磁场，最近又报道了一个在 4.2 K 下，产生 3.4 T 磁场的磁体。

与低温常规超导体相比，BSCCO 体系的优越性是它的 J_c 值在液氦温区（4.2 K）强磁场中随磁场的增加而降低很少，所以可以制成中心磁体插入常规磁体中，产生 20 T 以上的强磁场。最近，日本住友电工将 Bi – 2223/Ag 多芯带绕制的四双饼高温超导磁体插入 NbTi 及 Nb_3Sn 组合磁体中，在 4.2 K 产生了 24 T 的磁场，已能满足 1 GHz 核磁共振磁体要求，这是目前世界上超导磁体在 4.2 K 产生的最高磁场。而如果只用常规低温超导体，这一高磁场值是无法实现的。

（3）输电电缆

输电电缆由于在低磁场（0.1 T）下运行。因而被认为是实现高温超导应用的最有希望的领域。高 T_C 超导电缆同低温超导电缆和常规地下电缆相比具有明显的优越性，从而有可能替代目前使用的地下电缆。美国、日本、欧洲在这方面已取得一定的进展。

美国 ASC 已开发出 30 m 长、3 kA 的 Bi – 2223 导体，并计划与电力研究所、LANL 和 ORNL 等合作，在 4 年内进行三相 115 K、30 m 电缆的试验。

日本的东京电力、住友电工、古河电工等联合开发输电电缆，已制成 50 m 长、3 kA 的电缆。1995 年夏，英国的 BICC 及其意大利子公司及 LEAT 和 CAVI，使用美国 IGC 的线材，已制成 1 m 长，在 20 K 下输电 11 kA 的电缆。1995 年 10 月，美国能源部提出一项新的电缆计划，由 IGC 提供线材，ORNL 和 SC 制备及测试一个 1 m 长、2 kA 的交流电缆。专家们预测，到 2010 年左右,高温超导输电电缆可能实现商品化。

(4)故障限流器

在电厂,高压输电、低压配电等电力系统中,有时会因闪电轰击,设备故障等引起短路,对 50 Hz 的电力系统而言,一旦发生短路,不可避免会产生很大的故障电流,为此电路上总配有限流装置,常规的故障限流器是非超导的。随着高温超导体的出现及材料工艺的不断改进,在世界范围内掀起了研究高温超导限流器的热潮,美国、日本、德国、法国等都在从事高 T_C 故障限流器的开发,并取得了较大进展。高 T_C 限流器所用材料有两种:一种是直径为 1 m、通过离心熔铸法制成的 Bi-2212 管,一种是 Bi-2223/Ag 线材。

(5)高温超导器件应用

高温氧化物超导体的出现,无疑给超导电子学带来了更为广阔的应用前景。常规超导电子器件早已显示出巨大的优越性,超导量子干涉器(SQUID)用于测量微弱磁场,灵敏度可比常规仪器高 1~2 个数量级,这使得它在生物磁性测量、寻找矿藏等领域发挥了巨大的作用,超导隧道效应使微波接收机的灵敏度大大提高,超导薄膜数字电路可用来制造高速、超小体积的大型计算机,但由于常规超导器件工作在液氦温区(4.2 K)或致冷机所能达到的温度(10~20 K)下,这个温区的获得和维持成本相当高,技术也复杂,因而使用常规超导器件的应用范围受到了很大的限制。

高温超导体的临界温度已突破液氮温区(77 K),由它所制成的器件可在这个温区下正常地工作,这就打破了常规超导器件的局限性,使超导器件可在更大的范围内发挥作用,而且高温超导体的工作温度和一些半导体器件重合,二者结合起来,就可发展出更多的有用器件。

目前,正在研究和开发的其他高温超导材料强电应用项目还有超导电机、超导储能轴承、磁浮列车、超导变压器等。

3. 高温超导材料的展望

高温超导材料经过 20 年的发展,在各个方面都取得了令人振奋的成绩。在线材制造方面,已能制备出 1 km 级长度的高 J_C($> 10^4$ A/cm^2,77 K,自场)的 BSCCO 带材。用这种带材已制备出可在 77 K 运行的超导输电电缆原型,Bi 系磁体也已在 G-M 制冷机冷却下产生了 3 T 的磁场(20 K)。在块材方面,用 PMP 法制备的 YBCO 超导体的 J_C 高达 1.4×10^5 A/cm^2(77 K,1 T)。大尺寸单晶和 YBCO 体系大块材料的磁悬浮性能,及捕获磁通的能力已接近实用水平。具有上千安培的高温超导电流引线已经实现商品化。第二代导体 IBAD 和 RABITS 带材的出现,给液氮温区的强电应用展示了美好的前景。高质量 YBCO 薄膜材料的制造工艺业已成熟,用它制作的可用于液氮温度的 SQUID 已商品化。

尽管高温超导研究已取得很大进展,但仍存在许多困难,对高温超导体在高温高场下钉扎机制的认识还远远不够,钉扎中心与磁通线的相互作用有待于进一步阐明,对不可逆线的性质、起源和理论解释还需要进一步研究。此外,对高 T_C 超导体的成相机理和磁通动力学特性等还缺乏足够的理解,这些问题的解决将会对高 J_c 超导材料的发展提供重要的依据。

从超导材料的发展历程来看,新的更高临界转变温度材料的发现及室温超导的实现都有可能。单晶生长及薄膜制造工艺技术也会取得重大突破,但超导材料的基础研究还面临一些挑战。目前超导材料正从研究阶段向应用发展阶段转变,且有可能进入产业化发展阶段。超导材料正越来越多地应用于尖端技术中,如超导磁悬列车、超导计算机、超导电机与超导电力输送、火箭磁悬浮发射、超导磁选矿技术、超导量子干涉仪等。因此,超导材料技术有着重大的应用发展潜力,可解决未来能源、交通、医疗和国防事业中存在的重要问题。

习 题

1. 什么是超导电性和超导体?
2. 为什么常常要用迈斯纳效应来确定超导态的形成而不是靠电阻测量?
3. 超导体有3个基本的临界参数,简述其定义和三者的关系。
4. 简述超导体的基本特性和超导材料的种类。
5. 举例说明超导材料的应用。
6. 在金属低温超导理论中,最基本的出发点是什么?
7. 试用二流体模型及 BCS 理论解释超导电性。
8. BSC 超导微观理论的核心点有哪些?
9. 超导磁悬浮是什么效应的直接结果?试描述磁悬浮列车的工作原理。
10. 试对"库柏电子对"的形成加以描述,并用它来解释超导体的零电阻效应。
11. 何谓高温超导体?目前高温超导体的临界温度大致是多少度?
12. 超导体在输电工程中有何应用?
13. 高温超导材料的应用主要有哪些方面?
14. 超导线圈的主要应用有哪些方面?
15. 高温超导材料的未来研究方向有哪些?

第 5 章　磁性功能材料

5.1　磁学基础

5.1.1　原子的磁性

物质的磁性来源于原子的磁性，原子的磁性来源于电子的轨道运动及自旋运动，它们都可以产生磁矩。

1. 电子轨道磁矩

电子绕轨道运动，相当于一个环形电流。若电子的电荷为 $-e$，绕轨道运行之周期为 T，则相应的电流 $i = -\dfrac{e}{T}$，所形成的磁矩为 iS，此处 S 为环形电流所包围的面积。原子中各电子轨道的磁矩的方向是空间量子化的，磁矩的最小单位为 μ_B，称为玻尔磁子，它是一个常数，其数值为

$$\mu_B = 9.27 \times 10^{-24}\ \text{A} \cdot \text{m}^2$$

在 SI 制中，也可以用磁偶极矩表示一个玻尔磁子，其值为

$$\mu_0 \times 9.27 \times 10^{-24}\ \text{A} \cdot \text{m}^2 = 1.165 \times 10^{-29}\ \text{Wb} \cdot \text{m}$$

电子循轨运动之磁矩大小和轨道角动量的大小有关，因此它是角量子数 l 的函数。从量子力学计算可知，角量子数为 l 的轨道电子的磁矩为

$$\mu_l = \sqrt{l(l+1)}\,\mu_B \tag{5-1}$$

式中 $l = 0, 1, 2, \cdots, n-1$。

若一原子中有很多电子，则由各个电子形成的轨道总磁矩是各个电子轨道磁矩的向量和。因此，在原子壳层完全充满电子的情况下，由于电子轨道在空间的对称分布，原子的总磁矩为零。

2. 电子的自旋磁矩

电子具有自旋，也是一种电荷的运动形式，因此也产生磁矩。实验证明，一个电子自旋磁矩在外磁场方向（z）的大小正好是一个玻尔磁子，但其方向可能和外磁场的方向平行或反平行，即

$$\boldsymbol{\mu}_S \boldsymbol{z} = \pm \mu_B \tag{5-2}$$

因此如果一个原子中有多个电子，则它们在 z 方向的自旋磁矩可能是平行的，也可能是

反平行的。总的自旋磁矩是各个自旋磁矩的向量和。对于充满了电子的壳层，其总的自旋磁矩也为零。

3. 原子的磁矩

孤立的原子的磁矩是原子中所有电子的轨道磁矩向量和。在已知原子中电子排布的条件下，是可以进行计算的。

物质是由原子组成，因此物质的磁性来源于各个原子的磁矩。但应当说明，在固体中，由于各个原子间电子之相互作用，情况变得复杂。因此除了特殊情况以外，一般说来，物质中各个原子的磁矩大小不能简单地按计算孤立原子磁矩的方法去作定量计算。

5.1.2 物质的磁性

宏观物质的性质是由组成该物质原子的性质和组织结构决定的，宏观物质有许多分类的方法，根据磁化率大小和符号，可以将宏观物质分成五类。

1. 抗磁性与抗磁性物质

在原子系统中，在外磁场作用下，感生出与磁场方向相反的磁矩现象称为抗磁性。抗磁性起源于原子中运动着的电子相当于闭合的回路，在受到外磁场作用时，回路的磁通发生变化，回路中将产生感应电流，感应电流产生的磁通反抗原来磁通的变化。闭合感应电流产生的磁矩作用使外磁场磁化作用减弱，呈抗磁性现象。所以，抗磁性现象存在于一切物质中，是所有物质在外磁场作用下所具有的属性。抗磁性物质的特征是原子为满壳层，无原子固有磁矩，磁化率 $\chi_d = -M\chi_p = \dfrac{C}{H} < 0$，其大小在 10^{-5} 数量级，如图 5-1 所示，正常情况下 χ_d 与温度、磁场无关。但当物质熔化凝固、范性形变、晶粒细化和同素异构转变时，将使抗磁性磁化率发生变化。典型抗磁性物质有惰性气体，有机化合物，金属 Bi、Zn、Ag、Mg 和非金属 Si、P、S 等。虽然抗磁性现象存在于一切物质中，但大多数物质的抗磁性被较强的顺磁性所掩盖而不能表现出来，只有在抗磁件物质中才能显现出来。

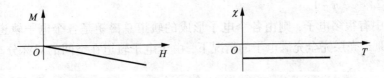

图 5-1 抗磁性物质的磁化率及其与温度的关系

2. 顺磁性与顺磁性物质

原子系统在外磁场作用下，物质感生出与磁化场相同方向的磁化强度现象称为顺磁性，顺磁性物质特征是原子具有固有磁矩，在无外磁场时，受热扰动影响原子磁矩杂乱分布，总磁矩为零，即 $\sum \mu_{ji} = 0$。

当施加外磁场时，这些磁矩趋于向外磁场方向，引起顺磁性，其磁化率 $\chi_p = \dfrac{M}{H} > 0$，但在常温下，受热运动的影响，$\chi_p$ 大小在 $10^{-3} \sim 10^{-6}$ 数量级，仅显示微弱的磁性。多数顺磁性物质服从居里定律 $\chi_p = \dfrac{C}{T}$，另一些顺磁性物

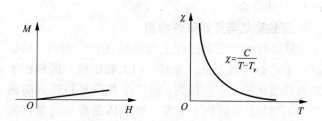

图 5 - 2　顺磁性物质的磁化率及其与温度的关系

质服从居里 - 外斯定律 $\chi_p = \dfrac{C}{T - T_p}$，如图 5 - 2 所示，$C$ 是居里常数，T_p 是顺磁性居里点。室温下使顺磁性物质磁化到饱和，在技术上是难以达到的。若将温度降低到接近绝对零度，则容易多了。具有顺磁性的物质很多，典型的有稀土金属和ⅧB 族元素(铁族元素)的盐类。

3. 反磁性与反磁性物质

反铁磁性物质原子具有固有磁矩，自发磁化呈反平行排列，磁矩为零，只有在很强的外磁场作用下才能显现出来。在温度 T 高于某一温度 T_N 时，其磁化率 χ 服从居里 - 外斯定律 $\chi = \dfrac{C}{T - T_p}$。当 $T < T_N$ 时，随温度 T 的降低 χ 降低，并趋于定值；所以在 $T = T_N$ 处，χ 值极大，这一现象称为反铁磁性现象。T_N 是反铁磁性与顺磁性转变的临界温度，称奈耳温度。$T < T_N$ 时，物

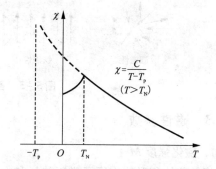

图 5 - 3　反磁性物质的磁化率与温度的关系

质呈反铁磁性，$T > T_N$ 时，物质呈顺磁性，如图 5 - 3 所示。Mn、Cr 是反铁磁性元素，MnO、Cr_2O_3、CoO、某些过渡族元素的盐类及化合物等是反铁磁性物质。

4. 铁磁性与铁磁性物质

铁磁性物质的原子具有固有磁矩，原子磁矩自发磁化按区域呈平行排列，在很小的外磁场作用下，物质就能被磁化到饱和，磁化率 $\chi \gg 0$，在 $10 \sim 10^6$ 数量级。磁化率与磁场呈非线性、复杂的函数关系，如图 5 - 4 所示。具有磁滞现象、磁晶各向异性、磁致伸缩等性质。T_C 是铁磁性与顺磁性临界温度，称为居里温度。在温度 $T < T_C$ 时，物质呈现铁磁性；$T > T_C$ 时，物质呈现顺磁性，并服从居里 - 外斯定律。在 T_C 附近铁磁性物质的许多性质出现反常现象。铁磁性物质有：①铁磁性元素，包括 Fe，Co，Ni，Gd，Tb，Dy，Ho，Er，Tm，Pr，Nd，居里温度 T_C 在 0 ℃以上的只有 Fe，Co，Ni，Gd。②铁磁性合金和化合物，铁磁性金属与铁磁性金属组成的合金均是铁磁性的，铁磁性金属与非铁磁性金属或非金属组成的合金在一定范围内是铁磁性的，非铁磁性金属与非铁磁性金属的合金在很窄范围内是铁磁性的，如 Mn - Bi 合金，

Mn – Cr – Al 合金。

5. 亚铁磁性与亚铁磁性物质

亚铁磁性物质宏观磁性上与铁磁性物质相同，只是在磁化率的数量级上低，在 $10^1 \sim 10^3$ 数量级。区别在于微观自发磁化是反平行排列，但两个相反平行排列的磁矩大小不相等，矢量和不为零。铁氧体是典型的亚铁磁性物质。

总之，各类物质的磁性状态是由于不同原子具有不同的电子壳层结构，原子的固有磁矩不同。但是，必须指出原子磁性虽然是物质磁性的基础，却不能完全决定凝聚态物质的磁性，因为原子间的相互作用对物质的磁性常常起重要影响，图 5 – 5 示出各类物质的磁结构状态。铁磁性、反铁磁性和亚铁磁性为磁有序状态，顺磁性是磁无序状态。

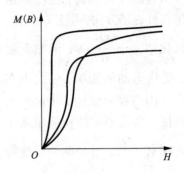

图 5 – 4　铁磁性物质的磁化曲线

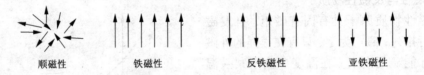

顺磁性　　　　铁磁性　　　　反铁磁性　　　　亚铁磁性

图 5 – 5　各类物质磁结构示意图

5.1.3　磁性参数

1. 磁化强度 M

指单位体积磁体中原子磁矩矢量和。

$$M = \frac{\sum \boldsymbol{\mu}_m}{V} \qquad (5-3)$$

式中：$\boldsymbol{\mu}_m$ 为原子磁矩，M 的单位为 A/m。在真空中，$M = 0$。

宏观磁体的磁性是磁体内许多原子固有磁矩的显现，所有的原子固有磁矩均按一个方向取向时的磁化强度称为饱和磁化强度 M_s。比磁化强度 ($\boldsymbol{\sigma}$) 是指单位质量磁体中原子磁矩矢量和。

$$\boldsymbol{\sigma} = \frac{\sum \boldsymbol{\mu}_m}{V \cdot \rho} = \frac{M}{\rho} \qquad (5-4)$$

式中：ρ 为磁体的密度，V 为磁体的体积，$\boldsymbol{\sigma}$ 的单位为 A·m²/kg。

2. 磁感应强度 B

也称磁通密度，指磁体内单位面积中通过的磁力线数。

$$B = \mu_0 (H + M) = \mu_0 H + \mu_0 M = \mu_0 H + B_1 = \mu_0 H + J_1 \qquad (5-5)$$

式中：$J_1 = \mu_0 M$ 为磁极化强度（也称内禀磁感应强度），H 为磁场强度，μ_0 为真空磁导率，B 的单位为 T 或 Wb/m^2。

3. 磁化率 χ 和磁导率 μ

在 $M-H$ 磁化曲线上 M 与 H 的比值称为磁化率 χ，在 $B-H$ 磁化曲线上 B 与 H 的比值称为磁导率。

$$\chi = \frac{M}{H}; \quad \mu = \frac{B}{H} \tag{5-6}$$

式中：$\chi_i = \lim_{H \to 0} \frac{M}{H}$ 为起始磁化率，$\chi_m = \left(\frac{M}{H}\right)_{max}$ 为最大磁化率；$\mu_i = \lim_{H \to 0} \frac{B}{H}$ 为起始（或初始）磁导率，$\mu_m = \left(\frac{B}{H}\right)_{max}$ 为最大磁导率。

4. 剩余磁化强度 M_r 与剩余磁感应强度 B_r

磁体磁化到饱和状态后，去掉外磁场，磁体中所保留下的磁化强度值称为剩余磁化强度 M_r。或所保留下的磁感应强度值称为剩余磁感应强度 B_r，$B_r = \mu_0 M_r$。

5. 矫顽力 H_C 与内禀矫顽力 $_M H_C$

使磁体剩余磁感应强度减小到零时所加反向磁场的磁场强度称为磁感矫顽力 $_B H_C$ 或矫顽力 H_C。使磁体剩余磁化强度减小到零时所加反向磁场的磁场强度称为内禀矫顽力 $_M H_C$，通常大于或等于 H_C，矫顽力 H_C 的单位是 A/m。

5.2　磁性金属材料

5.2.1　软磁合金

软磁合金可分为铁系合金（低碳钢、工业纯铁、Fe-Si 合金）、Fe-Ni 系合金和 Fe-Co 系合金。20 世纪 70 年代以后，软磁合金的发展主要以非晶态和纳米晶软磁合金为代表，其中的基本成分是铁、镍、钴三个具有铁磁性的Ⅷ族元素（又称铁族元素）。

1. 铁基软磁材料

铁基软磁材料是指以铁为主要组成元素的软磁合金（这里不包括非晶态的新型铁基软磁合金），主要有工业纯铁、铁-硅合金（硅钢）、铁-铝合金、铁-硅-铝合金。这类软磁合金发展早，至今仍占主导地位。

（1）工业纯铁

工业纯铁主要组成元素是铁，另含有一些难于完全去除的杂质，如碳、氮、氢、氧、硫、磷等。还有一些冶炼过程中加入的少量元素，如作为脱氧镇静剂加入的铝、硅，部分地残留在纯铁中。此外就是特别加入的含量不高的合金元素，如锰、镍、铬、铜等。工业纯铁共有 8 个品种，牌号为 DT1 至 DT8。

工业纯铁作为软磁材料，突出特点是：饱和磁感高（室温下达 2.16 T），资源丰富，价格低廉；其电阻率低，室温下 $\rho = 10\ \mu\Omega\cdot cm$。它主要用于直流场中，如直流电机和电磁铁的铁心及轭铁等。用作软磁材料的工业纯铁是 DT3~DT8 共 6 个品种。国产电工纯铁的磁性能分成普通级、高级、特级和超级 4 个等级，最大磁导率 μ_m 分别达到 6 000，7 000，9 000，12 000 以上。而不同磁场下的磁感要求在各个牌号和级别的产品中是一致的：B5、B10、B50、B100 分别为：1.40 T、1.50 T、1.71 T 和 1.80 T。

工业纯铁的软磁性能主要受其中杂质的影响。固溶态杂质原子使局部区域晶格发生畸变，形成应力场。此应力场与材料的磁致伸缩发生交互作用，具有磁弹性能，导致磁畴壁移动困难，使矫顽力增加，磁导率降低。碳、氮等间隙原子的影响远高于硅、锰、镍等代位原子。以化合物夹杂形式存在的杂质，其自身以及它们的存在引起的材料中磁畴结构的变化，对畴壁的移动也有很大的阻碍作用，从而使磁导率下降。这类夹杂形式存在的杂质包括：氧化物（MnO、Al_2O_3、SiO_2 等）、氮化物（AlN、Fe_4N、Fe_2N 等）、碳化物（Fe_3C）以及硫化物（MnS、FeS）。将纯铁在氢气中进行退火处理，得到的实验结果充分证明杂质对磁性的不利影响：1 300~1 500 ℃温度范围内退火处理后，纯铁的最大磁导率 μ_m 由 7 000 猛增到 320 000。原因是退火处理时，碳、氮、氧及一部分硫与氢结合成 CH_4、NH_3、H_2O、H_2S 等离开金属，使之纯净化。

杂质元素的另一种不利影响，是使材料的磁性能随时间发生较大变化，即发生磁时效，严重影响材料的实际应用。碳、氮等间隙原子在高温冶炼时溶入纯铁中，在降温过程中溶解度下降，但不能及时脱出，室温下处于过饱和状态。使用过程中，室温或稍高温度下发生失效析出碳、氮化物。它们非常弥散、细小，导致合金的软磁性能发生大幅度变化。通常表现为矫顽力上升、磁导率降低。为了降低和消除磁时效，在纯铁生产过程中，尽量将碳、氮控制在较低水平，并加入少量铝和钛，使之与碳、氮结合成化合物，降低固溶态的原子含量。将合金在使用前进行人工时效处理，是有效提高磁性能长期稳定的另一重要方法。一般采用在 100 ℃下保温 100 h 的处理工艺。

用做软磁材料的工业纯铁，一般由平炉或转炉冶炼，经充分脱氧镇静（DT3、DT4 用铝，DT5、DT6 用铝和硅），用锰脱硫。加工成形的元器件，在 860~930 ℃范围内进行消除应力退火。若使用干燥的氢气保护，可使软磁性能及表面质量更佳。

（2）Fe–Si 软磁合金

作为软磁材料的 Fe–Si 合金，又称硅钢或矽钢。合金中 $w(Si) = 1\% ~ 5\%$。它主要用于工频交流电磁场中，多数情况下是强磁场。如交流电机、变压器中的铁芯材料，是用量最大的软磁材料。我国 1997 年的硅钢用量达 1×10^6 t，为总钢产量的 1% 左右。

软磁合金最重要的性能指标是铁损 P_m。为减小涡流损耗 P_e，一般都将其制成薄板（即硅钢片）；使用频率较高时，还要加工成更薄的带材。同时应提高合金的电阻率。为降低磁滞损耗 P_h，要提高最大磁导率，降低矫顽力，并改善合金的磁畴结构（如使之细小化）。剩余损耗 P_c 的起因是磁性后效，降低该项损耗的方法是去除引发磁性后效的间隙原子等，使合金尽量纯净化。合金应具有高饱和磁感应强度 B_s，以减少软磁材料用量，从而降低总的铁损，并可减小设备体积，降低设备的成本。

Fe – Si 软磁合金自问世以来，其生产技术经历了三次重大进步。第一次技术进步是硅钢片加工方法由热轧向冷轧的变化。冷轧硅钢较热轧产品的 B_s 高，P_m 低，板材表面质量好；但要求生产设备投资大、工艺较严格。第二项重大技术进展是通过二次冷轧获取戈斯(Goss)织构的取向硅钢。取向硅钢的铁损明显低于无取向产品，其经济效益显著。第三次技术进步是1964 年日本人发明、在新日铁公司进行生产的一次冷轧取向硅钢生产工艺。它简化了戈斯织构取向硅钢的生产工艺，产品的 B_s 也达到更高的水平。其商业产品命名为 HI – B，代表高磁感取向硅钢。

Fe – Si 合金作为性能优异的交流软磁合金，主要依赖于合金元素硅的作用和晶粒取向（即织构）。硅以代位方式固溶于基体铁中。硅对合金性能的影响首先是使得合金的电阻率升高，从而降低 P_c。在 $w(Si)$ 不大于 6% 的范围内，合金的电阻率 ρ 随硅含量的增加直线上升，符合一般固溶体电阻率的变化规律。定量关系可近似表达为：

$$\rho = \rho_{Fe} + 1\,150 \cdot w(Si) \tag{5 – 7}$$

式中：ρ，ρ_{Fe} 分别为合金及铁的电阻率，单位为 $\mu\Omega \cdot cm$；$w(Si)$ 为合金中硅的质量分数。

硅作用的另一方面表现为对合金磁晶各向异性常数 K 和磁致伸缩系数 λ 的影响，合金的 K 和 λ 随硅含量增加而降低，因而硅使合金矫顽力 H_c 减小、最大磁导率 μ_m 增加，从而显著降低了合金的磁滞损耗 P_h。

硅对合金软磁性能也有不利的影响。硅使合金的 B_s 下降、居里温度 T_c 降低。硅对合金 B_s 的影响效果，可通过将其单纯作为非磁性原子起稀释作用来进行近似。硅含量增大时，合金的 B_s 与 $w(Si)$ 的关系曲线降低速度略有增大，呈非线性关系。

硅对合金的加工性能影响很大，降低合金的塑性变形能力。硅的质量分数达到 5% 的合金，室温下伸长率已降至 0。为保证合金具有足够的塑性进行加工成形，不得不限制硅含量低于磁性达到最佳时的含量。一般热轧硅钢中，硅的质量分数不超过 4.5%；冷轧硅钢中，不超过 3.5%。

（3）Fe – Al 合金与 Fe – Si – Al 合金

实际中较大量使用的其他铁基软磁合金主要还有 Fe – Al 合金与 Fe – Si – Al 合金。Fe – Al 软磁合金中，铝的质量分数 $w(Al)$ 一般不超过 16%。合金为单相固溶体，其晶体结构属于体心立方点阵。$w(Al)$ 在 10% 以上的固溶体冷却时会发生有序转变，形成 Fe_3Al。铝的作用与硅有许多相似之处，可使合金的电阻率显著提高。$w(Al) = 16\%$ 的合金电阻率高达 150 $\mu\Omega \cdot cm$，使得 Fe – Al 软磁合金适合于交流电磁场使用。铝的不利影响在于降低合金的饱和磁感应强度、居里温度，使合金具有冷脆性，不易冷加工成形。

Fe – Al 软磁合金依铝含量不同形成一个合金系列。$w(Al) < 6\%$ 的低铝合金的性能与 4% 的无取向硅钢相近，可用于交流强磁场中。含 Al 12% 的 Al – Fe 合金，磁导率和饱和磁感

均比较高，可替代中镍含量的坡莫合金。$w(Al)$约为16%的高铝导磁合金，属于廉价的高导磁合金。中、高铝含量的合金不能进行冷加工，生产工艺比较复杂。

Fe－Si－Al软磁合金的硬度较高，耐磨性好。但脆性大，通常只能通过粉末冶金方法制作元器件，或通过铸造得到棒材，再线切割成形。通过调整合金成分，可以使磁晶各向异性常数K和磁致伸缩系数λ同时接近于零，得到性能优异的软磁合金。该合金磁导率最高可达120 000，饱和磁感可以达到1.0 T。Fe－Si－Al软磁合金实际中常用于制作磁带录像设备的磁头。此外还可以通过添加Ni、Ti、Zr、Ce、Cr等合金元素来进一步改善其性能。

(4) Fe－Co合金

Fe－Co系软磁合金的突出特点是饱和磁感高，是现有普通工艺生产制备的磁性材料中最高的，主要用于对饱和磁感要求很高的场合。代表性的合金为1J22，其成分为：$w(V)=0.8\% \sim 1.8\%$，$w(Co)=49\% \sim 51\%$。该合金的饱和磁感高达2.4 T，初始磁导率为1 000，最大磁导率达到8 000以上，矫顽力小于60 A/m。合金元素钒可以有效抑制二元合金冷却过程中的有序转变，从而避免其对磁性能的不利影响，同时也克服了因有序转变造成的二元合金的脆性，提高合金的塑性，使其具有良好的冷加工性能，同时还适当提高了合金的电阻率。该合金适用于磁透镜、继电器、电磁铁、耳机振动膜等。不过该合金因含有大量的金属钴而价格较贵。

2. 铁－镍系软磁合金

铁－镍合金是含镍质量分数30% ~90%的单相固溶体软磁材料，是软磁合金中最具代表性的、应用广泛的合金。铁－镍合金的主要特点是在较弱磁场下具有较高的起始磁导率和最大磁导率，B_s较低，磁导率和矫顽力对应力敏感。通过改变成分、添加元素、磁场处理、冷轧控制晶粒取向等方法可以控制和调整合金的磁性能。例如加入Mo、Cr、Cu等第三组分合金元素，可提高合金的电阻率，改善交流性能，减慢有序化速度，简化热处理工艺。

根据性能和用途的不同，可将铁－镍合金分成不同类别，每一类有若干牌号。

1J50类：$w(Ni)=36\% \sim 50\%$的铁－镍合金，主要牌号有1J46、1J50和1J54。具有较高的饱和磁感应强度，较低的磁导率，磁致伸缩系数较大，可用于中等强度磁场下的小功率变压器、微电机、继电器、扼流圈、电磁离合器的铁芯、屏蔽罩、话筒振动片等。适当提高热处理温度，延长保温时间，可降低矫顽力，提高磁导率。

1J50类：$w(Ni)=34\% \sim 50\%$的铁－镍合金，主要牌号有1J51、1J52和1J34，具有较高的饱和磁感应强度，适当的加工和热处理可在结构上具有晶体织构和磁畴织构，获得矩形磁滞回线，中等磁场下具有较高的磁导率，饱和磁感应强度。经纵向磁场处理，可获得高矩形比，矫顽力降低、磁导率增高。用于中小功率高灵敏度的磁放大器、调制器的脉冲变压器、计算机用铁芯。

1J65类：$w(Ni)=65\%$的铁－镍合金，主要牌号有1J68和1J67。较高的饱和磁感应强度，也具有矩形磁滞回线。主要用于中等功率下的磁放大器、继电器、扼流圈等，这类合金经横向磁场处理可获得恒磁导率合金。

1J79 类：$w(Ni) = 74\% \sim 80\%$，$w(Mo) = 4\%$，少量 Mn 的铁 - 镍合金，主要牌号有 1J79、1J80、1J83 和 1J76 等。该类合金在弱磁场下具有极高的最大磁导率，饱和磁感应强度在 0.75 T 左右。主要用于弱磁场下、高灵敏度小型功率变压器、磁放大器、继电器、磁头、电感铁芯及磁屏蔽等。

1J85 类：$w(Ni) = 80\%$，$w(Mo) = 5\% \sim 6\%$ 或少量 Si、Cu、Mn 元素的铁 - 镍合金，主要牌号有 1J85、1J86 和 1J77 等。是对成分要求最严格的一类，具有最高的起始磁导率及极低的矫顽力和相当高的最大磁导率，对微弱信号反应灵敏，适用于电信和仪表中用做扼流圈或动片、音频变压器、高精度电桥变压器、互感器，调制器、磁放大器、磁头、记忆元件。

3. 非晶态及纳米晶软磁材料

非晶态软磁合金是一类应用早、用量大的软磁材料。由于非晶态合金中原子排布呈无序状态，亦即原子的空间排列不具备长程有序，因此晶体材料中的磁晶各向异性消失，因此非晶合金的矫顽力都比较低，并主要受磁致伸缩效应的影响；同时非晶合金的电阻率低、易被制成带材或细丝状，铁损很低，特别适合于应用在高频（$20 \sim 300$ kHz）交流电场中。

非晶软磁合金按基本化学组成可分为铁基、铁镍极和钴基合金。铁基非晶合金一般含有 80% 的铁和 20% 的非金属（硅、硼为主）。合金中添加的非金属原子可以降低合金的非晶临界冷却速度并且使非晶稳定，因为受到非金属原子的稀释作用，其饱和磁感应强度 B_s 一般较高，在 1.6 T 左右，一般用作中、小功率的变压器铁芯，可替代 Fe - Si 及 Fe - Ni 合金，具有良好的应用前景。铁镍基非晶合金的饱和磁感 B_s 大约为 0.75 T 左右，起始磁导率 μ_i 和最大磁导率 μ_m 很高，主要用途是替代 Fe - 78Ni 坡莫合金作环行铁芯。钴基非晶合金的饱和磁致伸缩系数接近于 0 因而具有极高的 μ_i 和 μ_m、很低的矫顽力及高频损耗，其磁性能于机械应力很不敏感，主要用作传感器材料。

纳米晶软磁材料一般是指材料中晶粒尺寸减小到纳米量级（一般 ≤ 50 nm）而获得高起始磁导率（$\mu_i \sim 10^5$）和低矫顽力（$H_C \sim 0.5$ A/m）的材料。一般是在 Fe - B - Si 基合金中加少量 Cu 和 Nb，在制成非晶材料后，再进行适当的热处理，Cu 和 Nb 的作用分别是增加晶核数量和抑制晶粒长大以获得超细（纳米级）晶粒结构。纳米晶软磁材料由于其特殊的结构其磁各向异性很小，磁致伸缩趋于零，且电阻率比晶态软磁合金高，而略低于非晶态合金，具有高磁通密度、高磁导率和低铁损的综合优异性能。

纳米晶软磁材料是 1988 年由日本日立公司的吉泽克仁及同事发现的，他们将含有 Cu、Nb 的 Fe - Si - B 非晶合金条带退火后，发现基体上均匀分布着许多无规则取向的粒径为 10 ~ 15 nm 的 α - Fe(Si) 晶粒。这种退火后形成的纳米合金，其起始磁导率相对于非晶合金不是下降而是大幅提高，同时又具有相当高的饱和磁感应强度，其组成为：Fe 73.5%，Cu 1.0%，Nb 3.0%，Si 13.5%，B 9.0%。他们命名这种合金为 Finemet。Finemet 的磁导率高达 10^5，饱和磁感应强度为 1.30 T，其性能优于铁氧体与非晶磁性材料。用于工作频率为 30 kHz

的 2 kW 开关电源变压器,重量仅为 300 g,体积仅为铁氧体的 1/5,效率高达 96%。Fe – Cu – Nb – Si – B 系纳米材料能够获得软磁性的重点原因是:在 Fe – Cu – Nb – Si – B 纳米材料中,α – Fe(Si)固溶体晶粒极为细小,每个晶粒的晶体学方向取决于随机无规则分布晶粒间的交换耦合作用,这种交换耦合作用的结果使得局域各向异性被有效地平均掉,致使材料的有效磁各向异性极低。

吉泽克仁的发现掀起了世界范围纳米晶软磁材料的研究热潮。继 Fe – Si – B 纳米微晶软磁材料后,20 世纪 90 年代,Fe – M – B,Fe – M – C,Fe – M – N,Fe – M – O 等系列纳米微晶软磁材料如雨后春笋破土而出。最近又有人研究了在 Fe – Si – B – Cu – Nb 纳米晶材料中加 Al 对磁性的影响。随着 Al 含量的增加,H_c 先显著降低,然后无大的变化;M_s 则线性减小;晶粒大小在最佳热处理情况下无明显的变化。我国学者以 V、Mo 取代 Fe – Cu – Nb – Si – B 合金中的 Nb,制备出的纳米晶合金薄带其软磁性能亦十分优异,成本亦相应降低。新近科学界又发现纳米微晶软磁材料在高频场中具有巨磁阻抗效应,又为它作为磁敏感元件的应用提供了良好的前景。

目前,纳米微晶软磁材料正沿着高频、多功能方向发展,其应用领域将遍及软磁材料应用的各方面,如功率变压器、脉冲变压器、高频变压器、扼流圈、可饱和电抗器、互感器、磁屏蔽、磁头、磁开关和传感器等,它将成为铁氧体的有力竞争者。

5.2.2 铸造及可加工永磁合金

(1)铁 – 镍 – 铝(Fe – Ni – Al)系铸造永磁合金

铁 – 镍 – 铝合金是在感应炉中熔炼,浇注在砂型模中。然后在高于亚稳分解(Spinodal 分解)温度以上的温度下固溶处理,冷却过程中亚稳分解,形成弥散分布的两相结构,磁硬化机理属析出硬化型。900 ℃以下回火处理后,切磨成规定尺寸,充磁,一般 $B_r = 0.74 \sim 0.54$ T,$H_c = 19.2 \sim 40$ kA/m,$(BH)_m = 7.2 \sim 9.6$ kJ/m³。典型合金是 $w(\text{Ni})25\% - w(\text{Al})25\% - w(\text{Fe})50\%$。

(2)铝 – 镍 – 钴(Al – Ni – Co)系铸造永磁合金

在感应炉中熔炼合金,定向或不定向结晶,浇注在砂型模中。合金在 1 200 ℃以上固溶处处理,形成单一 α 固溶体,快速冷却,并在一定温度范围内施加磁场,亚稳分解形成弥散分布的两相结构:$\alpha \rightarrow \alpha_1 + \alpha_2$,属析出硬化型机理,典型合金是:

AlNiCo₅永磁合金:合金成分是 $w(\text{Co})24\% - w(\text{Ni})14\% - w(\text{Al})8\% - w(\text{Cu})3\% - w(\text{Fe})$,铸造成形,定向结晶,浇注成柱晶结构。在 1 200 ℃以上固溶处理,快速冷却,在 800 ~900 ℃温度范围内施加大于 80 kA/m 的磁场,合金亚稳分解形成弥散分布的两相结构,于 650 ℃×3 h + 550 ℃×10 h 的时效处理,切磨成规定形状,充磁,磁性可达 $B_r = 1.32$ T,$H_c = 50.70$ kA/m,$(BH)_m = 59.70$ kJ/m³。

AlNiCo₈永磁合金:合金成分是 $w(\text{Co})35\% - w(\text{Ni})14\% - w(\text{Al})7\% - w(\text{Cu})3\% - $

$w(\text{Fe})$，铸造成形，定向结晶，浇注成柱晶结构。合金在 1 200 ℃ 以上固溶处理，快速冷却，在 800 ℃ 左右施加 160 kA/m 的磁场，合金亚稳分解形成弥散分布的两相结构，于 600 ℃ 进行 12 h 以上的时效处理。切磨成规定尺寸，充磁，磁性可达 $B_\text{r} = 1.10\text{ T}$，$H_\text{C} = 107.46\text{ kA/m}$，$(BH)_\text{m} = 71.64\text{ kJ/m}^3$。

（3）可加工永磁合金

可加工永磁合金是指力学性能较好，可以通过冲压、轧制、拉拔和车削等加工方法制成细丝、薄带或带状的永磁合金。根据磁硬化机制可将其分为三类：①析出硬化型，如 Cu – Ni – Fe 合金、Cu – Ni – Cr 合金、Fe – Cr – Co 合金；②γ – α 相变型，如 Fe – Co – V 合金、Fe – Ni – Cr 合金、Fe – Mn 合金；③有序硬化型，有 Pt – Co 合金、Pt – Fe 合金、Mn – Al 合金和 Mn – Al – C 合金。

Fe – Cr – Co 永磁合金是在铁 – 铬二元合金基础上发展起来的。铁 – 铬合金在低温区（＜ 475 ℃）发生 $\alpha \rightarrow \alpha_1 + \alpha_2$ 的 Spinodal 分解，使单相 α 相分解成富铁的强磁性 α_1 相和富铬的非磁性 α_2 相，并且形成调幅结构，但调幅分解速度相对实际应用太慢；另外，虽然合金具有永磁结构，但合金的剩磁和居里温度低。当加入合金元素 Co 后形成 Fe – Cr – Co 三元合金中，靠 Fe – Cr 一侧的成分在高温下有均一的 α（体心立方相）单相区，当合金从高温 α 相淬火到室温时可以形成均匀的过饱和固溶体 α 相。Co 的加入提高了分解温度范围，并使铁 – 铬合金的剩磁和居里温度得到提高。铁 – 铬 – 钴合金的基本成分含量范围为 Cr：20% ~ 33%，Co：3% ~ 25%，其余为 Fe。

铁 – 铬 – 钴可加工永磁是在真空或非真空感应炉中熔炼，合金浇铸在砂型模中，然后加工成所需形状。在 1 300 ~ 1 350 ℃ 温度下固溶处理后，以 50 ℃/s 冷速淬火，抑制 γ 相析出。在 610 ~ 660 ℃ 间加磁场处理或变形时效处理，可以使 Spinodal 分解后的永磁体具有高的磁各向异性，最后再进行时效处理。为了使两相粒子的大小适中，又尽可能扩大两相成分的差异，最好采用多级时效处理和缓慢的冷却工艺。加入 Mo 和 Si 可改善合金的加工性能和热处理工艺，添加适量的 V、Ti、Al、Nb 等元素来扩大 α 相区，将 α 相降到 1 000 ℃ 以下。

Pt – Co 永磁合金是一种有序硬化型合金。由 Pt 和 Co 二元相图可知，Pt 和 Co 的液相线最低处的温度为 1 430 ℃，Pt 与 Co 在高于 833 ℃ 时能无限互溶，其固溶体为面心立方晶格无序相。合金的制备一般是在 1 000 ℃ 以上保温 1 ~ 2 h 处理，以得到均匀的无序固溶体，随后淬入温度为 660 ~ 720 ℃ 的盐浴中保温适当时间，使有序相有高温相析出，最后再在 600 ℃ 左右回火使该相原子更有序。Pt – Co 系合金较好的性能是 $\text{Pt}_{44.5}\text{Co}_{50}\text{Fe}_5\text{Ni}_{0.5}\text{Cu}_{0.05}$ 合金，$B_\text{r} = 0.8\text{ T}$，$H_\text{C} = 390\text{ kA/m}$，$(BH)_\text{m} = 120\text{ kJ/m}^3$。Pt – Co 合金的优点是具有较高的居里温度、良好的加工性能和耐腐蚀性。在常温下无机酸和强碱对合金均无腐蚀作用。Pt – Fe 合金与 Pt – Co 类似，制备工艺及性能也比较接近，典型的 $\text{Pt}_{68.2}\text{Fe}_{31.8}$ 合金永磁性能为 $B_\text{r} = 0.92 \sim 1.08\text{ T}$，$H_\text{C} = 342 \sim 366\text{ kA/m}$，$(BH)_\text{m} = 128 \sim 60\text{ kJ/m}^3$。

Mn – Al – C 合金是在锰 – 铝合金基础上掺加碳而形成的一种永磁合金，这种合金的特点是不含镍和钴，原材料资源丰富，而且可以进行各种机械加工，合金密度较小（5.9 g/cm³），磁性能高于铁氧体,对实现元件轻量化有利。Mn–Al–C 永磁合金的成分为:69%~72% Mn,26%~30% Al,0.5%~1.12% C。典型的制备工艺为:原料在感应炉中熔炼并铸成合金锭,在 1 000~1 100 ℃ 固溶处理 1 h,淬火至 500 ℃ 而后在 600 ℃ 退火 30 min。经 700 ℃ 中温热挤压(或锻压),压力为 8 GPa,最后热压合金在 700 ℃ 时效处理 10 min。

5.2.3 稀土永磁合金

稀土永磁是稀土元素 R 与 3d 过渡族 Co 或 Fe 元素组成的金属间化合物,稀土化合物十分稳定,一些类型的化合物具有大的磁晶各向异性,高的饱和磁化强度,优异的永磁特性。

(1)稀土钴永磁材料

稀土 R 与 Co 形成多种化合物,其中 RCo_5 与 R_2Co_{17} 发展成为优良的稀土钴永磁。不仅有高的饱和磁化强度及居里温度,而且 RCo_5(1:5 型)的晶体结构为六方晶系的 $CaCu_5$ 型,R_2Co_{17}(2:17 型)在高温下为 Th_2Ni_{17} 六方晶体结构,在低温下转变为 Th_2Zn_{17} 菱方晶体结构,图 5–6 和 5–7 是其点阵结构示意图。轻稀土钴化合物的饱和磁化强度比重稀土钴化合物的饱和磁化强度高。所以稀土钴永磁主要是轻稀土金属(La,Ce,Pr,Nd,Sm 和 Y)与钴的化合物。实验证明:RCo_5 和 R_2Co_{17} 不仅饱和磁化强度和居里温度高,而且具有低的对称性六方结构,有很大的磁晶各向异性,K_1 值达到 10^3~10^4 kJ/m^3,易磁化方向是 c 轴。$SmCo_5$ 化合物的矫顽力是由反相磁畴的形核与长大的启动场决定的。而 Sm_2Co_{17} 型的矫顽力机制来源于沉淀相对畴壁的钉扎。RCo_5 型稀土钴永磁被称为第一代稀土永磁,R_2Co_{17} 被称为第二代稀土永磁。主要的稀土钴化合物的性质见表 5–1。

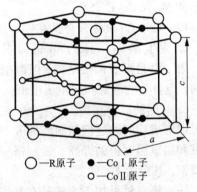

○—R 原子　●—Co I 原子　◎—Co II 原子

图 5–6　RCo_5 型晶体结构

稀土钴永磁的生产方法有冶金铸造法、粉末冶金烧结法与还原扩散法,冶金铸造法采用定向凝固形成结晶织构,然后切割成所需要的形状和尺寸,经热处理后,充磁,性能检测。粉末冶金烧结法的工艺过程:配料→母合金熔炼→破碎→制粉→磁场中压制成形→等静压→烧结→热处理→加工→充磁→性能检测。还原扩散法利用 CaH_2 直接还原稀土氧化物,再使稀土金属向钴粉中扩散形成稀土钴化合物。

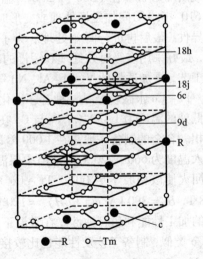

●—R　○—Tm

图 5–7　Th_2Zn_{17} 型晶体结构

表5-1 主要稀土钴化合物的性质

特性 \ 化合物	YCo$_5$	LaCo$_5$	CeCo$_5$	PrCo$_5$	SmCo$_5$	Sm$_2$Co$_{17}$
饱和磁极化强度 J_s/T	1.06	0.91	0.77	1.2	1.0	1.2
磁晶各向异性场 H_A/(10^3 kA·m^{-1})	10.3	14.0	13.5~16.7	11.5~16.7	16.7~23.1	5.7
磁晶各向异性常数 K_1/(10^3 kJ·m^{-3})	5.5	6.5	5.2~6.4	9.6~10	8.1~11.2	3.4
密度/(10^3 kg·m^{-3})	7.6	8.0	8.6	8.3	8.6	8.7
居里密度 T_C/℃	648	567	374	612	724	930
熔点 T/℃	1 360	1 220	1 200	1 245	1 325	1 300
$(BH)_m$/(kJ·m^{-3})(理论)	224	167	118	286	199	286
$(BH)_m$/(kJ·m^{-3})(实验)	12	46.2	67.6	135.3	195.8	240

（2）铁基稀土永磁材料

铁基稀土永磁是稀土 R(Nd, Pr, Ce 等)与 Fe 形成的化合物为基体的永磁材料，被称为第三代稀土永磁材料。其中有以四方相 R$_2$Fe$_{14}$B 化合物为基体的，如 Nd$_2$Fe$_{14}$B 等；ThMn$_{12}$ 型化合物为基体的，如 Nd(Fe, M)$_{12}$ 等；间隙型化合物为基体的，如 Sm$_2$Fe$_{17}$BN$_3$ 等；双相纳米复合交换耦合型，如 α - Fe/Nd$_2$Fe$_{14}$B 和 Fe$_3$B/Nd$_2$Fe$_{14}$B 等。目前烧结 Nd - Fe - B 稀土永磁的磁能积已高达 432 kJ/m^3（54MGOe），已接近理论值 512 kJ/m^3（64MGOe），并进入了规模化生产。

图 5-8 是一个单元晶胞的 R$_2$Fe$_{14}$B 化合物晶体结构示意图，由 4 个 R$_2$Fe$_{14}$B 分子组成，有 8 个 R 原子，56 个 Fe 原子，4 个 B 原子组成，具有高的磁晶各向异性。饱和磁极化强度 J_s 的大小与 R$_2$Fe$_{14}$B 化学成分有关。剩余磁感应强度 B_r，矫顽力 H_C 和最大磁能级 $(BH)_m$ 与 J_s 的大小有关。这类化合物的磁特性见表 5-2。

Nd - Fe - B 系永磁合金具有优异的内禀磁特性。其技术磁特性主要与合金成分、组织结构有关。实用的 Nd - Fe - B 永磁合金中 Nd、B 含量高于 Nd$_2$Fe$_{14}$B 的含量。在三元烧结 Nd - Fe - B 永磁合金的显微组织中，除存在 Nd$_2$Fe$_{14}$B 基

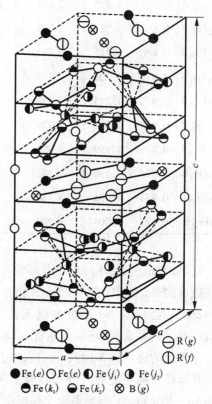

图 5-8 R$_2$Fe$_{14}$B 化合物晶体结构

相，还有少量的富 Nd 相和富 B 相；在某些显微结构中还观察到 Nd_2O_3、α-Fe、掺杂物或空洞等。$Nd_2Fe_{14}B$ 基相呈多边形，它的体积分数决定合金的 B_r 和 $(BH)_m$。磁场成形时，$Nd_2Fe_{14}B$ 晶粒的 c 轴沿磁场择优取向，取向的体积分数由 $Nd_2Fe_{14}B$ 化合物的内禀磁感应强度与合金的内禀磁感应强度的比值来确定。富 Nd 相和富 B 相是非铁磁性的，它的数量多少对磁性产生很大影响，随富 Nd 相和富 B 相数量的增加合金的 M_s 和 B_s 降低。

表 5-2　$R_2Fe_{14}B$ 化合物的磁性能

化合物	点阵常数		密度	T_g	分子磁矩/μ_B			J_s/T	B_r/T	各向异性场 H_C
	a/nm	c/nm	/(kg·m^{-3})	/K	300 K	77 K	4.2 K	293 K	293 K	/(kA·m^{-1})
$La_2Fe_{14}B$	0.884	1.237		530				1.38	1.10	1 570
$Ce_2Fe_{14}B$	0.877	1.211	7 810	424	24.0	29.4	30.6	1.17	1.16	3 700
$Pr_2Fe_{14}B$	0.882	1.225	7 470	564	31.0	34.8	36.3	1.56	1.43	10 000
$Nd_2Fe_{14}B$	0.882	1.224	7 550	585	32.2	36.4	38.2	1.62	1.57	12 000
$Sm_2Fe_{14}B$	0.880	1.215	7 730	612	28.6	31.1	32.4	1.50	1.33	basal
$Gd_2Fe_{14}B$	0.879	1.209	7 850	661	17.3	17.8	18.8	0.84	0.80	6 100
$Tb_2Fe_{14}B$	0.877	1.205	7 930	639				0.70	0.64	28 000
$Dy_2Fe_{14}B$	0.875	1.200	8 020	602	14.1	12.1	11.9	0.71	0.65	25 000
$Ho_2Fe_{14}B$	0.875	1.199	8 050	576				0.81	0.76	20 000
$Er_2Fe_{14}B$	0.874	1.196	8 240	554	19.6	14.7	14.1	0.90	0.83	basal
$Tm_2Fe_{14}B$	0.874	1.195	8 130	541				1.15	1.09	basal
$Y_2Fe_{14}B$	0.877	1.204	6 980	565	27.5	30.4	31.6	1.38	1.28	3 100

富 Nd 相成分、结构、分布及形貌对工艺十分敏感。Nd 含量过高，易形成过多的富 Nd 相或铁磁性的 Nd_2O_3 相，使 $Nd_2Fe_{14}B$ 相在合金中体积分数降低，导致 B_r 下降。若 Nd 含量过低（<12%），会使富 Nd 相过少或无富 Nd 相。随 Fe 和 Nd 比值不同，可能存在富 Nd 相 $Nd_2Fe_{14}B_3$、共晶富 Nd 相和其他富 Nd 相。其形貌与分布有以下几种情况：镶嵌在 $Nd_2Fe_{14}B$ 晶粒边界上的块状富 Nd 相；具有双六方(dhcp)结构，成分约为 97% Nd-3% Fe 的孤立富 Nd 相；沿晶界和晶界交界处分布具有不同厚度的面心立方结构的薄层状富 Nd 相，其成分约 75% Nd-25% Fe，它起到消除交换作用，有利于矫顽力的提高，对磁硬化起重要作用。此外，Nd-Fe-B 合金在烧结时，其晶界交隅处和晶界中充满 Nd 液相，冷却过程中转变为共晶富 Nd 相，使磁体进一步致密化，提高密度和剩磁。

B 是促进 $Nd_2Fe_{14}B$ 形成的关键元素，当 B 含量小于 5% 时，会有弱磁性的 $Nd_2Fe_{14}B$ 和 Nd 相生成，从而使合金的矫顽力和剩余磁感应强度降低。然而 B 含量过高，形成过多的富 B 相也会使剩磁降低。富 B 相是 B 的化合物 $Nd_{1+\varepsilon}Fe_4B_4$($\varepsilon=0.1$)，大部分富 B 相以多边形颗粒存在于晶界和交隅处，在个别的 $Nd_2Fe_{14}B$ 晶粒内部也有细小的颗粒状富 B 相沉淀，与基体是共格的。在大颗粒内部存在高密度堆垛层错，富 B 相常以不同变态的亚稳态存在，在大量层错的富 B 相中成分有所不同。富 B 相具有顺磁性，对合金的硬磁性能不利。

通常向 Nd-Fe-B 系合金中加入改性元素，通过改变合金的内禀特性或微结构来提高合金的磁性能。添加元素可分为两类：一类是代换元素，如过渡元素 Co 取代主相中部分 Fe，提高了合金的居里温度，降低剩磁温度系数。Co 取代还可以形成新的 Nd_3Co 晶界相代替原来易蚀的富 Nd 相，改进合金的耐蚀性。重稀土元素如 Dy 代替主相中部分 Nd 可使晶粒细化，由于 $Dy_2Fe_{14}B$ 的各向异性场比 $Nd_2Fe_{14}B$ 高，因而显著提高合金的矫顽力。另一类是掺杂元素，如低熔点金属 Cu、Al、Ga、Sn、Ge、Zn 等，它们可局部溶于主相，形成非磁性的 NdM 或 Nd-Fe-M 晶界；还有 Nb、Mo、V、W、Cr、Zr、Ti 等一些难熔金属，它们在主相中溶解度很低，一般以非磁性硼化物析出或形成非磁性晶界。这些掺杂元素形成的晶界相代替易蚀的富 Nd 相，使主相磁去耦，同时抑制主相晶粒长大，并提高合金的抗蚀性。掺杂元素带来的不利影响是使合金的剩余磁感应强度降低。

Nd-Fe-B 系永磁材料的制备方法有粉末冶金(烧结)法和快淬(黏结)法。烧结 Nd-Fe-B 的制备方法与 Sm-Co 永磁合金相似，工艺流程为：配料→母合金熔炼→制粉→磁场成形→等静压→烧结→热处理→加工→表面涂敷→成品。原材料要尽量纯，按化学成分配比合金成分，在真空感应炉中熔炼。铸态合金中由于浇注过程中冷却速度不够，常常含有对提高永磁性能极为不利的 α-Fe 软磁性相，可通过均匀化处理及急冷的办法消除。直接用纯金属 Fe、Nd 与 B-Fe 合金熔炼成合金铸锭，经破碎研磨制成所需要尺寸的粉末，然后成形。近年来采用急冷速凝技术从熔融 Nd-Fe-B 合金熔液直接制备成速凝薄片。速凝薄片特点：晶粒细小且均匀，不含有害相 α-Fe。铸锭与速凝薄带的晶体结构与组织对制粉、取向、烧结工艺、磁粉的性质和烧结后磁体的磁性能有重要影响。良好的铸锭组织应是尺寸细小的柱晶，细小的富 Nd 相沿晶界均匀分布。通常采用在气氛保护下机械球磨或气流磨制成磁粉，粒度在 $3\sim5\ \mu m$ 为佳。将磁粉在强磁场中压制成形，再经过等静压使磁体的密度得到进一步增加。然后将压制好的毛坯在真空和保护气氛下加热至基体相熔点以下烧结，使压坯排除表面吸附的气体与体内的有机物、挥发性杂质，消除应力，还原氧化物，再结晶，以及富 Nd 相融化流动、渗透使其均匀分布等一系列物理化学过程，烧结温度与时间影响磁体的性能。

快淬技术也称快速凝固技术，它是将熔化的液态合金急速冷却至室温，制得非晶态或纳米晶态合金。快淬法制取 Nd-Fe-B 合金的工艺流程为：配料→熔炼→快淬制备条屑→粉碎→晶化处理→混入黏结剂→成形→固化→表面涂敷→充磁。在合金快淬过程中，冷却速度对合金的淬态结晶组织和磁性能影响很大，在最佳淬速条件下可得到最佳的晶体尺寸和最好的磁性。但在实际过程中，最佳淬速很难控制，通常所得到的是非晶和纳米初晶，然后再经过适当的晶化处理来制得较高性能的 Nd – Fe – B 永磁合金。

（3）新型稀土永磁材料

Nd – Fe – B 永磁体的主要缺点是居里温度偏低（$T_C \approx 593$ K），最高工作温度约为 450 K，此外化学稳定性较差，易被腐蚀和氧化，价格也比铁氧体高，这限制了它的使用范围。目前研究方向是一方面探索新型的稀土永磁材料，如 $ThMn_{12}$ 型化合物，$Sm_2Fe_{17}N_x$，$Sm_2Fe_{17}C$ 化合物等，另一方面便是研制纳米晶复合稀土永磁材料。

$Sm_2Fe_{17}N_x$ 永磁材料是在 Sm_2Fe_{17} 化合物的基础上通过渗氮而形成的与母相有相同结构的间隙化合物，其磁特性较 Sm_2Fe_{17} 有较大的改善。Sm_2Fe_{17} 的居里温度很低，约为 392 K，这是由于在该化合物中 Fe – Fe 原子间距过小，导致它们部分成为反铁磁性耦合，交换作用十分弱。当 N 原子引入后，增大了材料的晶格常数，使 Fe – Fe 原子间矩增大，从而 Fe – Fe 原子交换作用大大增强，$Sm_2Fe_{17}N_x$ 的居里温度提高到 743 K，升高了 350 ℃，而且 $Sm_2Fe_{17}N_x$ 的室温饱和磁极化强度也由 0.94 T 增大到 1.54 T，各向异性由易基面转变为单轴各向异性。N 原子进入 $Sm_2Fe_{17}N_x$ 晶格中的 e 晶位后，在 Sm 的 4f 壳层产生强电场梯度，改变了二阶晶体场参数，使 Sm 次晶格的各向异性常数增大，从而矫顽力大幅度提高。

N 含量对 $Sm_2Fe_{17}N_x$ 化合物磁性有很大影响，研究表明 Sm_2Fe_{17} 在渗氮时，化合物中 N 原子数（x）可达 6。当 $x > 3$ 时，其中 3 个氮原子占据 9e 晶位，多出的氮原子占据 18g 晶位，对磁性起到削弱作用，这时各项磁性能都要降低。氮含量还会影响 $Sm_2Fe_{17}N_x$ 的分解温度，随着 N 含量的增加，$Sm_2Fe_{17}N_x$ 的起始分解温度和显著分解温度都会提高，当 $x > 2$ 时，$Sm_2Fe_{17}N_x$ 的起始分解温度大于 923 K。

$Sm_2Fe_{17}N_x$ 化合物与 Nd – Fe – B 相比，饱和磁化强度相当，居里温度高出 160 ℃，各向异性场高出一倍多，温度稳定性好，抗氧化性、耐蚀性好。

纳米晶复合永磁材料是指具有高饱和磁化强度的软磁性相和高磁晶各向异性的硬磁性相在纳米尺度复合所组成的一类新型材料。通常软磁材料的饱和磁化强度高于永磁材料，而永磁材料的磁晶各向异性又远高于软磁材料，将两者在纳米尺度范围内进行复合，就有可能获得具有两者优点的高饱和磁化强度、高矫顽力的新型永磁材料。当有外磁场作用时，软磁性相磁矩要随着相邻硬磁性相的磁矩同步连续转动，并随之平行排列；去掉外磁场后，在剩磁状态，硬磁性相磁矩在外磁场方向的分量叠加上软磁性相部分的分量，因而产生了剩磁增强效应，即 $M_r/M_s > 0.5$。虽然两相的磁晶各向异性相差很大，反磁化过程中高各向异性的硬磁性相晶粒阻止软磁性相反磁化核的形成与扩张，防止矫顽力的下降。因此这种磁体的磁化和反磁化具有单一铁磁性相的特征。交换耦合作用削弱了每个晶粒磁晶各向异性的影响，因而使晶粒界面处的有效各向异性减小。晶间交换耦合作用的强弱与耦合程度、晶粒尺寸以及相对取向有关。晶粒尺寸越小，单位体积的比表面积越大，界面直接耦合越多，交换作用越强，因而对磁体性能影响越明显。目前，人们已对 $Fe_3B/Nd_2Fe_{14}B$、$Nd_2Fe_{14}B/Fe$、$Nd_2Fe_{14}C/Fe$、$Sm_2Fe_{17}N_x/Fe$ 和 $Sm_2(Co,Fe)_{17}/(Co,Fe)$ 等多种系列的纳米晶复合稀土永磁材料进行了研究，其中已实用化的是 $Fe_3B/Nd_2Fe_{14}B$ 和 $Nd_2Fe_{14}B/Fe$ 系永磁材料。部分纳米复合永磁材料的磁性能见表 5 - 3。

表 5 - 3   纳米复合永磁材料的磁性能

材 料	$H_C/(kA\cdot m^{-1})$	B_r/T	$(BH)_m/(kJ\cdot m^{-3})$
$Nd_2Fe_{14}B/Fe_3B$	336.0	1.1	123.0
$Nd_2Fe_{14}B/\alpha - Fe$	432.2	1.1	115.0
$Pr_2Fe_{14}B/\alpha - Fe$	400.0	1.3	135.0
$Pr_2Fe_{14}C/\alpha - Fe$	612.8	1.0	102.4
$Sm_2Fe_{17}N_x/\alpha - Fe$	709.9	0.8	94.5
$Sm_2Fe_{17}C_x/\alpha - Fe$	546.7	1.2	108.0

最早报道的 $Fe_3B/Nd_2Fe_{14}B$ 系永磁材料的组成为 $Nd_4Fe_{75.5}B_{18.5}$，采用熔体快淬法制成非晶薄带，然后在 670 ℃ 退火 30 min，其永磁性能为：$J_s = 1.6$ T，$B_r = 1.2$ T，$\mu_0H_C = 0.36$ T，$(BH)_m = 95$ kJ/m^3，剩磁比 $M_r/M_s = 0.75$。显微分析表明，合金中 Fe_3B 晶粒尺寸约为 30 nm，$Nd_2Fe_{14}B$ 晶粒尺寸约为 10 nm，它们的体积分数分别为 73%、15%，此外还有 12% $\alpha - Fe$ 相。该纳米晶复合永磁的温度稳定性比近单相的快淬 Nd - Fe - B 以及烧结 Nd - Fe - B 磁体都要好。

最早报道的 $Nd_2Fe_{14}B/Fe$ 系纳米晶复合稀土永磁材料的组成为 $Nd_{8\sim9}Fe_{85\sim86}B_{5\sim6}$，采用熔体快淬法直接制成合金薄带，显微组织中由 $Nd_2Fe_{14}B$ 和 $\alpha - Fe$ 两相组成，平均晶粒尺寸约为 30 nm，其磁性能为：$B_r = 1.2$ T，$H_C = 453.7$ kA/m，$(BH)_m = 159.2$ kJ/m^3。还可以通过非晶 - 晶化法来制备纳米晶复合永磁，即采用熔体快淬法。首先制备出非晶合金薄带，然后再经过控制晶化处理，通过一系列的中间相变而得到所需要的纳米晶尺度的合金材料。采用该方法制备的 $Nd_2Fe_{14}B/Fe$ 系合金的磁性能为：$B_r = 1.3$ T，$H_{CJ} = 260$ kA/m，$(BH)_m = 146$ kJ/m^3。显微组织由 $Nd_2Fe_{14}B$、$\alpha - Fe$ 以及少量的非晶相组成。

同其他永磁材料相比，由于纳米晶稀土永磁合金含较少的稀土金属，故具有较好的温度稳定性，并且抗氧化，耐腐蚀，成本相对减少。同时合金中含较多的铁，可望改善合金的脆性和加工性。并且，纳米晶稀土永磁合金具有极高的潜在 $(BH)_m$ 值，因此，纳米晶稀土永磁材料有望成为新一代永磁材料，已成为目前研究的热点。

5.3 铁氧体

铁氧体是将铁的氧化物与其他某些金属氧化物用制造陶瓷的方法制成的非金属磁性材料。它的组成主要是 Fe_3O_4，此外还有二价或一价的金属如 Mn、Zn、Cu、Ni、Mg、Ba、Pb、Sr 和 Li 等的氧化物，或三价的稀土金属如 Y、Sm、Eu、Gd、Tb、Dy、Ho 及 Er 等的氧化物。铁氧体磁性材料的磁性来源于被氧离子所分隔的磁性金属离子间的超交换相互作用，它使处于不同晶格位置上的金属离子磁矩反向排列，在相反排列的磁矩不相等时，出现强的磁性，因此铁氧体属于亚铁磁性的材料。

铁氧体的电阻率约为 $10 \sim 10^7 \, \Omega \cdot m$，而一般金属磁性材料的 ρ 为 $10^{-4} \sim 10^{-2} \, \Omega \cdot m$，两者相差几百万倍，因此用铁氧体作磁芯时，涡流损失小，介质损耗低，适合在高频下使用。而金属磁性材料，由于介质损耗大，故应用频率不能超过 $10 \sim 100 \, kHz$ 范围。铁氧体的导磁率之高也是其他金属磁性材料所不能比拟的。铁氧体的最大缺点是：饱和磁化强度较低，大约只有纯铁的 $1/3 \sim 1/5$；居里温度也不高，不宜在低频大功率或高温的情况下工作。

铁氧体主要用于高频技术，例如无线电、电视、电子计算机、自动控制、超声波、微波器件及粒子加速器等许多方面。从铁氧体的性质和用途来看，可将其分为软磁、永磁、旋磁、矩磁和压磁铁氧体等五大类。

5.3.1 铁氧体的晶体结构

铁氧体的晶体结构主要有尖晶石型、石榴石型和磁铅石型等三种类型。尖晶石铁氧体的晶体结构与天然矿物尖晶石 $MgAl_2O_3$ 的结构相同，化学式为 $MeFe_2O_4$，其中 Me 为二价金属离子，如 Mn^{2+}、Ni^{2+}、Zn^{2+}、Mg^{2+} 等，也可以是几种离子的混合物；而 Fe^{3+} 可部分由 Al^{3+} 或 Cr^{3+} 取代。尖晶石铁氧体的单位晶胞含有 8 个 $MeFe_2O_4$ 分子(见图 5-9)，即共有 8 个 Me^{2+}、16 个 Fe^{3+} 和 32 个 O^{2-}。这 32 个氧离子密堆积一共形成 96 个空位，其中四面体空隙(称为 A 位)64 个，八面体空隙(称为 B 位)32 个。由于化学平衡的结果，8 个 Me^{2+} 占据到 A 位，16 个 Fe^{3+} 占据 B 位，这样还有 72 个空隙是缺位。缺位易于用其他金属离子填充和替代，为铁氧体的掺杂改性提供了有利条件，这也是尖晶石型铁氧体可以制备成具有各种不同性能的软磁、矩磁、旋磁、压磁材料，并得到极其广泛应用的结构基础。

石榴石铁氧体的结构通式为 $M_3^c Fe_2^a Fe_3^d O_{12}$，式中 M 为稀土离子，都是三价。上标 c, a, d 表示该离子所占晶格位置的类型。晶体是立方结构(见图 5-10)，每个晶胞有 8 个子单元，共有 160 个原子。a 离子位于体心立方晶胞上，c 离子和 d 离子位于立方体的各个面。每个 a 离子占据一个八面体位置，每个 c 离子占据一个十二面体位置，每个 d 离子占据一个四面体位置。石榴石型铁氧体通常电阻率较高，高频损耗很小，是一类重要的微波旋磁材料和磁泡材料。

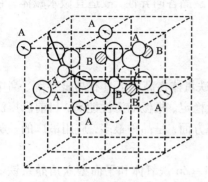 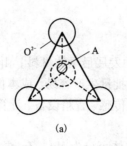 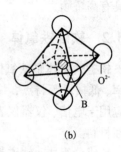

(a)   (b)

图 5 – 9　尖晶石晶胞的结构（部分）及氧离子立方密堆积中的四面体（a）和八面体空隙（b）

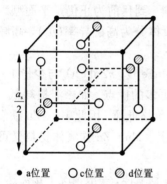

● a位置　○c位置　◎d位置

图 5 – 10　石榴石结构的简化模型

（只表示了元晶胞的 1/8，O^{2-} 未标出）

　　磁铅石型铁氧体的结构与天然的磁铅石 $Pb(Fe_{7.5}Mn_{3.6}Al_{0.5}Ti_{0.5})O_{19}$ 相同，属于六方晶系，其中氧离子呈密堆积，系由六方密堆积与等轴面心堆积交替重叠。分子式可表示为 $AB_{12}O_{19}$，这里 A 代表二价金属 Ba、Sr、Pb；B 代表三价金属 Al、Ga、Cr、Fe 等。常见的磁铅石型铁氧体有钡铁氧体（$BaO \cdot 6Fe_2O_3$）、锶铁氧体（$SrO \cdot 6Fe_2O_3$）和铅铁氧体（$PbO \cdot 6Fe_2O_3$）。图 5 – 11 为钡铁氧体的晶体结构，Fe^{3+} 的配位数和磁矩方向如图中箭头所示。每个单位晶胞在 c 轴方向有 13 个离子面，共分布有 2 个 Ba^{2+}、24 个 Fe^{3+} 和 38 个 O^{2-}，因此包含

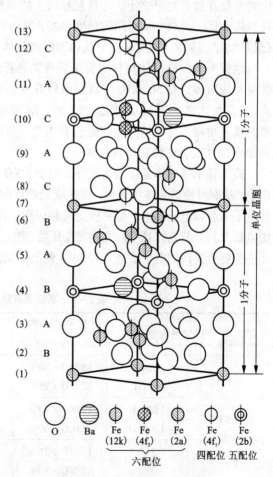

○	◐	◍	◉	◈	Ⓧ	⊙

O　Ba　Fe(12k)　Fe(4f₂)　Fe(2a)　Fe(4f₁)　Fe(2b)

六配位　　　　　　　四配位　五配位

图 5 – 11　钡铁氧体的结构图

了两个 $BaFe_{12}O_{19}$ "分子"。由于六角晶系铁氧体具有高的磁晶各向异性，故适宜做永磁体，它们具有高矫顽力。

5.3.2 软磁铁氧体

软磁铁氧体是铁氧体中发展最早的材料。由于软磁铁氧体在高频下具有高磁导率、高电阻率、低损耗等特点，并且批量生产容易、成本低、性能稳定、机械加工性能高，目前已广泛地应用于电信、仪器仪表、传感、音箱设备、计算技术等方面，是品种最多，应用最广的一类磁性材料。

按成分组成，软磁铁氧体可分为 Mn – Zn 铁氧体、Ni – Zn 铁氧体和平面型六角晶系铁氧体。其中，Mn – Zn 和 Ni – Zn 铁氧体均为尖晶石型结构，属立方晶系。立方晶系铁氧体的使用频率仅在数百兆赫之下，几百兆赫以上的高频软磁材料，到目前为止仍是平面型六角晶系铁氧体为优。此外，从应用的角度出发，又可将软磁铁氧体分为高磁导率(μ_i)、高频低功耗（又称功率铁氧体）和抗电磁干扰（EMI）铁氧体等几类。

锰锌系软磁铁氧体材料主要是具有尖晶石结构的 $mMnFe_2O_4 \cdot nZnFe_2O_4$ 与少量 Fe_3O_4 组成的单相固溶体。在 500 kHz 下锰锌系较其他铁氧体具有更多的优点，如磁滞损耗低，磁导率高（最高可达 4×10^5），居里温度较 Ni – Zn 铁氧体高，且价格低廉，因此 Mn – Zn 铁氧体是重要的软磁材料，其产量占到软磁铁氧体总产量的 60% 以上。Mn – Zn 铁氧体材料又可分为高磁导率(μ_i)铁氧体和功率铁氧体。

高磁导率铁氧体是指起始磁导率大于 5 000 的 Mn – Zn 铁氧体，一般情况下 μ_i 需达到 10 000以上，从而可使磁芯体积减小，以适应元器件向小型化、轻量化发展的需要。高磁导率铁氧体在电子工业和电子技术中是一种急需和应用广泛的功能材料，可以做通信设备、测控仪器、家用电器及新型节能灯具中的宽频带变压器、微型低频变压器、小型环行脉冲变压器和微型电感元件等更新换代的电子产品。表 5 – 4 列出了国内外部分高磁导率铁氧体产品及其性能。

表 5 – 4 高磁导率铁氧体的部分产品性能

生产厂家及牌号		起始磁导率 μ_i	$(\tan\delta/\mu_i)/10^{-6}$	饱和磁感应强度 B_s/mT	居里温度 T_C/C
TDK	H5C3	15 000 ±30%	<15(100 kHz)	360	>105
	H5C4	12 000 ±25%	<8(10 kHz)	380	>110
TOKIN	12001H	12 000 ±30%	<15(10 kHz)	420	>125
	18000H	18 000 ±30%	<15(10 kHz)	390	>110
飞利浦	3E6	12 000 ±25%	<75(10 kHz)	400	>130
	3E7	15 000 ±30%	<75(10 kHz)	400	>130

生产厂家及牌号		起始磁导率 μ_i	$(\tan\delta/\mu_i)/10^{-6}$	饱和磁感应强度 B_s/mT	居里温度 T_C/℃
西门子	T42	12 000 ± 25%		400	>130
	T46	15 000 ± 30%		400	>130
美 SPANG	MAT – W	10 000 ± 30%	<7(10 kHz)	430	>125
	MAT – H	15 000 ± 30%	<15(10 kHz)	420	>120
涞水磁材厂	R12K	12 000 ± 30%	<15(10 kHz)	340	>120
898 厂	R10K	10 000 ± 30%	<7(10 kHz)	400	>150

　　功率铁氧体的主要特征是：较高的磁导率（一般要求 $\mu_i \geqslant 2\,000$）、高的居里温度、高表观密度、高饱和磁感应强度和高频下的超低磁芯损耗，而且其功率损耗随磁芯温度的升高而下降，在 80 ℃左右达到最低点，从而可以形成良性循环。功率铁氧体最初应用在低频开关电源和电视机、收音机等视听设备中的功率变压器和回扫变压器，逐步发展到用于高频 AC – DC、DC – DC 变换器和笔记本电脑的适配变压器中。表 5 – 5 列出了部分国内外功率铁氧体产品的性能指标。

表 5 – 5　功率铁氧体的部分产品性能指标

生产厂家及牌号		起始磁导率 μ_i	饱和磁感应强度 B_s/mT	矫顽力 H_C/(A·m^{-1})	θ_f/℃	f_{max}/kHz	P/(mW·cm^{-3})		
							25 ℃	60 ℃	100 ℃
TDK	PC40	2 300 ± 25%	510	14.3	>215	500	600	450	410
	PC50	1 400 ± 25%	470	31.0	>240	1 000	130	80	80
FDK	H49N	1 600 ± 20%	500	12.8	>230	100			
	H63B	2 000 ± 20%	500	10.2	200	300	640	440	410
TOKIN	2500B3	2 500 ± 20%	500	15.1	205	500		200	
飞利浦	3C85	2 000 ± 20%	500		≥200	200	230		165
	3F3	2 000 ± 20%	500		≥200	500	110		80
日立	SB – 9C	2 600	490	11.9	>200	300	680	450	400
1409 所	R2KDP	2 300 ± 20%	510	16.0	≥215	500	560	410	450
898 厂	R2KB1	2 300 ± 25%	510	14.4	230		120	94	83

　　Ni – Zn 系铁氧体是另一类产量大、应用广泛的高频软磁材料。当应用频率在 1 MHz 以下时，其性能不如 Mn – Zn 系铁氧体；但在 1 MHz 以上，由于它具有多孔性及高电阻率，因而

大大优于 Mn – Zn 系而成为高频应用中性能最好的软磁材料。其电阻率 ρ 可达 10^8 $\Omega\cdot m$，高频损耗小，特别适用于高频 $1\sim300$ MHz；而且 Ni – Zn 系材料的居里温度较 Mn – Zn 高；B_s 亦高至 0.5 T，H_C 亦可小至 10 A/m，适用于各种电感器、中周变压器、滤波线圈、扼流圈。Ni – Zn 高频铁氧体材料具有较宽的频宽和较低的传输损耗，常用于高频抗电磁干扰以及高频功率与抗干扰一体化的表面贴装器件，作为抗电磁干扰（EMI）和射频干扰（RFI）磁芯。Ni – Zn 功率铁氧体可以做成射频宽带器件，在宽频带范围内实现射频信号的能量传输和阻抗变换，其频率下限在几千赫兹，而上限频率可达几千兆赫兹，用在 DC – DC 变换器中可以使开关电源的频率提高，使电子变压器的体积和重量进一步缩小。

当前软磁铁氧体材料的研究重点主要仍集中在两个方面：一方面研究配方以及添加剂对材料性能的影响，另一方面研究生产工艺的优化及新设备的开发对提高材料性能的作用。大量的研究表明，配方、添加剂、粉体的制备方法、烧结工艺中的各种因素等都会对铁氧体的性能产生很大的影响。

首先，配方是产品性能好坏的决定性因素，基本配方决定了材料的饱和磁化强度 M_s、磁晶各向异性常数 K_1、磁致伸缩系数 λ_s 等本征性能。Mn – Zn、Ni – Zn 铁氧体的基本配方范围见表 5 – 6。Mn – Zn 铁氧体的磁导率与材料的磁晶各向异性常数 K_1、磁致伸缩系数 λ_s 有密切的关系。当 K_1 和 λ_s 接近于 0 时，材料就有较好的初始磁导率。研究表明，过量的 Fe_2O_3 在烧结时形成 Fe_3O_4，它除了降低铁氧体的 K_1 和 λ_s 值之外，还可以使 B_s 和 T_C 提高；而 ZnO 过量，能有效地促使 K_1 和 λ_s 趋于零，大幅度提高初始磁导率 μ_i。因此实际应用中可在一定范围内增加 ZnO 和 Fe_2O_3。对于高磁导率铁氧体，应适当增加 Zn 含量，提高材料的磁导率和饱和磁感应强度，并使磁损耗降低，但过多的 Zn 会使居里温度降低；功率铁氧体在高功率状态下工作，温度较高，应使 ZnO 含量较少，Fe_2O_3 含量较多。Ni – Zn 铁氧体一般在高频范围内使用，Fe_2O_3 的含量应保持在 50% 左右，频率越高，ZnO 含量应该越低，相应地 NiO 含量随之提高。

表5–6 Mn – Zn、Ni – Zn 铁氧体材料配方(摩尔分数/%)

类 型	Fe_2O_3	MnO	NiO	ZnO
高磁导率 Mn – Zn 铁氧体	51.5~52.5	25.0~27.0		21.5~23.0
Mn – Zn 功率铁氧体	53.5~55.5	28.0~32.0		14.0~18.0
Ni – Zn 铁氧体	50~70		5~40	5~40

添加剂对软磁铁氧体的性能有着重要的影响，也是制备高性能铁氧体材料的有效方法之一。添加剂的作用主要有矿化、助熔、阻止晶粒长大和改善电磁性能，可将其分为几类：第一类添加剂在晶界处偏析，影响晶界电阻率，如 CaO、SiO_2 等；第二类影响铁氧体烧结时的微观结构变化，改善微观结构，降低材料损耗 P_C，提高材料的起始磁导率 μ_i，如 V_2O_5、P_2O_5、

MoO、Bi_2O_3 等；第三类添加剂不仅可富集于晶界，而且也可以固溶于尖晶石结构之中，影响材料磁性能，如 TiO_2、SnO_2、Nb_2O_5、Co_2O_3、NiO、CuO 等。表5－7列出了近年来国内外对添加剂的一些研究成果。

表5－7　常见添加剂及其对铁氧体材料性能的影响

类型	添加剂	添加剂的作用	对铁氧体性能的影响
锰锌铁氧体	SnO_2	促使晶粒均匀生长	提高起始磁导率及烧结密度，降低比损耗因子
	Nb_2O_5	细化晶粒，促进晶粒均匀致密，还有助于阻止 Zn 的挥发	提高起始磁导率和电阻率，降低损耗
	纳米 SiO_2	有助于晶粒生长，起到助熔作用	提高铁氧体密度，降低烧结温度、涡流损耗和磁滞损耗
	TiO_2	实现磁晶各向异性常数和磁致伸缩系数的补偿	提高磁导率并改善磁导率温度系数，降低涡流损耗和磁滞损耗
	P_2O_5	较低的烧结温度，促进晶粒的生长及致密化	提高起始磁导率，过量掺杂会使损耗增加，起始磁导率下降
	Bi_2O_3	细化晶粒，降低气孔率，增大材料密度	提高起始磁导率以及饱和磁感应强度
	CaO	起正负 K 值的补偿作用，同时能降低材料磁致伸缩系数	在宽温范围得到低的功率损耗
	$CaCO_3$	使晶界明显，晶粒均匀	使起始磁导率增加，改善起始磁导率的频率特性
	CaO	富集于晶界使晶界电阻率增大	降低涡流损耗
	V_2O_5	形成液相烧结并使晶粒细化，降低晶界和晶粒内的气孔率	增大起始磁导率，过量掺杂会使起始磁导率下降、涡流损耗增加
	MoO	加速晶界移动，促进尺寸增大	提高起始磁导率，过量掺杂会使烧结密度和起始磁导率降低
镍锌铁氧体	Co_2O_3	促使晶粒均匀生长，阻止晶粒异常长大	提高截止频率，降低损耗
	CuO	降低烧结温度，使晶粒更加完整，组织更加致密	提高初始磁导率，改善温度特性，降低磁致损耗
	V_2O_5	降低烧结温度，细化晶粒	对起始磁导率影响复杂，适量添加能够使起始磁导率增加
	复合添加 SiO_2，BiO_2	降低烧结温度，抑制晶粒增长	会使磁导率降低，但能够提高截止频率
	Bi_2O_3	使晶粒尺寸增大，降低烧结温度和气孔率	提高磁导率和品质因数

烧结工艺是制备高性能铁氧体的关键，即使有合理的配方、适宜的掺杂，其微观结构也会因烧结工艺的不同而呈明显的差别。国内外对软磁铁氧体的烧结工艺开展了大量的研究，探讨了升温速度、烧结温度、烧结时间、降温速度、烧结气氛等因素对铁氧体密度、晶相结构、晶粒尺寸的影响。研究表明，要使烧结得到的磁芯成为密度高、气孔率小、晶界直以及晶粒尺寸均一的烧结体，在烧结过程中必须严格控制升降温模式、烧结温度、保温时间以及平衡气氛，确保烧结过程中固相反应完全。在升温过程中，因为还没有形成单一的尖晶石相，对周围的气氛要求不是很苛刻，在空气、真空或保护气氛中升温都可以；在保温过程中，除了使晶粒长大和完善之外，还应当使材料成为化学成分固定的单一尖晶石结构的铁氧体，这就要求控制正确的保温气氛来完成。传统烧结工艺的烧结温度比较高，一般均在 1 100 ℃以上，过高的烧结温度容易导致晶粒异常长大，晶粒不均匀，致使损耗和温度特性恶化；而且过高的烧结温度对烧结炉的设计制造要求也高，能源消耗大，不利于环保和降低成本。为了降低铁氧体材料的烧结温度，人们对低温烧结工艺方面展开了研究，发现低温烧结的铁氧体具有更高的密度、更低的损耗和更好的温度特性，晶粒更完整，组织更致密。

5.3.3 永磁铁氧体

永磁铁氧体是六角晶系铁氧体，又称 M 型铁氧体，其化学通式为 $MeFe_{12}O_{19}$，其中 Me 表示 Ba、Sr 或 Pb。永磁铁氧体的特点有：原料（Fe_2O_3、$BaCO_3$、$SrCO_3$ 等）来源丰富，特别是不含贵重的 Ni、Co 等金属，价格便宜；制造工艺简单，适合大规模生产；具有很高的电阻率（$\rho = 10^4 \sim 10^6$ $\Omega \cdot m$），能在高频下使用；化学稳定性好，耐氧化、耐腐蚀；矫顽力大，其 H_c 介于铝－镍－钴永磁体和稀土钴永磁体矫顽力之间，同时其剩磁磁通密度较低，故适合设计成扁平形状，即高与直径尺寸比小于 1；磁结晶的各向异性常数大，钡铁氧体 $K_1 = 3.2 \times 10^{-1}$ J/cm^3；退磁曲线近似直线；重量轻，密度为 $(4.6 \sim 5.1) \times 10^3$ kg/m^3。其缺点是剩磁较低、温度系数大、易碎。由于性价比高，永磁铁氧体广泛应用于汽车直流电机、起动电机、小气隙磁性接头、音频变换器、分离器、吸持装置等，是永磁材料中产量最大、市场占有率最高的材料。

永磁铁氧体的发展始终围绕着相组成与微结构两方面。永磁铁氧体（如钡铁氧体）的理论物质的量配比 $n(Fe_2O_3):n(BaO) = 6:1$，而实际配比中 n 要小于 6，此时过剩的 BaO 促进铁氧体的固相反应，并阻止晶粒长大，预烧收缩增大，密度增加。当 $n > 6$ 时，过剩的 Fe_2O_3 使剩磁降低。另外添加多种氧化物时，能有效改进磁性能。永磁铁氧体材料中主要使用的添加剂有：CaO、$CaO - SiO_2$、Al_2O_3、$Al_2O_3 \cdot SiO_2 \cdot 2H_2O$（高岭土）、$Cr_2O_3$、$Sr_2SO_4$、$HBO_3$、$ZrO_2$ 等。

CaO 在较低的温度下即成熔融状态，降低了烧结温度，同时有利于固相反应，增加了烧结体的致密度，Ca^{2+} 对 Sr^{2+}、Ba^{2+} 的置换作用，这些对铁氧体永磁材料的矫顽力的改善亦有很大的帮助。$CaO - SiO_2$ 添加剂通过在烧结过程中的作用，对铁氧体的致密度和晶粒的生长速度起着非常重要的作用。通过在晶粒边界形成低熔点的 $CaO - SiO_2 - SrO \cdot 6Fe_2O_3$ 固熔物，从而实现了液相烧结，有利于固相反应的生成，使烧结更充分，同时固熔物对晶界的钉扎作用控制了晶粒长大，从而提高了铁氧体的致密度。磁体的最终性能取决于添加物的分量，有研究发现发现在 CaO 含量为 0.45%，CaO/SiO_2 等于 1.25 时，可以获得最佳的磁性能。

Al_2O_3 对烧结铁氧体的居里温度及内禀矫顽力的影响较大，这是由于 Al^{3+} 在铁氧体中的固溶作用。随着添加剂含量的增加，居里温度开始下降而内禀矫顽力开始上升。但是这是在降低剩磁和磁能积基础实现的，随着 Al_2O_3 加入量增加到一定值，剩磁和磁能积几乎成线形的下降。而一定量的高岭土加入铁氧体中，在烧结中能阻止晶粒的长大，从而提高矫顽力，但是它同时会对剩磁有一定的伤害。现在国内使用高岭土作为添加剂的趋势正在下降，取而代之的是加入的复合添加物，这与高岭土有类似的作用，但通过调整 Al_2O_3/SiO_2 的比例，很容易得到需要的磁性能参数。

Cr_2O_3 添加剂控制着烧结铁氧体的晶粒生长，虽然它对居里温度有轻微的削弱作用，但对内禀矫顽力有一定的帮助。Cr_2O_3 对铁氧体永磁材料的矫顽力的提高作用是很明显的，少量的 Cr_2O_3 的添加能在对材料的剩磁和磁能积很低限度的降低的情况下，实现材料矫顽力的很大改善。一定量 ZrO_2 加入到铁氧体中时，会在烧结过程中与 Sr 铁氧体中常常存在的 SrO 发生反应而生成 $SrO - ZrO_2$ 相，这就能促使存在于烧结过程中的液相量的变化，从而提高它们的力学性能。

$SrSO_4$ 的分解温度高，当它少量的加入铁氧体中时，分成两部分：一部分固溶在铁氧体中，由于形成固溶能量，而使铁氧体的各向异性取向度显著的提高；另一部分不溶于铁氧体中，而成为细的分散剂，因而可以限制晶粒的长大，从而提高矫顽力。但是 $SrSO_4$ 对永磁材料的剩磁和磁能积的影响也是很大，它们随着 $SrSO_4$ 加入量的提高下降得很快。

HBO_3 实际上是氧化硼的水合物（$B_2O_3 \cdot 3H_2O$），加热至 70～100 ℃时逐渐脱水生成偏硼酸，150～160 ℃时生成焦硼酸，300 ℃时生成硼酸酐，即 B_2O_3。所以加入 B_2O_3 与加入 HBO_3 有类似的作用。当一定量的 HBO_3 加入到永磁铁氧体中时，随着温度的升高而分解为 B_2O_3，再通过一定的工艺成为玻璃体，弥散于铁氧体中，控制晶粒尺寸从而提高矫顽力。

为了提高永磁铁氧体的性能，人们着眼于对 $MeFe_{12}O_{19}$ 中的 Me 离子以及 Fe 离子进行离子替换。对 Me 进行替换后，可以获得更稳定的六角铁氧体晶体，将使得替换后具有更大的磁晶各向异性。由于 Me 离子半径在 0.127～0.143 nm 之间（Ba^{2+} 半径为 0.143 nm，Sr^{2+} 半径为 0.127 nm，而 Pb^{2+} 半径为 0.132 nm），因此半径较大的 Ca^{2+} 与 Na^+、K^+、Rb^+ 等碱金属元素离子，以及稀土族元素离子能够部分或全部地对其进行替换。事实上，上述氧化物添加剂在一定程度上可视为对 Me 离子的取代作用。近年来人们也开展了镧族的 La、Nd、Sm 等稀土元素来取代 Me 的研究，所得材料的内禀矫顽力等磁特性有大幅度提高。

永磁铁氧体 $MeFe_{12}O_{19}$ 中的 Fe 离子则处于 5 种不同的亚晶格位置，分别用符号 2a、$4f_2$、12k、$4f_1$ 以及 2b 来表示；这五种亚晶格前面三种为八面体结构，$4f_1$ 亚晶格为四面体结构，2b 则为六面体结构（参见图 5－11）。与此对应，M 型铁氧体分为 5 个磁亚点阵，由于相互之间的超交换作用，最后使得 2a、2b、12k 三个亚点阵的离子磁矩呈相互平行排列，而 $4f_1$、$4f_2$ 两个亚点阵的离子磁矩与上面三个亚点阵反平行排列。故若能替换掉 $4f_1$、$4f_2$ 点阵反向排列的铁离子，可以削弱反向离子磁矩，获得更大的玻尔磁子数，从而增大饱和磁化强度。因 Fe^{3+} 的离子半径为 0.055 nm，故处于 3d 过渡族离子以及离子半径为 0.06~0.10 nm 的离子均可对其进行部分或全部取代。研究发现：通过稀土元素离子与过渡族元素离子的联合（如 La – Co、La – Zn 等）取代，既可以通过稀土元素来稳定磁铅石晶体结构，提高内禀矫顽力；又可以通过 Co、Zn 离子对 $4f_2$ 及 $4f_1$ 晶位上的磁矩反向排列的 Fe^{3+} 离子取代，降低其反向离子磁矩，进而增大饱和磁化强度，从而使得铁氧体材料的各项综合磁性能得到提高。

加工工艺也对永磁铁氧体的性能有重要影响。①原料经混合均匀后首先在高于 700 ℃ 的高温和过氧气氛下通过固相反应生成六角铁氧体。烧结温度过低，固相反应不完全；温度过高，会因锶铁氧体脱氧而使二价亚铁含量增加，导致副相的出现，另外晶粒生长率也要增大，影响磁性能。②将烧结料采用机械粉碎法制成单畴粒子，选择适当的球料比，并控制磨粉时间。一般情况下，矫顽力则随着粉碎时间的增加而逐渐变大。但粉碎时间过长，矫顽力反而变小，这是由于过磨条件下，超顺磁粒子增多，晶格畸变和缺陷增加而造成的。③制得的细粉要经过压制成形。为了让单畴粒子定向排列制造各向异性铁氧体，在压制成形时施加磁场，使微粉颗粒的易磁化轴沿磁场方向排列，形成各向异性铁氧体。施加磁场强度越大，取向度越高，磁体的磁性越好。

5.3.4　其他类型铁氧体

旋磁铁氧体：旋磁铁氧体是指在高频磁场作用下，平面偏振的电磁波在材料中按一定方向传播过程中，偏振面不断绕传播方向旋转的一种铁氧体。旋磁铁氧体主要用作各种微波器件，如法拉第旋转器、环形器、相移器等。由于金属磁性材料的电阻小，在高频下的涡流损失大，而且有趋肤效应，磁场不能达到内部；而铁氧体的电阻率高，可在几万兆赫下应用，因此在微波范围内几乎都采用铁氧体。

旋磁铁氧体的种类很多。目前微波领域广泛应用的旋磁铁氧体主要是尖晶石型铁氧体和石榴石型铁氧体，其中尖晶石型铁氧体的用途最广。最常用的尖晶石型铁氧体是镁系和镍系，如 Mg – Mn、Mg – Mn – Zn、Mg – Mn – Al、Mg – Al、Mg – Cr、Ni、Ni – Mg、Ni – Zn、Ni – Al 和 Ni – Cr 铁氧体。此外还有锂系铁氧体，如 Li、Li – Al、Li – Mg 铁氧体等。

石榴石型旋磁铁氧体则主要是含稀土的铁氧体，其分子式可表示为 $3M_2^{3+} \cdot 0.5Fe_2O_3$，$M^{3+}$ 代表 Y、Sm、Eu、Gd 等稀土元素。其中，最重要的是钇（Y）石榴石铁氧体，简称 YIG。在更高的频段，例如 60 000 MHz 时，采用磁铅石型旋磁铁氧体，它是在钡、锶及铅铁氧体的基础上发展起来的。当用铝代替一部分铁时，铁氧体的内场提高，适用于更高的频率。

矩磁铁氧体：矩磁铁氧体是指具有矩形磁滞回线的铁氧体。铁氧体形成矩形磁滞回线的条件是结晶各向异性和应力各向异性。一般密度高、晶粒均匀、结晶各向异性较大的尖晶石铁氧体都可制成磁性能较好的矩磁材料。在常温使用的矩磁铁氧体有 Mn – Mg、Mn – Cu 及 Mn – Cd 铁氧体，在 –65 ~ 125 ℃温度范围内使用的铁氧体有 Li – Mn、Li – Ni、Mn – Ni 和 Li – Cu 等。Mn – Mg 铁氧体是应用最广泛的矩磁铁氧体。配方中的 Fe_2O_3 的含量是 40% ~ 50%，MgO 与 Mn 的比例可在较宽范围内变化。组成中 Mn 较多时，铁氧体便具有矩形磁滞回线。事实上 $MnFe_2O_4$ 本身就具有矩形磁滞回线，加入 MgO 之后，矫顽力增加。MgO 量愈大，矫顽力愈大，剩磁磁感应强度与饱和磁感应强度就愈接近，矩形性愈好。但是矫顽力过大时，磁化需要的电流过大，对磁芯的工作不利，一般当 Fe_2O_3 量为 43% 时，$n(MgO):n(MnO):n(Fe_2O_3) = 1:3:3$，此时 Mg – Mn 铁氧体的矩磁特性较好。

矩磁铁氧体主要用于电子计算机及自动控制与远程控制设备中，作为记忆元件（存储器）、逻辑元件、开关元件、磁放大器的磁光存储器和磁声存储器。矩磁铁氧体磁芯的存储作用原理如下：利用矩形磁滞回线上与磁芯感应 B_m 大小相近的两种剩磁状态 $+B_r$ 和 $-B_r$，分别代表二进制计算机的"0"和"1"（图 5 – 12），当送进 $+I_m$ 电流脉冲时，相当于磁芯收到 $+H_m$ 磁场的激励而被磁化至 $+B_m$，脉冲过去后，磁芯则保留 $+B_r$ 状态，表示存入信号"1"；反之，当通过 $-I_m$ 电流脉冲时，保留 $-B_r$ 状态，表示存入信号"0"。在读出信息时可通入 $-I_m$ 脉冲。如果原存为信号"0"，则磁感应的变化由 $-B_r \rightarrow -B_m$，变化很小，感应电压也很小，近乎没有信号电压输出，这表示读出"0"。而当原存为"1"时，磁感应由 $+B_r \rightarrow -B_m$，变化很大，固有明显的信号电压输出，表示读出"1"。这样根据感应电压的大小，就可以判断磁芯所存储的信息。铁氧体磁芯具有开关时间短（几十毫微秒）、体积小、制造方便、成本低等优点。

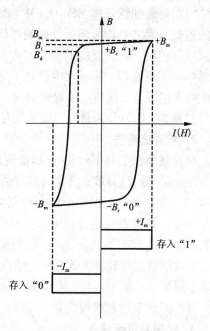

图 5 – 12　矩形磁滞回线的二进位工作原理

压磁铁氧体：压磁铁氧体又称为磁致伸缩材料。压磁铁氧体可以制成磁致伸缩元件，利用其磁致伸缩特性将电能转换为机械能或将机械能转换为电能。压磁铁氧体有 Ni – Zn、Ni – Cu、Ni – Mg、Ni – Co 等。其中 Ni – Zn 铁氧体的应用最广泛。压磁铁氧体主要用于超声器件、水声器件、机械滤波器及电讯器件。利用压磁铁氧体的磁致伸缩效应、磁致伸缩逆效应，铁氧体可应用于测量形变、距离、压力、速度、转矩等。

5.3.5　铁氧体的制备

铁氧体材料的性能与合成制备中物相的组成和合成工艺有重要的联系。不同用途的铁氧体，可以采用不同的配方和不同的合成工艺，铁氧体的制备工艺随着对其性能需求的不断提高而得到了不断的丰富，而多种先进工艺技术综合和组合运用已成为铁氧体材料合成研究的一个热点。现有的铁氧体合成技术及特点如下。

1. 低温化学法

低温化学法是采用硝酸盐水溶液-有机燃料混合物为原料，在较低的点火温度和燃烧放热温度下，简便、快捷地制备出多组分氧化物粉体。该方法具有以下优点：利用原料自身的燃烧放热即可达到化学反应所需的高温；燃烧合成速度快、产生气体，使形成的粉末不易团聚生长，能够合成比表面积高的粉体；液相配料，易于保证组分的均匀性。采用低温燃烧合成法可制备超细铁氧体 MFe_2O_4（$M = Ba$，Mn，Fe，Mg，Ni，Zn）。燃烧火焰温度是影响粉末合成的重要因素之一。火焰温度影响燃烧产物的化合形态和粒度等，燃烧火焰温度高则合成的粉末粒度较粗。燃烧反应的最高温度与混合物的化学计量比有关，富燃料体系温度要高些，贫燃料体系温度低，甚至发生燃烧不完全或硝酸盐分解不完全的现象。此外，点火温度也影响燃烧火焰温度，加热点火温度高时，燃烧温度也高，从而粉末粒度变粗。因此可通过控制原材料种类、燃料加入量以及点火温度等控制燃烧合成温度，进而控制粉体的粒度等特性。

2. 喷雾热解法

喷雾热解法是将 Ba、Fe 金属盐溶液与液体燃料混合，在高温下以雾化状态进行喷射燃烧，再经瞬时加热分解，得到高纯度的超细钡铁氧体粉末。一般以乙醇为可燃性溶剂，利用乙醇燃烧放出的热量加热分解各种可溶性盐。该法的优点是：燃烧所需时间短，因此每一颗多组分细微颗粒在反应过程中来不及发生偏析，从而可获得组成均匀的超细粒子；由于起始原料是在溶液状态下混合，所以能精确控制产物的最终组成；由于方法本身包含有物料的分解，所以制备温度较低，微粉的烧结性能好，操作过程简单，反应一次完成，避免了不必要的污染，保证了产物的纯度。但该法分解后的气体往往具有腐烂性，直接影响到设备的使用寿命，且对雾化室的要求极高。

3. 化学共沉淀法

化学共沉淀法常用于制备钡铁氧体等，将一定浓度的铁盐、钡盐溶液按化学计量比混合均匀，再用一定浓度的碱液（如 $NaOH$，Na_2CO_3）或草酸铵等作沉淀剂，使 Ba^{2+} 和 Fe^{3+} 全部沉淀，将沉淀物过滤、水洗，烘干后高温焙烧即得铁氧体产物。化学共沉淀法大致可分为中和法、氧化法、混合法类。这种方法工艺简单、经济，易于工业化；并且由于在离子状态下混合，比机械混合更均匀，使精确控制各组分的化学计量比较容易；颗粒度可以根据反应条件进行控制；化学活泼性较佳，因而可以在较低的烧结温度下完成充分的固相反应，得到较佳的微结构。但沉淀过程中常呈分层，以致沉淀物的组成常偏离原始配方，尤其当配方中含有少量掺杂元素时，要达到这些离子的同时沉淀与均匀分布尚有困难，从而易造成粒子间的团聚，烧结后形成较大颗粒。此外，还经常出现胶状沉淀，难于过滤和洗涤。

4. 水热法

水热法是目前制备钡铁氧体的主要方法之一。将共沉淀法得到的悬浊液(pH > 11)放入高压釜中加热到 100 ℃以上、临界温度(374 ℃)以下的温度,使共沉淀物间产生化学反应,生成钡铁氧体。水热反应的生成物与反应物中 Ba^{2+} 和 Fe^{3+} 之间的比例以及碱溶液的浓度等有较大的依赖关系。另外,水热温度的高低、水热时间的长短对产物的纯度、颗粒的大小及粉末的磁学性能影响很大。由于该法反应在水溶液中进行,粒子间不团聚,制得的磁粉分散性好、结晶性好、粒径分布较窄。但水热法要求的原料纯度高,反应中需用高压釜,对设备要求较高。此外,水热合成法除产生 $BaFe_{12}O_{19}$ 相外,有时还会产生其他相。

5. 玻璃晶化法

玻璃晶化法是将调节矫顽力温度系数的 SnO_2、玻璃组分、铁氧体组分以及调节矫顽力的各种原料混合,在高温熔剂中进行高温熔融,使之在玻璃化状态下进行充分反应,然后迅速淬火,用溶剂洗去玻璃相以浸取产物。由于该方法是在玻璃基质中析出晶核,因此用此法制得的磁粉粒径小、粒度分布性窄、晶形完整。

6. 自蔓延高温合成法(简称 SHS)

SHS 法是近 30 年来发展起来的制备材料的新方法。其最大特点是利用反应物内部的化学能来合成材料。一经点燃,燃烧反应即可自我维持,一般不再需要补充能量。同时,由于燃烧过程中高的温度梯度及快的冷却速率,易于获得亚稳物相。其工艺流程如下:原料混合→前处理→燃烧合成→后处理→产品。其中,前处理包括干燥、破碎、分级、混配、挤压;燃烧合成装置包括电热装置、气体加压设备和热真空室;燃烧合成是用钨丝线圈通电或电火花点火等方法局部点燃引燃剂,依靠其反应产生的足够热量引燃反应物粉体;后处理包括破碎、研磨、分级。自蔓延高温合成铁氧体与传统铁氧体工艺相比具有低能耗、无环境污染、高产量等优点,所得到的铁氧体粉末性能稳定、铁氧体化程度高、粉体颗粒尺寸分布均匀。但工艺中易引入杂质,且研磨过程通常会在材料中产生晶格缺陷和晶格畸变,从而导致材料的磁性能有所下降。

5.4　有机磁性材料

传统的磁性材料必须经过高温冶炼,而且密度大,精密加工成形困难,磁损耗大,因此在一些高新技术和尖端科技方面的应用受到了很大的限制。而有机磁性材料因其结构种类的多样性,可用化学方法合成,可得到磁性能与机械、光、电等方面结合的综合性能,具有磁损耗小等特点,在超高频装置、高密度存储材料、吸波材料、微电子工业和宇航等需要轻质磁性材料的领域有很大的应用前景。

有机磁性材料可分为结构型和复合型两大类。结构型有机磁性材料是指分子本身具有强磁性的有机或高分子材料,主要为一些多自由基聚合物和金属配合的聚合物,如聚双炔或聚炔类聚合物、含氮基团取代苯衍生物的聚合物等。结构型有机磁性材料可分为纯有机磁性材料和金属有机磁性材料。复合型有机磁性材料主要是有机化合物(主要是指高分子树脂)和磁粉经成形而制得的具有磁性的复合体系,又包括高分子黏接磁材和磁性高分子微球两大类。

5.4.1 纯有机磁性化合物

所谓纯有机磁性化合物是指不含任何过渡金属或稀土元素,仅由 C、H、N、O、S 等组成的有机磁性体。这一类磁体的磁性主要来源于带单电子自旋的有机自由基,其自旋仅限于 p 轨道电子。同过渡金属或稀土元素等主要来源于 3d 和 4f 轨道单电子自旋的磁性体系相比,有机自由基有两个明显的特点:一是只含轻元素的分子中,弱自旋轨道耦合导致了电子自旋极高的各向同性;二是分子内各原子的自旋密度分布,自旋分布调整了不同磁单元间磁性相互作用,也成为衡量磁性相互作用的一个重要参数。纯有机磁性化合物有以下一些种类:

1. 高自旋多重度的结构型有机磁性材料

1968 年高自旋多重度模型被提出,指出由间位取代的三线态二苯卡宾组成的大平面交替烃将出现铁磁耦合,从此人们开始设计和合成这类高自旋的分子。高自旋分子具有大量能进行铁磁耦合的单电子,设计和合成这类分子必须克服的问题是在分子中如何保留多重态间的键的相互作用。未成对电子的铁磁耦合使得高自旋高分子材料具有较高的自旋量子数。直到 2001 年,一种具有很大磁矩、在低温下具有磁有序状态的带交联结构的高密度自由基有机共轭高分子(见图 5 – 13)终于被合成出来。它由带有不相等的自旋量子数的大环结构交联形成:大环的自旋量子数为 2,交联键的自旋量子数为 1/2,在这种高度交联的聚合物中,与有效磁矩相关的平均量子数约为 5 000,在温度为 10 K 以下时,在很小的外加磁场下就会进行缓慢的重新排列。

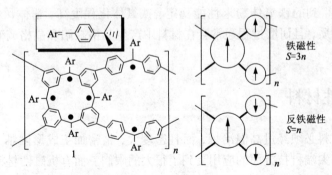

图 5 – 13 由自旋量子数不相等的大环和交联键形成的具有铁磁或反铁磁耦合的高分子

2. 含自由基的结构型有机磁性材料

一种形成有机自旋体系的方法是使有机自由基形成一定的有序结构,进而表现出铁磁性。可以设计分子结构,通过氢键使自由基相互连接,得到磁有序状态,第一个通过氢键组合自由基形成的有机铁磁体 HQNN(结构如图 5 - 14)是在 1994 年合成的。HQNN 有 α 和 β 两种晶体机构,其中 α - HQNN 在 0.5 K 观察到有铁磁性相转变。之后,几种类似结构的苯基 - 硝基 - 硝氧基自由基的衍生物也相继被制备出来,其中一种间位结构的 RSNN(见图 5 - 14)在 0.45 K 有铁磁性的相转变。

另一种方法是使有机自由基稳定并呈现铁磁性有序。聚二乙炔衍生物合成的结构型高分子磁性材料比聚乙炔衍生物合成的结构型高分子磁性材料更稳定,更能呈现铁磁性。将含有自由基的单体聚合,通过高分子链的传递作用使自由基中的自旋电子发生耦合,从而宏观表现为具有磁性。图 5 - 15 是人们制备的第一个高分子磁性单体分子 1, 4 - 双(2, 2, 6, 6 - 四甲基 - 4 - 羟基 - 1 - 氧自由基吡啶)丁二炔(简称 BIPO)及具有类似结构的两种单体 BIPENO 和 BIOPC 的结构示意图。可以看出它们均具有两个聚合反应键和两个带有哌啶环的亚硝酰稳定自由基,可用超交换模型从理论上分析这种含自由基高分子磁性材料的磁性来源。

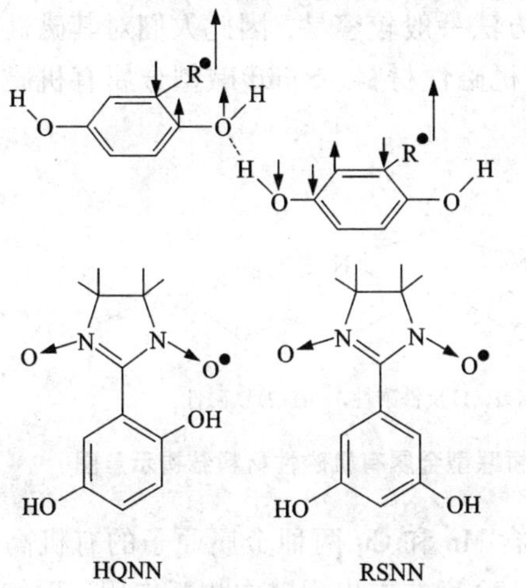

图 5 - 14　通过分子间氢键形成的铁磁性耦合和两种自由基 HQNN 和 RSNN 的结构

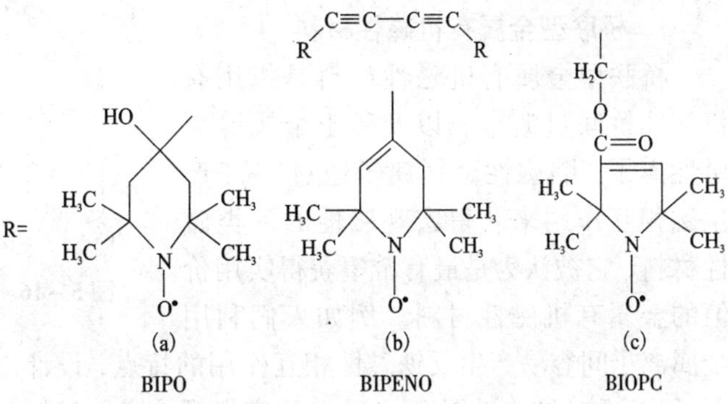

图 5 - 15　**BIPO、BIPENO 和 BIOPC 的结构示意图**

3. 热解聚丙烯腈磁性材料

在 900 ~ 1 100 ℃时热解聚丙烯腈会得到含有结晶相和无定型相、具有中等磁饱和强度($M_s = 15$ A/m)的黑色粉末。其中结晶相能起磁化作用,其 M_s 可达 150 ~ 200 A/m,剩磁 M_r 为 15 ~ 20 A/m,电子的自旋浓度为 1×10^{23} spin/cm³。粗制品电导率 $\sigma_{15} = 1 \times 10^2$ S·cm⁻¹($M_s = 15$ A/m),经磁选后的精制品电导率 $\sigma_{200} = 1 \times 10^{-3}$ S·cm⁻¹($M_s = 200$ A/m)。

4. 含富勒烯的结构型有机磁性材料

1991 年人们发现 $C_{60}TDAE_{0.86}$[TDAE 表示四(二甲氨基)乙烯]的矫顽力为零,即完全没有磁滞现象，是一个非常软的结构型有机磁性材料。此后人们不断对 TDAE－C_{60}的晶体结构、导电性、电子自旋进行研究并提出很多种理论假说对其进行多方面解释，主要有自旋玻璃态模型、超顺磁性、巡游铁磁性等。也有人合成了含有 C_{70}的类似结构物质，但其在 4 K 以上没有明显铁磁性，到目前为止这类含富勒烯的结构型高分子磁性材料还是含有 C_{60}的性能较好，如二茂钴－3－氨基苯基－C_{60}（T_C＝19 K）。

此外，人们将 C_{60}超声分散在聚偏氟乙烯（PVDF）的二甲基乙酰胺（DMF）溶液中，发现将 DMF 真空蒸发后得到的聚合物薄膜在 0～300 K 温度范围内表现出铁磁性。经分析认为，超声波降解剪切了聚合物链，形成了 $C_{60}R_n$自由基络合物（R＝H，F，CF_3及聚合物碎片，n 为奇数），成膜后顺磁性的 C_{60}络合物分散在 PVDF 中形成有序的聚合体并表现出铁磁性。而得到的复合膜的脆性较大，也证实超声降解确实导致了聚合物链的缩短。

5.4.2　金属有机磁性材料

金属有机磁性材料含有多种顺磁性基团，而且合成方法一般较容易，因此人们对其磁性能进行了许多研究。这类材料还可细分为桥联型金属有机磁性材料、Schiff 碱型金属有机磁性材料及二茂金属有机磁性材料。

1. 桥联型金属有机磁性材料

桥联型金属有机磁性材料是指用有机配体桥联过渡金属以及稀土金属等顺磁性离子，顺磁性金属离子通过“桥”产生磁相互作用来获得宏观磁性的一类磁性材料，它被认为是最有希望获得实用价值的金属有机磁性材料。例如人们利用金属离子间容易产生反铁磁性相互作用的特点，设计出含 Mn 和 Cu 两种金属原子的有机高分子配合物（结构见图 5－16）。研究发现该磁性材料在 100 K 左右出现链内相互作用，T_C＝4.0 K 时，结构（1）为反铁磁性，结构（2）为铁磁性的。

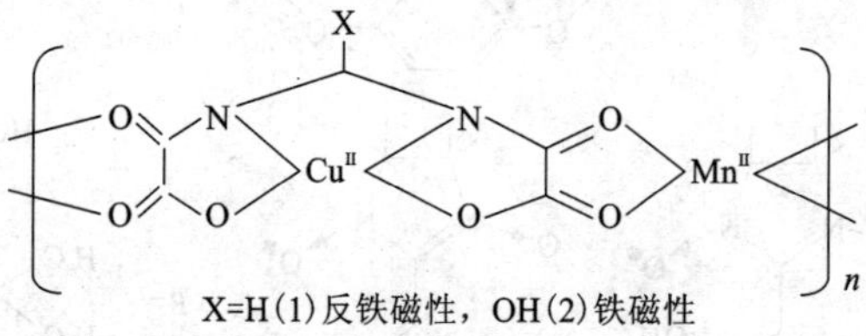
X
O
N
N
O
Cu^II
Mn^II
O
O
O
O
n
X=H(1)反铁磁性，OH(2)铁磁性

图 5－16　桥联型金属有机磁性材料结构示意图

此外，二硫化草酸桥联配体为交替排列的双金属有机配合物（结构见图 5－17），也是一类典型的桥联型金属有机磁性材料。

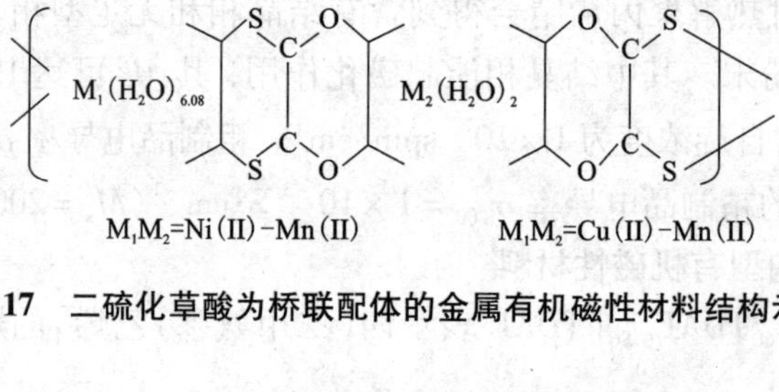
S
O
C
C
S
O
M1(H2O)6.08
M2(H2O)2
O
S
C
C
O
S
M1M2=Ni(II)-Mn(II)
M1M2=Cu(II)-Mn(II)

图 5－17　二硫化草酸为桥联配体的金属有机磁性材料结构示意图

2. Schiff 碱型金属有机配合磁性高分子

近年来，人们对 Schiff 碱金属有机络合物的磁性能产生了浓厚的兴趣，并开展了较多的研究。较早引起人们关注的是 PPH（聚双 2，6 吡啶基辛二腈）·$FeSO_4$ 型高分子磁体（见图 5-18）。这种聚合物呈黑色，耐热性好，在 300 ℃的空气中不分解，不溶于有机溶剂，其剩磁极小，磁性能甚至可以和磁铁相匹敌。此外，我国科学家发现含双噻唑的芳杂环聚西佛碱与 Fe^{2+} 有良好的配位能力，所得配合

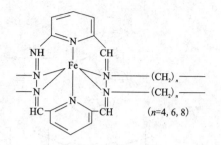

图 5-18 PPH-FeSO_4 结构示意图

物具有良好的铁磁性能，并合成了具有软磁性的含 2，2-二氨基-4，4-联噻唑芳杂环的聚西佛碱-Fe^{2+} 配合物。

3. 茂金属有机磁性材料

20 世纪 90 年代初期，日本科学家合成了一系列十甲基二茂铁-四氰基乙烯（TCNE）类的电荷转移金属有机铁磁体，但不具有实用价值。1989 年我国学者开发了一条成本要低得多的合成路线，他们将含金属茂（C_5H_5）$_n$M 的有机金属单体在有机溶剂中通过多步反应，成功得到多种常温稳定的实用型有机高分子磁性材料（OPM）。与铁氧体比较，OPM 磁体不仅质量轻，易热压成形，而且在很宽的温度范围内磁性能稳定，在高频、微波下低磁损，其磁导率和磁损耗基本不随使用频率和温度变化，适于制高频、微波电子器件。此外，他们还报道了以二茂铁型高分子磁体材料为基料，分别与铜纤维、不锈钢纤维和碳纤维复合，以探索在 10 ~100 MHz 频段下，具有良好屏蔽效果的新型电磁屏蔽复合材料及其应用前景。研究表明用二茂铁型高分子磁体材料制作的电子器件无需进行电容或温度补偿，这对环境变化十分敏感的军工产品有重要的应用。此外，将二茂铁的金属有机高分子磁体经共混或接枝改性制成轻质金属有机高分子吸波剂，经初步研究表明，将会有很好的应用前景。

此外，人们通过聚合含二茂铁的有机硅单体制备了交联的磁性高分子，通过这种含金属的高分子热解制备了含磁性的陶瓷。单体和聚合物的结构如图 5-19 所示。这种陶瓷的磁性质可以通过热解的条件来控制，850 ℃热解得到的是超顺磁性陶瓷，1 000 ℃热解得到的是铁磁性陶瓷。

5.4.3 黏接磁性材料

黏接磁性材料是指在聚合物中添加磁粉及其他助剂，均匀混合后加工而成的一种功能性复合材料。其中，高分子材料的基本作用是增加磁性粉末颗粒的流动性和它们之间的结合强度，又被称做黏结剂。黏接磁材已经进入实用阶段，它的磁性能虽低于烧结磁体，但可制备小型、异型的永磁体，广泛应用于微型电机、办公用品、自动控制等领域，而且与烧结磁体相比，具有能耗低、易于加工成形、尺寸精度高、柔韧性强等优点。

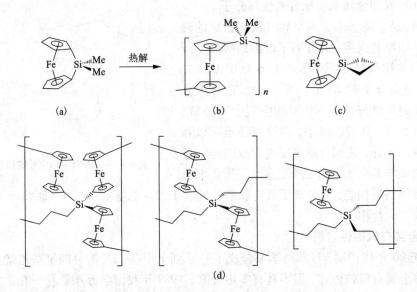

图 5 – 19 **SFP(a)** 的开环聚合可以形成聚合物 **PFS(b)** ；螺环结构的 **SSFP(c)** 聚合可得到具有交联结构的聚合物 **CPPN**，**(d)** 为 **CPPN** 中可能的三种 **Si** 的微观环境

1. 黏接磁性材料的磁粉

黏接磁性材料中添加的永磁磁粉主要为金属粉末、铝镍钴磁粉、铁氧体和稀土永磁材料。

用 NdFeB 磁粉制备的黏结磁体具有相对高的磁性能(相当于或优于烧结铁氧体的性能)，磁体的尺寸和重量均可显著减小。这类高分子磁性材料的加工性能较出色，能采用压制、注塑、挤压、轧制等多种方法制备，可以满足电子工业对电子电气元件小型化、轻量化、高精密化和低成本的要求，应用于小型精密电机、通信设备传感器、继电器、仪器仪表、音响设备等多种领域，将成为今后高分子磁性材料发展的方向。不足之处是价格较贵、温度系数高、使用温度低、环境稳定性不太好。

黏接铁氧体的主要优点有：成本较低；具有良好的热、化学及环境稳定性，黏结铁氧体在 180 ℃下长时间(8 000 h)的不可逆损失基本为零，而黏结钕铁硼磁体的磁通则从 5 900 Wb 降到 2 800 Wb，即不可逆损失达 50%；成形所需取向磁场较低，因此带模具的取向磁场易于达到所需要求；可用于制备磁极形状复杂的多极磁环，其角度的公差可达 ±0.05°。黏结铁氧体的不足是磁性能不高，如果大量填充磁粉则影响制品强度。铁氧体类黏接磁性材料主要用于家用电器、日用品、电传、复印机、遥控设备、传感器、计算机等。

铝镍钴永磁合金具有独特的磁特性，在所有的永磁材料中它的温度系数最小，工作温度最高，时间稳定性好，耐腐蚀性能好，因此黏结铝镍钴磁性材料多用于电气仪表和通信机器等要求很高可靠性的领域中。而黏接铝镍钴磁材所用磁粉的磁性能和钕铁硼的磁粉性能相近，但其温度稳定性和抗腐蚀性比钕铁硼要好，然而其价格也同样高得多。

另一方面，磁粉的结构，如结晶形状和粒子的大小以及它们的均匀性等，也对黏接磁体的磁性能有重要影响。磁粉的矫顽力由结晶的各向异性、形状的各向异性和磁致伸缩的各向异性决定。而一般说来，磁粉的粒径较大，粒度分布不均匀，则在复合材料中的分散不均匀，导致内退磁现象增强，还会造成应力集中，降低物理机械性能。磁粉粒径小时，一方面磁粉在高分子材料中分散均匀，另一方面磁粉粒径越小，退磁能力就越小，就不会产生畴壁；当粒径足够小时，各颗粒成为单畴，这样当磁粉的粒径接近磁畴的临界晶粒直径时，磁性材料的矫顽力大大增加。因此从理论上讲要求粒径尽可能小，但实际上很难办到，一般磁粉的粒径最好为 $0.5 \sim 3~\mu\mathrm{m}$。此外，对于各向异性磁性高分子材料而言，磁性粉末的取向度也是影响其磁性能的重要因素。取向度是指磁晶粒子按磁化择优原则在磁体使用方向上有序排列的程度，其计算方法如下：

$$Q = \frac{B_{r\perp}}{B_{r\perp} + B_{r/\!/}} \times 100\% \qquad (5-8)$$

其中，Q 表示取向度；$B_{r\perp}$ 表示取向方向的剩余磁感应强度；$B_{r/\!/}$ 表示垂直于取向方向的剩余磁感应强度。

2. 黏接剂及助剂

常用的黏接剂见表 5-8，主要分为热固性树脂、热塑性树脂、橡胶三大类。选择黏结剂的原则是：结合力大，黏结强度高，吸水性低，尺寸稳定性好，固化时尺寸收缩小，使得黏结磁体的产品尺寸精度高，热稳定性好。此外，不仅用一种聚合物，还可以掺合几种聚合物作为黏结剂来制造同一种黏结永磁体，以弥补各种聚合物的缺陷。黏结剂的添加量一般占磁粉的质量分数的 2.5% ~10%。

表 5-8 常用的黏接剂

类　　别	材　　　　料
热固性树脂	环氧树脂（EP）、酚醛树脂、尿醛树脂
热塑性树脂	聚酰胺（PA）、聚苯撑硫（PPS）、聚苯撑氧（PPO）、聚对苯二甲酸丁二醇酯（PBT）、液晶聚合物（LCP）、聚乙烯（PE）、聚丙烯（PP）、芳香族聚酯、聚醚砜（PES）、聚苯撑砜、乙烯 - 醋酸乙烯酯共聚物（EVA）、氯化聚乙烯（CPE）、软质聚氯乙烯（PVC）
橡胶	天然橡胶（NR）、丁腈橡胶（NBR）、氯丁橡胶（CR）、硅橡胶

黏接剂的种类基本上不影响磁性高分子材料的磁性能。通常由氯丁橡胶和丁腈橡胶等极性高分子制备的磁性高分子材料的磁通量略高，这是由于生胶单体分子具有较强极性时，有利于各向异性晶体粒子的定向排列，因此有利于磁性能的提高，但是这种差别并不明显。

　　此外，在制备黏接磁性材料时，还需要加入偶联剂、增塑剂和润滑剂等助剂。磁粉属于亲水性的无机物，与疏水性的高分子材料的亲和性较差，因而磁粉很难在高分子材料中均匀分散，大大影响了磁性高分子材料的磁性能和物理力学性能。目前，解决这一问题的方法主要是用偶联剂对磁粉进行表面改性处理。经偶联剂处理后，不但提高了磁粉与高分子的相容性，而且能够增加磁粉在高分子材料中的添加量，因而可以大大提高磁性能。对于稀土类磁粉而言，用偶联剂处理，还可以防止其发生氧化作用，从而提高了其磁稳定性。常用的偶联剂有硅烷、钛酸酯、铝酸酯等。增塑剂主要在注塑成形时使用，用来改善混炼物的塑性特征，润滑剂则主要用来改善脱模。增塑剂包括钛酸二丁酯、脂肪酸酯等，而润滑剂则有硬脂酸盐、矿物油等。

3. 黏接磁材的制备工艺

　　黏接磁材的制备通常采用压延、注塑、挤压、压缩成形这四种工艺，其中前三种工艺采用热塑性混炼物，压缩成形则主要采用热固性黏接剂。

　　压延法是将磁粉、黏接剂和加工助剂混合后，至于两辊之间热熔碾压成连续的薄带状，带长可达上百米，典型的厚度为 $0.3 \sim 6.3$ mm。所用磁粉主要是铁氧体，最近发展到已可用某些 Nd – Fe – B 和铁氧体/Nd – Fe – B 混合粉。制备出的黏接磁材的用途包括微电机、打印机压纸卷轴，汽车传动系统中碎屑收集器和各种吸持应用等。

　　注塑成形是使加热的混炼物通过通道注入具有特定形状模腔的方法。混炼物在模腔中冷却、固化，然后打开模型取出具有精确尺寸的磁体元件。磁粉通常采用铁氧体、Nd – Fe – B 和 Sm – Co。压延和注塑成形的磁体中，磁粉的体积分数约占 70%，其余是黏结剂。这是由于在压延的产品中，为了达到一定的强度和柔性，需要较多的黏结剂含量；而在注塑成形的产品中，为了让混炼物流过模型通道，并注满模腔，也需要足够的黏结剂。由于黏结剂的稀释效应，磁体磁性能有所下降。

　　挤压法是将混炼物加热后挤过喷嘴，并在混炼料冷却时控制其外形，从而制备出柔性或刚性产品。在刚性产品中磁粉的体积分数约占 75%。由于铁氧体和 Nd – Fe – B 磁粉具有很强的磨蚀性，因此制备过程中需要高耐磨的器具。铁氧体挤压磁体常用作门四周的垫片等，而刚性的 Nd – Fe – B 挤压磁体可用于电机中所需的薄壁管状磁体。

　　第四种工艺是压缩成形（也叫模压成形）。将磁粉与黏结剂（通常为热固性的环氧树脂）相混合，注入压模腔中，以约 $600 \sim 1~000$ MPa 的压强进行压制成形，然后在 $150 \sim 175$ ℃进行固化。这种黏结磁体的一个优点是磁粉的体积分数可高达 80%，因此磁性高于压延、注塑和大部分挤压磁体。尺寸精度与注塑成形磁体一样高，因此通常不需要二次加工。应用有电机（弧形、圆筒形和垫圈形）、音圈电机和传感器。但通常压制成形磁体的空隙率较高，机械强度低。最近人们发展了一种加温压制成形的方法，例如在 210 ℃进行压制成形可以提高磁粉的体积分数，减小孔洞率，磁性能和力学强度均可提高。

　　为了提高黏接磁体的磁性能，可以对其制备过程进行一些改进。例如，在外加磁场中进行混炼，可以使磁性微粒在混炼中得到较高程度的取向，从而提高制品的磁性能。磁场磁力线的方向是磁取向能否成功的关键因素，一般认为磁粉的注入方向与磁力线方向平行时，制成的磁性橡胶各向异性最佳。另外，在磁场中进行硫化也可以提高磁性，因为硫化初期胶料处于热流动状态，磁粒(畴)在外磁场作用下能顺利地取向一致，到硫化交联后，高分子链间的网状结构限制或固定住这些整齐排列的磁粒，使之不能转向。硫化后对制品进行剪切拉伸，在保证产品具有良好的机械性能的同时，能够提高其磁性。此外，还可以通过压延效应提高磁性，即将薄胶片逐层按相同压延方向叠合，然后压成一定厚度的胶片待用。通过压延效应能使磁粉定向排列而呈各向异性。

　　此外，还可以采用结构型磁性高分子作为黏接剂来制备黏接磁体。利用二茂金属高分子铁磁体微粉与经过处理的 Nd – Fe – B 和丙酮混合后，真空干燥并造粒，然后热压成形制备出磁性高分子黏结钕铁硼。在磁粉体积分数相同的情况下，磁性高分子黏结 Nd – Fe – B 的磁性能比非磁性高分子黏结 Nd – Fe – B 的磁性能高。这是由于这两类黏结 Nd – Fe – B 磁体中的 Nd – Fe – B 磁粉颗粒之间的磁场结构状态发生了变化。在磁性高分子黏结的 Nd – Fe – B 颗粒之间具有磁性的二茂金属高分子铁磁体能导磁，起着导磁体的作用，其磁阻小；而环氧树脂黏结的 Nd – Fe – B 颗粒之间，由于环氧树脂无磁性，使得 Nd – Fe – B 颗粒之间的磁力线穿过环氧树脂时磁阻很大。这种磁性高分子材料实际上是由结构型与复合型结合而得到的一种新型磁性高分子材料，是制备磁性高分子材料的一种新方法。

5.4.4　磁性高分子微球

　　磁性高分子微球(简称磁性微球)是近年发展起来的一种新型多功能材料。它是基于微胶囊化方法，使有机高分子与磁性无机物质(如三氧化二铁、四氧化三铁、铁钴合金等)结合起来形成具有磁响应性及特殊结构的高分子微球。磁性微球既具有有机高分子材料的易加工和柔韧性，又具有无机材料的高密度和高力学性能以及生产成本低、能耗少、无污染等特点，还可以通过改性在其表面形成—OH、—COOH、—CHO、—NH$_2$、—SH 等极性官能团，从而进一步进行表面接枝共聚。利用磁性物质对外加磁场的响应，可将磁性高分子微球从周围介质中迅速分离纯化，因此在病原细菌分离检测、蛋白质纯化、固定化酶、靶向给药、核酸分离等研究领域具有广阔的应用前景。

1. 磁性微球的结构和组成

　　磁性高分子微球按结构可分为三大类(见图 5 – 20)：第一类是磁性材料为核，高分子材料为壳型结构[图 5 – 20(a)]；第二类是高分子材料为核，磁性材料为壳的结构[图 5 – 20(b)]；第三类则是夹心式结构，即内外层均为高分子材料，中间夹层为磁性材料[图 5 – 20(c)]。须指出的是，作为核或壳的聚合物可以是复合结构或多层结构。同样，作为核的无机磁性物质也可以是复相结构；无机物作为壳时，也可能会因反应条件的不同而在聚合物表面有不同的分布状态。

要得到高性能的磁性复合微球，首先要考虑的是无机磁性材料的性能，如磁性微粒的饱和磁化强度、粒径大小和表面性能，以及微粒的稳定性等。同时应尽量选择毒性小的原料。能作为磁性微粒的有金属氧化物 $\gamma - Fe_2O_3$、Fe_3O_4、$MeFe_2O_4$（$Me = Co$、Mn、Ni），金属 Ni、Co、Fe 及其合金 $Fe - Co$、$Ni - Fe$ 等，其饱和磁化强度按金属氧化

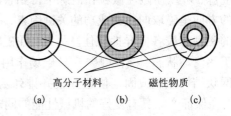

高分子材料　　　　磁性物质
(a)　　　　(b)　　　　(c)

图 5 – 20　磁性高分子微球的结构图

物—金属—合金顺序递增，但是其稳定性（即抗氧化能力）却依次递减。Co、Fe 等磁性金属微粒具有较高的饱和磁化强度，但是他们的毒性都很强。Ni、Co、Fe 及其合金（特别是当其粒径减小到纳米尺寸时）在空气中由于其巨大的比表面积而容易被氧化。纯金属微粒的制备工艺条件往往十分严格，且生成的 NiO、CoO 和 FeO 是反铁磁性的物质，对金属材料的磁性起负作用。虽然 Fe_3O_4 的饱和磁化强度较低，但是由于其良好的氧化稳定性和较低的毒性，并且有不同的化学组成结构，可得到不同的磁性能，所以常用作磁性微球中的磁性微粒。

不同的高分子材料则决定着磁性微球的溶解性、缓释性、流动性等性能，同时还对微球制作工艺有一定影响。通常要求高分子材料与被吸附物质之间具有良好的相容性，本身具有适宜的渗透性、溶解性、可聚合性、乳化性、黏度、成膜性、稳定性及机械强度等，适合磁性微球的制备要求，来源广泛、易得、成本比较低廉。目前常用的高分子材料有：聚多糖类，包括淀粉、葡聚糖、壳聚糖、阿拉伯胶、糖原等；氨基酸类，包括明胶、白蛋白、聚赖氨酸、聚谷氨酸等；以及其他的一些高分子材料如乙基纤维素、聚乙烯醇、聚丙烯酸、聚苯乙烯等。高分子与磁性粒子的结合主要通过范德华力、氢键、高分子链与金属离子的螯合作用以及高分子的功能基团与磁性粒子表面功能基团形成的共价键等。

2. 磁性微球的制备

不同结构的磁性微球有不同的制备方法。对于以磁性材料为核，高分子材料为壳结构的磁性高分子微球，制备方法有包埋法、单体聚合法及原位法等。

1）包埋法是将磁性粒子分散于高分子溶液中，通过雾化、絮凝、沉淀、蒸发等手段使高分子材料将磁性粒子包埋后制成微球。常用的包埋材料有纤维素、尼龙、磷脂、聚酰胺、聚丙烯酰胺、硅烷化合物等。

利用包埋法制备磁性微球方法简单，但得到的粒子粒径分布宽，微球形貌不易控制。另外，微球中常含有乳化剂、沉淀剂等杂质，因而在免疫诊断等领域会受到很大的限制。

2）单体聚合法是在磁性粒子和有机单体存在的条件下，根据不同的聚合方式加入引发剂、表面活性剂、稳定剂等物质聚合制备磁性高分子微球的方法。单体聚合法的优点在于可以确保单体的聚合反应在磁性粒子表面顺利进行。由于磁性粒子是亲水性的，所以亲水性单体（如多糖化合物）容易在磁性粒子表面进行聚合；而对于亲油性单体（如苯乙烯等）的聚合反应难以在磁性微粒表面进行，因此要对磁性微粒进行预处理或适当改变有机体的组成。常

用的单体聚合法有悬浮聚合、乳液聚合、分散聚合等，此外近年来还出现了辐射聚合法、化学聚合法和生物合成法等新方法。

3）以原位法来制备磁性高分子微球，首先制得单分散的致密或多孔聚合物微球，此微球根据不同的需要含有可与铁盐形成配位键或离子键的基团（如各种含 N 基团、环氧基、—OH、—COOH、—SO₃H 等）。随后可根据聚合物微球所具有的不同功能基以不同的方法来制备磁性高分子微球。如含—NH₂、—NH—、—COOH 等基团，可直接加入合适比例的二价和三价铁盐溶液，使聚合物微球在铁盐溶液中溶胀、渗透，升高 pH，可得到铁的氢氧化物，最后升温至适当的温度，即可得到含有 Fe_3O_4 微粒的磁性高分子微球。如含有—NO₂、—ONO₂ 等氧化性基团，可分别只加入二价铁盐或三价铁盐，控制适当的 pH 和温度，即可得到含有微粒的磁性高分子微球。与其他方法比较，该方法具有以下优势：因在磁化过程中，单分散聚合物微球的粒径和粒径分布不变，因此最终所得的磁性高分子微球具有良好的单分散性；具有超顺磁性的无机微粒均匀地分散在整个聚合物微球中，且每个微球含有相同浓度的磁性微粒，从而保证所有磁性微球在磁场下具有一致的磁响应性；可以制备各种粒径的致密或多孔磁性高分子微球，且可制备磁含量大于 30% 的高磁含量微球。

以高分子材料为核、磁性材料为壳的磁性高分子微球的制备方法主要有化学还原法和种子非均相聚合法。将贵重金属的盐类接在带有功能基团的高分子微球表面上，然后将其还原为零价，接着将过渡族金属或稀土金属接在磁性高分子微球的表面上，即可制得磁性高分子微球。通过这种方法制得的磁性高分子微球，颗粒大小主要由高分子微球的大小决定。该方法存在的最大困难是磁性高分子微球的表面易被氧化。种子非均相聚合法常用于制备核为复合聚合物的磁性高分子微球，例如以单分散的 PS 为种子，St 为单体，在 Fe_3O_4 磁流体存在的条件下可制备出核为核桃壳形的 PS、壳为 Fe_3O_4 的磁性高分子微球。用这种方法制备的磁性高分子微球不但具有一定的单分散性，而且稳定性很好。

夹心型磁性高分子微球的制备多采用两步聚合法。首先制备出以乳胶为壳的杂聚体，然后以此杂聚体为种子，再与苯乙烯等单体进行聚合反应。两步聚合法制备的磁性高分子微球形状规则、大小均匀且具有较窄的尺寸分布。

5.4.5 有机磁性材料的应用

有机磁性材料同时具有磁性和良好的加工性能，因而在许多领域具有广泛的应用。

1. 医疗诊断领域的应用

磁性高分子微球能够迅速响应外加磁场的变化，并可通过共聚赋予其表面多种功能基团（如—OH，—COOH，—CHO，—NH₂）从而连接上生物大分子、细胞等。因此，在细胞分离与分析、放射免疫测定、磁共振成像的造影剂、酶的分离与固定化、DNA 的分离、靶向药物、核酸杂交及临床检测和诊断等诸多领域有着广泛的应用。例如，将酞菁分子共价结合到磁性聚合物链上，利用酞菁分子的光导性作为检测信号来获取生物活性分子间的相互作用信息，进而应用于临床检测诊断。再如,以改良的纤维素多糖(CAEB)－聚苯酐(PAPE)共聚物为骨架,利用包埋的方法制成了三层结构(骨架材料/磁性材料/药物)的磁性顺铂微球。该磁性顺铂微球具有良好的药物控释特性,对于治疗恶性肿瘤具有极高的应用价值。

2. 吸波材料

目前防止雷达探测所用的微波吸收剂多为无机铁氧体,但因其密度大难以在飞行器上应用。探索轻型、宽频带、高吸收率的新型微波吸收剂是隐身材料今后攻克的难点。根据电磁波理论,只有兼具电、磁损耗才有利于展宽频带和提高吸收率。因此,磁性高分子微球与导电聚合物的复合物具有新型微波吸收剂的特征,在隐身技术和电磁屏蔽上具有广阔的应用前景。

3. 光导功能材料

早期用于传感器的光纤,大多数是直接使用的通信光纤,或是对通信光纤进行简单包层处理后使用。随着光纤传感技术的发展,在许多情况下仅仅使用通信光纤已不能满足要求,因此开发各种适合于传感技术要求的光纤显得非常必要。使用磁致伸缩材料做成圆形磁敏外套,可直接敷在裸光纤上,也可以在光纤的非磁性聚合物的外套上再敷上磁性材料;或是将光纤粘在扁平的矩形磁致伸缩材料片上,均可以制造出磁敏光纤。该光纤中的磁性材料在磁场的作用下对光纤产生轴向应力,而实现对磁场的传感。

4. 磁分离技术

磁分离技术是根据物质在磁场条件下有不同的磁性而实现的分离操作。它可从比较污浊的物系中分离出目标产物,而且易于清洗,这是传统生物亲和分离所无法做到的。同时,它几乎是从含生物粒子的溶液中吸附分离亚微米粒子的唯一可行方法。目前,以磁性微球为基础的免疫磁性分离技术不但广泛应用于医学、生物学的各个领域,而且在环境和食品卫生检测方面的应用也初见端倪。如沙门氏菌是引起食物中毒最常见的菌属之一,用免疫磁性分离技术从乳及乳制品、肉类和蔬菜中分离出沙门氏菌,其检测限为每克 1×10^2 个细菌。

习 题

1. 简述原子磁矩及其产生条件和组成。
2. 根据磁化率大小和符号,可以将宏观物质分成哪五类?每类各有什么特点?
3. 软磁材料和永磁材料的主要区别是什么?
4. 稀土永磁材料为什么具有优良的永磁特性,影响稀土永磁材料稳定性的因素有哪些?
5. 简介纳米晶软磁材料的特点及其应用领域。
6. 常用的金属软磁材料有哪几种?在磁性和应用上,各具有什么特点?
7. 非晶态磁性合金结构上有何特点?磁性上有哪些优良的特性?
8. 简述新型稀土永磁材料的特点及其发展方向。
9. 简述永磁铁氧体材料的磁性来源,介绍三种永磁制备铁氧体的方法及特点。
10. 有机磁性材料分为哪两类?它们各自的磁性来源是什么?

第6章 新型能源材料

经济社会的发展使得人类对能源的需求飞速增长，由此引发了能源危机和环境污染等一系列全球问题。可再生能源如太阳能、风能、地热能、海洋能及生物质能等的利用，绿色能源如氢能等的利用以及新型高效能量转换方式的应用已成为人类面临的重要课题。低成本、高效率的新型能源材料成为应用新能源技术的关键。

6.1 太阳能电池材料

太阳能是人类取之不尽、用之不竭的可再生清洁能源，是最理想的新型能源之一。从太阳表面射出来的能量约 3.8×10^{23} kW，穿越大气层到达地面的能量也可达到 1.8×10^{14} kW，约为全球平均电力的 10 万倍。若能有效的利用太阳能，对人类的可持续发展具有重要意义。人类利用太阳能已有几千年的历史，但在现代意义上开发利用只是近半个世纪的事情。

为了充分有效地利用太阳能，人们发展了多种太阳能材料，如光热转换材料、光电转换材料、光化学能转换材料和光能调控变色材料等，由此而形成太阳能光热利用、光电利用、光化学能利用和太阳能光能调控等相应技术。

太阳能电池是通过光电效应或者光化学效应直接把光能转化成电能的装置。目前，以光电效应工作的太阳能电池为主流，而以光化学效应工作的太阳能电池则还处于萌芽阶段。

人类发展太阳能的最终目标，就是希望能取代传统的能源。目前太阳能电池发展的瓶颈主要有两项因素，即效率和价格。近年来，国内外众多学者致力于太阳能电池材料和器件的研究，以开发太阳能资源的新技术，这使太阳能光电利用成为发展最快，最具活力的研究领域之一。虽然太阳能电池材料的成本还较高、性能还有待进一步提高，但随着材料科学的不断进步，太阳能电池显示出愈来愈诱人的发展前景。因此可以预见，太阳能作为一种最具潜力、清洁的巨大能源必将是人类社会今后发展最为持久、最为现实的能源，使人类在环境保护和能源利用两方面的和谐达到更加完善的境界。

6.1.1 光伏效应和光伏太阳能电池

1839 年，法国物理家 Edmond Becquerel 研究固体在电解液中的行为时发现，光照能使半导体材料的不同部位之间产生电位差。这种现象后来被称为"光生伏特效应"，简称"光伏效应"。

太阳能光电转换主要是以半导体材料为基础，利用光照产生电子 – 空穴对，在 p – n 结上产生光电流和光电压的现象(光伏效应),从而实现太阳能光电转换的目的。利用光伏效应把光能转化成电能的装置称之为光伏特太阳能电池或光伏太阳电池。

1. p-n 结

p型半导体中的多数载流子为自由空穴,而n型半导体中的多数载流子为自由电子。当p型半导体和n型半导体结合在一起时,由于交界面处存在载流子浓度的差异,这样电子和空穴都要从浓度高的地方向浓度低的地方扩散。但是,电子和空穴都是带电的,它们扩散的结果就使p区和n区中原来的电中性条件破坏了。p区一侧因失去空穴而留下不能移动的负离子,n区一侧因失去电子而留下不能移动的正离子。这些不能移动的带电粒子通常称为空间电荷,它们集中在p区和n区交界面附近,形成了一个很薄的空间电荷区,这就是我们所说的p-n结。

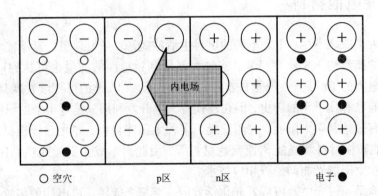

图6-1　p-n结及内电场的形成

在这个区域内,多数载流子已扩散到对方并复合掉了,或者说消耗殆尽了,因此,空间电荷区又称为耗尽层。p-n结的p区一侧呈现负电荷,n区一侧呈现正电荷,因此空间电荷区出现了方向由n区指向p区的电场,由于这个电场是载流子扩散运动形成的,而不是外加电压形成的,故称为内电场,见图6-1。p-n结的能带结构见图6-2(a)。

2. 光生伏特效应及光伏电池的结构

光生伏特效应是光照引起p-n结两端产生电动势的效应。当光量子的能量大于半导体禁带宽度的光照射到结区时,光照产生的电子-空穴对在结电场作用下,电子推向n区,空穴推向p区;电子在n区积累和空穴在p区积累使p-n结两边的电位发生变化,p-n结两端出现一个因光照而产生的电动势,这一现象称为光生伏特效应。由于它可以像电池那样为外电路提供能量,因此常称为光伏电池。

制作太阳能电池时可选用禁带宽度在可见光光量子能量对应范围的半导体材料。最先付诸实际应用的是用单晶硅制成的硅光电池,单晶硅的禁带宽度为1.1eV。在一块n型硅片上用扩散方法渗入一些 p 型杂质,从而形成一个大面积 p - n 结,p 层极薄能使光线穿透到 p - n 结上。

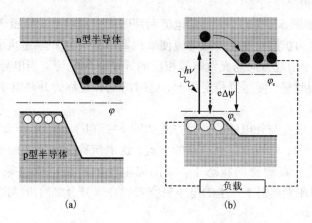

图 6 - 2　　p - n 结产生光电流示意图

(a)p - n 结能带结构;(b)光电流的产生

6.1.2　光伏太阳能电池材料的性能及分类

光伏太阳能电池元件所涉及的物理机制和过程相当复杂,且随着元件材料和结构的不同而有所差异。但总的来说,任何光伏特太阳能电池元件的运行必须满足三个条件:一是在入射光的照射下能产生电子 - 空穴对,二是电子 - 空穴对可以被分离,三是电子和空穴可以传输至负载。

理想的太阳能电池材料应具备下列特性:

1)能够充分利用太阳能辐射,即半导体材料的禁带不能太宽,在 1.1 eV 到 1.7 eV 之间,否则太阳能辐射利用率过低;

2)较高的光电转换效率;

3)材料本身对环境不造成污染;

4)材料便于工业化生产且材料性能稳定。

基于以上几个方面考虑,硅是较为理想的太阳能电池材料,这也是太阳能电池以硅材料为主的主要原因。但随着新材料的不断开发和相关技术的发展,以其他材料为基础的太阳能电池也显示出愈来愈诱人的前景。根据所用材料的不同,太阳能电池可分为四大类:硅基太阳能电池,无机化合物薄膜电池,纳米晶薄膜材料太阳能电池和有机高分子太阳能薄膜电池。

一般用来评价太阳能光电转换器件的指标有:开路电压(open circuit photovolage,U_{oc}),

短路电流(short current photocurrent, I_{sc}), 单色光光电转换效率(incident photon - to - current conversion efficiency, IPCE)和电池的总转换效率(conversion efficiency, η)。

(1)开路电压和短路电流

开路电压 U_{oc}: 如图 6 - 3(a), 为外部电流断路时的电压输出。光照产生的电流和空穴扩散运动所能起的距离为扩散长度。光致电流使 n 区和 p 区分别积累了负电荷和正电荷, 在 p - n 结上形成电势差, 引起方向与光致电流相反的 n 结正向电流。当电势差增长到正向电流恰好抵消光致电流的时候, 便达到稳定情况, 这时的电势差称为开路电压。开路电压与光照度之间呈非线性关系。

短路电流 I_{sc}: 光电池与外电路的连接方式如图 6 - 3(b), 把 p - n 结的两端通过外导线短接(无负载荷状态下), 形成流过外电路的电流, 这电流称为光电池的输出短路电流(I_{sc}), 其大小与光强成正比。在理想的状态下, 太阳能电池的短路电流应等于光照时产生的电流——光生电流, 即在光照射下产生的电子 - 空穴对在未复合之前由结区内电场分离产生的电流。

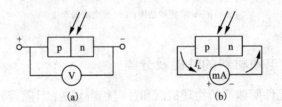

图 6 - 3   光电池的开路电压输出(a)和短路电流输出(b)

(2)单色光转换效率及总的转换效率

单色光转换效率 IPCE:

入射单色光的光子变成电流的转换效率(IPCE)是光电池的重要参数, 利用通过外电路光生的电子数目除以入射光子数目来确定, 可表示为:

$$IPCE = \frac{1.25 \times 10^3 \times 光电流密度}{波长 \times 光通量} = LHE(\lambda)\varphi_{inj}\eta_c \qquad (6 - 1)$$

式中: $LHE(\lambda)$ (linght harvesting efficiency)为对波长 λ 光的光收集效率; φ_{inj} 为外电路收集电子效率; η_c 为电子注入的量子产率。

总的转换效率 η:

是指太阳能电池的最大功率输出 P_m 与照射到太阳能电池的总辐射能 P_{in} 之比, 定义为:

$$\eta = \frac{P_m}{P_{in}} \times 100\% = \frac{I_{sc}U_{oc}ff}{P_{in}} \times 100\% \qquad (6 - 2)$$

式中: ff 为电池的填充因子。

$$ff = (I_{opt} \times U_{opt})(I_{sc} \times U_{oc}) \qquad (6-3)$$

即电池最大输出功率时的电流和电压的乘积与电池短路电流和开路电压乘积之比。

6.1.3　硅基太阳能电池材料

硅基材料太阳能电池按结晶状态可分为单晶硅太阳能电池、多晶硅太阳能电池和非晶硅太阳能电池三类。

1. 单晶硅太阳能电池

单晶硅太阳能电池是开发得最早、转换效率最高、技术也最为成熟一种太阳能电池。在大规模应用和工业生产中，其结构和生产工艺已定型，产品已广泛用于空间和地面。通常采用高纯的 p 型单晶硅，为了降低生产成本，现在地面应用的太阳能电池等采用太阳能级的单晶硅棒，材料性能指标有所放宽。有的也可使用半导体器件加工的头尾料和废次单晶硅材料，经过复拉制成太阳能电池专用的单晶硅棒。工艺过程大致为：将单晶硅切片，一般片厚约 0.3 mm；再利用高温热扩散的原理，在硅片上掺杂和扩散，一般掺杂物为微量的磷、锑等，使 p 型基板上形成一层薄薄的 n 型半导体，形成 p-n 结；然后通过丝网印或蒸镀的方法在硅片上做成栅线电极，同时制成背电极，并在有栅线的面涂覆减反射源如氮化硅等，以防大量的光子被光滑的硅片表面反射掉。提高光电转换效率是太阳能电池制备的努力目标，主要的研究方向是改变电极和表面的形状增加入射光的面积和减少对入射太阳光的反射，减少电极与硅片接触的面积等。

目前效率较高的单晶硅电池可分为平面单晶硅高效电池和刻槽埋栅电极单晶硅电池。为了达到高效率的目的，在刻槽埋栅电极单晶硅电池中采用光刻照相技术将电池表面织构化，制成倒金字塔结构，并且把氧化物钝化层与两层减反射涂层相结合，在电镀过程增加栅极的宽度和高度的比率后，再进行发射区钝化和分区掺杂处理，所达到的光电转换效率为 20% 左右，结构如图 6-4 所示。现在单晶硅

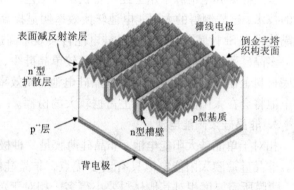

图 6-4　单晶硅太阳能电池结构示意图

的电池工艺已近成熟，提高转换效率主要是靠单晶硅表面微结构处理和分区掺杂工艺。近期国外有关单位又通过表面纳米构造减反射处理，使单晶硅电池转换效率已达到 23% 左右。总的来看，单晶硅电池效率有可能还会提高到 25% 左右。但由于单晶硅生产工艺复杂及相应的繁琐的电池工艺，致使单晶硅电池成本居高不下。因此要大规模推广太阳能电池靠单晶硅材料还存在一定困难。为了节省高质量材料，寻找单晶硅电池的替代产品，现在发展了硅基薄

膜太阳能电池，其中典型代表有以高温、快速制备为发展方向的多晶硅薄膜太阳能电池和叠层非晶硅太阳电池。

2. 多晶硅太阳能电池

近年来，多晶硅薄膜电池由于成本较低，且转换效率也较高而得到了迅速发展。高性能多晶硅电池是建立在高质量多晶硅材料和相关成熟的加工处理工艺基础上的。

目前，制备多晶硅薄膜电池材料的方法是：首先在廉价衬底（如 Si、SiO_2、Si_3N_4、SiC、SiAlON、Al_2O_3、Al）上沉积硅质薄膜，多采用化学气相沉积法，包括低压化学气相沉积（LPCVD）和等离子增强化学气相沉积（PECVD）工艺，以及液相外延法（LPPE）和溅射沉积法等；然后进行再结晶，再结晶技术主要有固相晶化（LAR）法、区熔再结晶（ZMR）法、激光再结晶（LMC）法等。

典型的制备方法是：先用低压化学气相沉积法在衬底表面形成一层较薄的、重掺杂的非晶硅层，即将衬底加热到适当的温度，然后通以反应气体（如 SiH_2Cl_2、SiH_4、$SiCl_4$ 等），在一定的保护气氛下反应生成硅原子并沉积在衬底表面。再进行晶化，采用固相晶化法需对非晶硅薄膜进行整体加热，温度要求达到 1 414 ℃ 的硅的熔化点。该法的缺点是整体温度较高，晶粒取向散乱，不易形成柱状结晶。区熔再结晶法需将非晶硅整体加热至一定温度，通常是 1 100 ℃，再用一个加热条加热局部使其达到熔化状态。加热条在加热过程中需在非晶硅表面移动。区熔再结晶法可以得到厘米量级的晶粒，并且在一定的技术处理和工艺条件的配合下可以得到比较一致的晶粒聚向。

多晶硅薄膜电池除采用上述制备技术和工艺，另外采用了几乎所有制备单晶硅太阳能电池的技术，这样制得的太阳能电池转换效率明显提高。德国费莱堡太阳能研究所采用区熔再结晶技术在 Si 衬底上制得的多晶硅电池转换效率高达 19%。

多晶硅薄膜电池由于所使用的硅远较单晶硅少，又无效率衰退问题，并且有可能在廉价衬底材料上制备，其成本远低于单晶硅电池，而效率高于非晶硅薄膜电池，因此，多晶硅薄膜电池将会在太阳能电池市场上占据较大的份额。

3. 非晶硅太阳能电池

相对于单晶硅太阳能电池，非晶硅薄膜是一种极有希望大幅度降低太阳能电池成本的材料。非晶硅薄膜太阳能电池具有诸多优点，非晶硅的光吸收系数大，因而作为太阳能电池时，薄膜所需厚度相对其他材料要小得多。相对于单晶硅，非晶硅薄膜太阳能电池制造工艺简单，制造过程能量消耗少，可实现大面积化及连续的生产；可以采用玻璃或不锈钢等材料作为衬底，因而容易降低成本；可以做成叠层结构，提高效率。自 1976 年美国的 Carlson 和 Wronski 制备出第一个非晶硅太阳能电池以来，普遍受到人们的重视。

非晶硅薄膜太阳能材料的制备方法有很多，其中包括反应溅射法、离子体化学气相沉积（PECVD）法、低压化学气相沉积法（LPCVD）法等。在非晶硅薄膜中通常形成的是 p-i-n 结构，即在 p 层和 n 层之间有一层较厚的本征层（i 层）。制成的非晶硅薄膜经过不同的电池工艺过程可分别制得单结电池和叠层太阳能电池。其中叠层结构（在制备的 p-i-n 层电池上再沉积一个或多个 p-i-n 单结太阳能电池）克服了非晶硅材料自身对太阳辐射光谱的长波区域不敏感、存在光致衰退 S-W 效应等缺点，提高了单结非晶硅电池的稳定性和光电转换率，成为非晶硅太阳能电池实用化的技术基础。目前，制得的非晶硅叠层电池的转换效率已达 13.2%。

非晶硅太阳能电池由于具有较高的转换效率和较低的成本及重量轻等特点，有着极大的潜力。但由于它的稳定性不高，直接影响了它的实际应用。如果能进一步解决稳定性问题及提高转换率问题，那么，非晶硅太阳能电池无疑是硅基太阳能电池的主要发展产品之一。

6.1.4 有机高分子材料太阳能薄膜电池

在太阳能电池中以有机材料代替硅等无机材料是刚刚兴起的一个研究领域。有机材料具有柔性好、制作容易、材料来源广泛、成本低等优势，从而对大规模利用太阳能，提供廉价电能具有重要研究发展意义。图 6-5 给出了有机太阳能电池的给体-受体结构，电子给体吸收光子，其 HOMO（最高占据分子轨道）轨道上的一个电子跃迁到 LUMO（能量最低的空轨道），

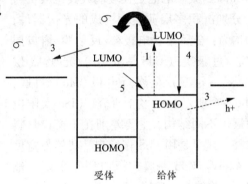

图 6-5 有机太阳能电池原理图

通常由于给体 HOMO 的电离势比受体 LUMO 的电离势低，电子就由给体转移到受体，完成了电子的转移。激子分离后产生的电子和空穴向相反的方向运动，被收集在相应的电极上，就形成了光电压。

目前常用的有机材料主要是高分子聚合物材料和小分子材料。它们的典型结构包括单质结结构、异质结结构和混合异质结结构等。目前有机太阳能电池在特定条件下光电转换率已达 3% 左右，但与无机材料太阳能电池相比，在转换效率、光谱响应范围、电池的稳定性方面，有机太阳能电池还有待提高。

6.1.5 无机化合物薄膜太阳能电池

为了寻找单晶硅电池的替代品，人们除开发了多晶硅、非晶硅薄膜太阳能电池外，又不断研制其他材料的太阳能电池，其中无机化合物薄膜材料等太阳能电池发展较为迅速。无机化合物薄膜材料主要包括ⅢA-ⅤA族（GaAs、InP）、ⅡA-ⅥA族（CdS、CdTe）、及ⅠB-ⅢA-ⅥA族（CuInSe$_2$、CuInS$_2$）等，其带隙宽度与太阳光谱更加吻合。随着无机化合物材料的不断开发和相关技术的发展，以无机化合物半导体薄膜为基础的太阳能电池也愈来愈显示出诱人的前景。

CuInSe₂太阳电池(CISe)是较为典型的无机化合物薄膜太阳能电池。自从1974年美国贝尔实验室在CdS上蒸镀CuInSe₂单晶制得CISe太阳能电池的雏形后，因其光吸收系数高，热稳定性好，禁带宽度与太阳光匹配，接近地面光伏转换的最佳值而成为前景十分广阔的光伏材料，具有良好的工业化开发前景。

CuInSe₂是一种三元 $IB-IIIA-VIA$ 族化合物半导体，具有直接带隙半导体材料特性，77 K时的带隙为1.04 eV，300 K时为1.02 eV，其带隙对温度的变化不敏感，光吸收率高。CuInSe₂的电子亲和势为4.58 eV，与CdS的电子亲和势(4.50 eV)相差很小(0.08 eV)，这使得它们形成的异质结没有导带尖峰，降低了光生载流子的势垒。

CuInSe₂太阳电池是在玻璃或其他廉价衬底上分别沉积多层薄膜而构成的光伏器件，其结构为：金属栅状电极/减反射膜/窗口层(ZnO)/过渡层(CdS – n型)/光吸收层(CuInSe₂ – p型)/金属背电极(Mo)/衬底，如图6 – 6所示。经多年研究，CISe太阳电池发展了不同结构，主要差别在于窗口材料的选择。最早是用CdS作窗口，其禁带宽度为2.42 eV。CdS薄膜广泛应用于太阳电池窗口层，并作为n型层，与p型材料形成p – n结，从而构成太阳电池。由于本征CdS薄

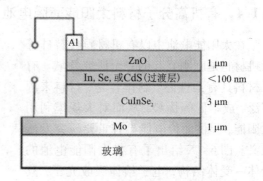

图6 – 6 典型CISe电池结构

膜的串联电阻很高，并非最佳窗口层，近年来窗口层改用ZnO，带宽可达到3.3 eV，CdS只作为过渡层，其厚度大约几十纳米。为了增加光的入射率，在电池表面做一层减反膜MgF₂，有益于电池效率的提高。CISe薄膜电池从20世纪80年代最初8%的转换效率已发展到目前的20%左右。

CuInSe₂薄膜生长工艺主要有真空蒸镀法、Cu – In合金膜的硒化法(包括电沉积法和化学热还原法)、封闭空间的气相输运法(CsCVT)、喷涂热解法、射频溅射法等。

6.1.6 纳米晶薄膜材料太阳能电池

在太阳能电池中硅系太阳能电池无疑是发展最成熟的，但由于成本居高不下，远不能满足大规模推广应用的要求。为此，人们一直不断在工艺、新材料、电池薄膜化等方面进行探索，而这当中新近发展的纳米晶太阳能电池已受到国内外科学家的重视。

纳米晶太阳能电池(nanocrystalline photovoltaic cells，简称NPC电池)主要由宽带隙的多孔n型半导体(如TiO₂、ZnO或SnO₂等)、敏化层(有机染料敏化剂和无机吸附层)及电解质或p型半导体组成。由于采用了成本更低的多孔的n型半导体薄膜和有机染料分子或极薄层的无机物，使NPC太阳能电池完全不同于传统太阳能电池，它具有重量轻、光吸收率高、制

造成本低等优点，正好满足了目前对洁净、廉价能源的大量需求，具有潜在巨大的工业应用前景。

按照吸附层和电解质的不同，NPC 电池又包括三种类型：含有液体电解质的染料敏化光电化学太阳能电池(DSPEC)、固体有机电解质的染料敏化异质结太阳能电池(DSH)、窄带隙无机半导体极薄层吸附太阳能电池(ETA)。

(1)染料敏化光电化学太阳能电池

瑞士洛桑高等工业学院 Grätzel 教授所领导的研究小组，自 20 世纪 80 年代以来致力于开发新型太阳能电池。该研究小组以 TiO_2 纳米多孔膜作为半导体电极，以 Ru 及 Os 等有机金属化合物作为光敏化染料，选用适当的氧化 - 还原电解质做介质，组装成染料敏化 TiO_2 纳米晶太阳能电池。他们的研究在 1991 年取得突破性进展，在太阳光下电池的光电转换效率达到 7.1%。1993 年，Grätzel 等人再次报道了光电转换效率达到 10% 的 DSPEC 电池结构。1997 年光电转换效率进一步提高到 10% ~ 11%，短路电流为 18 $mA \cdot cm^{-2}$，开路电压为 720 mV。1998 年，他们又研制出全固态 DSPEC 电池。这种电池采用固体有机空穴传输材料替代液体电解质，单色光光电转换效率达到 33%，克服了先前湿式电池制造不方便、难以封装以及稳定性差的缺点，从而为 DSPEC 太阳能电池走向实际应用奠定了坚实的基础。DSPEC 太阳能电池最大的优势是廉价的成本、简单的制作工艺和高的稳定性，有极好的应用前景。

图 6 - 7 为染料敏化光电化学太阳能电池的基本结构，主要包括透明导电基片(导电玻璃)，n 型纳米半导体多孔薄膜(TiO_2、SnO_2、ZnO、WO_3 或 Fe_2O_3)，染料敏化剂、电解液(或空穴传输材料)和透明对电极几个部分。以 TiO_2 纳米晶为例，其工作原理如图 6 - 8 所示。从图中可知，电子能级的相对位置决定光生电荷的

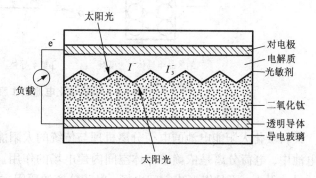

图 6 - 7　染料敏化电池结构示意图

产生和传输特征。当能量低于 TiO_2 半导体纳米禁带宽度但等于染料分子特征吸收波长的入射光照射在电极上时，吸附于 TiO_2 表面的染料分子中的电子受激跃迁至激发态，处于激发态的染料分子向 TiO_2 纳米晶导带中注入电子，电子在 TiO_2 纳米晶导带中靠浓度扩散流向基底传向外电路。由于纳米粒子扩散距离小，因而减少了复合机率，而染料分子失去电子后变为氧化态，此时氧化态的染料分子再由对电极提供电子而变为原状态，从而完成一个光电化学反应循环，形成光电流。此外，在每一个光电化学反应循环中还出现三个逆反应过程：一个是激发的电子可能由于辐射衰退或非辐射衰退而消失，造成光电子损失；另一个是注入的电子重新返回染料，导致电子逆向流动，形成暗电流；第三个是电子与对电极中的氧化物反应而

损失,降低闭路电流。出现上述过程的结果导致整个电池的光电转换效率降低。

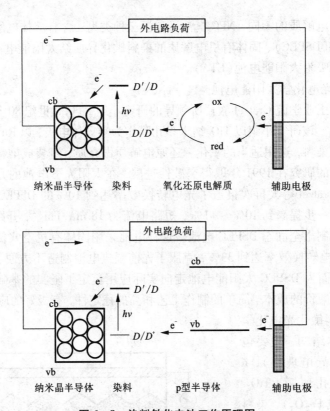

图6-8 染料敏化电池工作原理图

染料敏化太阳能电池的电荷分离机理与传统的太阳能电池(p-n 结电池)不同。在 p-n 结电池中,电荷分离是依赖半导体空间内建电场的作用。在染料敏化太阳能电池中,单个粒子的尺寸很小,不足以形成空间电场,电荷分离的原因主要有以下几点:

1)染料的最低末占居分子轨道能级要高于 TiO_2 的导带能级,电势差 $E_{LUMO} - E_{CD}$ 提供了电荷分离中电子注入的热力学驱动力。

2)半导体表面与电解质界面形成电场,这个电场的成因不是由于半导体内的空间电荷,而是由于半导体表面与电解液接触形成的 Helmholtz 双电层。Helmholtz 双电层两侧的电势差为电荷的分离,减小电荷的复合几率提供又一驱动力。

3)薄膜中 TiO_2 的电子云轨道与染料分子中配体的电子云轨道部分重叠,激发产生的光电子可由染料分子中配体无势垒地转移到 TiO_2。

染料光敏化剂是影响电池性能的关键,染料光敏化剂应具备如下条件:对太阳光具有良好的光吸收匹配，与半导体的吸附性能良好，具有合适的氧化－还原电位，激发态寿命长，易于合成，成本低等。目前较为常用的有机敏化剂染料有四类：①钌联吡啶有机金属配合物，这是用得最多的一类染料，属金属有机染料。②酞菁和菁类染料，酞菁是由 4 个异吲哚结合而成的十六环共轭体，金属原子位于环中央，与相邻的 4 个吲哚相连，在分子中引入磺酸基、羧酸基等能与半导体表面结合的基团后，可用做敏化染料。分子中的金属原子可为 Zn、Cu、Fe、Ti、Co 等。③天然染料，从绿叶中提取的叶绿素有一定的光敏活性。④窄禁带半导体，例如 InAs 和 PbS 等，可实现对可见光良好的吸收。

液态电解质由有机溶液、氧化还原电对和添加剂构成。为了保证电池的高效性，选用的敏化剂染料不同，与之配对使用的氧化还原电对也应不同。染料敏化电池中最常采用的是 I^-/I_3^- 氧化还原电对。它可与多种染料配合使用，同时具有极好的动力学性质。此外，I^-/I_3^- 氧化还原电对的氧化还原电势与纳米半导体电极的能级和氧化态及还原态染料的能级都相匹配，具有良好的使用效果。但由于碘溶液在可见光范围内具有较强的吸收，会降低染料对可见光的利用率。此外，在电解液浓度较高的条件下，暗电流的电流密度会大大提高，所以在采用 I^-/I_3^- 氧化还原电对时必须注意选取合适的 I^-/I_3^- 的浓度。通常 0.1 mol/L 的 I_3^- 就可满足要求。但氧化态染料是通过 I^- 来还原的，因此 I^- 的还原活性和碘化物中阳离子的性质会强烈影响太阳能电池的性能。

常用的有机溶液有乙腈(ANC)、丙酮、乙醇、叔丁醇、3 - 甲氧基丙腈、碳酸丙烯酯等。这些有机溶液对电极是惰性的，不参与电极反应，具有较宽的电化学窗口，凝固点低，适用温度范围宽。有机溶液还应具有较高的介电常数和较低的黏度，能满足无机盐在其中溶解和解离的要求，并具有较高的电导率。其中乙腈的介电常数大，黏度很低，溶解性好，对光、热及化学试剂等十分稳定，并且对纳米多孔材料的浸润性和渗透性好，是液态电解质中使用效果较好的一种有机溶剂。典型的液体电解质为 0.5 mol/L LiI/0.5 mol/L I_2 的乙腈溶液。为了降低暗电流，提高填充因子，还添加其他组分，如特丁基 - 吡啶等。

液体电解质作为空穴传输材料，它虽然有着来源广泛，易于调节等优点，但在实践中它却同时存在许多无法改进的缺陷：密封工艺复杂，长期放置造成电解液泄露，且电池中还存在密封剂与电解液的反应；在液体电解质中，电极有光腐蚀现象，且敏化染料易脱附；高温下溶剂挥发会导致其与染料作用，使染料降解；电解液内存在氧化还原反应以外的反应，会使离子反向迁移，导致光生电荷复合率增加，降低光电转换效率；光生电荷在光阳极的迁移靠浓度扩散控制，这使光电流不稳定；电池形状设计受到限制。

固体电解质是解决上述问题的有效途径之一。最初，使用一些有机分子或聚合物，聚合物凝胶电解质，离子导电聚合物电解质，空穴传输媒介等材料作为固体电解质制作全固态 DSSCs。但目前这类电池的效率还不能与液体电解质电池效率相媲美，主要的原因是这些材料的电导率低，仅为 10^{-5} S/cm 左右。近来，人们普遍看好用无机 p 型半导体来取代有机电解质作为空穴的收集体，如 CuSCN、CuI、NiO 等。这些透明材料具有良好的导电性，适宜的价带位置,易于将空穴注入激发氧化的染料分子中。在固态电解质中,CuSCN 无论是其制备工艺,半导体性能,能带结构以及其自身稳定性都是较适合于染料敏化光电电池,因此它的制备工艺,以及在 DSSCs 中应用一直是十年来的研究热点。

(2)极薄吸附层太阳能电池

1993 年,在第 11 届国际光伏太阳能会议上德国 Wahi A 和 Könenkamp R 等人首次提出了无机半导体极薄层吸附太阳能电池(ETA)的概念。极薄层吸附太阳能 ETA 电池的模型在于降低光吸收层的厚度(光生电子 – 空穴对相对电极迁移的路径),由此降低电子 – 空穴复合几率。吸附层被置于透明、多孔的宽带隙的半导体之间,以便增加光在吸收层内的有效光路长度,弥补光吸收层过薄导致的低的光吸收效率,其结构如图 6 – 9 所示。

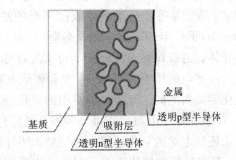

图 6 – 9   ETA 太阳能电池的结构示意图

目前,$CuInS_2$、CdTe、ZnTe、α – Si、CdHgTe、PbS、InP、$Cu_{1.8}S$ 等材料在 ETA 太阳能电池的研究中已被采用。

从上面对染料电池中电荷的分离机理可知,染料电池中电荷的分离效率与内建电场关系不大。在 n 型半导体/染料(p 型半导体)的界面处各组分将各自保持在自己的能级位置,电荷的分离只与界面电荷的传输动力有关。而用无机化合物作吸收层的 ETA 电池与金属络合物染料敏化剂相比则有明显的不同。ETA 电池可以看作串联起来的 p – i – n 结,电荷分离是依赖半导体空间内建电场作用。图 6 – 10 示出了 ETA 电池的能带结构模型。对典型的 p – n 结电池,获得高转化率的条件是载流子的收集长度(L_C)和薄膜厚度(W)的比大于 1,而且厚度越薄,L_C/W 越大,

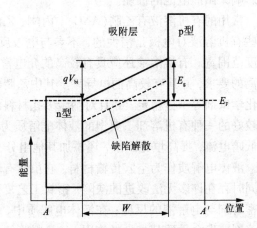

图 6 – 10   ETA 太阳能电池的理想能带示意图

转化率也就越高。而 ETA 电池与典型的 p – n 结电池不同,因为内建电场的存在,吸附层越薄,内建电场越高,复合损失越大,反而会使效率降低。因此 ETA 电池要达到最佳的转化效率,吸收层的厚度有一个最低限。

在一定的吸附层厚度下,高的界面态密度导致大量缺陷的存在,缺陷复合将对 ETA 电池效率的影响至关重要。为减少缺陷复合,提高电池效率,在制造电池的过程中必须做到光吸收层均匀覆盖在氧化物半导体表面,形成紧密接触。

利用上述模型和已知单晶 CdTe 和 $CuInS_2$ 的物理参数，CdTe 和 $CuInS_2$ – ETA 太阳能电池理论计算的转化效率都应高于 15%。然而，实际效率仅有 2.5%。实际与理论计算值间的差距可能是由三种原因造成：一是高的界面态密度导致大量缺陷的存在，产生缺陷复合；二是吸收层和 n – 电极的带边位置大的失配，填充因子过低；三是实验中发现氧化物半导体与吸附层界面处局部内建电场过小，仅为禁带宽度的 1/2，在此内建场下计算的效率约为理论值的 60%。为此，除采用新的制备工艺，如原子层沉积 (ALD) 法、离子层气相反应法 (ILGAR) 制备出结晶更完善的吸附层薄膜外，在 n – 电极／光吸收层间引入 $In_x(OH)_yS_z$ 或 CdS 等缓冲层或用 Al_2O_3 和 MgO 作隧穿势垒均可以减少隧穿复合，最大转化效率提高到 4%。

6.2　锂离子电池与电池材料

化学电源是将物质化学反应所产生的能量直接转化成电能的一种装置。从 1839 年 Willam – Grore 发明燃料电池以来，化学电源的研制备受人们的关注。1859 年 Planté 研制了铅酸电池，1868 年 Lcclanché 研制了以氯化铵为电解液的锌／二氧化锰电池，1888 年 Gassner Q 制备了锌／二氧化锰干电池，1895 年 Junger 发明了镍／镉电池，1900 年 Edison 创制了镍／铁电池，以及在 20 世纪后期形成产业化重点的镍／氢电池和锂（离子和高分子）电池。电化学反应可直接将化学能转换为电能，理论上转换效率可达到 80% 以上，同时也可为在移动活动中所使用的工具提供能量。新型化学电源是高效能量储存与转换的应用典范。

按化学电源的工作性质及储存方式，可将化学电池分为：原电池（一次电池）、蓄电池（二次电池）、储备电池和燃料电池。

原电池经过连续放电或间歇放电后，不能用充电的方法将两极的活性物质恢复到初始状态，即反应是不可逆的，因此正、负电极上的活性物质只能够使用一次。著名的 Daniell 电池就是典型的例子，它由锌和铜组成。广泛应用的原电池有：锌／锰电池、锌／汞电池、锌／银电池、锂电池等。

储备电池又称之为激活电池。该类电池的正、负极活性物质和电解质在储备期间不直接接触，只有在使用时借助动力源作用于电解质，使电池激活工作。储备电池的特点是电池在使用前处于惰性状态，因此可储存较长时间（如几年到十几年）。储备电池有：镁／银电池、锌／银电池、铅／高氯酸电池等。

燃料电池又称为连续电池，与其他电池相比，它最大的特点是正、负极本身不包含活性物质，而活性物质被连续地注入电池，就能够使电池源源不断地进行发电。按使用电解质的不同，燃料电池大体上可分为五大类：碱性燃料电池，高分子电解质（又称质子交换膜）燃料电池、磷酸型燃料电池、熔融碳酸盐燃料电池及固体氧化物燃料电池。

蓄电池在放电时通过化学反应可以产生电能，而充电（通以反向电流）时则可使体系回复到原来状态，即将电能以化学能形式重新储存起来，从而实现电池两极的可逆放电反应。蓄电池充电和放电可反复多次,因而可循环使用。蓄电池又称为可充电电池或二次电池。常用的蓄电池有:铅酸电池、镍/镉电池、镍/铁电池、镍/氢电池、锂(离子和高分子)电池等。

锂离子电池是继镉/镍电池、金属氧化物/镍电池之后最新一代蓄电池,1990 年由日本SONY 公司首先研制成功并最先商品化。锂离子电池具有电压高、比能量高、无记忆效应、无环境污染等特点。因此,自问世以来,已广泛应用于移动电话、笔记本电脑、小型摄像机等便携式电子设备中。作为电源更新换代产品,还将在电动汽车、区域电子综合信息系统、卫星及航天等地面与空间军事领域得到广泛应用。

6.2.1 锂离子电池的工作原理

图 6 – 11 为锂离子电池的工作原理示意图。电池放电时,电子从负极流经外部电路负荷到达正极,在电化学电池内部,负离子向负极迁移,正离子向正极迁移,在电极表面发生电化学反应,而将化学能转化为电能。电流 I 与电化学电池内部离子的移动产生的电流方向相同。

在充电过程中,通过外加电压,迫使电流以相反方向移动,导致锂离子电池内的离子发生相反移动,发生电化学反应,从而将电能转换为化学能。

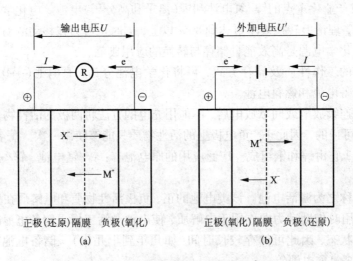

图 6 – 11 充电电池的工作原理示意图

(a)放电过程;(b)充电过程

国内外已商品化的锂离子电池正极是 $LiCoO_2$,负极是层状石墨,其电池反应为:

$$正极:\quad LiCoO_2 \underset{放电}{\overset{充电}{\rightleftharpoons}} Li_{1-x}CoO_2 + xLi^+ + xe^- \qquad (6-5)$$

负极：
$$C_6 + x Li^+ + x e^- \underset{\text{放电}}{\overset{\text{充电}}{\rightleftharpoons}} Li_x C_6 \qquad\qquad (6-6)$$

总反应：
$$LiCoO_2 + C_6 \underset{\text{放电}}{\overset{\text{充电}}{\rightleftharpoons}} Li_{1-x} CoO_2 + Li_x C_6 \qquad\qquad (6-7)$$

锂离子电池正负极材料均采用锂离子可以自由嵌入和脱出的具有层状或隧道结构的锂离子嵌入化合物，锂离子电池实际上是一种锂离子浓差电池，正、负电极由两种不同的锂离子嵌入化合物组成。充电时，Li^+ 从正极脱嵌经过电解质嵌入负极，负极处于富锂态，正极处于贫锂态，同时电子的补偿电荷从外电路供给到碳电极，保证负极的电荷平衡。放电时则相反，Li^+ 从负极脱嵌，经过电解质嵌入正极，正极处于富锂态。在正常充、放电情况下，锂离子在层状结构的碳材料和层状结构氧化物的层状嵌入和脱出，一般只引起层状间距变化，不破坏晶体结构，在充、放电过程中，负极材料的化学结构基本不变。因此，从充、放电反应的可逆性看，锂离子电池反应是一种理想的可逆反应。

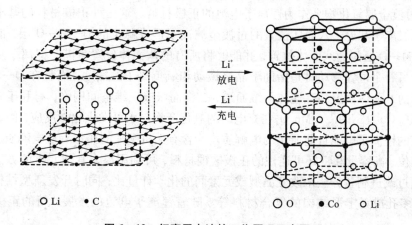

图 6-12　锂离子电池的工作原理示意图

锂二次电池是由正极、负极、隔膜和电解质等构成。电极材料是能够反复嵌入和脱出导电离子的电子导体或半导体材料，它是电池反应的场所，同时也承担电能的输入和输出，在很大程度上影响电池的容量和性能。负极材料的电极电位越低，正极材料的电极电位越高，电池的电动势越高。电极材料的电化学活性越高，电极反应速度越快，电池的电性能越好。锂离子电池的工作电压与构成电极的锂离子嵌入化合物和锂离子浓度有关。

6.2.2　锂离子电池正极材料

正极材料在性质上一般应满足如下条件：
1）在要求的充放电电位范围，与电解质溶液具有相容性；
2）温和的电极过程动力学；

3）高度可逆性；

4）在全锂化状态下稳定性好。

其结构具有以下特点：

1）层状或隧道结构，以利于锂离子的脱嵌，且锂离子脱嵌无结构上的变化，以保证电极具有良好的可逆性能；

2）锂离子在其中的嵌入和脱出量大，电极有较高的容量，并且锂离子脱嵌时，电极反应的自由能变化不大，以保证电池充放电电压平稳；

3）锂离子在其中应有较大的扩散系数，以使电池有良好的快速充放电性能。

锂离子电池的正极材料不仅作为电极材料参与电化学反应，而且还可作为锂源。从理论上讲，虽然能够可逆脱锂/嵌锂的物质很多，但要将它们制备成能实际应用的材料却并非易事，而且在制备过程中稍许变化却又导致样品结构乃至性能的巨大差异。大多数锂离子电池的正极材料是含锂的过渡金属化合物，而且以氧化物为主。目前广泛采用 $LiCoO_2$、$LiNiO_2$、$LiMn_2O_4$ 等过渡金属氧化物来作为锂离子电池的正极材料。这三种正极材料的基本结构是由紧密排列的氧离子和处于八面体位置的过渡金属离子形成稳定的 O—M—O 层，嵌入的锂离子进入 O—M—O 层间的八面体位置，并能够将所有的八面体位置占满。锂离子从八面体的一个位置向另一个位置移动时是借助于晶格振动和氧负离子的摆动，而且在 O—M—O 层中锂离子占据的八面体位置相互连成一维通道、二维面状或三维空间网络，有利于锂的扩散传输。由于 $LiCoO_2$、$LiNiO_2$、$LiMn_2O_4$ 在充电时的氧化产物与水可发生化学反应，因此采用该类材料为正极的锂离子电池目前所用的电解质均为含有无机锂盐的非水有机电解质。为了开发出具有高电位、高容量和良好可逆性的正极嵌锂材料，可利用掺入其他元素的方法改变材料的结构或通过改进制备方法来改变晶型或元素间的化学计量比；同时开发新型结构的正极材料，如具有多孔或无定形结构的复合材料等。随着锂离子电池的发展，新的正极材料层出不穷。

图 6-13 列出了常见正极材料组成锂电池的电压范围。

1. 氧化钴锂

氧化钴锂是目前应用最广泛的电池材料。用作正极材料的有两种结构，一种是层状结构，另外一种是尖晶石型结构。

（1）层状氧化钴锂

层状氧化钴锂是目前锂离子电池规模生产的正极材料，$LiCoO_2$ 具有 α-$NaFeO_2$ 六方晶型结构，为 C_{3v}^5-$R3m$ 空间群。$LiCoO_2$ 的理论组成为锂含量 7.1%，钴含量 60.2%，而商品层状氧化钴锂中的锂和钴含量会有少许变化。

在理想层状 $LiCoO_2$ 结构中，见图 6-14，Li^+ 和 Co^{3+} 各自位于立方紧密堆积氧层中交替的八面体位置，c/a 比为 4.899。$LiCoO_2$ 结构可看作是由 CoO_6 层和 LiO_6 层交错堆积而成，但是实际上由于 Li^+ 和 Co^{3+} 与氧原子层的作用力不一样，氧原子的分布并不是理想的密堆结

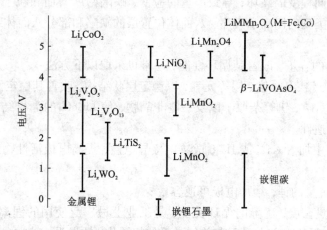

图 6 – 13 锂离子电池正极材料的平衡电极电位(vs. Li/Li$^+$)

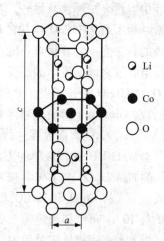

图 6 – 14 层状氧化钴锂的结构

构,而是发生偏离,呈现三方对称性。在充电和放电过程中,锂离子可以从所在的平面发生可逆脱嵌/嵌入反应,锂离子在键合强的 CoO_6 层间进行二维运动,锂离子扩散系数为 $10^{-9} \sim 10^{-7}$ cm^2/s,迁移速率快,电导率高。另外共棱的 CoO_6 八面体层使 Co 与 Co 之间以 Co—O—Co 形式发生相互作用,电子电导率 σ_e 也比较高。

在 LiCoO$_2$ 材料中,锂离子的可逆脱嵌形成非化学计量 Li$_{1-x}$CoO$_2$,x 最大为 0.5。Li$_{1-x}$CoO$_2$ 在 $x = 0.5$ 附近发生可逆相变,从三方对称性转变为单斜对称性。该转变是由于锂离子在离散的晶体位置发生有序化而产生的,并伴随晶体常数的细微变化,但不会导致 CoO_2 次晶格发生明显破坏,因此曾估计在循环过程中不会导致结构发生明显的退化,应该能制备 $x \approx 1$ 的末端组分 CoO_2;但是由于没有锂离子,其层状堆积为 ABAB…型,而非母体 LiCoO$_2$ 的 ABCABC…型。$x > 0.5$ 时,结构不稳定,容量发生衰减,并伴随钴的损失。该损失是由于钴从其所在的平面迁移到锂所在的平面,导致钴离子通过锂离子所在的平面迁移到电解质中。同时当 $x > 0.5$ 时,Li$_{1-x}$CoO$_2$ 在有机溶剂中不稳定,会发生失去氧的反应。因此 x 的范围为 $0 \leqslant x \leqslant 0.5$,理论容量为 156 mA·h/g,在此范围内电压表现为 4 V 左右的平台。

层状 LiCoO$_2$ 的循环性能比较理想,但是仍会发生衰减。在充、放电过程中,由于锂离子的反复嵌入与脱出,使活性物质的结构在多次收缩后发生改变,从而导致 LiCoO$_2$ 发生粒间松动而脱落,使得内阻增大,容量减小。通过透射电镜法(TEM)观察到 LiCoO$_2$ 在 2.5 ~ 4.35 V

之间循环时受到不同程度的破坏，导致严重的应变、缺陷密度增加和粒子发生偶然破坏；产生的应变导致两种类型的阳离子无序：八面体位置层的缺陷和部分八面体结构转变为尖晶石四面体结构。

为提高 $LiCoO_2$ 的容量，改善其循环性能，通常可采取以下方法：

1）加入铝、铁、铬、镍、锰、锡等元素，以稳定层状结构，改善其稳定性，延长循环寿命。

2）通过引入硼、磷、钒等杂原子以及一些非晶物，使 $LiCoO_2$ 的晶界结构部分变化，提高电极结构变化的可逆性。

3）在电极材料中加入 Ca^{2+} 或 H^+，改善电极导电性，提高电极活性物质的利用率和快速充、放电能力。

（4）通过引入过量的锂，增加电极可逆容量。

$LiCoO_2$ 高的能量密度，优异的循环性能，是工业上最广泛使用的锂离子电池正极材料。但是在 $4.1 \sim 4.2$ V 间的由六方晶系向单斜晶系的相转化，诱发沿 c 轴方向的不均匀体积变化（约2%），导致正极颗粒内部应力变化而产生裂纹和破碎，使正极粒子间的连接中断，引起循环中容量衰减加快。另外，阳离子的无序化也被认为是引起放电容量衰减的一个很重要的因素。为了改善 $LiCoO_2$ 结构的稳定性，用某些金属氧化物包覆正极材料的表面被认为是最为有效的方法之一。其优点是能改善 $LiCoO_2$ 在充、放电期间所发生的结构破坏，可避免粒子表面与电解液之间所发生的副反应。Cho 等研究了用 SnO_2 包覆 $LiCoO_2$，Cho 通过溶胶凝胶法用 Al_2O_3 对 $LiCoO_2$ 进行了表面处理，Wang 等通过溶胶凝胶法对商用 $LiCoO_2$ 进行了 MgO 表面包覆研究，Ohzuku T 等通过悬浮喷雾法用 Al_2O_3 对 $LiCoO_2$ 进行表面改性，Wang 等用 $TiO_2/SiO_2/MgO$ 对 $LiCoO_2$ 的表面改性进行了研究。提高了 $LiCoO_2$ 正极材料的循环性能。

合成 $LiCoO_2$ 比较成熟的方法是采用钴的碳酸盐或钴的氧化物与碳酸锂在高温下固相合成，例如将 Li_2CO_3 与 $CoCO_3$ 按 $n(Li):n(Co)=1$ 的比例配合，然后在空气气氛下于 700 ℃ 灼烧而成；或将 Co_3O_4 和 Li_2CO_3 作为原料，按化学计量配合后在 650 ℃ 灼烧 5 h，然后在 900 ℃ 再灼烧 10 h，可制得稳定的 $LiCoO_2$。

然而，在固相反应过程中质点的迁移速率低，反应时间长，产物不均匀等难以避免。为了克服固相反应的缺点，采用溶胶－凝胶法、喷雾分解法、沉降法、冷冻干燥旋转蒸发法、超临界干燥法和喷雾干燥法等方法，这些方法的优点是 Li^+、Co^{3+} 离子间的接触充分，基本上实现了原子级水平的接触和反应。

采用低温共沉淀方法制备，可将乙酸钴悬浮液加到强力搅拌的乙酸锂溶液中，然后在 550 ℃ 处理 2 h，可制得具有单分散颗粒形状、比表面积大、结晶好以及整比化学计量的 $LiCoO_2$。

喷雾干燥法一般是将锂盐与钴盐混合，然后加入聚合物，进行喷雾干燥。一般这样制备的前驱体结晶度较低，但锂和钴混合较均匀，因此可在此基础上再进行高温热处理。K. Konsantion 将锂的碳酸盐和钴的醋酸盐水溶液以 $n(Li):n(Co)=1.04:1$ 的比例混合，喷雾过程将进出口温度分别控制在 190～220 ℃，90～100 ℃，而后将前驱体进行高温处理。该过程分别采用两种方法：一种为直接升温至 800～900 ℃ 的锻烧温度；另一种为先控制到 450 ℃，对醋酸盐前驱体进行分解，同时捣碎分解中形成的浆，然后由室温升至 800～900 ℃，最后，将二种产品进行比较，前者的充电容量达 140 mA/g，充放电 50 次后仅减少 10%，明显较后者优秀。

K. Kuriyana 采用溶胶－凝胶法，将醋酸锂和醋酸钴作为原材料，按 $n(\text{Li}):n(\text{Co})=1:1$ 混合，溶解于甲醇中，并加入柠檬酸作为螯合剂。制得的溶胶旋转涂膜于 Si 上，在氧气流中于 600 ℃ 高温加热 30 min，制得了层状结构的 $LiCoO_2$ 薄膜。

$LiCoO_2$ 的理论比容量为 274 mA·h/g，但实际应用中的容量往往只发挥到 50% 左右。将 $LiCoO_2$ 制备成纳米级的物质是提高其实际比容量的一种行之有效的方法，并能改善其循环使用性能和高倍率充放电性能。

（2）尖晶石型氧化钴锂

纯净的尖晶石型氧化钴锂合成较为困难。当采用固相反应法合成氧化钴锂时，若反应温度较低约为 400 ℃ 时，氧化钴锂的电化学性能与前述高温合成的层状氧化钴锂明显不同。采用高分辨中子衍射表明，该材料介于理想的层状结构和理想的尖晶石结构之间。采用甲酸等进行处理后能得到理想的尖晶石结构的 $LiCoO_4$，材料的电化学性能有了明显提高。在锂化过程中，尖晶石型的四方对称性能够得到维持，且在锂嵌入和脱嵌时，晶胞单元只膨胀或缩小 0.2%。从该角度而言，应用前景不可小视，有待进一步的研究。

目前层状 $LiCoO_2$ 由于易于制备、工作电压高、放电平稳、结构比较稳定、实用性最好，是已经大量用于生产锂离子电池的正极材料。但由于钴成本高，人们逐渐将大部分注意力转向成本较低的氧化镍锂和氧化锰锂等其他正极材料。

2. 锂镍氧化物

理想的锂镍氧化物为 $LiNiO_2$，属三方晶系，Li 和 Ni 隔层分布占据于氧密堆积所形成的八面体空隙中，与 $LiCoO_2$ 结构相同，具有层状结构，见图 6-15。

锂镍氧化物的理论容量为 274 mA·h/g，实际容置已达 190～210 mA·h/g。其自放电率低，没有环境污染，对电解液的要求较低。

与 $LiCoO_2$ 相比，$LiNiO_2$ 具有自身的优势。

1）从市场价格来看，目前镍市场是供大于求。而钴则市场紧缺，价格昂贵。

2）从储量上来看，世界上已探明镍的可采储量约为钴的 145 倍。

3）从结构上看，$LiNiO_2$ 与 $LiCoO_2$ 同属 $\alpha-NaFeO_2$ 型结构，取代容易。

$LiNiO_2$ 存在的一系列问题均与其自身的结构有关。在八面体强场作用下 Ni^{3+} 的 3d 电子呈 $t_{2g}^6e_g^1$ 分布，t_{2g} 轨道已全充满。另外 1 个电子只能占据与氧原子中具有对称性的 2p 轨道交叠成键，所形成的 σ 反键轨道，导致电子的离域性较差，键相对较弱。而在 $LiCoO_2$ 晶体中，Co^{3+} 的 3d 电子呈 t_{2g}^6 分布，轨道电子可与氧具有的 π 对称性的轨道电子形成电子离域性较强

的 π 键。由于 LiNiO₂ 不具备 LiCoO₂ 中的成键特性，决定了它的许多电化学性质不如 LiCoO₂。LiNiO₂ 存在的主要问题是合成困难、循环性能较差以及热稳定性欠佳。所谓合成困难实际上是指化学计量的 LiNiO₂ 难以合成，由于 Ni²⁺ 氧化为 Ni³⁺ 存在较大的势垒，Ni²⁺ 的生成不可避免，其极化能力较小，易形成高对称性的无序岩盐结构，因此有部分 Ni²⁺ 进入 Li 层占据 Li⁺ 的位置，合成时总是生成 Li₁₋ₓNi₁₊ₓO₂。同时高温下锂盐的挥发也会促进非化学计量化合物 Li₁₋ₓNi₁₊ₓO₂ 的形成。导致循性能差的原因是由于 O—Ni—O 层电子的离域性较差，非化学计量化合物 Li₁₋ₓNi₁₊ₓO₂ 中迁入 Li⁺ 层的 Ni²⁺ 阻碍 Li⁺ 的扩散，导致充、放电过程有明显的极化。充电过程中，迁入锂层的 Ni²⁺ 氧化为 Ni³⁺ 或 Ni⁴⁺，Ni⁴⁺ 的极化力极强，且由于 σ 反键轨道电子的失去，键强度明显增强，其离子半径又小，因此当充电深度达一定程度时，层间距突然紧缩，会造成[LiO₆]层的部分坍塌，增加放电过程中 Li⁺ 嵌入的难度，导致首次循环出现较大的不可逆容量。LiNiO₂ 的热稳定性差

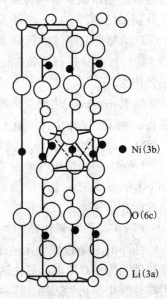

图 6-15　LiNiO₂结构

则是由于脱锂相受热易发生相变和分解所致。总之，合成出电化学性能优良，并具有化学计量结构的 LiNiO₂ 仍然是目前研究的热点。

　　按制备 LiCoO₂ 的工艺合成出的 LiNiO₂ 不具有电化学活性。采用 LiNO₃ 和 Ni(NO)₂ 为原料，n(Li):n(Ni) = 1.0～1.1，在 Al₂O₃ 坩埚中，氧气气氛下，最高加热温度为 700～800 ℃下处理 24～28 h，可获得近化学计量比的 LiₓNi₂₋ₓO₂(0.91 < x < 0.99)。以 LiNO₃ 和 Ni(NO₃)₂·6H₂O 为原料，高温固相反应制备 LiNiO₂ 粉末，最佳合成条件为 n(Li):n(Ni) = 1.4，合成温度及反应时间为 750 ℃、12 h，产物晶型完整，结晶度高。

　　迄今为止，LiNiO₂ 掺杂改性研究的非常广泛，包括 Na、Ca、Mg、Al、Zn、B、F、S、Co、Mn、Ti、V、Cr、Cu、Cd、Sn、Ga、Fe 等，其中 Co 的掺杂研究的较早，也较为成功，比容量能达到 180 mA·h/g。掺杂能提高 LiNiO₂ 的热稳定性及其安全性。未掺杂的 LiₓNiO₂(x < 0.3) 热分解温度为 200 ℃，而掺 15% Mg 后为 224 ℃，掺 20% Co 为 220 ℃。Yang 等认为未掺杂的 LiNiO₂ 在充电后期先后经历晶格参数各异的 3 种六方相形态(H1、H2、H3)，其中 H3 发生不可逆的层间距萎缩，而某些掺杂原子在同样条件下可抑制 H3 的出现。Delmas 等认为掺杂元素的作用与其在 LiNiO₂ 结构中的位置有关。取代非化学计量比化合物 Li-O 层中的 Ni²⁺，可起到支撑晶格的作用，从而避免在充电后期出现结构塌陷，造成不可逆容量损失。在 LiNiO₂ 正极材料中添加 Co、Mn、Ga、F 等元素均可增加其稳定性，提高充、放电容置和循环寿命。也可添加石墨插层化合物制备 LiNiO₂ 电极，这不仅提高了电极充、放电的可逆性，而且增大了 Li⁺ 的扩散系数，使电池的工作电压平稳。

3. 尖晶石型 LiMn$_2$O$_4$正极材料

尖晶石结构是一类典型的离子晶体结构，并有
正、反两种构。LiMn$_2$O$_4$为正尖晶石结构，属 O_h^7 –
$Fd3m$ 空间群。在 LiMn$_2$O$_4$结构中氧离子为面心立方
密堆积，锂离子占据 1/8 的四面体空隙，锰离子占据
了 1/2 的八面体，[MnO$_6$]八面体共棱连接形成了尖
晶石结构的骨架见图 6 – 16。未填充的四面体和八面
体空隙共面连接为锂离子扩散提供了一个自由的三维
网络，而且在锂的嵌入与脱嵌过程中晶格各向同性地

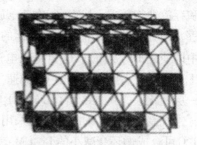

图 6 – 16　LiMn$_2$O$_4$尖晶石结构

膨胀与收缩。LiMn$_2$O$_4$的理论容量为 148 mA·h/g，而在实际中 Li$_x$Mn$_2$O$_4$的 x 值在 0.15 ~ 1 之
间变化，因而实际可逆容量一般在 120 mA·h/g 左右。

锂离子能在这种结构中自由地脱出或嵌入。在充电时，Li$^+$ 从四面体空隙脱出，Mn^{3+}/
Mn^{4+} 比变小，最后变成 λ – MnO$_2$，只留下[MnO$_6$]八面体构成的稳定的尖晶石骨架。放电时，
在静电力的作用下，嵌入的 Li$^+$ 应首先进入势能低的四面体空隙。

Li$_x$Mn$_2$O$_4$中 Li$^+$ 的脱嵌范围是 $0 < x \leqslant 2$。当 Li$^+$ 嵌入或脱出的范围为 $0 < x \leqslant 1.0$ 时，发生
反应：

$$\text{LiMn}_2\text{O}_4 = \text{Li}_{1-x}\text{Mn}_2\text{O}_4 + xe^- + x\text{Li}^+ \qquad (6-7)$$

此时 Mn 离子的平均价态是 +3.5 ~ +4.0，Jahn – Teller 效应不是很明显，因而晶体仍旧
保持其尖晶石结构，对应的 Li/LiMn$_2$O$_4$的输出电压是 4.0 V。而当 $1.0 < x \leqslant 2.0$ 时，则发生
反应：

$$\text{LiMn}_2\text{O}_4 + ye^- + y\text{Li} = \text{Li}_{1+y}\text{Mn}_2\text{O}_4 \qquad (6-8)$$

充、放电循环电位在 3 V 左右，即 $1.0 < x \leqslant 2.0$ 时，锰离子的平均价态小于 +3.5（即锰
离子主要以 +3 价存在），将导致严重的 Jahn – Teller 效应，使尖晶石晶体结构由立方相向四
方相转变，c/a 值也会增加。这种结构上的变形破坏了尖晶石框架，当这种变化范围超出材
料所能承受极限时，则破坏三维离子迁移通道，Li$^+$ 脱嵌困难，材料的循环性能变差。

进一步对 $0 < x \leqslant 1.0$ 区的尖晶石结构进行研究，发现尖晶石在锂离子嵌入的过程中并不
能完全保持尖晶石结构，而是伴随有多种相变发生。尖晶石相变的双相模型首先被大多数研
究者所接受，即 Li$_x$Mn$_2$O$_4$的 Li 离子插入过程应为 3 步：当 $0.27 < x < 0.6$ 时，为两种立方相
间的反应；$0.6 < x < 1.0$ 时，为一种立方相内的插入过程；$1.0 < x < 2.0$ 时，为立方相与四方
相间的相变。当 $x > 1$ 时，电压剧降 1 V 左右，这主要是由 Jahn – Teller 形变所致。Liu 等在此
基础上又提出了晶型转变的三相模型，即 $0 < x < 0.2$ 时为立方单相区 A，$0.2 < x < 0.4$ 时为双
相共存区 A + B，$0.45 < x < 0.55$ 时为立方单相区 B，$0.55 < x < 1$ 时则为立方单相区 C。这样，
Li$_x$Mn$_2$O$_4$($x \leqslant 1$) 在 4 V 电压范围内的充、放电过程包含 4 个平台区域，这主要是由于锂的嵌
入与脱嵌引起的填充结构/微观结构不同所导致。

在锂离子电池的应用中，$LiMn_2O_4$正极材料存在的主要问题是高温工作时电极的循环性能和存放性能较差。$LiMn_2O_4$在充、放电的终点出现两相共存，而这种两相结构对温度极为敏感，特别是在高温下容易出现锰的溶解和氧的损失。而$LiMn_2O_4$在充电至高电压时，电解液中即使是10^{-6}级的水也会使充电产物的电化学活性降低。另外，电解液中含有的氟（如$LiPF_6$）又会与水反应产生的F^-加速了锰的溶解，并使活性材料非晶化以及活性材料表面生成一层钝化膜，从而导致了$LiMn_2O_4$电极材料的失效。

常规制备$LiMn_2O_4$的方法是采用高温固相反应，如将Li_2CO_3和MnO_2充分混合加热至约750 ℃可合成循环衰减小的$Li_{1.05}Mn_2O_4$组分。另外，亦有采用化学共沉淀法、溶胶凝胶法、熔盐浸渍法、模板法等来制备$LiMn_2O_4$，但产品的性能均与制备条件的不同而各有差异，这也说明了$LiMn_2O_4$的加工工艺对其性能有着重要的影响。溶胶凝胶法与固相反应法相比，具有反应过程易控制、反应时间较短、煅烧温度较低、产物粒度较均匀、尺寸较小等优点，因此得到更多重视。

4. 其他锂离子正极材料

由于层状结构有利于可逆地嵌入/脱出Li^+，所以，希望开发出更加低廉、容量更大、更加环保和性能更好的层状结构正极材料。近年来研究发现$LiCoO_2$、$LiNiO_2$、$LiMnO_2$、之间可以形成固溶体。2001 年，Ohzuku 和 Makimur 成功制备了$LiNi_{0.5}Mn_{0.5}O_2$，研究发现其具有很好的电化学性能，安全性也好，又经济，是具有很好前景的电极材料，由于$LiNi_{0.5}Mn_{0.5}O_2$的充放电电压、容量、循环性能、热稳定性好，不含价高及毒性的 Co 及材料价格等诸多优点，有望取代$LiCoO_2$的材料。关于$Li(Ni，Mn)O_2$层状物的研究逐渐升温，已经成为最新阶段的锂离子电池正极材料的一大研究热点。

$LiFePO_4$具有橄榄石晶体结构，理论容量为 170 mA·h/g，有相对于锂金属负极稳定的放电平台 3.4 V，是近期研究的重点材料之一，与同类电极材料相比，具有原料资源丰富，价格便宜，无吸湿性，无毒，环境友好，热稳定性好，安全性高等优点。它在充电状态的稳定性超过了层状的过渡金属氧化物，这些优点使得它特别适用于动力电池材料。目前存在的问题是低电导率及由此而产生的可逆容量的问题。目前人们主要采用固相法制备$LiFePO_4$粉体，除此之外，还有溶胶－凝胶法、水热法等软化学方法，这些方法都能得到颗粒细、纯度高的$LiFePO_4$粉体。改善$LiFePO_4$性能的方法有：掺杂金属粉末（铜或银），掺杂金属离子，高温状态下的电化学循环等，这些方法都可以提高$LiFePO_4$的电导率，增加可逆容量。

锂钒氧化物以其高容量、低成本、无污染等优点成为最具有发展前途的锂离子正极材料。由于钒的多价，可形成VO_2、V_2O_5、V_6O_{13}、V_4O_9及V_3O_6等多种钒氧化物，这些钒氧化物既能形成层状嵌锂化合物Li_xVO_2及$Li_{1+x}V_3O_8$，又能形成尖晶石型Li_xVO_2及反尖晶石型的$LiNiVO_4$等嵌锂化合物。

锂离子电池中除了用金属氧化物作为正极材料外，导电聚合物也可以用作锂离子电池正极材料。目前研究的锂离子电池聚合物正极材料有：聚乙炔、聚苯、聚吡咯、聚噻吩等，它们通过阴离子的掺杂、脱掺杂而实现电化学过程。但这些导电聚合物的体积能量密度比较低，另外反应过程中所需的电解液体积较大，因此还难以获得高能量密度。

材料的纳米化也是改善正极材料电性能的重要途径。为锂离子电池用的纳米正极材料已有纳米尖晶石 $LiMn_2O_4$、钡镁锰矿型 MnO_2 纳米纤维、聚吡咯包覆尖晶石型 $LiMn_2O_4$ 纳米管、聚吡咯/V_2O_5 纳米复合材料，其高空隙率为锂离子的嵌入与脱出和有机溶剂分子的迁移提供了足够的空间。目前，国内的研究机构已开发合成了钡镁锰矿型纳米锰氧化物、钡镁锰矿与水羟锰矿型复合层状纳米锰氧化物。

6.2.3　锂离子电池负极材料

最初锂离子电池采用金属锂作为负极材料，目前已采用炭材料取代金属锂作负极材料。性能优良的碳材料，如石墨、炭纤维、无定形炭、石油焦等，有着良好的可逆充放电性能，且容量大、放电平台低。此外，电极在充、放电过程中不会形成树状枝晶，避免了电池的内部短路，大大提高了电池的安全性，并延长了电池的循环寿命。

在各种炭材料中，石墨具有典型的层状结构。层内的每个碳原子以 sp^2 杂化与其余三个碳原子相连，形成六元环相连的平面结构。而各平面层之间的层间距为 0.3354 nm，靠范德华力相连。锂离子可逆地嵌入石墨层间，形成的一级嵌锂化合物为 LiC_6，相应的电化学容量为 372 mA·h/g。嵌入的锂离子完全是离子化的，即一个锂原子转移一个电子到石墨层，使得层间距增大至 0.370 nm。相对于 Li^+/Li 参比电极，石墨的电极电位在嵌锂的过程中从 0.4 V 到 0.0 V 之间变化，因而是比较合适的负极材料。石墨的层状结构又为锂离子的嵌入与脱嵌提供了优良的扩散通道，特别是对于轴向取向的炭纤维这一点更为突出。因此，采用石墨等炭材料作负极的锂离子电池可进行大电流充、放电，并有着良好的循环性能。

另外，锂离子电池负极材料还可以选用合金、氧化物等其他材料。在合金方面主要有锂合金及非锂合金，如 Li-Al、Li-Zn、Li-Sn、Li-Pb、Sn-Sb、Sn-Ag、Cu-Sn 合金等。采用锂合金负极可避免枝晶的生长，但在充、放电循环中，锂合金将经历较大的体积变化，因而材料逐渐粉化使合金结构破坏，导致电极材料的活性失效。

采用非锂合金，特别是 Sn-Fe、Cu_6Sn_5 纳米合金作为锂离子电池的负极材料可获得较高的可逆电化学容量，良好的高倍率充、放电性能及循环寿命。这主要是由于非锂纳米合金具有较大的比表面积、较高的晶体缺陷，因而在充、放电过程中极大地改善了电极反应的动力学性能。其相对小的嵌锂/脱嵌体积变化使得电极结构有较高的稳定性。因此，进一步的研究有望使纳米合金作为锂离子电池的负极材料。

复合氧化物如 $LiWO_2$、$Li_6Fe_2O_3$、$LiNb_2O_5$、$LiNb_2O_5$、$Li_4Ti_5O_{12}$、$SnSi_{0.4}Al_{0.2}P_{0.6}O_{3.6}$ 等亦可作为锂离子电池的负极材料。锂在无定形锡基复合氧化物中的嵌入/脱嵌机理是由于合金化反应的发生使得 Li^+ 与 $Sn^{2+}-O$ 活性中心相互作用，并伴随着 Sn^{2+} 的部分还原及电子转移。而锂在 $Li_4Ti_5O_{12}$ 尖晶石结构中的嵌入与脱嵌则不产生形变；主要是因为处于四面体的锂离子被挤到八面体位置以形成岩盐结构的 $Li_4Ti_5O_{12}$，锂在该材料中的扩散系数为 $2\times10^{-8}\ cm^2/s$，比在炭负极中的数值要高一个数量级。因此，$Li_4Ti_5O_{12}$ 也是一种很好的锂离子电池负极材料。

6.3 固体燃料电池材料

随着人类对大自然的不断开发，环境污染与资源、能源缺乏等问题愈来愈突出地摆在人们面前。而在近 50 年以内，世界能源还是以天然气、石油、煤等矿物燃料为主。当通过用燃气、燃油、燃煤等发电时，不仅效率低，而且排放严重污染环境的有害气体。燃料电池的开发与利用就是在这样的背景下蓬勃发展起来的，它是一种将燃料气体(或液、固燃料气化后的气体)的化学能直接转换为电能的大规模、大功率、新型而清洁的发电装置，具有能量转换率高、比能量高、效率高、无污染、原料可以连续供给等特点。燃料电池的一系列优点使它成为新一代的发电技术。

6.3.1 燃料电池的工作原理与结构

燃料电池是一种将燃料和氧化剂之间的化学能持续地转变为电能而电极、电解质体系基本保持不变的系统。燃料电池按电化学原理，即原电池的工作原理，等温地把储存在燃料和氧化剂中的化学能直接转化为电能。

以固体氧化物型燃料电池(SOFC)为例说明燃料电池的工作原理和基本结构。

固体氧化物型燃料电池的电极反应为：

正极反应：$\qquad\qquad\qquad O_2+4e^-=\!=\!=2O^{2-}$ (6-9)

负极反应：$\qquad\qquad 2H_2+2O^{2-}-4e^-=\!=\!=2H_2O$ (6-10)

总反应：$\qquad\qquad\qquad O_2+2H_2=\!=\!=2H_2O$ (6-11)

在正极(空气电极)上，氧分子得到电子被还原成氧离子，氧离子在电解质隔膜两侧电位差与浓差驱动力的作用下，通过电解质中的氧空位迁移到负极(燃料电极)上与燃料(H_2、CO 或 CH_4)进行氧化反应。由电极反应可知，其燃料为 H_2，氧化剂为 O_2，导电离子为 O^{2-}，总产物为水。由此可见，燃料电池内发生的电化学反应实质就是氢气的燃烧反应，反应的生成物是水，因此，燃料电池几乎不污染环境。固体氧化物型燃料电池的主要结构如图 6-17 所示。

燃料电池可将燃料和氧化剂之间的化学能持续地转变为电能，由于所用电极不但导电性能良好而且具有催化效应，能将气态分子转变为离子，因此燃料电池用的天然气、甲醇、石油、氢气等燃料，不必经过燃烧，仅借助电化学反应即可产生电力和热能。它还与一般原电池、蓄电池不同的是化学原料(即参加电极反应的活性物质)并不贮存于电池内部，而是全部由电池外部供给，因此，原则上只要外部不断供给化学原料，正、负极分别供给氧和氢(通过天然气、煤气、甲醇、汽油等化石燃料的重整制取)，燃料电池就可以不断工作，将化学能转变为电能，因此燃料电池又叫"连续电池"。它是继水力、火力、原子能发电之后的第四代发

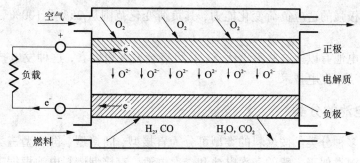

图 6 - 17　固体氧化物电池的工作原理

电技术。

燃料电池作为一种全新的发电技术，主要优点如下：

(1)能量转换效率高

将燃料的化学能转换成电能有如下途径：

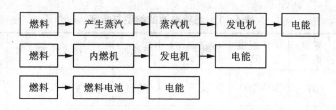

由以上比较可以看出，在三种能量的转化过程中，只有燃料电池可以将化学能直接转化为电能，可不经热能转换、机械能转换直接转换为电能，因此没中间转换过程的大量损耗，也不受热力学卡诺循环理论限制，理论上转换效率可达 80%，实际发电效率可达 60%，高于传统的火电厂。而且在发电的同时还生产热水和低温蒸汽，多呈汽电共生形式，其总的能量转换效率接近 90%。

(2)无环境污染

燃料电池发电时没有高温的燃烧过程，而且采取极严格的脱硫和分离二氧化碳措施，因此几乎没有硫化物(SO_x)、氮氧化物(NO_x)和二氧化碳(CO_2)的排放，也没大型旋转机械的噪声，不必担心环境污染。

(3)建设快、应用广

燃料电池可实行模块化组合，自由成堆，容量可大可小，布置可集中可分散。大至发电厂电源，小至社区、医院、宾馆的生活电源，再到公共电车电源都可应用。

(4)燃料适应性强

燃料电池应用的燃料很广，煤、石油、天然气、甲醇等均可。

(5)负荷响应特性好

燃料电池有极强的适应负荷变化能力,其负荷变化范围从25%~100%,电池效率均不受影响。

正由于燃料电池有以上这些突出优点,从可持续发展角度看,这种发电技术是未来十分有竞争力的高效洁净发电技术。

6.3.2 燃料电池的分类

燃料电池有多种分类。按燃料的类型可分为直接型、间接型、再生型三类,其中直接型和再生型燃料电池类似于一般的一次电池和二次电池。直接型燃料电池根据工作温度又可分为低温型(<200 ℃)、中温型(200~750 ℃)和高温型(>750 ℃)三种。按电解质的种类,燃料电池又可分为碱性型燃料电池(AFC)、磷酸盐型燃料电池(PAFC)、固体氧化物型燃料电池(SOFC)、熔融碳酸盐型燃料电池(MCFC)、聚合物离子膜燃料电池(PEMFC)等类型。此外还有一类称之为生物燃料电池。表6-1列出了几种主要类型燃料电池的燃料、电解质、电极、工作温度等基本特点。

表6-1 燃料电池的类型与特征

类型	电解质	导电离子	工作温度/℃	燃 料	氧化剂	技术状态	可能应用领域
碱性	KOH	OH^-	50~200	纯氢	纯氧	高度发展,高效	航天,特殊地面应用
质子交换膜	全氟磺酸膜	H^+	室温~100	氢气重整氢	空气	高度发展,需降低成本	电汽车,潜艇AIP推动,可移动动力源
磷酸	H_3PO_4	H^+	100~200	重整气	空气	高度发展,成本高,余热利用价值低	特殊需求,区域性供电
熔融碳酸盐	$(Li、K)CO_3$	CO_3^{2-}	650~700	净化煤气、天然气、重整气	空气	正在进行现场实验,需延长寿命	区域性供电
固体氧化物	氧化钇稳定的氧化锆	O^{2-}	900~1 000	净化煤气、天然气	空气	电池结构选择,开发廉价制备技术	区域供电,联合循环发电

下面分别介绍几种主要电池的特点。

(1)碱性型燃料电池(AFC)

碱性型燃料电池(alkaline fuel cell),顾名思义应用碱性物质为电解质,以纯氢和纯氧做反应物。由于其工作温度较低,(50~200 ℃),为促进电极反应,需用高性能催化剂铂或镍(Pt、Ni),发电效率为45%~50%。AFC技术高度发展,并已在航天飞行中获得成功应用。

当 AFC 用于载人航天飞行时，电池反应生成的水经过净化可供宇航员饮用；其供氧分系统还可与生保系统互为备份。美国已成功地将 Bacon 型 AFC 用于 Apollo 登月飞行；石棉模型 AFC 用于航天飞机，作为机上主电源。

这种电池的致命缺点是 CO_2 中毒问题，燃料和氧化剂中都不能含 CO_2，即使含 0.04% 也会危及电池寿命。因此该电池只适于航天和海洋开发等特殊的场合。

（2）质子交换膜型燃料电池（PEMFC）

质子交换膜型燃料电池以全氟磺酸型固体聚合物为电解质，氢或净化重整气为燃料，空气或纯氧为氧化剂。PEMFC 燃料电池性能出众，它寿命长、体积小、比功率大、可以冷启动、启动快、设计制造容易、安全耐用，最适合于作可移动电源。

20 世纪 60 年代，美国首先将 PEMFC 用于 Gemini 宇航飞行。但由于昂贵的结构材料和高的 Pt 黑用量阻滞了它的发展。直到 1983 年加拿大国防部又资助 Ballard 公司发展 PEMFC，至今已取得了突破性进展，近十几年来发展十分迅速。美国三大汽车公司（GM, Ford, Chrysler）发展 PEMFC 电汽车，德国和日本等也在发展 PEMFC 电汽车。加拿大 Ballard 公司还用第二代 PEMFCMK513 组装 200 kW（275 hp）电汽车发动机，以高压氢为燃料，装备了样车，其最高时速和爬坡能力均与柴油发动机一样，而加速性能还优于柴油发动机。质子交换膜型燃料电池已成为燃料电池研究的主流，有希望最快实现商业化。

（3）磷酸型燃料电池（PAFC）

磷酸型燃料电池（phosphoric acid fuel cell）以天然气重整气体为燃料，空气作氧化剂，以浸有浓 H_3PO_4 的 SiO_2 微孔膜作电解质，Pt/C 为电催化剂。电池工作温度较低（约 200 ℃），属低温型，电池效率为 40% ~ 50%。这种电池存在一氧化碳中毒，且启动时间长，不适于作移动动力源，近年国际上研究工作减少。

（4）熔融碳酸盐型燃料电池（MCFC）

MCFC 的工作温度在 650 ~ 700 ℃，以浸有（K、Li）CO_3 的 $LiAlO_2$ 隔膜为电解质，电催化剂无需使用贵金属，而以雷尼镍和氧化镍为主；电池内部需填充催化剂，从而将天然气中的 CH_4 改质为 H_2 作为燃料。熔融碳酸盐型燃料电池（molten carbonate fuel cell）是继第一代磷酸型电池之后开发的。由于电池工作温度较高，电池反应后的排热温度高，可以回收生产蒸汽，因此可和汽轮机、燃气轮机结合，实行更高效率的联合循环发电。该电池单独运行发电效率可达 60%，若和燃气机、汽轮机联合运行，其综合效率可达 85% 以上。具有良好的应用前景。这种电池突出问题是隔板腐蚀问题，以致造成材料老化，寿命变短。

（5）固体氧化物型燃料电池（SOFC）

固体氧化物型燃料电池（solid oxide fuel cell）使用快离子（O^{2-}）导电型陶瓷材料（如氧化钇稳定的氧化锆 – YSZ）作为电解质，同时起传递和阻隔燃料和氧化剂的作用，是一种全固态的能量转换装置。与其他电池工作原理一样，总体反应亦是由 H_2 和 O_2 反应生成 H_2O。其突出的优点是全固体结构，可避免液体电解质的腐蚀和流失，有望实现长寿命运行。该种电池工作温度在 800～1 000 ℃，不但无需采用贵金属作催化剂，而且可直接采用天然气、煤气和碳氢化合物作燃料，简化了电池系统。由于工作温度高，排出的余热与燃气机相结合循环使用，非常有希望开发成综合效率高的大规模发电系统。燃料电池在经历了第一代磷酸燃料电池（PAFC），第二代熔融碳酸盐燃料电池（MCFC），发展到了现在的第三代固体氧化物燃料电池（SOFC）。SOFC 除了具有高效、清洁、低噪音、负载能力强等 FC 共有的优点外，因为是全固体，所以还具有无泄漏、无电解质腐蚀、综合利用效率高和寿命长等优点。由此 SOFC 成为了燃料电池研究领域的热点课题。

6.3.3　固体氧化物燃料电池电解质

　　固体氧化物型燃料电池的技术难点也在于它的高工作温度。电解质是燃料电池的核心部分，在电池中起着传导 O^{2-} 和分隔氧化剂（如氧）和燃料（如氢）的作用。在研究燃料电池时，往往根据电解质材料的性质来选择、合成与之相匹配的正、负极材料。因而寻找新型的固体电解质，以降低工作温度，是实现其实用化的关键。

　　要解决电池运行温度高和中温 SOFC 中存在的问题，必须从两个方面去考虑：一是寻求新的高电导率的电解质材料，再就是降低电解质薄膜的厚度。

　　作为 SOFC 中的电解质应满足以下几个要求：①具有较大的离子导电能力，而电子导电能力要尽可能小；②电解质必须是致密的隔离层；③电解质在高温运行环境中必须有高的化学稳定性；④与正、负极能很好的匹配。近年来研究比较多的 SOFC 的电解质材料主要有 ZrO_2 基、CeO_2 基、Bi_2O_3 基和 ABO_3 钙钛矿类四种典型的电解质材料。这几种电解质材料的构型概括起来主要分为两类：萤石型和钙钛矿型。

1. 萤石型固体电解质

　　萤石结构是典型的具有负离子扩散性的晶体结构（如图 6－18）。立方晶系，为 $O_h^5 - Fm3m$ 空间群。在这种结构中，阴离子构成的简单立方点阵，阳离子填充于阴离子构成的 1/2 八配位空隙中心，另有 1/2 八配位空隙中心未被填充，结构中存在较多的空隙位。这样，在发生阳离子置换时，允许较大量的置换发生。如：Y_2O_3 稳定化的 ZrO_2（YSZ）是具有氧缺位的立方萤石结构。由于晶体是电中性的，Y^{3+} 取代 Zr^{4+} 后，为了维持电中性，而产生氧离子空位（V_O^-），而氧离子便通过这种缺陷结构进行传导，从而改善了 ZrO_2 的导电性，缺陷平衡如下：

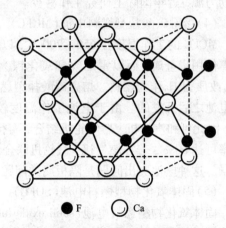

● F　　○ Ca

图 6－18　萤石晶体结构

$$Y_2O_3 \xrightarrow{ZrO_2} 2Y'_{Zr} + V_O^{\cdot\cdot} + 3O_0 \qquad (6-12)$$

其中 Y_2O_3 的固溶量可达 15% 以上，氧离子空位具有可观的浓度对氧离子电导具有较大的贡献。

(1) ZrO_2 基电解质

对于 SOFC 电解质材料的研究，人们是从 ZrO_2 基电解质材料开始的。但是由于纯的 ZrO_2 的离子电导率很低，且由四方相→单斜相的相变伴随着较大的体积变化（3% ~5%），所以纯的 ZrO_2 不适合用作 SOFC 的电解质。为解决这个问题，人们通过在 ZrO_2 基体中引进某些二价或三价的金属氧化物（如 CaO，MgO，Y_2O_3，Sc_2O_3 等），使其保持完全稳定的立方萤石结构并形成大量的氧空位。由于此结构有利于离子导电，且可以避免相变的发生，使稳定的 ZrO_2 适于作 SOFC 的电解质材料。

目前，ZrO_2 基的电解质材料是人们研究最为充分的材料。稳定化的 ZrO_2，尤其是 Y_2O_3 稳定化的 ZrO_2（YSZ），因具有良好的氧离子导电性和在氧化、还原气氛下的高稳定性，而被公认为是 SOFC 工业化的最佳候选材料。稳定 ZrO_2 的离子电导率与掺杂物的组分及含量有关。虽然目前研究最多的是 YSZ，但根据文献报道，在 ZrO_2 基的电解质材料中，掺杂效果最好的是 Sc_2O_3，此时掺杂的 ZrO_2 简称为 SDZ，其电导率在 1 000 ℃ 时可达到 0.3 S·cm^{-1}。在 800 ℃ 时，8% ~10%（摩尔分数）的 Sc_2O_3–ZrO_2 的离子电导率为 $(0.11 ~0.12)$ S·cm^{-1}。但是大多数 Sc_2O_3–ZrO_2 的材料，由于在烧结过程中形成亚稳态相，Chiba，Reiichi 等人制备了组成为 $0.890 ZrO_2$ ~$0.105 Sc_2O_3$ ~$0.005 Al_2O_3$ 的锆基电解质材料，表明加入了少量 $(0.5\%) Al_2O_3$ 的 Sc_2O_3–ZrO_2 系统具有 3 倍于 YSZ 的电导率，而且电流密度也比 YSZ 大 50%。吉林大学的刘江等人对 Al_2O_3 掺杂的 YSZ 进行了研究，得出 4%（质量分数）Al_2O_3 掺杂在 8YSZ 的电解质材料中，烧结性能和离子的电导率都明显优于 8YSZ。Feighery 等人也对 Al_2O_3 掺杂的 YSZ 进行了研究，得出 5% ~10%（质量分数）Al_2O_3 的掺杂对 8YSZ 材料的性能有很大的改善。还有一些研究表明，晶粒尺寸特别小的四方相 YSZ（PSZ 或 TZP）也可作为 SOFC 的电解质材料。但由于 TZP 在长期使用中的化学稳定性不好而且离子电导率会有明显的下降，限制 TZP 材料的应用。

另外，以 CaO 为代表的碱土金属氧化物稳定的 ZrO_2 也被众多学者所研究。其中以 $x = 12\%$ ~20% CaO 稳定的 ZrO_2（CSZ）研究最多，其电导率最大能达到 55×10^{-2} S·cm^{-1}（1 000 ℃，$x = 12\% ~13\% CaO$），对 MgO–ZrO_2 来说，电导率最大达到 40×10^{-2} S·cm^{-1}（1 000 ℃，$x = 15\% MgO$），而 SrO 不能稳定 ZrO_2。由于 Be^{2+} 半径太小，Ba^{2+} 半径太大也不能用于稳定 ZrO_2。

(2) CeO_2 基电解质

虽然 YSZ 仍作为最可靠的固体电解质材料用于 SOFC，但寻找更好的替代材料的研究一直在进行，其中 CeO_2 基电解质是研究的热点之一。

根据理论计算，较低温度下 CeO_2 基电解质材料的离子迁移能力较高，当温度为 500 ℃

时，离子迁移数可超过 0.9。所以 CeO_2 基电解质成了中温 SOFC 中极有希望的电解质材料。

纯的 CeO_2 从室温至熔点具有萤石结构不发生相变，不需要稳定化。当加入 CaO、SrO、Gd_2O_3 等掺杂氧化物时，离子导电性可以大幅度提高。掺杂的 CeO_2 具有比 YSZ 高的离子电导率和低的活化能。但是 CeO_2 基材料的离子导电性温度范围较窄，并且在还原气氛下部分 Ce^{4+} 将被还原为 Ce^{3+}，从而产生电子电导率，降低电池能量转化效率。因此必须把 CeO_2 基电解质材料的电导范围扩大，在还原气氛下降低电子电导，才能使 CeO_2 基的材料成为很理想的中温的 SOFC 的电解质材料。目前，这方面的工作主要集中在掺杂剂的研究上，掺杂方面的研究已经从单掺杂体系转移到了双掺杂体系的研究。

Arai 和 Yahiro 等人对 CeO_2 掺杂进行了较为详细的研究，研究结果表明，稀土氧化物在 CeO_2 中的溶解度极值比碱土金属大很多。稀土掺杂的 CeO_2 的电导率比碱土金属掺杂的大很多。图 6 - 19 示出了各种稀土掺杂物对 CeO_2 电解质电导率的影响。由图中可以看出，稀土掺杂的 CeO_2 电导率随着离子半径从 Y 到 Sm 增加而增大，但当离子半径大于 0.19 nm 时，反而下降。Butler 曾对有关结合能进行过研究，如图 6 - 19 中虚线所示。从理论上来讲，金属离子之间结合能最低的应该具有最

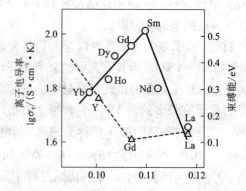

图 6 - 19　CeO_2 电解质电导率与掺杂物的关系

高的电导率，即 Gd_2O_3 掺杂的 CeO_2 应具有最高电导率，但直至如今，文献所报道的最高电导率仍是由 Sm_2O_3 掺杂的 CeO_2 所获得。这其中的原因可能是因为掺杂的离子半径会对电导率有很大的影响，Sm_2O_3 与 Gd_2O_3 比起来，Sm^{3+} 离子半径与 Ce^{4+} 离子半径更接近些。实验表明，掺杂离子半径与主体离子半径越接近，越容易进入母体晶格，电导率越高。单从半径这方面考虑，Sm_2O_3 掺杂的 CeO_2 基的电解质材料比 Gd_2O_3 掺杂的 CeO_2 的电导率高。如果把金属离子结合能的因素考虑进去，就要看哪个因素占主导地位，掺杂物离子半径对电导率的影响比结合能大，所以两个因素综合起来，掺杂 Sm_2O_3 的电导率会高一些。

从许多文献报道的结论得出双掺杂或多掺杂体系更能降低 CeO_2 基材料的电子电导率。这是因为在双掺杂体系中产生更多的氧空位，从而提高氧离子电导率。有人曾对 $Ce_{0.85}Gd_{0.1}Mg_{0.05}O_{1.9}$（简称 CGM）的双掺杂电解质和 $Ce_{0.9}Gd_{0.1}O_{1.95}$（简称 CGO）的单掺杂电解质在相同的条件下做成电池进行表征。从实验中可以得出，CGM 电池的开路电压和最大功率密度都比 CGO 电池的高。结果如表 6 - 2 所示。

表 6 – 2　不同燃料电池的最大功率密度和开路电压的比较

电池类型	运行温度/K	开路电压/V	最大功率密度/(mW/cm^2)
LC – CGM – NC	773	0.95	168.3
	873	0.90	202.5
LC – CGO – NC	773	0.91	135.3
	873	0.85	156.0

　　吕喆的研究表明，$Ce_{0.9}Ca_{0.1-x}Sr_xO_{1.9}$ 的双掺杂电解质材料与 YSZ 相比，做成燃料电池后，等量级的输出对应的工作温度可以降低 100 ~ 150 ℃，碱土双掺杂的 CeO_2 基电解质的离子迁移数也较单掺杂有所提高。

　　CeO_2 基的电解质材料在稳定性方面和 YSZ 比起来会差一些，还原气氛下 Ce^{4+} 很容易还原成 Ce^{3+}。为了解决这个难题，常在 CeO_2 基电解质表面涂上一层 1 ~ 1.5 μm 厚的 YSZ 薄膜，该种方法对增加稳定性很有效。

　　(3) Bi_2O_3 基电解质

　　在目前研究的几种电解质材料中，Bi_2O_3 基电解质材料是电导率最高的氧离子导体。在 500 ℃时离子电导率可达到 1×10^{-2} S·cm^{-1}，且它合成温度低，易于烧结成致密陶瓷，对减小电池内阻和制作燃料电池十分有利。Bi_2O_3 基电解质材料具有很高的离子电导率，但是萤石结构的 $\delta - Bi_2O_3$ 只能在很窄的温度范围内存在(730 ~ 850 ℃)且低温时由 $\alpha \rightarrow \delta$ 相的相变会产生巨大的体积变化，导致材料的断裂和性能的严重恶化。同时 Bi_2O_3 基电解质在低氧分压下极易还原成金属铋，从而限制了 Bi_2O_3 基材料在 SOFC 中的应用。

　　为了拓宽 Bi_2O_3 基材料的使用温度，采用对其掺杂的方法来获得稳定的 $\delta - Bi_2O_3$，Takahashi 及其合作者对 Bi_2O_3 材料的稳定性、缺陷结构、导电性作了全面的研究，结果表明，在 $Bi_2O_3 - Ln_2O_3$(注：Ln 为 La ~ Yb)体系中，稳定了 δ 相，但是降低了其电导率。Vekerk 等研究结果表明，$(Bi_2O_3)_{0.8}(Er_2O_3)_{0.2}$ 的电导率在 500 ℃时为 2.3 S·cm^{-1}，700 ℃时达到 37 S·cm^{-1}，是报道过的具有最高电导的 Bi_2O_3 基材料的 3 ~ 4 倍，比 YSZ 高 50 ~ 100 倍。

　　鉴于 Bi_2O_3 基材料极易还原的缺点，可以在 Bi_2O_3 电解质薄膜外包覆其他材料。何岚鹰等制备了带有 YSZ 保护膜的 Bi_2O_3 基稀土固体电解质，用其组装成 SOFC，实验表明在 500 ~ 800 ℃范围内既具有高的离子电导率，又有较好的稳定性。但是此种方法复杂，很难使包覆的材料包覆均匀，实现工业化规模很难。

2. ABO_3 钙钛矿型固体电解质

(1) ABO_3 钙钛矿晶体结构

　　ABO_3 钙钛矿型材料是近些年来人们发现电导率较高的一种固体电解质材料。钙钛矿为

$O_h^1 - Pm3m$ 空间群,它的结构如图 6 – 20 所示。在钙钛矿型的晶格结构中,氧离子和半径较大的一种正离子(A 离子)形成立方最紧密堆积,半径较小的另一种正离子(B 离子)则占据氧离子八面体间隙位置,每个晶胞含有一个 A 离子、一个 B 离子和三个 O^{2-} 离子。A 离子实际上是处于由 8 个氧离子八面体通过彼此共顶点连接而成的氧离子二十面体间隙

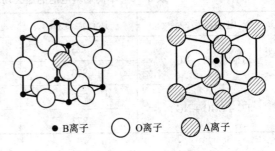

● B离子 ○ O离子 ◇ A离子

图 6 – 20 钙钛矿的结构示意图

位置,A 离子和 B 离子分别具有 12 个和 6 个氧离子配位体。

要形成稳定的钙钛矿结构,A、B、O 三种离子的半径须满足如下稳定条件:

$$(r_A + r_O) = t\sqrt{2}(r_B + r_O) \qquad 0.7 < t < 1.1 \qquad (6-13)$$

式中:r_A、r_B、r_O 分别为 A、B、O 离子的半径,$r_A > 0.90$ nm,$r_B > 0.51$ nm;t 为允许因子。

钙钛矿型固体电解质一般为复合稀土氧化物,稀土元素在钙钛矿中主要是通过控制组分原子价态和分散状态发挥作用的,它占据 A 位,B 位一般由过渡金属离子占据。A 离子与氧离子同在一个密堆层,其结合具有离子键的特征,因此 A 阳离子价态的变化必然直接影响氧离子的状态,是产生氧空位的直接原因。而 B 阳离子价态的变化也会随之影响周围氧离子的配位状态,并引起多面体结构的演变。这意味着 B 位离子价态的调整同样有利于氧空位的形成。但作为固体电解质用的 ABO_3 钙钛矿型材料不能含有变价离子,这是因为在含可变价阳离子的钙钛矿型电解质材料工作时,可变价离子在价态改变时会引起电解质内部的电子导电行为,这样会极大地降低电解质的性能甚至导致电池短路。而用价态稳定的阳离子对钙钛矿型基体进行掺杂,则既可以生成较多氧空位也不会发生电解质内部的电子导电。因此,人们为了改进钙钛矿型电解质材料的离子导电性,常对 A 位或(和)B 位离子做部分取代。

(2) ABO_3 钙钛矿型电解质的导电机理

对稀土掺杂的 ABO_3 型固体电解质,虽然其导电机理已有很多人进行过研究和探索,但还没有形成一个非常成熟的理论。缺陷理论在解释其导电机理方面较为成功,以下以 Y_2O_3 掺杂 $BaCeO_3$ 为例,用缺陷理论来对钙钛矿型固体电解质的导电机理作一说明。

由于 Y^{3+} 的掺杂,Y^{3+} 占据了 Ce^{4+} 的位置,而产生带负电的 Y'_{Ce},根据电中性原理,必然会产生带正电的氧空位 $V_O^{\cdot\cdot}$ 或电子空穴 $h^{\cdot}$:

$$Y^{3+} \longrightarrow Y'_{Ce} + \frac{1}{2}V_O^{\cdot\cdot} \qquad (6-14)$$

且掺杂生成的氧空位和电子空穴与气氛可发生下述缺陷反应:

氧气氛下:

$$V_O^{\cdot\cdot} + \frac{1}{2}O_2 \longrightarrow Oo^x + 2h^{\cdot} \quad (k_1) \tag{6-15}$$

水蒸气或氢气气氛下：

$$H_2O + 2h^{\cdot} \longrightarrow 2H_i^{\cdot} + \frac{1}{2}O_2 \quad (k_2) \tag{6-16}$$

式(6-15)、(6-16)合并得：

$$H_2O + V_O^{\cdot\cdot} \longrightarrow 2H_i^{\cdot} + Oo^x \quad (k_3) \tag{6-17}$$

平衡常数：

$$k_3 = k_1 \cdot k_2 = [H_i^{\cdot}]^2 / ([V_O^{\cdot\cdot}]P_{H_2O}) \tag{6-18}$$

式中：$V_O^{\cdot\cdot}$ 为氧空位；Oo^x 为正常阵点位置的氧离子；$H_i^{\cdot}$ 为填隙质子；$h^{\cdot}$ 为电子空穴；k 为平衡常数。

P_{H_2O} 的增大将促使平衡向右移动，导电粒子浓度[$H_i^{\cdot}$]的提高导致电导率增大。在含氢气气氛中，氢与缺陷反应类似于上述原理。通过上述反应，氧缺陷的传导转变为间隙质子 $H_i^{\cdot}$ 的传导。通过实验，在电导过程和红外(IR)吸收中存在 H(D)同位素效应，这可以提供明确的质子传导证据。即在该结构类型的电解质材料中，存在氧离子通过氧空位导电和氢质子导电两种电导机制。

（3）ABO_3 钙钛矿型氧离子导体固体电解质

$LaGaO_3$ 基材料是比较典型的氧离子导体钙钛矿型氧化物，A 位的 La^{3+} 可以被 Sr^{2+}、Ba^{2+}、Ca^{2+} 取代，B 位的 Ga^{3+} 可以被 Mg^{2+}、Fe^{2+} 等取代。为维持晶体的电中性，会有氧空位产生。这样就大幅度增加了材料的离子电导率。实验表明，掺杂 $LaGaO_3$ 的离子导电性可以扩展到很低的氧分压范围。Ishihara 等人研究发现，对 A 位掺杂离子，Sr^{2+} 比 Ba^{2+}、Ca^{2+} 更能增加电导率，在 A、B 位掺杂 Sr 和 Mg 的电解质 $La_{0.8}Sr_{0.2}Ga_{0.8}Mg_{0.2}O_{3-\delta}$ 具有相对较高的氧离子电导率。Sr 含量在 0.1 时效果最好，Mg 作为 B 位掺杂离子的效果较好，原因可能是 Mg^{2+} 作为 B 位受主，增加了氧空位浓度。Trofimenko 等人用过渡金属对 B 位进行双掺杂，获得的 $La_{0.85}Sr_{0.1}(Ga_{0.9}Co_{0.1})Mg_{0.2}O_{3-x+\delta}$ 电解质在 800 ℃时的电导率为 0.12 S/cm。尧巍华、唐子龙等合成了 $La_{0.9}Sr_{0.1}Ga_{0.8}Mg_{0.2}O_{2.85}$ 电解质，在 800 ℃时测得的电导率为 0.12 S/cm。Huang 等人研制出了 $La_{0.8}Sr_{0.2}Ga_{0.85}Mg_{0.17}O_{2.815}$ 电解质材料，800 ℃时的氧离子电导率为 0.17 S/cm，远高于同温度下 YSZ 燃料电池的电导率。

$LaGaO_3$ 基材料目前被认为是最有希望的中温 SOFC 电解质材料，如用 205 μm 厚的 $La_{0.8}Sr_{0.2}Ga_{0.8}Mg_{0.15}Co_{0.05}O_{3-\delta}$ 制备的燃料电池在 650 ℃时功率密度达到 380 mW/cm²，电流密度达 0.5 A/cm²；以 500 μm 厚的 $La_{0.8}Sr_{0.2}Ga_{0.8}Mg_{0.17}Fe_{0.03}O_{3-\delta}$(LSGMF)为电解质的燃料电池在 800 ℃的最大功率密度可达 700 mW/cm²。但它还存在着一些问题，如材料制备和低温烧结，薄膜化难度大等。目前用 LSGMF 制备的燃料电池在 800 ℃时功率密度达到 0.44 W/cm²，在 700 ℃时功率密度可达 0.2 W/cm²，稳定性较好，人们正进一步考察该新型电解质在 SOFC

条件下的长期稳定性和其他性能。

其他的氧离子导体钙钛矿型氧化物还有 NdGaO₃ 基、PrGaO₃ 基电解质等。Petric 等人对 NdGaO₃ 基电解质的 B 位掺杂进行了研究，800 ℃时的电导率为 0.035 S/cm。刘志国等人通过对 B 位的单一掺杂，用固相法合成了新型钙钛矿电解质 $PrGa_{0.9}Mg_{0.1}O_{3-\delta}$，800 ℃时的电导率达 0.05 S/cm，以 $PrGa_{0.9}Mg_{0.1}O_{3-x}$ 作为电解质的燃料电池在 940 ℃短路电流密度为 0.45 A/cm²，最大功率密度达 0.131 W/cm²，超过了同温度下 YSZ 的数值。

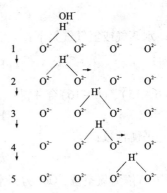

图 6 – 21　钙钛矿型固体电解质中氢离子迁移模型

（4）ABO₃ 钙钛矿型质子导体固体电解质

ABO₃ 钙钛矿型材料用作电解质时，其导电的机制和萤石类大体上相同，但是有些钙钛矿型材料具有质子导电机制。用钙钛矿型质子导体材料作为电解质制成的 SOFC 具有氧离子导体电解质材料所不具备的一些独特的优点和性能，已日益成为固体电解质研究的热点之一。

岩原等人分别于 1981 年和 1988 年发现，某些以低价金属阳离子掺杂的钙钛矿型 SrCeO₃ 和 BaCeO₃ 烧结体在高温下不含 H₂ 或水蒸气的气氛中表现为 P – 型电子导电，当气氛为氢气或水蒸气时，电子导电性降低，质子导电性增加，而在纯氢气气氛中，则几乎显示纯质子导电性，电导率可达到 $10^{-2} \sim 10^{-3}$ S/cm。

目前，人们大多用三价稀土离子，如 Sc、Y、Yb、Nd、Gd，对 BaZrO₃、BaCeO₃、SrCeO₃ 基材料进行掺杂研究。一般认为，相同条件下 BaCeO₃ 基的掺杂电解质比 SrCeO₃ 和 BaZrO₃ 基的掺杂电解质具有更高的质子电导率，如：$BaCe_{0.9}Y_{0.1}O_{3-\delta}$ 和 $SrCe_{0.9}Y_{0.1}O_{3-\delta}$ 在 1 000 ℃时氢气气氛下的质子电导率分别为 0.067 S/cm 和 0.012 S/cm。而且，某些掺杂 BaCeO₃ 基电解质有混合离子导电现象，在干燥的空气气氛下为电子和氧离子混合导电，在湿空气中会出现质子导电。

由于以钙钛矿型质子导体作电解质的燃料电池在工作时只在阴极产生水分子，不会发生对燃料的稀释作用，因此比氧离子导体型的电解质更有优势。Iwahara 等人开发出了一系列钙钛矿型复合氧化物质子导体，使质子导体燃料电池进入实质性应用研究阶段。使用 $SrCe_{0.95}Y_{0.05}O_{3-\delta}$ 片状陶瓷为隔膜的氢氧燃料电池，在 800 ~ 1 000 ℃的高温下可稳定运行，端电压为 1 V，最大电流密度达 250 mA/cm²。吕喆等人用 $SrCe_{0.9}Nd_{0.1}O_{3-\delta}$ 为电解质组装燃料电池，850 ℃时最大输出功率密度为 45 mW/cm²，对应的电流密度为 130 mA/cm²，电压为 0.3 V 左右。现在 Gd 掺杂的 BaCeO₃ 电解质已被美国天然气技术研究所用于开发 800 ~ 850 ℃的 SOFC。

6.3.4 SOFC 固体电解质材料的制备方法

1. 固相反应法

固相反应法是最传统最易被接受的方法。这种方法原料易于获取，工艺较为简单，易于大批量生产。但一般需要两次球磨、烘干、过筛，最终在高温(1 000 ℃或更高)下煅烧，增加了设备投资和能源的消耗。而且这种方法易造成晶粒尺寸大和化学均匀性差。纪媛、刘江等人用此法在 1 600 ℃合成了掺 Al 的 YSZ 固体电解质。

2. 自蔓延燃烧结法

自蔓延法是一种较新的制备陶瓷粉体的方法。它利用硝酸盐与一些有机燃料(如柠檬酸、尿素、氨基乙酸)的氧化还原放热反应，引起自蔓延燃烧现象。由于这种方法能制备小尺寸晶粒，而且原料价格便宜，在制备过程中又容易控制物质的量之比，因此成为制备纳米粉的一种有效方法。但这种方法反应过程难以控制。

纪媛、刘江等人的研究表明，用甘氨酸－硝酸盐法可以合成中温 SOFC 所有元件的初始粉末。杨晶等人通过在自蔓延法中加入分散剂获得了分布均匀、颗粒尺寸小、团聚度低的纳米 YSZ 颗粒。

3. 溶胶－凝胶(Sol－gel)法

溶胶－凝胶法制备包括三个过程：①溶胶的制备，②溶胶－凝胶转化，③凝胶干燥。该方法具有化学均匀性好、纯度高、颗粒细、可容纳不溶性组分或不沉淀组分等优点。赵青等人用改进的溶胶－凝胶法制备了 YSZ 纳米粉体。近年来也已将此法用于制备 ABO_3 型钙钛矿粉末。在典型的金属醇盐法中，金属醇盐水解速率高，易生成沉淀，且价格昂贵。因此，一般采用无机盐溶胶－凝胶法。该法工艺条件易控，原料便宜。常用柠檬酸和乙二醇、乙醇、聚乙二醇、聚乙烯醇、丙烯酸、淀粉衍生物、硬脂酸等有机物做凝胶剂。白树林、傅希贤等人采用柠檬酸法合成了 ABO_3 钙钛矿系列复合氧化物。

溶胶－凝胶法中胶凝剂的种类及数量的选择很关键。此法存在着体材料烧结性不好、干燥时收缩大等缺点。

4. 化学共沉淀法

化学共沉淀法操作简单、便于掺杂组分，易于控制，得到的颗粒细而均匀，并且可以降低烧结温度，适合大规模生产，是目前制备超细功能陶瓷粉体的方法之一。

该方法的关键是沉淀剂的选择、pH 的确定及沉淀时的搅拌作用，可以使用的沉淀剂有 Na_2CO_3、$NaOH$、氨水、$(NH_4)_2CO_3$ 和尿素以及其中两种的混合液等。若不能选择恰当的沉淀剂和 pH，或不搅拌，都可能造成颗粒大小不均匀、沉淀不完全或颗粒团聚等后果。

5. 水热合成法

水热合成法与其他无机晶体合成方法相比，有低温成相和低温晶体生长的特点，更有利于产物中组成元素价态的控制，且适宜于高纯度、高均匀性氧化物粉体材料的制备。钙钛矿型氧化物水热合成至今有近 30 年的历史。如用此法合成的具有正交钙钛矿结构的 $La_{0.66}TiO_{2.993}$，产物均为 300 nm 的多晶粉末。合成方法是将一定物质的量比的反应物混合制成浆状物，搅拌均匀装入带有四氟乙烯衬套的不锈钢反应釜中，在 $60 \sim 260 \, ℃$ 下晶化一定时间，产物经稀醋酸去离子水洗涤，过滤后干燥即得产品。

除了上述几种常用的制备钙钛矿粉体的方法外，还有热解柠檬酸盐法、喷雾热解法、离子熔盐法、微波合成法和阴极还原电化学沉积法等。

6.3.5 固体电解质的薄膜化技术

为降低 SOFC 的工作温度，将电解质薄膜化是个行之有效的方法。当固体电解质薄膜达到微米级后，电解质中的高浓度缺陷就为离子的传导和扩散提供了活性空位，加速了离子传输，增大了离子电导。而且大量晶界和晶相的存在抑制了电子电导的产生。因此薄膜电解质构成的 SOFC 可获得更高的功率密度，还可采用更低的工作温度。

实验表明，当 YSZ 薄膜为 10 μm 时，电池运行温度大约为 800 ℃。当薄膜降低到 $1 \sim 2$ μm 时，运行温度为 650 ℃ 左右。Zhu B 通过使用薄膜技术，制得纳米结构的陶瓷薄膜 CeO_2 材料。张义煌、董永来等人用湿化学方法在 Ni – YSZ 阳极基膜上制备出致密的 YSZ 膜。研究表明，以 Ni – YSZ 阳极基膜、YSZ 薄膜和锶掺杂锰酸镧阴极(LSM)组装的 SOFC 单电池，在 800 ℃ 下功率密度达 $0.1 \, W/cm^2$。T. Schneller 等人用化学溶解沉积法也在镀铂硅基片上制备了厚 630 nm 的 $BaZr_{0.8}Y_{0.2}O_{3-x}$(BZY20)高温质子导电薄膜。

目前，人们研究得比较成功的薄膜化技术方法主要有：①化学气相沉积法(CVD)，②物理气相沉积法(PVD)，③电化学气相沉积法(EVD)，④电泳沉积法(EPD)，⑤溶胶 – 凝胶法，⑥溅射法等。近几年来随着制膜技术的不断成熟，人们还根据各种方法的优点，研究成功了几种新的制膜方法，如静电协助的气相沉积法(EAVD)、脉冲激光沉积法(PLD)、DC 磁电管溅射法、UV 协助的溶胶 – 凝胶法等，可获得 $0.3 \sim 30$ μm 的薄膜，然而薄膜的致密性和均匀性等有待于进一步完善。

6.4 储氢材料

随着能源问题的不断升级和矿物能源资源的不断减少，人们不得不寻找新的可再生能源。氢能具有优异特性：超级洁净，生成物为水，基本实现温室气体和污染物的零排放；被称为"能源货币"，可以实现可再生能源的存储；可由多种能源转化，保障国家能源安全供应；通用性强，可用于大多数终端燃烧设备；化学活性高，燃料电池避开热机转换循环，可实现能量高效转化；可望实现低损耗输运，实现分布式利用。因此，氢能被誉为 21 世纪的能源。然而氢气作为一种新的能源至今没有商业化，其关键是能否经济地生产和高密度安全制取和贮运氢，因此性能优越、安全性高的储氢材料的开发应用一直是研究的重点。

6.4.1　储氢材料的定义

"储氢材料"顾名思义是一种能够储存氢的材料。储氢材料的重要功能是担负氢能的储存、转换和输送功能,也可以简单地理解为"载能体"或"载氢体"。有了这个载能体,就可以与氢携手合作,组成种种不同的载能体系。

衡量储氢材料性能的主要标准有体积储氢密度(kg/m^3)和重量储氢密度(%)。体积储氢密度为系统单位体积内储存氢气的质量,储氢质量分数为系统储存氢气的质量与系统质量的比值。例如,美国能源部曾针对车载储氢系统提出的目标是重量储氢密度为 6.5%,体积储氢密度为 63 kg/m^3。另外,充放氢的可逆性、充放气速率及可循环使用寿命等也是衡量储氢材料性能的重要参数。

目前所用的储氢材料主要有合金、炭材料、多孔材料以及有机液体等。

6.4.2　储氢合金材料

某些金属具有很强的捕捉氢的能力。在一定的温度和压力条件下,这些金属能够大量"吸收"氢气,反应生成金属氢化物,同时放出热量;将这些金属氢化物加热,它们又会分解,将储存在其中的氢释放出来。这些会"吸收"氢气的金属,被称为储氢合金。储氢合金不仅具有安全可靠、储氢能耗低、单位体积储氢密度高等优点,还有将氢气纯化、压缩的功能,是目前最常用的储氢材料。

1. 金属储氢材料的储氢原理

元素周期表中的多数金属都能与氢反应,形成金属氢化物,并且反应比较简单,只要控制一定的温度和压力,当氢与储氢合金接触时,即能在储氢合金表面分解为 H 原子,然后 H 原子扩散进入合金内部直到与合金发生反应生成金属氢化物。反应为可逆反应,反应进行的方向由氢气的压力和温度决定。如果氢气的压力在平衡压力以上,则反应向形成金属氢化物的方向进行,反之,若低于平衡氢压,则发生金属氢化物的分解。由于金属的种类不同,其反应条件也随之而异。这里所说的金属氢化物或储氢合金,专指具有显著可逆特征反应的材料,可逆特征反应如下式所示。

$$M + \frac{n}{2}H_2 \rightleftharpoons MH_n \pm \Delta H \tag{6-19}$$

式中:M 为储氢材料(合金,储氢合金);MH_n 为金属氢化物(氢化物)。

若反应向右进行,称为氢化(吸氢)反应,为放热反应;若反应向左进行,称释氢反应,属吸热反应。式中的 n 表示吸储氢量的大小。在氢气的吸储和释放过程中,伴随着热能的生成或吸收,也伴随着氢压的变化,因此,可利用这种可逆反应,将化学能(H_2)、热能(反应热)和机械能(平衡氢压)有机地结合起来,构成具有各种能量形态转换、储存或输运的载能系统。

采用 $p-c-T$ 曲线能更清楚的说明吸氢反应过程。根据 Gibbs 相律，温度一定时，反应有一定的平衡压力，储氢合金的相平衡图可由压力(p) – 浓度(c)等温线，即 $p-c-T$ 曲线表示，如图 6 – 22。

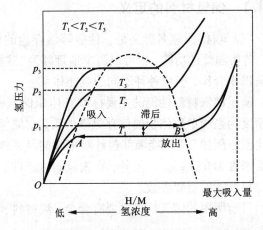

图 6 – 22　储氢合金的 $p-c-T$ 曲线

OA 段是吸氢过程的第一步，金属吸氢形成含氢固溶体，我们可把固溶氢的金属相称为 α 相，在此段，随着氢分压的升高，氢固溶在金属中的数量增加。点 A 对应着氢在金属中的极限固溶度。达到 A 点时，金属开始与氢反应，生成氢化物 β 相。当继续加氢时，压力不变，反应持续，氢在恒压下被金属吸收。当 α 相都变为 β 相时，组成达到 B 点。AB 段为吸氢过程的第二步，此区为两相($\alpha+\beta$)互溶体系，达到 B 点时，α 相最终消失，全部变为金属氢化物。这段曲线呈平直状，故称为平台区。相应的平衡压力称为平台压力。在全部组成变成 β 相组成后，如再提高氢压，氢化物中的氢仅有少量增加，这时氢化反应结束，氢压显著增加。

$p-c-T$ 曲线是衡量储氢材料热力学性能的重要特性曲线，通过该图可以了解金属氢化物中的含氢量和任一温度下的分解压力值。$p-c-T$ 曲线的平台压力、平台宽度与倾斜度、平台起始浓度和滞后效应，是判断储氢合金性能的重要依据。

当氢与合金表面接触，氢分子吸附到合金表面，氢氢键离解为原子态的氢，这种活性很大的氢原子容易进入合金晶格的间隙位置。具有代表性的金属或合金晶格为面心立方晶格(fcc)、体心立方晶格(bcc)、密排六方晶格(hcp)，这些晶格都存在着八面体和四面体间隙位，氢原子在这两个间隙位的占有情况，依赖于金属原子的半径。对于原子半径小的金属，氢原子倾向于进入八面体位置；对于原子半径大的金属，氢原子倾向于进入四面体位置。通常上述所说的位置不会被氢完全占有，进入晶格中的氢原子也不是静止于一点不动，而是在间隙位周围的一定范围内不停跳跃。氢原子进入合金晶格后，会使自身和母体合金电子状态发生变化，一般有 3 种状态存在：①以中性原子(或分子)形式存在；②放出一个电子，其电子在合金中移动，氢本身变为带正电荷质子(H^+)；③获得电子变为氢阴离子(H^-)。氢原子在合金晶格中的存在状态影响着储氢材料的储氢能力以及吸氢和脱氢的难易。

表 6 – 3 列出了部分氢化物的含氢量。从表中可以看出，金属氢化物中氢的含量很高。具有单位体积较高的储氢能力和安全性是金属氢化物储氢的主要特性。

表 6 – 3　氢化物中的氢含量

物质	MgH$_2$	TiH$_2$	VH$_2$	LaNi$_5$H$_6$	Mg$_2$NiH$_4$
w(H)/%	7.65	4.04	3.81	1.38	3.62

理想的储氢金属氢化物应具有如下特征：①储氢量大，能量密度高；②氢解离温度低，离解热小；③吸氢和氢解离的反应速度快；④氢化物的生成热小；⑤质量轻、成本低；⑥化学稳定性好，对 O$_2$、H$_2$O 等杂物呈惰性；⑦使用寿命长。

2. 典型的储氢合金

储氢合金的分类方式有很多种。按组成储氢合金金属成分的数目区分，可分为二元系、三元系和多元系；按储氢合金材料的主要金属元素区分，可分为稀土系、钙系、钛系、锆系、镁系；如果把构成储氢合金的金属分为吸氢类(用 A 表示)和不吸氢类(用 B 表示)，可将储氢合金分为 AB$_5$ 型、AB$_2$ 型、AB 型、A$_2$B 型等。

(1)稀土系储氢合金

LaNi$_5$ 是较早开发的稀土储氢合金，它的优点是活化容易、分解氢压适中、吸放氢平衡压差小、动力学性能优良、不易中毒。LaNi$_5$ 是具有 CaCu$_5$ 型金属间化合物，室温下与几个大气压的氢反应即可被氢化，生成具有六方晶格的 LaNi$_5$H$_6$。氢化反应式如下：

$$LaNi_5 + 3H_2 \Longrightarrow LaNi_5H_6 \tag{6-20}$$

LaNi$_5$ 储氢量约为 1.4%。25 ℃的分解压力(放氢平衡压力)约为 0.2 MPa，分解热为 30.1 kJ·mol^{-1}，很适合室温下操作。但 LaNi$_5$ 合金不仅价格昂贵，而且吸、放氢过程中晶胞体积过度膨胀和收缩，吸、放氢前后体积变化率达 25%，由于体积急剧变化，引起合金颗粒内部产生很大的应力，从而导致合金的严重粉化。为了克服这些缺点，人们采用了添加辅助元素部分取代基本元素的方法。

采用混合稀土 Mm(La、Ce、Nd、Pr 等)取代 LaNi$_5$ 中的 La 形成 MmNi$_5$ 合金，可大幅度降低储氢合金的成本，但 MmNi$_5$ 合金的氢分解压较 LaNi$_5$ 增大，为此在 MmNi$_5$ 基础上又开发出了大量的多元合金 Mm$_{1-x}$C$_x$Ni$_{5-y}$D$_y$，其中 C 为 Al、Cu、Mn、Si、Ca、Ti、Co；D 为 Al、Cu、Mn、Si、Ca、Ti、Co、Cr、Zr、V、Fe，x = 0.05 ~ 0.20，y = 0.1 ~ 2.5。所有取代 Ni 的元素 D 都可使合金的氢分解压降低，而置换 Mm 的元素 C 则使氢分解压增大，如图 6 – 23 所示。为进一步改善合金吸放氢的平台压力、热熔值、活化速度、吸放氢速度等热力学和动力学性能，近年来对稀土系储氢合金又发展了非化学计量比的储氢合金。

目前，制备稀土储氢合金的方法主要有机械合金化、气体雾化法、铸带法、快淬法、定向凝固法等。在具有相同合金成分的条件下，制备方法如果不同，所得合金的性能会有很大的差异。

机械合金化使颗粒在球磨过程中产生大量的纳米晶，这些纳米晶材料中的高密度晶界可以为氢在合金内部的扩散提供快速通道，因而提高了储氢合金的吸放氢效率。研究发现，球磨过的 $LaNi_5$ 粉的第一次吸氢时间比未球磨的吸氢时间缩短了30%。

气体雾化法是指熔体流在高压高速气流的冲击下，经过片状、线状、熔滴状3个阶段逐步分离雾化并在气流冷却下冷凝成粉末。气雾化法明显提高了储氢合金的循环寿命。

采用铸带法制备储氢合金是一种新的制备工艺方法，目前研究较少。用这种方法制备的储氢合金内应力小，显微组织为

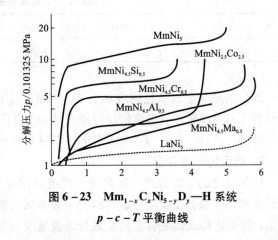

图 6 – 23 $Mm_{1-x}C_xNi_{5-y}D_y$—H 系统
$p-c-T$ 平衡曲线

完整的柱状晶，其工艺过程为：合金首先经感应加热熔化后，从石英管上端通入氩气或其他惰性保护气体，熔体在一定的压力作用下经石英管下端的喷嘴喷到下方高速旋转的辊轮表面，熔体与辊轮表面接触的瞬间迅速凝固，并在辊轮转动的离心力作用下以薄带的形式向前抛出来。采用这种方法需要注意的是辊轮材料的热导率不能太高，辊面线速度不能过大，熔体流速不能过小。

（2）镁系储氢合金

镁具有吸氢量大（MgH_2 含氢量为7.6%）、密度小（仅为 $1.74\ g/cm^3$）、资源丰富、价格低等优点，但 Mg 的吸、放氢条件比较苛刻，吸、放氢反应温度高，需在 $300 \sim 400\ ℃$ 的温度下进行，且速度慢。针对这些缺点，通常采用合金化或与其他材料复合的方法改善镁氢化物的热力学和动力学特性，以开发具有实用价值的镁基储氢材料。

Mg_2Ni 合金是最早研究的镁基储氢合金材料。该合金在 2 MPa、300 ℃ 下能与氢反应生成 Mg_2NiH_4，0.10 MPa 时的分解温度为253 ℃，解氢温度比纯镁明显降低，而且镍的加入对镁氢化物的形成起催化作用，加快了氢化反应速度。此后，人们就开始了大规模镁基储氢材料的研究。

通过元素取代可以在保持原有较高吸氢量的基础上，降低其吸、放氢温度。加入其他元素可起到催化的作用，还可以调节吸、放氢时的平台压力。在 Mg_2Ni 合金中添加了第三种元素 M，部分取代 Mg 或 Ni，发现第三组元的添加可以降低氢化物的生成焓、改善储氢性能、降低放氢温度，由此开发出了一系列性能优异的多元镁基储氢合金。如 $Mg_2Ni_{1-x}Cu_x$（$x = 0 \sim 0.25$）、$A-Mg-Ni$（$A = La$、Zr、Ca）、$CeMg_{11}M$（$M = V$、Ti、Cr、Mn、Fe、Co、Ni、Cu、Zn）、$(Mg_{1-x}A_x)D_y$（其中 A 主要是 Zr、Ti、Ni、La，D 代表 Fe、Co、Ni、Ru、Rh、Pd、Ir、Pt 等）。有研究表明，$La_5Mg_2Ni_{23}$ 合金比 $LaNi_5$ 基合金具有更佳的吸氢特性和放电特性，$La_5Mg_2Ni_{23}$ 的吸氢量要比 $LaNi_5$ 增加38%。

除 Mg - Ni 合金体系外，人们对不含有镍的镁基储氢材料也进行了大量的研究，研究范围几乎涉及到全部的金属元素和少量的非金属元素，比较有代表性的有 Mg - Al 系和 Mg - La 系。

镁基储氢复合材料也是研究的重点之一。此类材料的特点是将某一种单质或化合物复合在镁颗粒表面，起到吸、放氢催化剂的作用，加快吸、放氢的速度，降低其放氢温度。通过将金属元素、过渡金属氧化物或氯化物、金属间化合物以及一些非金属元素等与镁基储氢合金复合，发现这些单质或化合物镶嵌在镁基颗粒表面，可起到破坏镁基金属表面氧化层的作用，使镁尽快活化，加快吸、放氢速度；同时由于添加对氢气有强烈吸附作用的合金，导致氢原子间的结合力减弱，有利于氢分子离解，吸、放氢速度加快，表现出催化作用。

常见的化合物镁基复合材料有 Mg - LaNi$_5$、Mg - FeTi，Mg - Mg$_2$Ni，这些复合材料的共同特点是：吸、放氢的容量大，放氢的温度低。如 Mg - Mg$_2$Ni 虽然也只有两种元素镁和镍，但它能表现出优异的吸、放氢性能，是单纯的镁 - 镍合金所无法比拟的。该复合材料的制备过程是在气体保护下，机械球磨 MgH$_2$ 和 MgNiH$_4$ 两种氢化物（MgH$_2$ - 35% MgNiH$_4$）所得到的复合材料，颗粒直径在 0.1 ~ 1.0 μm。该种复合材料的放氢性能良好，在 220 ℃时，60 min 放氢为 5.1%，240 ℃时，10 min 放氢 4.8%，280 ℃时，达到 5.5% 的放氢量，所需时间不到 6 min。所有的放氢过程是在 0.01 MPa 的氢气环境下进行的，其吸氢过程也很快，一般在 5 min 内完成。从 MgH$_2$ - 35% MgNiH$_4$ 这一复合材料的组成来看，它的吸、放氢的性能要远远好于 Mg - 20% Ni 合金。该复合材料的不足之处是制备工序较多，为大规模应用带来一定的难度。

另一类复合材料是镁 - 氧化物类型，主要有 V$_2$O$_5$、TiO$_2$、MnO$_2$、Fe$_2$O$_3$ 等，由于某些过渡金属元素的氧化物具有对氢分子的吸附和离解氢原子的作用，因而它在镁的颗粒表面也起到了提高吸、放氢性能的作用。在镁 - 镍粉中添加过渡金属氯化物和过渡金属氧化物，同样也获得了吸、放氢动力学性能良好的镁基储氢材料。镁系储氢合金与其他类别的储氢合金复合化已经成为镁基储氢合金开发的重要方向。

机械合金化法是制备镁基储氢材料最为重要的方法，利用该方法可以制备出性能优异的纳米晶镁基储氢材料和镁基复合储氢材料。纳米晶材料具有优异的低温吸、放氢性质和较好的动力学性能，其原因主要在于该类材料具有较多的缺陷和晶界。纳米材料的表面或界面往往具有晶格严重畸变的非晶态结构，这种结构为氢的扩散提供了更多的通道，使氢原子很容易透过，因此使扩散变得容易；另外，纳米材料比表面积较大，加之氢原子容易扩散，故金属氢化物的成核区域不只局限在材料的表面；再有纳米颗粒体积小，氢向颗粒中心扩散所经的距离减小，扩散时，阻碍扩散的金属氢化物层较薄。

（3）钛系储氢合金

钛系储氢合金最大的优点是放氢温度低（可在 - 30 ℃时放氢）、价格适中，缺点是不易活化、易中毒、滞后现象比较严重。近年来对于 Ti - V - Mn 系储氢合金的研究开发十分活跃，通过亚稳态分解形成的具有纳米结构的储氢合金，吸氢量可达 2% 以上。在 BCC 固溶体型 Ti

基储氢合金方面，已开发了 Ti – 10%，V – 55.4% Cr 合金和 Ti – 35%，V – 37%，Cr – 5% Mn 合金，都能吸收大约 2.6% 的氢。

(4)钒基固溶体型储氢合金

钒可与氢生成 VH_2、VH 两种氢化物（VH_2 的吸氢量达 3.8%）。钒基固溶体型储氢合金的特点是可逆储氢量大、可常温下实现吸放氢、吸放氢反应速率大，但合金表面易生成氧化膜，增大激活难度。目前，主要研究开发的钒基固溶体型储氢合金是镍氢电池用储氢合金 $V_3TiNi_{0.56}M_x$（$x = 0.046 \sim 0.24$，M 为 Al、Si、Mn、Fe、Co、Cu、Ge、Zr、Nb、Mo、Pd、Hf、Ta 等元素），其中添加元素 M 可提高合金充、放电的循环稳定性，但引起储氢容量降低。

6.4.3 炭质储氢材料

在吸附型储氢材料中，炭质材料是最好的吸附剂，它对少数的气体杂质不敏感，且可反复使用。碳质储氢材料主要有高比表面积的超级活性炭、碳纳米管（CNT）和石墨纳米纤维（GNF）。

1. 超级活性炭

超级活性炭储氢始于 20 世纪 70 年代末，是在中低温（77 ~ 273 K）、中高压（1 ~ 10 MPa）下利用超高比表面积的活性炭做吸附剂的吸附储氢技术。与其他储氢技术相比，超级活性炭储氢具有经济、储氢量高、解吸快、循环使用寿命长和容易实现规模化生产等优点，是一种很具潜力的储氢方法。

周理等人用比表面积为 3 000 m^2/g，微孔容积为 15 mL/g（依据 CO_2 吸附）的超级活性炭来储氢，在 77 K 低温、3 MPa 下就可储 5% 的氢气；但随温度提高，储氢量越来越低。詹亮等人用高硫焦制备了一系列孔半径在 2 ~ 4 Å 的超级活性炭，研究表明：氢在超级活性炭上的吸附量，在较低压力下随压力升高而显著增加；在较高压力下，活性炭的比表面积对其影响较为明显。在 293 K/5 MPa、94 K/6 MPa 下，超级活性炭上的储氢质量分数达 1.9%、9.8%，氢在超级活性炭上的等温脱附率可达 95.9%。

2. 碳纳米管

从微观结构上来看，碳纳米管是由一层或多层同轴中空管状石墨烯构成，根据构成管壁碳原子的层数不同，碳纳米管（CNT）可分为单壁纳米碳管（SWNT）和多壁纳米碳管（MWNT）。管直径通常为纳米级，长度在微米到毫米级。储存在碳纳米管中的氢以氢气分子的形式存在，与金属储氢相比，碳纳米管储氢具有容量大、释氢速度快、可在常温下释氢等优点。

氢气在纳米碳管中的吸附储存机理比较复杂。根据吸附过程中吸附质与吸附剂分子之间相互作用的区别，以及吸附质状态的变化，可分为物理吸附和化学吸附。1997 年，Dillon 等人最早对单壁纳米碳管的储氢性能进行了研究。他们采用程序升温解吸法测定了未经纯化处理、含无定形碳和金属催化剂颗粒的单壁纳米碳管的吸附储氢量，根据样品中纳米碳管的纯度，计算出纯纳米碳管在常温下能储存 5% ~ 10% 的氢气。进一步的研究表明，采用高温氧化的方法处理碳纳米管，使管末端开放，可以有效增加吸附量并提高吸附速率。

李雪松、慈立杰等人分析了结构和表面特性对纳米碳管储氢性能的影响，认为官能团的存在不利于氢气的吸附。他们通过对碳纳米管进行高温石墨化处理，有效清除了表面官能团并改善了多壁纳米碳管的晶化程度。在25℃、10 MPa下测定的储氢容量达到了4%。

除直接通过高压实验测定材料的储氢容量外，国内外众多学者还将纳米碳管与金属粉末及添加剂混合后压制成电极，采用恒流充、放电实验来测定纳米碳管的电化学储氢性能。Qin等人测定的多壁纳米碳管和镍粉混合制成的电极的比电容量达到了200 mA·h/g。刘靖等人研究认为，定向的多壁纳米碳管更有利于氢气的储存，铜粉对纳米碳管的储氢性能有促进作用。他们将催化裂解二甲苯和二茂铁混合溶液得到的定向多壁纳米碳管和铜粉混合制成电极，由恒流充、放电试验测得电极的最大比电容量达到了1 162 mA·h/g，对应储氢容量为4.31%，已经接近国际能源协会（IEA）规定的未来新型储氢材料的储氢量标准。

尽管人们对碳纳米管储氢的研究已取得了一些进展，但至今仍不能完全了解纳米孔中发生的特殊物理化学过程，也无法准确测得纳米管的密度，今后还应在储氢机理、复合掺杂改性和显微结构控制等方面进行深入研究。

3. 石墨纳米纤维

石墨纳米纤维是一种截面呈十字型，面积为$30 \sim 500 \text{ Å}^2$，长度为$10 \sim 100 \text{ μm}$之间的石墨材料，它的储氢能力取决于其纤维结构的独特排布。1998年，Rodrlguez等人报道纳米石墨纤维在12 MPa下的储氢容量高达23.33L氢/g纳米石墨纤维，比现有的各种储氢技术的储氢容量高1至2个数量级。中科院金属研究所范月英等人也报道自制的纳米碳纤维具有约10%~12%的储氢容量。毛宗强等人用自制的碳纳米纤维在特制的不锈钢高压回路中进行了吸附储氢的验证实验，发现在室温条件下，经适当处理的碳纳米纤维的储氢能力最高可达到9.99%。

6.4.4　络合物储氢材料

络合物用来储氢起源于氢化硼络合物的高含氢量，日本的科研人员首先开发了氢化硼钠（$NaBH_4$）和氢化硼钾（KBH_4）等络合物储氢材料，它们通过加水分解反应可产生比其自身含氢量还多的氢气。后来又有人研制了一种被称之为"Aranate"的新型储氢材料——氢化铝络合物（$NaAlH_4$），这些络合物在加热分解后可放出总量高达7.4wt%的氢，反应如下：

$$3NaAlH_4 \longrightarrow Na_3AlH_6 + 2Al + 3H_2 \uparrow \quad (210 \text{ ℃}) \qquad (6-21)$$

$$3Na_3AlH_6 \longrightarrow Na_3AlH_6 + 2Al + H_2 \uparrow \quad (250 \text{ ℃}) \qquad (6-22)$$

如能降低分解温度，将是一种非常具有应用前景的储氢材料。Bogdanovic以及Kiyobayashi等人研究了Na、AlH_4的吸、放氢的热力学和动力学性能，结果表明，$NaAlH_4$作为储氢材料是可行的，但在室温下它的分解速率很低，需要加入催化剂降低其反应活化能，实验中发现Ti^{4+}比Zr^{4+}的催化性能要好。1997年，Bogdanovic等人发现在$NaAlH_4$中掺入少量

的 Ti^{4+}、Fe^{3+} 离子，能将 $NaAlH_4$ 的分解温度降低 $100\ ℃$ 左右，而且加氢反应能在低于材料熔点($185\ ℃$)的固态条件下实现。这使得越来越多的人开始研究以 $NaAlH_4$ 为代表的新一代络合物储氢材料。

除 $NaAlH_4$ 之外，人们也正在研究 $LiAlH_4$，$KAlH_4$ 和 $Mg(AlH_4)_2$ 络合物的储氢性能。氢化硼和氢化铝络合物是很有发展前景的新型储氢材料，但为了使其能得到实际应用，人们还需探索新的催化剂或将现有的钛、锆、铁催化剂进行优化组合以改善 $NaAlH_4$ 等材料的低温放氢性能，而且对于这类材料的回收—再生循环利用也须进一步深入研究。

6.4.5　玻璃微球储氢

中空玻璃球(直径 $6 \sim 60\ \mu m$)具有在低温或室温下呈非渗透性，但在较高温度($300 \sim 400$ ℃)下具有多孔性的特点。玻璃微球储氢新技术，在 $300 \sim 400$ ℃及 $10 \sim 200$ MPa 下，氢气被压入空心玻璃微球内，然后在同样压力下降至一定温度封住微球内的氢气。在常温下玻璃微球储存的氢气也不会逸出，并且适度地加热就可以释放出氢气。玻璃微球储氢是一个物理过程，该体系不受杂质影响(与金属氢化物比较这是它的优势，金属氢化物对杂质比较敏感)。玻璃微球具有很高的耐压强度，可以方便地运输，至目的地后又可将储存的氢气升温释放出来。

与其他储氢方法比较，玻璃微球储氢具有储氢量大、能耗低、安全性好等优点，也是一种具有发展前途的储氢新技术，但其关键在于制备高强度的空心微球。该方法的缺点是：氢气透过玻璃微球的速度慢，微球的生产工艺难控制。Kenyon 在研究中发现，光照除气作用可以解决放氢慢的问题。Douglas 等人进一步研究了以玻璃为载体掺杂金属氧化物，光照强度对放氢速度的影响。他们认为，以中空玻璃微球储氢，光辐射是解决氢气释放速度慢的有效方法。

在目前研究的各种储氢材料中，储氢合金虽是主要应用的储氢材料，但其储氢需要较高的温度和压力，且储氢量较低，大规模应用仍然有困难。材料结构的纳米化和高催化性能的多元系合金的开发应是今后的研究方向。非金属储氢材料多以吸附机理储氢，具有储氢量高、解吸快、循环使用寿命长等优点，虽其研究多处于实验室研究阶段，仍不失为一类很具潜力的储氢材料。对碳纳米管/纳米碳纤维材料而言，本身结构对其储氢量影响非常大，文献报道的储氢量数据非常分散($0.05\% \sim 67\%$)，还不能进行规模生产，对其循环性能的研究较少。应开拓适应规模化生产的新型制备方法、有效控制碳纳米管端口的结构并加强对储氢性能的评价研究。玻璃微球制备工艺较成熟，提高玻璃微球的耐压强度和寻找适宜的储氢条件，较易实现储氢的实用化。

6.4.6　储氢材料的应用

储氢材料具有广泛的应用领域，当储氢材料的制备成本和各项性能达到实用化要求时，我们就有可能利用从水中制取的、从太阳能转换的氢能，用燃料电池直接转换为电能，作为汽车动力，并用于我们的日常生活中。储氢材料不光有储氢的本领，而且还有将储氢过程中的化学能转换成机械能或热能的能量转换功能。储氢合金在吸氢时放热，在放氢时吸热，利用这种放热－吸热循环，可进行热的储存和传输，制造制冷或采暖设备。储氢合金还可以用于提纯和回收氢气，它可将氢气提纯到很高的纯度。

1. 在电化学中的应用

自 20 世纪 60 年代发现了 Mg_2Ni 和 $LaNi_5$ 储氢合金后，各种类型的储氢合金相继出现，其应用研究也广泛开展。起初，合金的研究与发展主要集中在气相应用，如储氢桶、氢提纯和化学热泵等方面。后来，随着低成本 $MmNi_5$（Mm 为 La、Ce、Nd、Pr 等稀土元素）合金的出现，又通过优化其组成、不同的处理工艺等使合金的抗粉化性、平衡氢压、抗碱腐蚀性都得以控制，金属氢化物的电化学应用也就开始了。1990 年，Ni－MH（镍氢）电池首先由日本商品化，密度为 Ni－Cd 电池的 1.5 倍，不污染环境，充、放电速度快，记忆效应少，可与 Ni－Cd 电池互换，加之各种便携式电器的日益小型、轻质化，要求有小型高容量电池配套，以及人们对环保意识的不断增强，从而使 Ni－MH 电池发展更加迅猛。Ni－MH 电池以氢氧化镍为正极，以 $MmNi_5$ 储氢合金为负极，具有能量密度大，充电速度快，循环性能好，记忆效应小，放电倍率高等特点。Ni－MH（镍氢）电池的电性能虽略逊于锂电池，在小型电池方面已被锂电池逐步取代，但其高安全性、高放电倍率等特点，使其在以消除汽车尾气污染为目标的零排放纯电池电动车（BEV）和低排放的混合电动车（HEV）电动汽车的动力系统中大有用武之地，成为研究的热点。

2. 在蓄热和输热技术中的应用

金属氢化物在高于平衡分解压的氢压下，金属与氢反应形成金属氢化物的同时，要放出相当于生成热的热量 Q，如果向该反应提供热量 Q 的热能，使金属氢化物分解，则氢在平衡氢压下释放出来。这是热—化学（氢）能的变换，称为化学蓄热。利用这种特性可以构成蓄热装置，储存工业废热、地热、太阳能等热能。

金属氢化物热泵是以氢气作为工作介质，以储氢合金作为能量转换材料，由同温度下分解压不同的两种储氢合金组成热力学循环系统，利用他们的平衡压差来驱动氢气流动，使两种氢化物分别处于吸氢（放热）和放氢（吸热）状态，从而达到升温增热或制冷的目的。已开发的氢化物热泵按其功能分为升温型、增热型和制冷型三种，按系统使用的氢化物种类可分为单氢化物热泵、双氢化物热泵和多氢化物热泵三种。

该热泵系统的特点是：可利用废气、太阳能等低品位的热驱动热泵工作，是唯一由热驱动、无运动部件的热泵；系统通过气固相作用，因而无腐蚀，由于无运动部件因而无磨损，无噪声；系统工作范围大，且工作温度可调，不存在氟利昂对大气臭氧层的破坏作用；可达到夏季制冷、冬季供暖的双效目的。

3. 利用储氢材料蓄能发电

用电一般存在高峰期和低峰期，往往是高峰期电量不够，而低峰期则过剩。为了解决低峰期电力过剩的存储问题，过去主要采用建造扬水电站、压缩空气储能、大型蓄电池组储能。储氢材料的发展为储存电能提供了新的方向。即利用夜间多余的电能供电解水厂生产氢气，然后把氢气储存在储氢材料组成的大型储氢装置内；白天用电高峰时使储存的氢气释放出来，或供燃料电池直接发电，或将氢气燃料生产水蒸气，驱动蒸汽/透平机和备用发电机发电。

6.5 热电材料

热电材料是一种能将热能和电能相互转换的功能材料，1821 年发现的塞贝克效应和1834 年发现的珀耳帖效应，为热电能量转换器和热电制冷的应用提供了理论依据。利用热电材料制备的发电器、制冷器、传感器等元件，具有体积小、重量轻、结构简单、无化学反应、无介质泄漏、无噪音、无磨损、移动方便、使用寿命长等优点，已用于军事、航天等高科技领域，在废热发电、医学恒温、小功率电源、微型传感等民用领域也有着广泛的应用前景。

6.5.1 温差电效应

到目前为止，发现的温差电效应概括起来有三种，塞贝克(Seebeck)效应，珀耳帖(Peltier)效应和汤姆逊(Thomson)效应。

1. 塞贝克(Seebeck)效应

1821 年，德国物理学家塞贝克发现，在两种不同的金属所组成的闭合回路中，当两个接点的温度不同时，回路中将产生电动势，这种现象称为塞贝克效应或温差电效应。这种电动势就称塞贝克电动势或温差电动势。其温差电流 I 和温差电动势 E_{ab} 是同向的，而 E_{ab} 的大小与结点间的温差 ΔT 成正比，即

$$E_{ab} = S_{ab}\Delta T \qquad (6-23)$$

式中：S_{ab} 为比例常数；ΔT 为温差。

S_{ab} 又称为塞贝克系数、温差电动势系数，它与材料及温度有关。

2. 珀耳帖(Peltier)效应

1834 年 Peltier 又发现将一滴水置于铋(Bi)和锑(Sb)的接点上，通以正向电流，水滴结成冰，通以反向电流，冰融化成水。即当外加电流通过由两种不同的金属所组成的闭合回路时，两个接点将分别产生吸热和放热现象，当电流反向时，接点处的吸、放热互换，该效应称为珀耳帖效应。结点上的交换热流密度 q_Q 与电流密度 J_e 成正比

$$q_Q = \pi_{ab}J_e \qquad (6-24)$$

式中：π_{ab} 为比例常数，称为珀耳帖系数，是该两种金属的珀耳帖系数，取决于两种金属的性质，并与温度有关。

3. 汤姆逊(Thomson)效应

1851 年，物理学家 Thomson 建立了热电现象的理论基础，他推导出塞贝克系数及珀耳帖

系数之间的关系，并预测第三种热电现象的存在——汤姆逊效应，并用实验证明其存在。当电流通过具有温度梯度的均匀导体时，除了放出焦耳热外，导体还需要放出或吸收另外的热量，称为汤姆热，以 J_e 表示电流密度，在单位时间内，单位体积的导体放出的汤姆热 q_T 为

$$q_T = -\tau J_e \Delta T \tag{6-25}$$

式中：τ 是汤姆逊系数，它与温度和材料性质有关，这个现象称为汤姆逊效应。

温差效应的发现为热电能量转换器和热电制冷的应用提供了理论基础。此后100多年一直围绕金属材料进行研究，由于金属材料热电转换效率很低，研究进展缓慢，随着材料科学技术的发展，人们将视线转到半导体材料，热电材料的研究才有了新的突破。采用半导体材料组成的热电装置如图 6-24 所示。热电装置是由 n 型和 p 型两种半导体材料组成，在两块半导体的顶部有一块金属与其相连，形成热电结。图 6-24(a) 是基于珀耳帖效应的热电制冷装置的结构示意图，当 n 端接正极，p 端接负极时，n 型半导体中的负电子和 p 型半导体中的电子空穴都从热电结将热量带到下面的基板，从而使热电结温度降低。图 6-24(b) 基于塞贝克效应的热电发电装置的结构示意图，当热电结端受热时，在两电极处出现电压差。

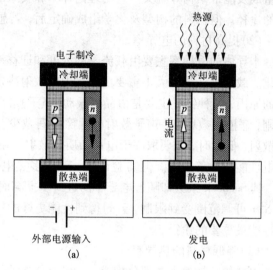

图 6-24 热电转换装置是示意图
(a)热电制冷；(b)热电发电

6.5.2 热电材料的性能评价

热电材料的热电转换性能由材料本身的性质和温度条件决定，与材料的形状没有直接的关系。一般用热电优值 Z（或称热电灵敏值）衡量其热电转换效率，即

$$Z = \frac{S^2}{\rho\kappa} = \frac{S^2\sigma}{\kappa} \tag{6-26}$$

式中：S 为 Seebeck 系数（又称热电系数）；ρ 为电阻率；σ 为电导率；κ 为热导系数。

因为 Z，ρ，κ 都是温度的函数（热电优值 Z 的量纲为 T^{-1}），所以固体的热电性能也用无量纲量 ZT 来描述（T 是样品的平均温度），显然 ZT 值越大，材料的热电转换性能越好。

实际上，大多数金属及半导体材料都具有程度不同的热电性能，但具有较高的 Z 或 ZT 值适用于热电换能器的材料却较少。一般情况下，金属材料 Seebeck 系数较低，只适于热电

测量，某些半导体材料，特别是合金半导体材料具有较高的 Seebeck 系数，是热电换能器的首选材料。显然，最大限度地提高材料的热电灵敏值，即提高材料的热电转换效率，是热电材料发展的方向，目前，提高热电材料的热电灵敏值主要有以下几种途径。

（1）寻找具有较高的 Seebeck 系数的材料

每种半导体材料都具有一定的 Seebeck 系数，材料的 Seebeck 系数与材料的晶体结构、化学组成及能带结构等有关。利用理论计算和实验的方法寻找高热电灵敏值材料当然是一条有效的途径。但材料的构型及化学组成确定后，若想得到性能更好的材料还需通过以下途径。

（2）提高材料的电导率

半导体的电导率主要由载流子的浓度和迁移率决定。载流子的浓度随掺杂浓度和温度而变化。载流子迁移率大小主要由晶格中的散射决定，而固体晶格势场周期性的错乱是引起散射的原因，这种错乱主要是由晶格振动(声子)和电离杂质引起的。随着温度的升高，热振动加剧，碰撞次数增多，声子散射的弛豫时间减少。因此，高温时，弛豫时间主要取决于声子的散射，低温时，主要取决于电离杂质的散射。由此可以看出，通过掺杂改变电导率是改善热电性能的一条途径。但实验证明，对许多热电半导体材料来讲，电导率的提高至一定值后，其 Seebeck 系数却随着电导率的进一步提高而较大幅度地下降。从而使热电优值的分子项 $S^2\sigma$ 可调范围受到限制，若想得到性能更好的热电材料，降低材料的导热系数成了提高热电性能最重要的途径。

（3）降低材料的热导率

材料的热导率由两部分构成，一部分是电子热导率，即电子运动对热量的传导，另一部分是声子热导率，即声子振动产生的热量传递部分，即 $\kappa = \kappa_e + \kappa_p$。对热电半导体材料来讲，由于要求材料具有较高的电导率，电子热导率的调节受到很大程度的限制。所幸的是，半导体热电材料中电子热导率占总热导率的比例较小，因此，通过降低声子热导率来调节材料的热导率几乎成了提高半导体热电材料热电灵敏值最主要的方法。材料声子热导率与材料内部的声子散射有关，从降低声子衍射的各种因素出发，可以从以下几个方面降低半导体热电材料的热导率。①一般情况下，如果材料是由多种原子组成的大晶胞构成的复杂结构晶体时，其声子散射能力较强，因此，寻找具有这类结构的且具有较高的 Seebeck 系数的材料是热电材料研究的必然途径之一。事实证明，一些热电性能较好的材料大部分都具备这类结构。另外，为了使材料的晶体结构更复杂化，可以通过掺杂或不同材料之间形成固溶体的办法来提高声子的散射能力。②在某些具有较大孔隙的特殊结构的热电材料的孔隙中，填入某些尺寸合适、质量较大的原子，由于原子可以在笼状孔隙内振颤，从而可以大大提高材料的声子散射能力，使热导率提高。目前，这类工作正在具有 Skutterudite 结构的热电材料中展开，并取得了重大的进展。③提高多晶半导体材料中晶界对声子的散射作用，会实现声子热导率的降低。

6.5.3　典型的热电材料

1. Bi_2Te_3 基热电材料

Bi_2Te_3 属半导体合金热电材料。Bi_2Te_3 的晶体结构属 $R\overline{3}m$ 空间群，为斜方晶系。沿晶体的 c 轴方向看，Bi_2Te_3 晶体结构可视为六面体层状结构，如图 6 -25。在结构的同一层上具有相同的原子，原子层按 $Te^{(1)}-Bi-Te^{(2)}-Bi-Te^{(1)}$ 方式交替循环排列。在 $Te^{(1)}-Bi-Te^{(2)}-Bi-Te^{(1)}$ 原子层内部的成键方式为共价键，而在两相邻的 $Te^{(1)}-Te^{(1)}$ 层间为范德华力结合，因此，Bi_2Te_3 的解离面是垂直于 c 轴的 (0001) 面，而且两相邻的原子层间最易发生解离。由于 Bi_2Te_3 的各向异性必然导致热电输运性能也具有各向异性的特征，材料在平行于解离面方向上具有最大的热电优值。

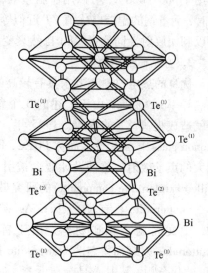

图 6 – 25　Bi_2Te_3 晶体结构

Bi_2Te_3 材料的传统制备方法是采用区熔法和布里奇曼法，严格控制生长条件时可获得单晶，一般则为多晶材料。Bi_2Te_3 合金在熔点温度时化合物组分富 Bi，过剩的 Bi 在晶格中占据 Te 原子位置形成受主掺杂，从而使未掺杂 Bi_2Te_3 成为 p 型材料，此外 Pb、Cd、Sn 等掺杂均可作为受主掺杂形成 p 型 Bi_2Te_3 材料，Te 过量或掺杂 I、Br、Al、Li 等可形成 n 型 Bi_2Te_3 材料。

可采用掺杂和低维化的方法来提高 Bi_2Te_3 材料的热电优值。

Bi_2Te_3 层状结构中相邻的 $Te^{(1)}-Te^{(1)}$ 原子层之间的弱结合为外来原子的介入提供了结构条件，而外来原子的介入又可能修饰材料的能带结构，增大费米能级附近的状态密度，从而提高材料的热电性能。当向 Bi_2Te_3 基热电材料中掺入半金属物质(如 Sb、Se、Pb 等)，特别是引入稀土原子时，由于稀土元素所特有的 f 层电子能带具有较大的有效质量，有助于提高材料的热电功率因子，同时 f 层电子与其他元素的 d 电子之间的杂化效应可以形成一种中间价态的复杂能带结构，从而可能获得高优值的热电材料。

热电材料低维化可通过量子尺寸效应和量子阱超晶格多层界面声子散射的增加来降低热导率。当形成超晶格量子阱时，能把载流子(电子和空穴)限制在二维平面中运动，从而产生不同于常规半导体的输运特性。低维化也有助于增加费米能级 E_f 附近的态密度，从而使载流子的有效质量增加(重费米子)，故低维化材料的热电动势率相对于体材料有很大的提高。

Bi_2Te_3 是目前室温下 ZT 值最高的块体热电材料，主要用于制冷器。在室温 300 K 下，Bi_2Te_3 基合金 $Bi_{0.5}Sb_{1.5}Te_3$ 的 ZT 值为 1 左右，目前大多数商用制冷元件都是采用这类材料。如果热电优值达到 2 ~ 3 /℃，则其热电装置可以与压缩机制冷系统相抗衡，如果热电优值达

到 6^{-1}，则热电制冷可以从室温下降到 77 K。

研究较为成熟的其他合金半导体热电材料还有 Pb – Te 和 Si – Ge 等。Pb – Te 合金主要适用于 400 ~ 800 K，可以用作温差电源。Si – Ge 合金主要适用于 700 K 以上的高温，在 1 200 K 时，无量纲的温差电优值 ZT 近似等于 1，是当前航空器温差电源主要使用的热电材料，它可以利用放射性同位素 ^{238}Pu 自然衰变所释放的能量作为发电热源。

2. 方钴矿热电材料

优良的热电材料在要求具有较高的 Seebeck 系数和较高的电导率 σ 的同时，还要有较低的热导率 κ。然而，由于上述的 3 个参量之间存在的相互关联，使三者很难同时得到改进，这就造成提高 ZT 的困难。1995 年，Slack 提出了"电子晶体 – 声子玻璃（electron crystal – phonon glass）"的概念，简称 PGEC，即材料具有晶体的导电性能的同时，又像玻璃一样具有很大的声子散射。这种设计概念被引入热电材料的研究之中，其中以填充式方钴矿锑化物（filled skutterudite compound）的研究最为典型。

Skutterudite 具有类似于 CoAs$_3$ 矿物的晶体结构，中文名为方钴矿材料，由于首先在挪威的 Skutterudite 发现而得名。Skutterudite 是一类通式为 AB$_3$ 的化合物，其中 A 是金属元素，如 Ir、Co、Rh、Fe 等；而 B 是 VA 族元素，如 P、As、Sb 等。Skutterudite 化合物是立方晶系晶体结构，具有比较复杂的结构，空间群为 Im –3，以 CoSb$_3$ 为例，如图 6 – 26 所示，一个单位晶胞包含了 8 个 CoSb$_3$ 分子，8 个 Co 原子，24 个 Sb 原子，共 32 个原子。Co 原子构成 8 个简单立方子晶胞。24 个 Sb 原子按 Sb$_4$ 四元环分为 6 组，每个 Sb$_4$ 四元环都在 Co 组成的简

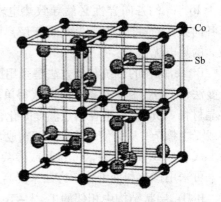

图 6 – 26 CoSb$_3$ 晶体结构

单立方子晶胞之中，其中各有两个四元环的平面分别平行于 XY, YZ 和 ZX 坐标面。这样在 8 个 Co 组成的简单立方子晶胞中，有 2 个子晶胞的中心空着，称为笼状空隙，这个空隙也可看作是由 Sb 构成的二十面体空隙，这个空隙位允许半径较大的间隙质点进入。CoSb$_3$ 是最有代表性的 Skutterudite 化合物，晶格常数 =0.903 6 nm，实验测得 CoSb$_3$ 有一个 0.57 eV 的直接禁带，同时还有一个带宽为 0.8 eV 的间接带隙，属窄带半导体，未掺杂时是 p 型材料，掺杂 Ni、Te、Pb 后可成为 n 型，而 Fe、Ru、Os、Ge 则是 p 型掺杂。由于 Skutterudite 热电材料具有较大的载流子迁移率，较高的电导率和 Seebeck 系数，可以调节的热导率，并且可以通过掺杂来实现 p 型和 n 型的转换，因此有望成为一种高性能的热电材料。

由于 CoSb$_3$ 特殊的笼状晶体结构，可以往笼状孔隙中填充稀土或其他小尺寸金属原子，填充原子与周围原子结合比较弱，可以在笼状孔隙中振动，对声子进行散射，从而可大幅度降低材料的热导率。目前，一般采用以下几种方法来降低 CoSb$_3$ 的热导率：第一，在 CoSb$_3$ 化

合物中固溶 Fe、Ni、Ru、Pd、Te、Sn 等元素形成三元以上合金固溶体，由于固溶体形成产生的晶格缺陷会增加对声子的散射，从而降低化合物的晶格热导率。有研究表明，在室温下 $(RhSb_3)_{0.5}(IrSb_3)_{0.5}$ 固溶体材料的晶格热导率下降了 45% 左右。$IrSb_3$ 和 $CoSb_3$ 形成的固溶体的热导率从 90 $W \cdot cm^{-1} \cdot K^{-1}$ 降到了 30 $W \cdot cm^{-1} \cdot K^{-1}$。美国喷气推进实验室（Jet Porpulsino Lbaoratory）研究了 p 型 $Ir_xCo_{1-x}Sb_3$ 固溶体的热电性能，当 $x = 0.88$ 时热导率降低了 70% 左右。第二，将稀土元素 La、Ce 等填充到 Skutterudite 化合物晶体结构中 Sb 构成的二十面体空位中形成填充式 Skutterudite 材料，这是"电子晶体—声子玻璃"块状材料的典型代表，它同时具有晶体和玻璃二者的特点。即导电性能方面像典型的晶体，有较高的电导率；热传导性能方面如同玻璃，有很小的热导率。这种填充式 Skutterudite 材料与 $CoSb_3$ 相比既保持了二元合金较高的载流子迁移率和电导率，同时又使填充式材料的晶格热导率降低到原来的 1/10。唐新峰等人研究了 Ce 和 Ca 复合掺杂对 Skutterudite 化合物热电性能的影响，并在 750K 得到了 1.17 的最大热电性能指数 ZT_{max} 值。$CoSb_3$ 中用 La、Ce 填充空位，Fe 置换 Co 得到的半导体 $La_{0.9}Fe_3CoSb_{12}$、$Ce_{0.9}Fe_3CoSb_{12}$ 的晶格热导率大大降低，高温热电性能优异，700 K 时，ZT 值超过 1。用小原子半径、重质量的 Yb 原子部分填充 $CoSb_3$ 系，热导率降低而电性能没受到大的干扰，600 K 时，$Yb_{0.19}Co_4Sb_{12}$ 的 $ZT \approx 1$。第三，将 $CoSb_3$ 结构低维化，提高多晶半导体材料中晶界对声子的散射作用，实现声子热导率的降低。通过近年来人们对低维热电材料的研究可以预见，热电材料结构低维化将大大提高热电材料的热性能进而提高其 ZT 值。

由于 Skutterudite 材料结构和成分比较复杂，合成低维 Skutterudite 材料的方法比较有限，可以采用溅射法制备 Skutterudite 薄膜，水热法主要用来合成 Skutterudite 量子线，MER（modulated elemental reactant method）法可用于合成 Skutterudite 超晶格薄膜。

3. $NaCo_2O_4$ 热电材料

$NaCo_2O_4$ 系属青铜型过渡金属氧化物。它具有低的电阻率、低的热导率，同时，还具有很高的 Seebeck 系数。1974 年，由 Jnasne 和 Hope 最早研制成功，是典型的层状结构。1998 年，寺崎一郎发现，其室温电阻率约 200 $\mu\Omega \cdot cm$，属类金属行为，预期可产生 100 mV/K 的热电势。在较大的温差下，可产生足够大的热电功率，成为新型热电候选材料。

$NaCo_2O_4$ 材料是由 Na^+ 和 CdI_2 型 CoO_2 单元沿着 c 轴交叠形成的层状六角形结构，$NaCo_2O_4$ 中的 CoO_2 单元构成的扭曲 $[CoO_6]$ 八面体结构共享一组边，形成层状结构，Na^+ 处于 CoO_2 层之间，并处于无序状态（见图 6-27）。$NaCo_2O_4$ 在 a、c 两轴向的电阻表现为明显的各向异性。多个八面体通过棱的重合排列构成类钙钛矿结构，由于八面体间的间隙大，可以进行某些元素填充，增大声子的散射，也可以进行元素的替代诱发化学力导致晶格变形，提高品质因子。

传统的看法认为，氧化物由于其高的离子特性导致强电子局域效应，从而迁移率很低，比通常的热电半导体低几个数量级，因此并不适合做热电材料。但 $NaCo_2O_4$ 却具有反常的热

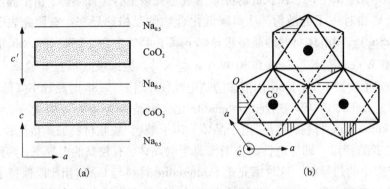

图 6 – 27   NaCo$_2$O$_4$晶体结构示意图

(a)层状结构；(b)CoO$_2$层

电性能，NaCo$_2$O$_4$中的载流子浓度在 10^{21} ~ $10^{22}/cm^3$ 量级，高于常规热电材料浓度 2 ~ 3 个数量级，同时它又有很高的 Seebeek 系数，基于单电子近似的能带理论无法解释这种高载流子浓度、高 Seebeck 系数现象。Tearska 提出，NaCo$_2$O$_4$ 是一种强电子相关系统，在这种系统中，电子之间的库仑斥力使得通常的电子能带结构发生分裂，从而使材料的参数可能超出传统能带理论的计算。在该结构中[CoO$_6$]八面体层主要起导电作用，无序填充的 Na 原子层则对声子起到很好的散射作用。

为了提高 NaCo$_2$O$_4$材料的热电性能，人们对 NaCo$_2$O$_4$材料进行了掺杂研究，目前主要有 Co 位掺杂和 Na 位掺杂。

（1）NaCo$_2$O$_4$材料的 Co 位掺杂

对 NaCo$_2$O$_4$材料的 Co 位的掺杂主要为 Mn、Fe、Ni、Cu、Zn、Ti、Rh、Pd 等。在对 Mn、Fe、Ni、Cu、Zn 掺杂研究中表明，Cu 的掺入使 Seebeck 系数随掺杂量的增加而增大，当掺杂量为 15% 时 Seebeck 系数达到最大。热电优值在室温时是未掺杂 NaCo$_2$O$_4$材料的 3 倍，在 100 K 时约为 5 倍。而其他掺杂效果不明显。日本 Kurosaki 等人进行了 Co 位掺 Ti、Rh、Pd 三种元素的研究，实验结果表明，掺杂试样的热导率在实验温度（280 ~ 723 K）随温度的升高而减小，且掺杂试样的热导率低于未掺杂的试样。这是由于掺杂元素替代了 Co 元素而引起声子散射。所有试样的无纲量优值 ZT 在实验温度（320 ~ 723 K）随温度的升高而增大，并且掺杂 Rh、Pd 试样的 ZT 值显著高于未掺杂的试样，而掺杂 Ti 的试样却低于未掺杂试样。

（2）NaCo$_2$O$_4$材料的 Na 位掺杂

对 Na 位进行掺杂的通常有 Ba、Ca、Ag、La 等，形成 Na$_{1-x}$R$_x$Co$_2$O$_4$。

发现在掺入 Ba、Ca、La 等金属元素后，NaCo$_2$O$_4$材料的电阻率和 Seebeck 系数同时增大，掺入 Ag 使 NaCo$_2$O$_4$材料的电阻率下降而 Seebeck 系数增加。掺入 Ag 能有效的提高 NaCO$_2$O$_4$材料的载流子浓度、载流子有效质量和晶格散射，进而提高了材料的电导率并同时降低了热导率，改善了 $NaCo_2O_4$ 材料的热电性能。

Yakabe H 等人研究了在不同制备条件下掺入 Ba^{2+} 时，$NaCo_2O_4$ 材料热电性能的变化情况。通过实验发现，用热压法制备的 $NaCo_2O_4$ 材料比用固溶法制备的 $NaCo_2O_4$ 材料的电阻率低 40%；若再用 Ba^{2+} 取代 Na^+，虽然电阻率有显著增加，但是材料的 Seebeck 系数有较大提高，使得材料的综合热电性能有可能获得提高。另外，掺入 Ba^{2+} 使材料的有效质量增大，晶体结构更加复杂，从而增强了材料的声子散射，也降低了声子热导率，进一步提高了材料的热电性能。这说明 $NaCo_2O_4$ 氧化物热电材料通过 Na 位掺杂的发展潜力。

$NaCo_2O_4$ 多晶材料的制备方法通常有固相反应法等，传统的固相反应法是将 $NaCO_3$ 和 Co_3O_4 按照比例混合均匀，压块，在 880 ℃空气中煅烧 20 h，再研磨成粉并成形，在 900 ℃空气中烧结。

PC(polymerized complex)是一种制备粉体的新方法，具体的工艺过程是：首先将乙二醇在 200 ℃下加热 1 h，然后加入柠檬酸使其充分溶解，再加入硝酸钴和硝酸钠，加热到 300 ℃，加热时间 6 h，得到黑色的前驱体，在 550 ℃下加热 1 h，然后在 800 ℃煅烧 5 h，即得到组分均匀、粒度小而均匀、活性较高的 $NaCo_2O_4$ 粉体。在 880 ℃即可烧结。

CAC(citric acid complex)法也是一种化学溶液法，是以水为溶剂替代乙二醇。工艺过程是用蒸馏水作溶剂在 160 ℃下将柠檬酸溶解，然后将醋酸钴和醋酸钠加入使其充分反应，得到黑色的前驱体在 800 ℃煅烧获得 $NaCo_2O_4$ 粉体。

在烧结过程既可采用常压烧结，也可采用热压烧结。制备工艺不同，$NaCo_2O_4$ 粉体烧结体的显微结构不同，材料的热电性能也有较大差别。通常是 CAC 法优于 PC 法，PC 法优于固相反应法；热压烧结优于常压烧结。其原因是材料的细晶结构所致。

在氧化物热电材料中，还有 $Ca_3Co_4O_9$、$Bi_2Sr_2Co_2O_y$ 和 $Li_{0.43}Na_{0.36}CoO_2$ 等，这些材料均含有由共用[CoO_6]八面体棱所联结的 CoO_2 导电层，均具有较优的热电性能。

6.5.4　梯度结构热电材料

由于单一均匀的热电材料只在某一段温度区间具有最佳的热电性能，而实际使用中的热电器件总是在温度梯度下工作，因此，如果对应于每一段温度区间都为相应性能最佳的材料，则材料性能得到最佳利用组合，整体性能提高；另一方面，对温差发电而言，发电效率又与材料的温差 ΔT 成正比关系，扩大工作温度区间能显著提高效率。而每一种单一材料由于热稳定性等的限制往往只在某一段较窄的温度区间性能较好。因此，若能制备最佳工作温度呈梯度变化的分段复合热电组元，则能量转换效率会有显著提高。理论计算表明，梯度材料的综合热电转换效率达 15% ~ 16%，比均质热电材料的理论最高效率高 1 倍以上。为此，梯度结构热电材料的制备及研究引起了特别的关注。梯度化设计一般采用逆设计系统，即根据实际使用条件进行材料组成和结构梯度分布设计。梯度热电材料结构如图 6 - 28 所示。

梯度结构热电结构材料分为载流子浓度梯度材料和层状梯度材料。载流子浓度梯度材料

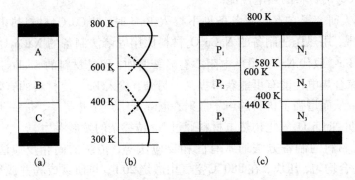

图 6 – 28 梯度热电材料结构

（a）分段结构；（b）优值分布；（c）实际结构

是采用母体相同而掺杂含量不同，由于热电材料的热电优值 Z 随掺杂浓度、温度而变化，不同的掺杂浓度分别在不同的温度具有最大的热电优值 Z，实际使用中，温差电偶中总是存在温度梯度，从理论上说，如果对应于每一温度，掺杂浓度都能使局部得到 Z_{max}，则总 Z 值相应地提高。载流子浓度梯度热电材料的研究较多集中在 PbTe 系材料，因为 PbTe 材料的 Z_{max} 在一个较宽的温度范围内随载流子浓度变化而改变。

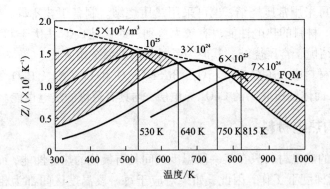

图 6 – 29 N 型 PbTe 不同载流子浓度与 $Z(T)$ 值关系

层状梯度热电材料可分为二元层结构梯度热电材料、多元层结构梯度热电材料和膜层结构梯度热电材料。

研究人员对 PbTe – SnTe 二元系统、FeSi$_2$ – Bi$_2$Te$_3$ 二元系统和 Bi$_2$Te$_3$ – Sb$_2$Te$_3$ 二元系统进行了深入的研究，实验证明 p 型 FeSi$_2$ – Bi$_2$Te$_3$ 梯度热电材料在长度比为 10∶1 时的输出功率较大，其最大值为单段 β – FeSi$_2$ 材料的 2~2.6 倍以上。

多元层结构梯度热电材料是指 3 层或以上的层结构梯度热电材料。采用多层结构优化的梯度材料能够更进一步扩大热电材料的工作温度区间,而且能大大提高热电材料在整个温度范围的热电优值,如 Kang 等人研究了 SiGe/PbTe/Bi$_2$Te$_3$ 三段层状热电元件,工作温度区间从室温至 1 073 K,最大效率可达 17%。

梯度材料制备的方法范围很广,包括一些已完善的方法以及各种新式的或实验性的方法,这些方法一般都适用于制备梯度热电材料。主要的制备方法有:粉末致密法(包括粉末冶金、自蔓延高温合成法、浸渗法),涂层法(包括等离子喷涂、热喷涂沉积、电沉积、物理气相沉积、化学气相沉积),分层制备法等。

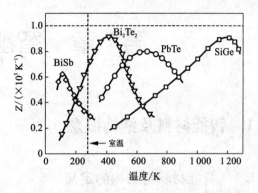

图 6 – 30　热电材料的 ZT 值与温度的关系

习 题

1. 简述光伏效应是如何产生的?

2. 比较单晶硅太阳电池、多晶硅太阳能电池、非晶硅太阳能电池的优缺点。

3. 化学电池的种类有哪些,各自的工作特点如何?

4. ZrO$_2$ 为萤石结构,ZrO$_2$ 分别掺杂 Y$_2$O$_3$、Sc$_2$O$_3$ 可形成固体电解质材料。请描述 ZrO$_2$ 的晶体结构。判断掺杂后最可能形成的缺陷反应,写出相应的缺陷反应式。试分析 Y$_2$O$_3$ 和 Sc$_2$O$_3$ 哪种掺杂剂在 ZrO$_2$ 中的固溶量可能更大? 说明原因。

5. 计算 MgH$_2$ 和 Mg$_2$Ni 材料的理论氢含量。试分析理想的储氢合金应具备何种组成和基本性能?

6. 稀土储氢合金 LaNi$_5$ 的氢化反应为 LaNi$_5$ + 3H$_2$ = LaNi$_5$H$_6$,欲计算开始反应条件,请写出计算步骤(如查阅哪些数据,需要预设哪些条件,具体的计算公式等)。

7. 电导率和热导率是制约热电材料性能的一对矛盾,试分析在氧化物热电材料中的导热机制和导电机制。

8. 图 6 – 30 给出了几种材料在各温度区间的 ZT 值。若用这几种材料制备梯度结构热电材料,请设计从热面到冷面材料的排列顺序,各层材料的厚度应如何设定?(说明应查阅哪些数据和计算方法)

第7章　智能材料与结构

7.1　智能材料及结构概念

7.1.1　智能材料与结构的定义

现代航天、航空、电子、机械等高技术领域的飞速发展，使得人们对所使用的材料提出了越来越高的要求，传统的结构材料或功能材料已不能满足这些技术的要求。科学家们受到自然界生物具备的某些能力的启发，提出了智能材料系统与结构的概念，即以最恰当的方式响应环境变化，并根据环境变化自我调节，显示自己功能的材料称之为智能材料。而具有智能和生命特点的各种材料系统集成到一个总材料系统中以减少总体质量和能量，并产生自调功能的系统叫智能材料系统。把敏感器、制动器、控制逻辑、信号处理和功率放大线路高度集中到一起的结构，并且制动器和敏感器除有功能的作用外，还起结构材料的作用的结构，叫智能结构。智能材料系统与结构除具备通常的使用功能外，还可以实现如下几个功能：自诊断、自修复、损伤抑制、寿命预报等，表现出动态的自适应性。它们是高度自治的工程体系，能够达到最佳的使用状态，具备自适应的功能，并降低使用周期中的维护费用。

智能材料、智能器件和智能结构三者的关系，从研究的角度来讲，智能材料的研究是基础，智能器件的研制是关键，智能系统的集成与应用是方向；从技术的角度讲，智能材料是基础，智能结构是成品，智能器件是连接智能材料与智能结构之间的桥梁；从表现形式上看，智能材料通常是在微观或局部表现出"智慧"，智能结构则是借助于智能器件在宏观或整体表现出智慧特征。

智能材料与结构具有敏感特性、传输特性、智能特性和自适应特性这四种最主要的特性以及材料相容性等。在基础构件中埋入具有传感功能的材料或器件，可使无生命的复合材料具备敏感特性；在基础材料中建立类似于人的神经系统的信息传输体系，可使结构系统具备信息传输特性。智能特性是智能材料与结构的核心，也是智能材料与普通功能材料的主要区别。要在材料与结构系统中实现智能特性，可以在材料中埋入超小型电脑芯片，也可以埋入与普通计算机相连的人工神经网络，从而使系统具备高度的并行性、容差性以及自学习、自组织等功能，并且在"训练"后能模仿生物体，表现出智慧。智能材料与结构的自适应特性可以通过在材料系统中置入各种微型驱动系统来实现。微型驱动系统由超小型芯片控制并可作出各种动作，使材料系统能自动适应环境中的应力、振动、温度等变化或自行修复构件的损伤。目前常用的微型驱动系统由形状记忆合金、磁致伸缩材料、电流变体等构成。一般说来，单一材料很难同时具备上述各种特性，通常要将多种材料复合或组装，构成智能材料系统或智能结构体系。智能特性往往不是在单一材料中予以表现，而是在最终的结构体系中才得以展现。早期的智能材料往往是各种特性集于一身，因此种类很少，形状记忆材料、光致变色玻璃是这类材料的代表。20 世纪 70 年代末，光纤传感技术的出现和微电子技术的高速发展，给智能材料与结构的研究注入了新的活力，带来了观念上的转变。科技工件者开始对智能材料的四大特性分别进行处理，按需要分别进行设计，在此基础上"装配"性能优异的智能材料与结构系统。因此，智能材料与结构的研究往往不是研制单独一种材料，使之具备多种智能特性，而是根据需要在基体材料中埋入某些具有一种或多种智能特性的新材料或器件，从而使材料与结构系统具备智能特性。

一般情况下智能材料由基体材料、敏感材料、驱动材料和信息处理器四部分构成。

1）基体材料：基体材料担负着承载的作用，一般宜选用轻质材料。基体材料首选高分子材料，因为其重量轻、耐腐蚀，尤其具有黏弹性的非线性特征。其次也可选用金属材料，以轻质有色合金为主。

2）敏感材料：敏感材料担负着传感的任务，其主要作用是感知环境变化（包括压力、应力、温度、电磁场、pH 等）。常用敏感材料如形状记忆材料、压电材料、光纤材料、磁致伸缩材料、电致变色材料、电流变体、磁流变体和液晶材料等。

3）驱动材料：因为在一定条件下驱动材料可产生较大的应变和应力，所以它担负着响应和控制的任务。常用有效驱动材料有形状记忆材料、压电材料、电流变体和磁致伸缩材料等。可以看出，这些材料既是驱动材料又是敏感材料，起到了双重作用，这也是智能材料设计时经常采用的一种思路。

4）信息处理器：信息处理器是在敏感材料、驱动材料间传递信息的部件，是敏感材料和驱动材料二者联系的桥梁。

7.1.2　材料的智能化

材料发展的总趋势可以概括为高性能化、高功能化、复合化、智能化等。其中材料的智能化对材料科学家而言是一项具有挑战性的课题，要求材料本身具有生物所赋予的高级功能：如预知与预告功能，自修复与自增殖功能，认识与鉴别能力，刺激响应与环境应变功能，等等。因而，从功能材料到智能材料是材料科学的一大飞跃。不过，随着科技的发展，许多材料本身或人们合成了许多具有某些"智能"特性的材料。例如，某些材料的性质，如颜色、形状、尺寸、力学性能等，能随环境或使用条件的变化而改变，这些材料因而具有识别、诊断、学习和预见的能力；某些材料甚至具有对环境自适应、自调节、自维修的功能。按照组成智能材料的基材，可把材料分成以下几类。

1. 金属系智能材料

金属智能材料，主要指形状记忆合金材料，包括形状记忆合金、形状记忆高分子和形状记忆无机材料。

形状记忆是热弹性马氏体相变合金所呈现的效应，金属受冷却、剪切由体心立方晶格位移转变成马氏体相。形状记忆就是加热时马氏体低温相转变至母相而回复到原来形状。由于形状记忆材料集自感知、自诊断和自适应功能于一体，故具有传感器、处理器和驱动器的功能，是一类特殊的智能材料。形状记忆材料不但可以用来制备各种智能器件和结构，而且还可以用于智能材料设计、对智能材料与结构实行主动控制，其应用领域非常广阔。磁致伸缩合金如 $(Tb, Dy)Fe_2$ 就是典型的金属智能材料。

2. 无机非金属智能材料

无机非金属系智能材料主要包括压电智能材料、电/磁流变液智能材料、电磁致伸缩智能材料等。

(1)压电智能材料

压电智能材料是一类具有压电效应的材料。具有压电效应的电介质晶体在机械应力的作用下将产生极化并形成表面电荷，若将这类电介质晶体置于电场中，电场的作用将引起电介质内部正、负电荷中心发生相对位移而导致形变。由于压电材料具有上述特性，故可实现传感元件与动作元件的统一。压电材料包括压电陶瓷、压电高分子、压电复合材料等。当应用系统通电给压电陶瓷时，压电陶瓷改变自身尺寸，而且形状速度之快是形状记忆合金所不能比拟的。目前，压电陶瓷驱动器已应用于各种光跟踪系统、自适应光学系统、机械人微定位器、磁头、喷墨打印机和扬声器等。由于高温可破坏这些材料的压电特性，因此在制造过程中，必须把温度保持在居里温度以下。

(2)电/磁流变液智能材料

电流变液和磁流变液是两类非常重要的智能材料。它们通常是由固体微粒分散在合适的液态绝缘载体中制成的。在外加电场或磁场的作用下，电流变液和磁流变液的剪切应力、黏度等流变性会发生显著的可逆变化，这种优异性能使它们在很多方面得到应用。电流变液除了可用于阻尼器、离合器、激振器、安全阀等方面外，还可用于民用建筑的抗振、减振；磁流变液则可用于汽车离合系统、刹车系统、阻尼器、密封、抗振、减振等方面。

(3)电/磁致伸缩智能材料

可分为电致伸缩材料和磁致伸缩材料，磁致伸缩效应是指物质在外场的变化下发生几何尺寸可逆变化的效应。磁致伸缩智能材料是一类磁致伸缩效应强烈、具有高磁致伸缩系数并具有电磁能如机械能可逆转换功能的材料。目前这类材料已广泛用于声纳系统、大功率超声器件、精密定位控制、各种阀门和驱动器件等。

3. 高分子智能材料

由于人工合成高分子材料的品种多、范围广，所形成的智能材料因此也极其广泛，其中智能凝胶、聚合物基人工肌肉、药物控制释放体系、压电聚合物、智能膜等是高分子智能材料的重要表现。例如：

1）智能凝胶是由液体与高分子网络所组成的一类物质，凝胶中的液体与高分子网络具有亲和性，液体被高分子网络封闭在里面，失去流动性，从而使凝胶能像固体一样显示出一定的形状。智能凝胶是对温度、pH、离子强度、压力、光强、电磁场强度等一种或几种参量有敏锐响应的凝胶，在环境因素刺激下，能发生体积或某些物理性能变化。利用智能凝胶在外界刺激下的变形、膨胀、收缩产生机械能，可实现化学能与机械能直接转换，从而开发出以凝胶为主体的执行器、化学阀、传感器、人工触觉系统、药物控制释放系统、化学存储器、分子分离系统等。利用智能凝胶材料研制药物自动释放系统是目前美、日科学家的研究热点之一。

2）聚合物基"人工肌肉"是由共轭聚合物聚吡咯、聚苯胺等制成，或由离子交换聚合物 – 金属复合材料制成。这些材料在外加电场作用下能发生体积变化，可制成电致伸缩（弯曲）薄膜，以模仿动物肌肉的收缩运动。"人工肌肉"的线性变形比可超过 30%（压电聚合物大约只能达到 0.1%），所产生的能量密度要比人体肌肉大 3 个数量级，而且驱动电压很低。"人工肌肉"可作为驱动材料用于制造尺寸细小的器件，用于操作细胞、生物器官等；或制成人工假体，用于肢体残障者恢复某些功能；或制成质量轻、能耗低的人工手臂，代替重量大、能耗高的马达 – 齿轮机械手臂。美、日等国的科学家准备用聚合物基"人工肌肉"机械手，代替传统的马达 – 齿轮机械系统，用于太空探测器上采集岩石标本、清洁观测窗玻璃等。利用"人工肌肉"可使设备与器件小型化，从而推动微电子机械系统技术的发展。美国等国的研究目标之一是制造"昆虫"机器人。昆虫机器人可用于军事、医疗等领域。在未来的高科技战争中，形似蜻蜓、蝴蝶的微型情报收集系统可能会出现在战场上；利用"人工肌肉"模仿鱼尾作为推进器，可能用于制造无噪声的微型舰船。

此外，从智能材料的自感知、自判断、自结论和自执行的角度出发，可把其分为传感器用（自感知）智能材料，驱动器用（自执行）智能材料和信息处理器（自判断）材料等。这里不再详述。

4. 纳米分子自组装技术与智能材料

纳米技术在 21 世纪将发挥极为重要的作用，纳米材料学作为纳米技术的重要组成部分也将会受到更广泛的重视。纳米材料的研究已由纳米颗粒材料的合成、块体材料的制备过渡到了纳米材料与结构组装体系研究的阶段。纳米材料与结构体系的组装大致可分为人工组装体系和自组装体系。自组装是指通过较弱的非共价键，如氢键、范德华力或静电引力等将原子、离子、分子、纳米粒子等结构单元连接在一起，自发地形成一种稳定的结构体系的过程。其特点是原子、离子、分子等结构单元通过协同作用自发地排列成有序结构，即使是较复杂的体系通常也不需要借助外力的作用。自组装机制在自然界中普遍存在，有机分子及其他物质结合成组织器官并构成生物体的基本过程就是自组装。利用自组装原理，通过仿生手段，在原子或分子尺度上开始完整地构造器件，是材料研究的新观念，也是未来纳米器件、微型机器、分子计算机制造的最可能的途径之一。

自组装技术在合成智能材料方面具有极为光明的应用前景。例如，应用自组装技术，可以制备对气体、液体、分子、离子甚至电子的透过性可控的薄膜，从而开发新型传感器、电极材料、绝缘体、阻化剂等；利用分子识别机制，在控制温度、压力、外加电场、磁场和溶液的pH 的情况下，使自组装体系中结构单元自发地排列形成超晶格结构，从而开发新型光子、电子、磁学及非线性光线器件；将半导体或金属纳米粒子、功能高分子等复合到自组装体系中，制备异质复合结构，从而开发量子器件等。考虑到目前所采用计算机半导体芯片的制造技术可能会在未来若干年达到极限，科学家们正在尝试采用自组装技术、通过纯粹的化学过程来制造计算机。如果自组装计算机技术能够付诸实践，人类将创造出许多新奇的智能材料与结构系统。例如，通过自组装的方式将微型计算机组装到织物纤维中并制成服装形成紧贴人身的智能系统，这个系统可以随时检测我们的血压、体温等生理指标，还可以调节温度、湿度等。

智能材料是 21 世纪的新材料，智能材料和结构的研究被誉为可与 20 世纪半导体材料诞生相媲美的新技术革命。其研究涉及材料科学、化学、力学、生物、微电子技术、分子电子学、计算机控制、人工智能等学科与技术。有关智能结构振动主动监控系统及智能材料主动控制器件的研究，将对智材料和结构在未来空间结构、民用建筑、汽车、机械等领域的应用产生深远的影响。

7.1.3 智能材料与结构的研究现状与发展前景

1989 年 3 月在日本筑波科学城召开了首届关于智能材料的国际研讨会，在这次会议上，日本学者高木俊宜做了关于智能材料概念的演讲，至此智能材料的概念正式形成。智能材料与结构的研究也开始由航空航天及军事部门逐渐扩展到土木工程、医药、体育和日常用品等其他领域。首先开展智能材料结构研究工作的是美国的航空航天机构，后来扩展到土木工程、船舶、海上陆架，汽车、医学等行业。目前，欧洲各发达国家均已开展了这方面的研究工作。经过 20 余年的发展，材料智能化的概念已极大地影响着人们在材料设计、制造和应用过程中的思维方式。光导纤维传感技术、微电子学技术、自组装材料制备技术以及其他相关技术的发展又给智能材料与结构的研究提供了新的研究手段、打开了更大的想象空间。目前，国际上有关智能材料与结构的研究非常活跃，每年都要召开与之相关的学术会议，新设想、新成果不断出现。

我国对智能材料与结构的研究非常重视，近几年国家通过自然科技基金等支持智能土木材料与结构的研究。当前正进行着多项的智能材料及其在土木工程中的应用研究，如"机敏混凝土及其结构"、"智能混凝土结构体系的物性参数识别研究"、"机场跑道智能化除冰系统的若干理论研究"、"碳纤维水泥基复合材料的力电、电力效应研究"等国家自然科技基金项目和"热敏混凝土及其结构"等国家"863"高技术项目等。现阶段在土木工程领域内，智能材料与结构系统的研究和应用集中在结构健康的实时检测与监控、形状自适应材料与结构和结构减振抗风降噪的自适应控制等三方面。

根据现已发表的资料，以下 6 个方面将成为今后研究的重点：

1）智能材料概念设计的仿生学理论研究；

2）材料智能内禀特性及智商评价体系的研究；

3）耗散结构理论应用于智能材料的研究；

4）智能结构集成的非线性理论；

5）仿生智能控制；

6）机敏材料的复合 - 集成原理及设计理论。

由于智能材料在许多重要工程和尖端技术领域具有巨大的应用前景，而且涉及材料、生物、物理、化学、力学、计算机及自动控制等多门学科，它的研究和突破将带动诸多领域里的技术进步。西方各工业化国家特别是美、日、德、英等国都投入了巨大的财力和众多的人力开展这方面的研究，尤其是在先进飞行器、运载火箭、大型空间站等空间应用领域，科学家们对智能材料更是寄予厚望。

7.2　智能材料的设计

7.2.1　智能材料的设计思路与原理

由于材料的智能化是一个崭新的研究领域，涉及到智能的多样性及开放性，还有材料的广泛性（包括金属材料、陶瓷材料、高分子材料等），结构研究的复杂性，及性能开发的深入性等问题，它们都是发散的、开放的问题，故很难描述一个开发设计智能材料的具体方法。不过，一些有效的思路对我们的工作将有所启迪。智能材料的设计常需考虑以下因素：①材料开发的历史，结构材料→功能材料→智能材料；②人工智能计算机即生物计算机的未来模式，自学习计算机、三维识别计算机对材料提出的新要求；③从材料设计与剪裁角度考虑智能材料的制造；④将软件功能引入材料；⑤能量的传递过程；⑥材料的时间轴观点，如寿命预告功能、自修复功能、仿生功能等。例如人工骨，不仅要与生物体相容性良好，而且能依据生物体骨的生长、治愈状况而分解，最后消失。

随着信息科学的迅速发展，自动装置不仅用于机器人和计算机这类人工机械，更可用于能条件反射的生物机械。此自动装置在输入信号（信息）时，能依据过去的输入信号（信息）产生输出信号（信息）。过去输入的信息则能作为内部状态储存于系统内。因此，自动装置由输入、内部状态、输出三部分组成。将智能材料与自动装置相比，两者的概念是相似的。自动装置 M 可用以下 6 个参数进行描述：

$$M = (\theta, X, Y, f, g, \theta_0)$$

式中：θ 为内部状态的集；X 和 Y 分别代表输入和输出信息的集；f 表示现在的内部状态因输

入信息转变为下一时间内部状态的状态转变系数；g 是现在的内部状态因输入信息而输出信息的输出系数；θ_0 为初期状态的集。

为使材料智能化，可控制其内部状态 θ，状态转变系数 f 及输出系数 g。例如对于陶瓷，其 θ，f，g 的关系，即是材料结构、组成与功能性的关系。设计材料时应考虑这些参数。若使陶瓷的功能提高至智能化，需要控制 f 和 g。

7.2.2　智能材料与仿生

细胞是生物体材料的基础，而细胞本身就是具有传感、处理、执行三种功能的融合材料，因此可认为细胞是智能材料的蓝本。鉴于生物可从被动、主动到能动地适应环境，人们正在从仿生角度，研究如何开发出灵敏得能像活生物组成部分一样作出反应的智能材料和系统。下面列举几个例子进行说明：

（1）仿生自愈伤水泥基复合材料

一些生物组织，如树干和动物的骨骼在受到伤害之后自动分泌出某种物质，形成愈伤组织，使受到创伤的部位得到愈合。受这种现象的启发，一些学者将内含有黏结剂的空心玻璃纤维或胶囊掺入水泥基材料中。一旦水泥基复合材料在外力作用下发生开裂，空心玻璃纤维或胶囊就会破裂而释放黏结剂，黏结剂流向开裂处，使之重新黏结起来，起到愈伤作用。

例如美国根据动物骨骼的结构和形成机理，尝试仿生水泥基复合材料的制备。基体材料为磷酸钙水泥（含有单聚物），其中加入多孔的编织纤维网，在水泥水化和硬化过程中多孔纤维释放出聚合物和聚合反应引发剂，与单聚物聚合成高聚物，聚合反应留下的水分参与水泥水化。因此，在纤维网的表面形成大量有机、无机物质，它们互相穿插黏结，最终形成的复合材料是与动物骨骼结构相似的无机、有机相结合的复合材料，具有优异的强度及延性等。在材料使用过程中如果发生损伤，多孔有机纤维会释放高聚物愈合损伤，具有与骨骼相似的自愈伤机能。

（2）仿生陶瓷

仿生陶瓷是在模仿自然界生物所具有的特异性基础上制备出的陶瓷材料。仿生陶瓷主要应用于与海洋有关的领域。例如，日本一造船技术研究所的研究人员正在研究鲸鱼和海豚的尾鳍和飞鸟的鸟翼，希望有朝一日能研究出像尾鳍和鸟翼那样柔软、能折叠又很结实的材料。另一个是用压电陶瓷做仿生水声器，用于潜水艇、海上石油平台、地球物理勘探设备以及鱼群探测器和地震监测器，此外灵巧水声装置可以接收和传递鱼汛，用于监测水下植物的生长等。

7.2.3　智能材料与信息

20 世纪 80 年代末日本提出了智能材料的概念，欧美提出灵巧材料的概念。以高等生物体物质为模型的智能材料沟通了智能世界与现实世界的信息流，如图 7 - 1 所示。智能材料的研究与开发就是信息科学与工程和材料科学与工程学科交叉，且融合了生命科学而发展起来的新的学科分支。对于智能材料而言，材料与信息具有同一性。而某一 L 符号的平均信息量 φ 与几率 ρ 状态的信息量 $\lg\rho$ 有关，即 $\varphi = \sum\limits_{i=1}^{n} \rho_i \cdot \lg\rho$，其中 φ 是有序性的量度，称为负熵。例如合成 GaAs/AlAs 超格子材料，GaAs 和 AlAs 交互层压，电子在各层形成回路，因此材料具有激光振荡功能。若于高温加热时，Ga 和 Al 则相互扩散，分布均一，会丧失激光振荡功能。这种超格子状态与均一态相比，前者为熵低的状态，但从负熵的角度看，其信息量较大，说明特异的层压材料有利于将信息引入材料。可见，材料的智能化有赖于熵的有效控制。

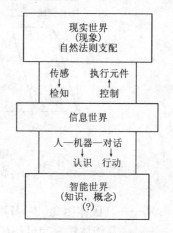

图 7 - 1　不同世界信息流的综合

7.3　记忆合金（金属）

7.3.1　形状记忆效应及其原理

1. 形状记忆效应

一般金属受到外力作用后，首先发生弹性变形，当外力足够大时，材料变形达到或超过其屈服极限时，金属将产生塑性变形，当应力去除后留下永久变形。对于形状记忆合金（SMA）而言，当合金处于低温马氏体相时，卸载后同样发生的很大变形，但将其加热到某临界温度（逆相变点）以上时，能够通过逆相变完全恢复其原始形状，这种现象就称之为形状记忆效应（shape memory effect，简称 SME）。

图 7 - 2(a) 是一般金属材料的应力应变曲线，当应力超过弹性极限，卸除应力后，留下永久变形，不会回复原状；图 7 - 2(b) 是超弹性材料的应力应变曲线，超过弹性极限后应力诱发母相形成马氏体，当应力继续增加时，马氏体相变也继续进行，当应力降低时，相变按逆向进行，即从马氏体转向母相，永久变形消失，这种现象叫做超弹性记忆效应（PME）；图 7 - 2(c) 是合金母相在应力作用下诱发马氏体，并发生形状变化，卸除应力后，除弹性部分外，形状并不回复原状，但通过加热产生逆变，便能恢复原形，这种现象叫做形状记忆效应（SME）。

在相变理论中，通常将该合金的高温相称之为母相（Parentphase，简称 P），或称为奥氏体相（Austenite，简称 A）；低温相称为马氏体相（Martensite，简称 M）。从母相到马氏体相的相变称为马氏体相变，从马氏体到母相的相变称为马氏体逆相变。通常称

M_s——马氏体相变（P→M）开始温度；

 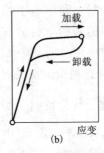 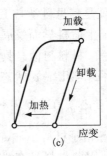

图 7 - 2　超弹性记忆与形状记忆现象

(a)一般金属材料；(b)超弹性材料；(c)形状记忆合金

M_f——马氏体相变(P→M)终了温度；

A_s——马氏体转变为母相(马氏体逆相变 M→P)的开始温度；

A_f——马氏体转变为母相(马氏体逆相变 M→P)的终了温度。

SMA 的马氏体相变属于热弹性马氏体相变。所谓热弹性马氏体相变是指在相变过程中，总能量的变化主要与化学自由能和弹性应变能相关，可忽略界面能和塑性应变能的一种特殊相变形式。热弹性马氏体相变一般具有以下三个特点：①临界相变驱动力小，热滞小；②相界面能作往复迁动，奥氏体相和马氏体相之间的相界面共格性好；③形状应变为弹性协作应变，储存于马氏体内的弹性应变能对逆相变驱动力有贡献。SMA 具有形状记忆效应、超弹性等特殊性能与其热弹性马氏体相变密切相关。

SMA 已被用来制作驱动器、连接器和紧固件，利用 SMA 的感知和驱动功能，可以用作驱动器和控制器，例如机器人手爪、汽车节温器和空气流动控制器等；利用 SMA 的约束恢复特性，特别是利用 Ti、Ni、Nb 等合金的宽滞后特性，可制作连接器和紧固件，如管接头、电接插件、柔性接插件、紧固螺钉、紧固环以及光导纤维的对中连接件等。

(1)SMA 的超弹性

具有热弹性马氏体相变的 SMA，在高于马氏体逆相变终了温度 A_f 以上时，合金经受变形并发生应力诱发马氏体相变，由于生成的马氏体相在 A_f 以上温度不稳定，应力去除后即发生逆相变，在应力作用下产生的宏观变形也随之消失，从而产生与传统材料相比大得多的可恢复变形，称之为超弹性，由于该性能与相变密切相关，所以又称之为相变伪超弹性。图 7 - 3 为典型的超弹性 SMA 的应力 - 应变循环示意图，它包括 6 个分支，其中 OA 和 BC 段分别对应于形状记忆合金奥氏体相和马氏体变体的弹性变形过程；A 点的应力为应力诱发马氏体相变的临界应力；AB 和 EF 段分别对应于应力诱发马氏体相变(从奥氏体相到马氏体相)和应力诱发马氏体逆相变(从马氏体相到奥氏体相)过程；这时候出现应力平台，变形输入(输出)合金的弹性应变能贡献于马氏体相变(马氏体逆相变)所需的能量；CE 和 FO 段对应于马氏体变体和奥氏体相的弹性回复过程。

SMA 的超弹性在医学和日常生活中的应用十分广泛,市场上的很多产品多应用 SMA 的超弹性,例如牙齿矫形丝、人工关节用自固定杆、接骨用超弹性 Ti – Ni 丝、玩具、眼镜框及手机天线等。界面运动导致能量的消耗(即内耗),是 SMA 具有高阻尼特性的主要原因,因而其阻尼性能受合金内的晶粒大小、界面密度以及缺陷组态等因素影响,位错在马氏体相中的可动性比在奥氏体中更好,因而马氏体态 SMA 具有更优良的阻尼性能,另外,温度、频率以及振幅等外部因素也会影响 SMA 的阻尼性能。

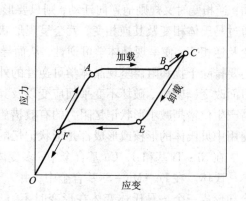

图 7 – 3   超弹性示意图

在 SMA 内耗的研究中,两个主要的温度区受到特别重视,一是材料为全马氏体态,另一个是材料为奥氏体相与马氏体相共存。两相共存时,合金具有最高的阻尼性能,其次马氏体状态也具有较优良的阻尼性能,奥氏体状态的阻尼性能较差。

(2)高阻尼特性

马氏体相变的自协作和马氏体中形成的各种界面(孪晶界、相界面、变体界面)以及无论是奥氏体状态还是马氏体状态的 SMA 都具有较高的阻尼性能,在振动载荷作用下都能吸收大量的振动能,从而对振动起到衰减作用。如果利用该材料制成阻尼器或隔振器安装在机械、建筑及桥梁结构上,可以减轻各种因素所造成的振动反应,实现对工程结构的振动控制。基于 SMA 的阻尼器在振动控制领域的研究仅是近十几年才开始的,但由于 SMA 优良的形状记忆效应、超弹性、高阻尼特性及其良好的综合性能而发展迅速。

(3)其他特性

SMA 的电阻率在各种相状态下(完全奥氏体态、完全马氏体态以及两相混合态)随着温度的变化基本上成线性变化,即 SMA 的电阻是温度的函数,并且在相变过程中,其电阻率会发生突变。利用 SMA 独特的电阻温度特性可以将其制作为温度传感元件,对工程结构的健康状况进行监测,对变形和损伤进行控制,而且还能与其形状记忆效应相结合实现工程结构的自修复,提高结构的自适应能力。

SMA 经历马氏体相变时,弹性模量变化很大,高温奥氏体状态的弹性模量比低温马氏体状态的弹性模量高 3 ~ 4 倍,即 SMA 的弹性模量随温度增加而提高,这就使得 SMA 在较高温度下仍能保持较高的弹性模量,该性能与普通金属材料正好相反。利用这一特性可以改变结构构件的刚度和提高材料的屈服极限,通过调节结构局部或整体刚度,可以调整结构的运动和振动响应以及改变结构承载时的变形,从而实现对结构振动的主动控制。

2. 形状记忆效应的原理

(1)晶体材料呈现形状记忆效应的条件

按马氏体相变的定义,由物理图像考虑,既然相变中替换原子无扩散切变,即规则地迁动；逆相变时又规则地逆向迁动，则只要形成单变体马氏体、并排除其他阻力（干扰），材料通过马氏体相变及其逆相变，就会呈现形状记忆效应。徐祖耀以群论导得：材料经马氏体相变及逆相变，使呈现晶体学可逆性，从而导致形状记忆的条件为形成单变体马氏体。实际上还要排除干扰和阻碍呈现晶体学可逆性的外在阻力，其主要阻力为位错的产生。当相变中惯习面改变（转动）、破坏不变平面应变以及其他相的形成，都不利于形状回复。强化母相使不易产生位错是减小形状记忆阻力的有效措施。Cu – Zn – Al 合金中马氏体的稳定化以及连续使用中贝氏体的形核或形成都是形状记忆的阻力。

在 Ni – Ti 基和 β – Cu 基合金中，多变体马氏体在形变时会发生再取向，使形成近似单变体马氏体。在 Fe – Mn – Si 基合金中，由冷却形成三个 ε 马氏体变体在形变时不易进行再取向，因此，为获得近似单变体马氏体，需由母相经应力诱发、形成马氏体，一般还要经受"训练"——即在室温形变，再加热到高温（母相态）进行逆相变，再冷却至室温形变，如此往复（一般"训练"4～5 次），形成近似单变体马氏体，从而获得完全的形状记忆效应。在 Fe – Mn – Si 基合金中，α' 马氏体的形成以及发生反铁磁相变等都是形成形状记忆的阻力。

（2）具热弹性相变合金中形状记忆效应的机制

Saburi 等提出晶体材料呈现形状记忆效应的过程如图 7 – 4 所示。其中，有

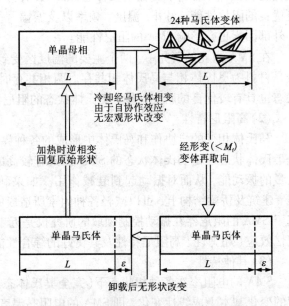

图 7 – 4 呈现形状记忆效应的过程示意图

关呈现形状记忆效应的主要机制为马氏体的再取向。马氏体经形变使再取向成为近似的单晶，在加热时由于晶体学的限制，还由于母相有序，需保持其有序性，在逆相变中原子迁动的途径是唯一的，即回复母相原始形状。显然，图 7 – 3 所示产生形状记忆效应的机制仅适用于具有热弹性马氏体相变的合金。

为使 Ni – Ti 基和 β – Cu 基合金中出现双程形状记忆效应，一般需将材料进行"训练"（重复形变热处理），即马氏体态形变和加热—冷却相变循环数次，以累积微观应力，使加热时形状回复至母相原始态，冷却时只形成一种马氏体变体，因此冷却时也使形状回复到马氏体形变态。

具半热弹性相变合金中形状记忆效应的机制

Fe – Mn – Si 基合金中 fcc(γ)→hcp(ε) 的马氏体相变为典型的半热弹性相变。ε 马氏体依靠层错形核，其 M_s 决定于合金的层错几率。

杨建华和 Wayman 观察到 Fe – Mn – Si 基合金中马氏体呈自协作形态，并在马氏体形变时产生次生马氏体，使其应力分布有利于形状回复。他们认为这类似于 Ni – Ti 基和 β – Cu 基合金中马氏体的再取向；因此认为 Fe – Mn – Si 基合金中形状记忆效应的机制大体和 Saburi 等所提出的机制相同，只是细节有别。徐祖耀等认为，除形成近似单变体马氏体是呈现形状记忆效应的必备条件外，Fe – Mn – Si 基合金的形状记忆效应不同于 Ni – Ti 基和 β – Cu 基合金。其中 Shockley 不全位错的可逆迁动是形状回复的关键；还必须在 M_d（加应力形成应力诱发马氏体的最高温度）以下以应力诱发才能形成近似单位向的马氏体。

图 7 – 5 表示具半热弹性相变合金由 $\gamma \rightarrow \varepsilon$ 呈现的形状记忆效应。Fe – Mn – Si 基合金中由于 γ/ε 间界面移动阻力大，使相变热滞较大（$A_s - M_s \geqslant 100$ K），且双程记忆效应很小。

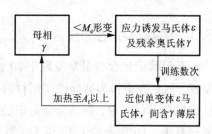

图 7 – 5　具半热弹性相变合金中形状记忆效应示意图

7.3.2　钛镍系形状记忆合金

Ti – Ni 形状记忆合金具有丰富的相变现象、优异的形状记忆和超弹性性能、良好的力学性能、耐腐蚀性和生物相容性以及高阻尼特性，因而受到材料科学和工程界的普遍重视。Ti – Ni 合金是目前应用最为广泛的形状记忆材料，其应用范围已涉及航天、航空、机械、电子、交通、建筑、能源、生物医学及日常生活等领域。

Ti – Ni 合金的母相晶体结构，是一种 CsCl 型体心立方 B2 结构（$a_0 = 0.301 \sim 0.302$ nm），关于这一点，所有研究结果都是一致的。至于 Ti – Ni 合金的马氏体相晶体结构，迄今许多研究者提出了各种各样的模型，但是，根据 X 射线衍射和选区电子衍射（SAD）两种方法并用的研究结果，尽管点阵常数的绝对值稍有差异，但在马氏体相的单位晶胞为单斜晶体这一点上是一致的。其点阵常数是 $a = 0.288\,9$ nm，$b = 0.412\,0$ nm，$c = 0.462\,2$ nm，$\beta = 96.80°$。

人们发现，经过一定的热处理训练，Ti – Ni 形状记忆合金不仅在马氏体逆相变过程中能完全回复到变形前的母相形状，而且在马氏体相变过程中也会自发地产生形状变化，回复到马氏体状态时的形状，而且反复加热、冷却都会重复出现上述现象。现在把这样的现象称为双程形状记忆效应，把仅仅在马氏体逆相变中能回复到母相形状的现象称为单程形状记忆效应。除了双程和单程形状记忆效应外，在 Ti – 51（at%）Ni 合金中发现了一种独特的记忆现象，它不仅具有双程可逆形状记忆效应，而且在高温和低温时，记忆的形状恰好是完全逆转的形状，称为全方位记忆效应。至今为止，全方位形状记忆效应只在 Ti – Ni 合金中发现。实验表明：Ti – 51（at%）Ni 合金试件的形状变化和相变行为受时效温度的影响。

表 7-1　Ti-51(at%)Ni 合金试件的形状变化和相变行为与时效温度的关系

时效温度	记忆行为
550 ℃以上	单程形状记忆效应
400~500 ℃	全方位形状记忆效应
300 ℃	双程形状记忆效应

7.3.3　铜基形状记忆合金

铜基形状记忆合金最早发现于 20 世纪 30 年代，可是许多铜基合金材料的形状记忆效应的发现，铜基合金作为智能性实用材料受到重视还是在 20 世纪 70 年代以后。在所有发现的形状记忆合金材料中，铜基合金的记忆特性等虽然比不上 Ti-Ni 合金，但是铜基合金的生产成本只有 Ti-Ni 合金的 1/10 以下，加上加工性能好，使铜基形状记忆合金材料的研究受到了很大的关注。

对铜基合金的研究是从单晶开始的，因为铜基合金的单晶比较容易制作。之后对多晶材料也进行了系统研究。铜基合金的形状记忆效应及相变伪弹性效应的机理已经基本搞清楚，可是作为一种实用性材料，至今仍存在有许多有待改善的问题。其中大部分是围绕材料学问题。例如，铜基合金在高温相与低温相均会产生时效效应。如高温时效会析出平衡相，改变相变温度 M，使形状回复率下降，而低温时效又会使 A 点上升，出现马氏体稳定化现象。又例如，铜基合金的晶界容易产生破裂，疲劳强度较差，需要采取一些有效方法，诸如晶粒细化等技术加以改善。

已经发现的、具有完全形状记忆效应的铜基合金种类、成分组成及部分记忆特性、晶体结构等列于表 7-2。在发现的形状记忆合金材料中，铜基合金材料占的比例最大。在铜基合金中最有实用意义的材料是 Cu-Zn 基和 Cu-Al 基三元合金，且主要是 Cu-Zn-Al 合金和 Cu-Al-Ni 合金。

表 7-2　具有完全形状记忆效应的铜基合金种类及特性

合　金	成　分	M_s 点 /℃	温度滞后 /℃	弹性各向异性因子	母相的晶体结构
Cu-Al-Ni	14%~14.5% Al 3%~4.5% Ni	-140~100	~35	~13	DO_3
Cu-Al-Be	9%~12% Al 0.6%~1.0% Be	-30~40	~6	—	—
Cu-Au-Zn	23~28(at%) Au 45~47(at%) Zn	-190~40	~6	~19	Heusler
Cu-Sn	~15(at%) Sn	-120~30		~8	DO_3

合 金	成 分	M_s 点 /℃	温度滞后 /℃	弹性各向 异性因子	母相的 晶体结构
Cu – Zn – X (X = Si, Sn, Al)	<10(at%)X	– 180 ~ 100	~ 10	~ 15	B2
Cu – Zn – Y (Y = Ga, Al)	<10(at%)Y	– 180 ~ 100	~ 10	~ 15	DO_2
Cu – Zn	38.5% ~ 41.5% Zn	– 180 ~ 10	~ 10	– 9	B2

7.3.4 铁基形状记忆合金

到现在为止,发现的铁基形状记忆合金已有多种。最早发现 Fe – Pt, Fe – Pd 合金具有形状记忆效应,而且马氏体相变为热弹性型。但是, Pt 和 Pd 都是贵金属,在实际应用中,这是一个很不利的因素。之后,又发现了其他铁基形状记忆合金。这几年对铁基形状记忆合金的研究主要放在不锈钢为基体的合金上,近年来又主要在 Fe – Mn – Si 合金为基体的开发中获得了很大的进展。

已经发现的铁基形状记忆合金的成分组成、马氏体相的晶体结构、马氏体形态等归纳于表 7 – 3。表中可以看到,具有形状记忆效应的马氏体相晶体结构有 bct, fct, hcp 三种。

表 7 – 3 铁基形状记忆合金的种类

合 金	成 分	M 结构	相变特性
Fe – Pt	≈25(at%)Pt	bct(a′)	T. R.[1]
	≈25(at%)Pt	fct	T. B.[2]
Fe – Pd	≈30(at%)Pd	fct	T. R.
Fe – Ni – Co – Ti	23% Ni – 10% Co – 10% Ti	bct(a′)	—
	33% Ni – 10% Co – 4% Ti	bct(a′)	T. R.
Fe – Ni – C	31% Ni – 0.4% C	bct(a′)	非 T. R.
Fe – Mn – Si	30% Mn – 1% Si	hcp(t)	非 T. B.
	28% ~ 33% Mn – 4% ~ 6% Si	hcp(t)	非 T. R.

注:①T. R. 为热弹性马氏体相变;②T. B. 为半热弹性马氏体相变。

铁基合金中, Fe – Mn – Si 合金是迄今为止应用前景最好的一种合金。Fe – Mn – Si 合金是利用应力诱发马氏体相变而成的一种形状记忆合金。

7.3.5 记忆合金的应用及发展前景

由于 SMA 具有形状记忆效应和伪弹性，对温度和应力的变化非常敏感，产生的变形和可恢复力比一般的材料要大得多，以及抗疲劳性强度大等特性，通常将 SMA 埋入聚合物或金属材料中，通过加热、降温，或加卸载来驱动 SMA，从而使整个复合材料的性能得到控制。如 SMA 丝通常被埋入自适应复合材料中，由其产生的大应变和高传感力可使整个结构得到控制，通过 SMA 丝与主材料间的应变传递可控制结构的性能。所以主材料与 SMA 丝间的接触必须足够强以便精确传递应变。通过确定系统的破坏机理就可调节接触面强度。将 SMA 丝复合于复合材料层合结构中或梁的上下表面，利用 SMA 的回复力可增大结构的等效刚度，改变结构的共振频率。

利用 SMA 对应边敏感，电阻率大，加热后可产生大回复力的特点，可将其用于裂纹的监测和控制。将 SMA 丝或薄膜粘贴在易于产生裂纹或应力集中、较大的地方，当产生裂纹后，SMA 就会随裂纹表面张开而产生变形，这样材料内部的电阻就会发生变化，通过电阻的变化规律可判断裂纹的宽度。当裂纹宽度超过一定范围后，将 SMA 加热，由此 SMA 就会收缩，产生回复力，该回复力可驱动裂纹闭合。SMA 弹簧还可用于振动滤波，可通过调整弹簧位置来保留所需振型而滤掉不需要的振型。将 SMA 埋入地基内可吸收由地震引起的建筑物的能量，从而起到减振的作用。

SMA 传感器可用于航空、航天飞行器结构的自适应机翼，在飞行中根据飞行状况，激励驱动元件使得机翼发生弯曲或扭转变形以改变翼形，从而得到最佳的气动弹性特性。

此外，利用 SMA 的形状记忆效应和伪弹性效应，在医学方面可用做人工关节、接骨板、接骨用骑缝钉、人工心脏、人造肌肉、血栓过滤器、牙齿矫形丝等。

尽管 SMA 已广泛应用，但仍有许多问题需要解决。例如，SMA 自身存在的损伤和裂纹等缺陷对材料特性的影响，用多个 SMA 复合做动器控制结构变形的控制算法，SMA 作动器阻尼元件的设计，在医学方面需研究 SMA 的生物相容性和细胞毒性等。现有的 SMA 的本构模型就工程实际而言，都或多或少存在一些缺陷，如何克服这些缺点从而精确模拟出 SMA 的材料行为是当前研究的热点。

7.4 压电及电致伸缩材料

7.4.1 材料的压电和铁电特性

1. 压电效应

某些电介质，当沿着一定方向对其施力而使其变形时，内部就产生极化现象，同时在它的两个表面上便产生符号相反的电荷，当外力去掉后，又重新恢复到不带电状态。这种现象称压电效应。当作用力方向改变时，电荷的极性也随之改变。有时人们把这种机械能转换为电能的现象，称为"正压电效应"。相反，当在电介质极化方向施加电场，这些电介质也会产生几何变形，这种现象称为"逆压电效应"（电致伸缩效应）。

压电效应是1880年物理学家居里兄弟在石英晶体上首次发现的。1881年里普曼根据热力学理论提出压电效应是可逆的，同年居里兄弟证实了石英晶体中压电效应的可逆性。20世纪40年代中期，美国、前苏联和日本各自独立地发现了钛酸钡（$BaTiO_3$）陶瓷的压电效应，并研究了极化处理方法：通过在高温下施加强电场而使随机取向的晶粒出现高度同向，形成压电陶瓷。压电陶瓷与单晶材料（石英等）相比制备容易，可制成各种形状和极化方向的产品。50年代中期，在研究氧八面体结构特征和离子置换改性技术的基础上，美国的 B. Jaffe 发现了锆钛酸铅（PZT）固溶体，它的机电耦合系数、压电常数、机械品质因数和稳定性等都有了很大的改善，并促进了新型压电材料和器件的发展。1965年，日本的大内宏在 PZT 陶瓷中掺入铌镁酸铅，制成三元系压电陶瓷（PCM），性能更加优越，并易于烧结。目前，利用材料复合技术还研制出了各种压电复合材料，成倍地提高了压电材料的某些性能，并具有一些常规压电材料不具备的优良特性，显示出良好的应用前景。

表7-4 压电材料的分类

压电材料	单晶体	仅具压电性单晶
		压电热释电单晶
		压电半导体单晶
	多晶体	铁电陶瓷→压电热释电陶瓷（极化）
		反铁电陶瓷→铁电陶瓷（高电场）
		铁电半导体陶瓷
		压电薄膜（压电半导体薄膜）
	薄膜	铁电薄膜
	复合物	晶态聚合物＋铁电陶瓷
		非晶态聚合物＋铁电陶瓷
	聚合物	晶态压电聚合物
		非晶态压电聚合物

晶体压电效应的本质是因为机械作用（应力与应变）引起了晶体介质的极化，从而导致介质两端表面内出现符号相反的束缚电荷。

晶体是否具有压电性，是由晶体结构的对称性这个内因所决定的，具有对称中心的晶体永远不可能具有压电性，因为在这样的晶体中正、负电荷重心的对称式排列不会因形变而遭受破坏，所以，仅仅由机械力的作用并不能使它们的正、负电荷重心之间发生不对称的相对位移，也就不可能使之产生极化。在 32 种点群中，只有 20 种点群的晶体才可能具有压电性。这 20 种点群都不具有对称中心。压电性起源于晶体内部结构的不对称性，压电陶瓷应选择不具有对称中心的材料，这是获得压电性的必要条件。

压电学已发展成为现代科学与技术的一个重要领域。目前，压电学已成为一门关于压电体的弹性介电性、压电性、热释电性、铁电性、光学特性的基本理论以及有关材料和应用的学科，并已广泛应用于电子、激光、超声、水声、微声、红外导航、生物等各个技术领域。

2. 材料的铁电性

铁电体是一类具有自发极化的介电晶体。所谓自发极化是指铁电体材料在某些温度范围内，在不加外电场时本身具有自发极化机制，即材料在外电场作用下所产生的极化并不随外场的撤除而消失从而产生剩余极化，并且其自发极化的取向能随外加电场方向的改变而改变。自发极化是铁电晶体的根本性质，它来源于晶体晶胞中存在的不重合的正、负电荷所形成的电偶极矩。电偶极矩的大小定义为等量而异号的电荷与它们之间距离的乘积，方向由负电荷指向正电荷。这个方向与晶体的其他任何方向都不是对称等效的，为特殊极性方向，且该方向在晶体所属点群的全部对称操作下都保持不变，这就对晶体的点群对称性施加了限制。

在 32 个晶体学点群中，只有 10 个点群具有特殊极性方向，它们分别是 1（C1），2（C2），m（Cs），mm2（C2），4（C4），4mm（C4），3（C3），3m（C3），6（C6），6mm（C6）。只有属于这些点群的晶体才可能具有自发极化，这 10 个点群称为极性点群（polar point group）。所有铁电晶体的结构都属于极性点群，都是非中心对称且具有自发极化。因此，铁电材料同时又是热释电材料和压电材料，其相互关系如图 7-6 所示。

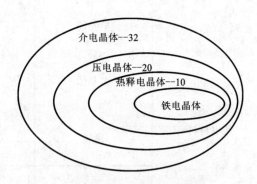

图 7-6　电介质的分类及相互关系
（数字表示属于该类晶体的点群数）

目前，已知的铁电体已超过 100 多种，从相变的角度看主要有无序-有序型和位移型铁电体两类，其结构上都存在正、负电荷中心不重合的晶体原胞—等效的电偶极子。迄今为止，有关铁电体的研究大致可以分为 4 个阶段：第一个阶段是 1920—1939 年发现了两种铁电结构，即罗息盐和 KHZPO4 系列；第二阶段是 1940—1958 年，铁电唯象理论建立并趋于成熟；第三阶段是 1959 年到 20 世纪 70 年代，铁电微观理论的出现和基本完善阶段，称之为软模阶段；第四阶段是 20 世纪 80 年代至今，主要研究各种非均匀系统。目前发现的具有铁电性的晶体材料有上千种，通常对铁电体采用下面两种分类方法。

按照相变过程中特征函数的变化特点，铁电相变可以分为两类：

（1）一级相变（不连续相变）

在居里温度处，特征函数的一级微商不连续，自发极化和熵发生不连续的突变，有相变潜热。存在热滞回线以及电场诱导的铁电相变，如 $BaTiO_3$ 晶体。

（2）二级相变（连续相变）

在居里温度处，特征函数的一级微商连续而二级微商不连续，自发极化在居里点连续变为零，相变时无潜热发生，但比热有不连续的突变。不存在热滞回线和场致相变，如 KDP 晶体。

铁电体极化强度 P 滞后于外电场 E 的变化轨迹表现为电滞回线，也是电偶极子在电场作用下的取向和重新取向的运动规律。在外电场为零的起始点，未被极化晶体的状态处于图 7-7 中的 O 点，晶体中的电偶极子取向无序，产生的极化电场互相补偿，晶体对外的宏观极化强度为零。随着 E 的增加，极化强度 P 逐渐增大，出现初始极化 $OABC$ 曲线，在较弱电场强度下，极化强度与外电场强度 E 呈线性关系，但随着 E 增加到一定程度后，就出现滞后于 E 的非线性变化，并趋向于饱

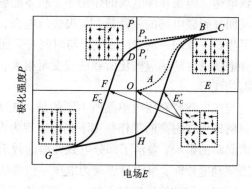

图 7-7　典型铁电体的电滞回线示意图

和，极化趋向于饱和时的电场强度称为饱和电场强度 E_s，而此时的极化强度为 P_{min}，极化饱和点的直线延长线与 P 轴的交点 P_x，称为饱和极化强度；当随着 E 的降低，P 呈现缓慢减小，而当 $E=0$ 时，P 却并不为零，如图 7-7 中 D 点，保留了铁电体剩余极化强度 P_r 值，要使 $P_r=0$，必须再加反向电场，如图 7-7 中 F 点；如果电场在负方向继续增加，则 P 沿负方向增加达到极化饱和 G 点，随着反方向电场强度减小，同样在 $E=0$ 时，保留了剩余极化强度 $-P_r$ 值，若使电场再返回到正方向至 $E=E_c$ 时，P 才为零，此时的场强叫矫顽场强 E_c。随着正反向电场继续增大，极化强度对外电场形成大致对称的电滞回线。并且经过固定振幅的交变电场反复极化，电滞回线的形状能基本保持稳定不变（高达 10^6 以上极化反转次数）。电滞回线是判别铁电性的一个重要标志。

铁电体的极化方向可以用外加电场来改变，并且改变了的极化方向可以在外电场去除之后长期保存，具有开关的记忆特性。从 20 世纪 50 年代初人们就一直努力利用这一特性来进行数字存储，因为这种存储器具有如下的优点：在电源切除后记忆不会消失，即"不挥发性"；能耗比磁芯存储器低得多；具有抗辐照性和快速存取功能。但是，早期制备的铁电陶瓷薄片厚度极限为 10 μm，在这样的厚度下其自发极化反转所需电压为 40 V，这大大高于半导体芯片的开关电压 2.5 ~5 V，而且陶瓷工艺与半导体工艺难于兼容，这种状况一直持续了 30

年。20 世纪 80 年代中期以来，主要受益于氧化物薄膜制备技术所取得的长足进展，铁电薄膜制备技术出现了一系列突破，发展了多种制备薄膜的方法，如溶胶－凝胶(Sol－Gel)技术、脉冲激光沉积(PLD)、金属有机物化学气相沉积法(MOCVD)等方法，成功地制备出性能优良的铁电薄膜，厚度减薄达到 25 nm，其运行所需的电压降至 1 V 以下，可以与硅或 GaAs 电路相集成。因此，使铁电薄膜制备工艺与 IC 工艺的兼容成为可能。

7.4.2 电致伸缩陶瓷

弛豫铁电陶瓷又称为电致伸缩陶瓷，在弛豫铁电体中，单个晶粒不具有自发极化，不存在铁电畴。但是在外电场的作用下，晶体能够被感应极化成强的铁电形；当外电场移去时，它又回复到微电畴的杂乱排列，失去压电性，没有净的剩余极化。在外电场循环下微电畴经历了生长—取向—消衰，造成了与时间有关而与外场方向无关的弥散型介电响应。这种完全由外电场诱生的感应极化所致的应变量很大，宏观上表现为电致伸缩效应，电场－应变曲线呈抛物线形。

与压电陶瓷和压电单品所不同的是，电致伸缩材料不存在自发极化，这也意味着电致伸缩材料即使在很高的工作频率下仍可表现为没有或很小的迟滞损失。而压电陶瓷因为自极化的微晶畴的影响，叠消了部分电致伸缩的效果，在施加静态电压时可表现为内电场，当作用动态驱动电压时，可明显表现为电压－位移的迟滞回线。

同时电致伸缩陶瓷最大的一个优点表现为在同样的电压驱动下，电致伸缩陶瓷可以获得更大的位移伸长量。同时电致伸缩陶瓷在压力作用下特性参数变化较小，而压电陶瓷由于在大应力作用下会出现退极化现象，作动器性能下降。但是电致伸缩陶瓷还有一个比较大的缺点就是受温度影响较大，通常在室温下工作。

20 世纪 70 年代末以来，人们对弛豫型铁电体的电致伸缩效应进行了大量的研究，先后开发出铌镁酸铅(PMN)、镧锆钛酸铅(PLZT)和铌锌酸铅(PZN)等二元、三元固溶体材料。PMN 是弛豫铁电体，它是铁电和顺电的混晶，不表现出宏观的铁电性，主要表现为居里峰变宽的扩散性相变，形成了一个居里区。在电场的作用下，无序排列的钙钛矿型结构中的 Nb^{5+} 离子容易产生漂移，也就产生了较大的感应极化，由此产生大的电致伸缩形变。PLZT 系材料也属于扩散性相变的弛豫型铁电体。在弛豫区存在一个非铁电相的假立方结构的状态。四川压电声光技术研究所在详细分析其相变机理后，经认真探索找到了具有大电致伸缩效应的组分，成功研制了 PLZT 电致伸缩材料，并对结构特征及物理性能作了系统研究，结果表明其结构性能比国外的 PMN 和 PZT：Ba 好些，PLZT 的电致伸缩量大，温度敏感性小。表 7－5 是几种电致伸缩材料性能的比较。

表 7 – 5　电致伸缩材料性能的比较

材　　料	性　能					
	ε_{RT}（室温）	ε_m	T_m /℃	Q_{11} /($10^{-2}m^4\cdot C^{-2}$)	Q_{12} /($10^{-2}m^4\cdot C^{-2}$)	S_{12} /($\times 10^{-2}$)
0.9PMN – 0.1PT	7 000	19 000	0 ~ 40	2.18	– 9.0	– 3.5
0.87PMN – 0.13PT	8 000	17 420	50	2.85	– 9.2	– 4.0
0.40PMN – 0.36PT – 0.24BZN	3 600	4 000	125			– 0.4
0.80PMN – 0.20 – PMW	2 300	—	– 45	2.5	– 6.8	– 0.04
PLZT	6 000			1.2 ~ 2.2	8.7 ~ 11.5	
PZN 单晶	—	22 000	140	1.6	– 8.6	—
0.85PZN – 0.1BT – 0.05PT	7 000	13 100	75	1.8	– 8.5	

7.4.3　压电和铁电薄膜

　　铁电/压电材料，特别是铁电/压电薄膜材料，是重要的功能材料，是目前高新技术研究的前沿和热点之一。究其原因，可以归结于以下两条：①能淀积高质量的外延或择优取向的薄膜，并且使传统的电介质材料，器件及物理与半导体材料，器件和物理相结合，形成了一个新兴的学科分类——集成铁电学；②微电子技术、光电子技术和传感器技术等的发展，对铁电/压电材料提出了小型、轻量和集成化等更高的要求，从而使新型铁电/压电薄膜器件不断涌现。

　　压电材料具有可以将机械信号或电信号或热信号进行互相转换的特征，而在通信、导航、精密测量、机械、信息储存等众多领域得到广泛的应用。但随着微电子技术的发展和高度集成化趋势对材料的要求，人们不仅需要有具有优异性能的光学薄膜、半导体薄膜、磁性薄膜等传统的薄膜材料，而且需要能起到大块压电材料性能的压电薄膜材料，利用现代的复合技术将具有不同功能的微尺度材料薄膜整合在一块集成板上，构成具有各种优异性能的复杂材料体系。因此，如何制备出压电薄膜材料并对性能进行评价就是摆在人们面前的课题。

　　人们在 20 世纪 80 年代尝试性地用各种方法制备出了压电薄膜，但未引起足够的重视。自 Scott 等人和 Sayer 等人于 1989 年和 1990 年先后在《科学》杂志上发表关于压电薄膜材料的制备及其应用前景以后，人们开始对此表现出极大的兴趣。署名铁电陶瓷材料科学家 Haertling 的评述甚至认为，90 年代兴起的以铅基压电薄膜材料为主的铁电薄膜材料可能预示着真正完全集成化时代的到来。

表7-6 铁电薄膜相关器件的近期进展和市场信息

器件名称	铁电随机存储器(FRAM)	高介电动态随机存储器(DRAM)	高介电GaAs芯片旁路电容器	高介电Si微处理器电容器	10~20 GHz电压调节器件	室温热释电探测器和探测器阵列
选用材料	Y1,PZT	BST	BST	BST	BST	PLT,PST
投放市场时间	1994年(256kkb)	1996年	1993年	1993年	1995年	1994—1995年
制造或赞助厂商	松下公司 Micron公司 Symerix公司 Ramtron Seiko公司	松下公司 Oylmpus公司 NET公司 SamSang公司	松下公司	松下公司	Symetrix	GEM公司 Maconi公司 松下公司
存在主要问题	如何进一步高密度化	漏电电流过大	无(已真正实现商品化)	无(已真正实现商品化)	无	加工问题

随着高度信息化社会的到来,对电子器件提出了小型、高速、大容量、高集成和多功能等诸多要求,促进了薄膜制备技术和半导体集成技术的快速发展,特别是能在较低的衬底温度下沉积高质量外延或择优取向薄膜的制备技术,使铁电薄膜工艺与半导体工艺的兼容成为可能。铁电薄膜材料及其制备技术始于20世纪70年代,其实早在1955年,Feldnan就首先报道了利用蒸发法制备$BaTiO_3$薄膜,这些薄膜是无定形的,需加热到1 100 ℃才能得到具有低介电常数的多晶膜。1969年,Takei首次用磁控溅射法制备了外延生长的$Bi_4Ti_3O_7$薄膜。但由于在薄膜制备技术及铁电薄膜器件等方面遇到重重困难,铁电薄膜及其应用发展缓慢,直到20世纪70年代末80年代初,随着薄膜制备技术的重大突破,铁电薄膜的研究才又成为现代材料科学研究的热点之一。贝尔实验室的Anderson在1952年首先提出以铁电材料极化反转特性为基础制作铁电薄膜存储器,铁电材料在存储器领域的研究随之倍受关注,特别是在20世纪90年代初,集成铁电学概念的提出使非挥发性铁电随机存储器及其他集成铁电器件得到了广泛深入的研究和应用。目前,人们已成功地研制出力敏传感器、铁电存储器、热释电探测器和光波导等器件,铁电薄膜的应用如图7-8所示。

厚度为数十纳米至数微米的铁电薄膜与铁电块材一样有着优良的铁电开关特性、压电效应、热释电效应、声光效应、高介电常数、光折变效应和非线性光学效应等,我们可以单独利用上述诸效应或通过不同效应之间的交叉耦合,以及与其他材料之间的集成或复合来制作多功能器件,目前,铁电薄膜材料正被广泛地应用于存储器(非易失性铁电存储器FERAM、动

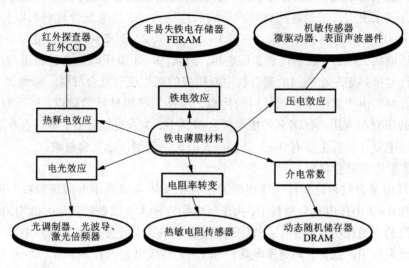

图 7 - 8　铁电薄膜的应用

态随机存储器 DRAM 及铁电激光光盘)、声表面波器件、红外探测传感器、薄膜电容器、微型压电驱动器、微型压电马达、光波导、光学显示器、光调制器、光全息存储器、激光倍频器、声光偏转器和化学传感器等领域。铁电薄膜材料的制备及其器件的研制已经成为当今国际高技术、新材料和高集成器件研究的前沿。

7.4.4　压电复合材料

单相压电材料由于具有响应速度快、测量精度高、性能稳定等优点而成为智能材料结构中广泛使用的传感材料和驱动材料。但是，由于存在明显的缺点，这些压电材料在实际应用中受到了很大的限制。例如，压电陶瓷的脆性很大，经不起机械冲击和非对称受力，而且其极限应变小、密度大，与结构粘合后对结构的力学性能会产生较大的影响。压电聚合物虽然柔顺性好，但是它的使用温度范围很小，一般不超过 40 ℃，而且其压电应变常数较低，因此作为驱动器使用时驱动效果较差。为了克服单相压电材料的上述缺点，近年来，人们发展了压电复合材料。

压电复合材料是由压电相材料与非压电相材料按照一定的连通方式组合在一起而构成的一种具有压电效应的复合材料。早期的压电复合材料是用烧结过的压电陶瓷微粒作为填料加入到聚氨酯中，制成聚氨酯压电橡胶。实验证明，这种将压电陶瓷粉末与有机聚合物按一定比例机械混合的方法，虽然可以制备出具有一定性能的压电复合材料，但这种材料远未能发挥两组分的长处。原因是在材料设计中未考虑两组分性能之间的"耦合效应"。

因此，Newnham 在 1978 年首先提出了复合材料中各组分之间的"连通性"概念。压电复合材料的特性如电场通路、应力分布形式以及各种性能如压电性能、力学性能等主要由各相材料的连通方式来决定。按照各相材料的不同的连通方式，压电复合材料可以分为10种基本类型，即0-0,0-1,0-2,0-3,1-1,1-2,1-3,2-2,2-3,3-3型，一般约定第一个数字代表压电相，第二个数字代表非压电相，例如，1-3型压电复合材料是指由一维的压电陶瓷柱平行地排列于三维连通的聚合物中而构成的两相压电复合材料。举例如下。

压电复合材料由于集中了各相材料的优点，互补了单相材料的缺点，因此自面世以来，得到了广泛的研究和应用。在诸多的压电复合材料中，综合性能较好、最适合在智能材料结构中应用的压电复合材料主要有0-3型、1-3型、3-3型压电复合材料。

(1)0-3型压电复合材料

0-3型压电复合材料是指在三维连通的聚合物基体中填充压电陶瓷颗粒而形成的压电复合材料。在0-3型压电复合材料中，由于压电陶瓷相主要以颗粒状呈弥散均匀分布，因此它的电场通路的连通性明显差于1-3型压电复合材料，而且使得复合材料中形不成压电陶瓷相的应力放大作用。这样，同纯压电陶瓷和1-3型压电复合材料相比，0-3型压电复合材料的压电应变常数场 d_{33} 就要低很多；但是，由于0-3型压电复合材料的介电常数极低，因此它的压电电压常数 g_{33} 较高(PZT体积百分含量为60%的0-3型PZT/环氧压电复合材料的压电电压常数 g 要比压电陶瓷的高数倍)，而且它的柔顺性也远比压电陶瓷的好，因此其综合性能要优于纯压电陶瓷的。

同1-3型压电复合材料相比，0-3型压电复合材料的压电应变常数 d_{33} 和压电电压常数 g_{33} 不高，但是其柔韧性更好，而且与PVDF相比，其综合性能与PVDF不相上下，但其制备工艺却更简单，成本也更低，因此更适合批量生产。因此，0-3型压电复合材料是一种在性能上可以替代压电陶瓷和PVDF而制造成本更低的新型压电传感材料，将来必然会在智能材料结构中得到广泛的应用。

(2)1-3型压电复合材料

1-3型压电复合材料是一维的压电陶瓷柱平行地排列于三维连通的聚合物中而构成的两相压电复合材料。在1-3型压电复合材料中，由于聚合物相的柔顺性远比压电陶瓷相的好，因此当1-3型压电复合材料受到外力作用时，作用于聚合物相的应力将传递给压电陶瓷相，造成压电陶瓷相的应力放大；同时由于聚合物相的介电常数极低，使整个压电复合材料的介电常数大幅下降。这两个因素综合作用的结果使复合材料的压电电压系数 g_{33} 得到了较大幅度的提高，并且由于聚合物的加入使压电复合材料的柔顺性也得到了显著的改善，因此，1-3型压电复合材料的综合性能要优于纯PZT压电陶瓷和PVDF压电材料，是一种在智能材料与结构中很有发展前途的压电复合材料。

为了从本质上极大地提高材料的压电性能，将二元复合材料进一步向三元或多元发展，可望获得更为优异的压电复合材料。

7.4.5　高性能铁电陶瓷的制备

1. 溶胶 – 凝胶法(简称 Sol – Gel 法)

Sol – Gel 法是最近十几年来迅速发展起来的一项制备超细粉末的新技术。其特点是可在较低温度下制备纯度高、成分均匀、粒径分布均匀、化学活性大的单组分或多组分复合超细粉末;并且容易掺杂和控制化学计量比,因而得到了广泛的应用。近几年来,有不少研究者已经将 Sol – Gel 法成功地应用到铅系弛豫铁电陶瓷的制备,合成了性能良好的 PMN, PMN – PT, 0.4PMN – 0.3PMW – 0.3PT 等陶瓷。但由于此法的技术关键是水解、聚合反应条件的严格控制,另外在我国目前还缺乏特定的金属醇盐,因此,使用该方法受到了限制。

2. 机械力化学合成法

机械力化学合成法(mechano chemical synthesis)是在高能球磨作用下,使反应物之间动态地维持较大的反应物接触面积;同时因产生大量晶体缺陷(空位、位错、间隙原子能高)和超细化的晶粒,使反应激活能随研磨进行而不断减小。因此,高能球磨可以使固态反应在低温下进行。通过机械力化学合成法可以一步制备 PMN 基、PZN 基等弛豫铁电陶瓷纳米粉体。即使采用成熟的二次合成法也不能得到纯钙钛矿结构的 PZN 粉体,而机械力化学合成法却能成功地制备 PZN 粉体。

机械力化学合成法的优点可归纳为:①制得的粉体粒度小(达到纳米级),具有很高的烧结活性,烧结温度低;②方法简单易行,仅由反应组分氧化物经机械球磨可直接转化成纯钙钛矿结构的预烧粉体,而不经过焦绿石相或其他物相;③避免了因高温而使 PbO 挥发所造成的组分偏离和环境污染问题。

3. 低温燃烧合成法

低温燃烧合成法是相对于自蔓延高温合成而提出的。通过低温燃烧合成法能得到钙钛矿结构的 PMN、PFN、PNN 等粉体,再经过煅烧会完成转化成纯钙钛矿相。低温燃烧法的优点为:①低的点燃分解温度(120~150 ℃),分解后燃烧继续自动进行;②合成的粉体疏松易于粉碎,可形成超细氧化物粉体;③反应时间短。其缺点是由于含氧酸盐和合适的有机燃料的成本较高。因此,在目前由低温燃烧合成法制备含铅系弛豫铁电陶瓷的技术还不太成熟。

4. 液相包裹法

液相包裹法作为一种陶瓷粉体的制备技术,主要用于粉体表面改性和粉体的合成制备。对于 PMN,液相包裹法设计的工艺路线为:首先,将硝酸镁和柠檬酸铌的溶液按一定的比例混合得到 Nb^{5+} 和 Mg^{2+} 的复合溶液,其次将 PbO 原料粉体加入,同时加入分散剂,经超声波分散均匀,制得稳定的悬浮液;然后经喷雾干燥而得到前驱体 PMN,最后经煅烧制得纯钙钛矿结构的 PMN 粉体。

液相包裹法不但能在低温下(650 ℃)一步合成纯钙钛矿结构的 PMN 粉体,其纯度高、粒度细(0.3 μm)、烧结活性高,并且取消了球磨工艺,相对成熟的二次工艺来说,具有异曲同工之妙。这也是一种半化学合成法。

5．微乳液法

用微乳液法制备超微颗粒，是液相制备法中较为新颖的一种手段。Ng 等人首次采用反胶团微乳液法制备 PMN 前驱体，然后得到 PMN 陶瓷。该工艺选择的水相为硝酸盐或氯化物溶液，油相是由壬基苯基五聚氧代乙烯醚（NP5）和壬基苯基九聚氧代乙烯醚（NP9）作为表面活性剂和环己烷有机溶剂组成。水相在微乳液中以极小的液滴（直径为 5 ~ 100 nm）形式分散在油相中，形成了彼此分离的纳米微区。这些微区可以扮作沉淀反应或共沉淀反应的"纳米反应器"，有利于纳米前驱体微粒的形成。

通过这种方法得到的 PMN 前驱体，可在较低温度 780 ℃ 煅烧得到焦绿石相小于 5% 的超细粉体（0.3 μm 左右），在 900 ℃ 煅烧得到钙钛矿相含量超过 98%，可在 1 150 ℃ 烧结得到理论密度为 95.6% 左右的陶瓷。微乳液法制备超微细粒子有以下优势：①实验装置相对简单、操作容易，无须高能耗和易损的复杂设备；②可以通过改变原料组分的方式来控制粒径，且粒径分布窄；③易于实现连续化生产；④可制备出均匀的多相无机化合物粉末，这对功能陶瓷材料的生产有重要意义。

综上所述，铁电陶瓷材料的制备方法是多种多样的，由于篇幅所限，这里不再一一叙述。虽然有些制备已经取得了很大进展，臻于完善，但是，我们还需要进一步探索一些工艺简单、成本低、产品质量易于控制的低温烧结制备技术，以满足该类材料在多层陶瓷电容器、微位移器、制动器等方面的应用。

7.5　电流变体

7.5.1　电流变效应及机理

电流变（electrorhological，ER）液是一种在外加电场作用下，其流变性能可以发生快速、可逆和明显改变的流体。电流变学就是研究电流变液在电场作用下其性质（诸如黏度、模量、屈服应力等）发生突变的学科。它起源于人们早期对电粘效应的探索和研究。直到 20 世纪 80 年代初期，人们才开始接受电流变这一概念。人们对 ER 的重视，是在 80 年代之后。这主要是逐渐看到了 ER 有许多可供发展技术和工程应用的奇异性能。这些可被利用的主要特性表现在：

1）在电场作用下，液体的表观黏度或剪切应力有明显的突变，可在毫秒瞬间产生相当于从液态属性到固态属性间的显著变化。

2）这种变化是可逆的，即一旦去掉电场，可回复到原来的液态。

3）这种变化是连续和可逆的，即在液–固、固–液的变化过程中，表观黏度或剪切应力是无级连续变化的。

4)这种变化是可控制的,并且控制变化的方法简单,只需加一个电场,所需的控制能耗也很低。因此运用微机进行自动控制有广阔的前途。

由于以上奇异的特性,人们将电流变液(ERF)称为"智能材料",或"机敏流体"。1987年以前,ERF 的研究只在英、美和苏联等少数国家保密进行。1987 年,首届国际电流变液会议在美国举行,这标志着电流变液研究进入了一个新的阶段。目前,世界上有英、美、日、德、法、俄和中国等 10 多个国家正在进行研究,并在 ER 液的材料制备及结构和性能的研究方面取得了很大的进展,而且制定了工程上所需的 ER 液性能的全面评价指标,在理论方面,对电流变效应的机理已有一定的认识,对电流变的应用研究也越来越深入,开发了离合器、制动器、阻尼器等多种 ER 器件,并拓宽了电流变液的应用领域。1993 年美国能源部在一份关于电流变液的评估报告中指出:电流变液将使工程和技术的若干部门出现革命性的变革。到目前,国际上已召开了 10 余届由基础研究工作者和工业界从事应用开发的人员一起参加的 ER 液研讨会。如今,每两年一届的国际电流变液会议受到了科技界很大的关注,一门涉及物理学、化学、力学和材料学等诸多领域的新兴边缘学科——电流变学正在形成。

国际上电流变液材料的开发主要集中在日本、韩国和英国,而应用开发则主要集中在美国、法国、意大利。我国从 20 世纪 90 年代初开始电流变液的研究工作,主要由中科院物理所、北京理工大学、武汉理工大学、复旦大学、武汉大学、清华大学、西北工业大学等单位进行基础和应用研究。根据目前国内发表的数据,剪切强度在 20 kPa/4 kV/mm 左右。我国此领域研究的优势受到国际同行的关注。2003 年,香港科技大学温维佳博士、沈平教授等人,研究了一种新型电流变液体系。剪切强度可达 130 kPa/4 kV/mm 左右。该体系的悬浮液体为硅油,悬浮颗粒为 50 ~ 70 nm、外表包有 3 ~ 10 nm 厚的 $BaTiO(C_2O_4)_2$ 多孔物质薄层。该体系的构成基于一种全新思路,其基本思想是最大可能地提高悬浮颗粒的介电特性。该发现为今后电流变液的研究以及应用指明了新的方向。不过,为什么通过纳米复合技术可以使电流变液的介电强度和剪切强度明显增强,其产生的理论机理是什么? 这些仍然是需要我们进一步研究的问题。

虽然人们对电流变效应的机理进行了数十年的研究,但由于其复杂性,研究还有待深入。根据目前的研究结果,电流变效应是分散相粒子在电场中被极化的结果。粒子的极化有多种形式,对电流变效应的解释最为常见的有双电层极化理论和分子极化理论。

双电层极化理论认为:分散相粒子因电离或离子吸附等原因而使其表面带电,通过静电力的作用,带电粒子吸附附近的异性电荷,使基液中的剩余电荷趋向于紧贴着带电粒子表面排列。与此同时,粒子和剩余电荷由于热运动而趋于均匀分布,从而阻碍剩余电荷紧贴着分散相粒子表面排列,形成分散层。因此,在静电力和热运动的综合作用下,分散相中的带电粒子和其异性电荷达成一致平衡,形成双电层结构。外加电场后,双电层发生变形,相互间产生静电引力,相对没有外加电场时还需克服双电层间的静电引力,使流动阻力增大。该理论得到了 ER液非欧姆电导率和低频介电悬浮液行为的间接支持。但是它缺乏强有力的证据,同时也没能从本质上解释 ER 液在电场下其流变性能产生明显的改变，特别是产生 τ_y 的原因。

分子极化理论认为：没有外加电场时，电流变流体的粒子中的正、负电荷中心重合，无固有电偶极矩或者电偶极矩之和为零。外加电场后，分散相中的粒子根据其微观结构的不同会发生电子云位移极化、离子位移极化或偶极子取向极化等而使其产生电偶极矩。极化粒子在"多粒子效应"作用下增强，进而通过库仑力使粒子产生强烈的相互吸引或排斥，沿电场方向形成粒子链或柱状体，ER 液表现出 τ_y 及表观黏度增加等 ER 现象。长期以来得到广泛应用的静电极化模型和新近发展起来的电导模型就是在该极化机理下建立起来的两个典型的物理数学模型。

静电极化模型假设 ER 液是为具有复介电常数 ε_p^* 的硬介电球悬浮在复介电常数 ε_f^* 的黏性分散介质中组成的悬浮液，其中的自由电荷可以忽略。大量的动力学数值模拟和屈服应力估算表明，静电极化模型可以成功地解释 ER 液中粒子链的形成过程和粒子链或柱的体心四面体结构(bct)等 ER 现象。但由于该模型忽略了 ER 液中漏电流的作用，因而它还未能很好地描述 ER 液的诸多实验现象，如非欧姆电导率，τ_y 随 σ_p 出现最大值等；另外，用它对 ER 液的屈服应力进行估算，也往往是理论值远高于实验值。由于电流变液在高压电场中的漏电流极小，因而在 ER 模型中漏电流被长期忽略。但事实表明在直流和交变电场中，ER 液中的微小漏电流会明显降低"局域场"强度，从而对电流变效应产生极大影响。尤其是在 σ_p 较大时，这种"电导率效应"会更明显。这也就是 ER 液实际产生的 τ_y 低于静电极化理论值的原因。建立在这一思想之上，Atten 等人最先提出了 ER 效应的电导模型。

需要指出的是，静电极化模型和电导模型还均不是成熟的 ER 理论。事实上，人们目前对界面极化的详细情形以及极化与 ER 效应的关系都还比较模糊。从理论上解决 ER 液的材料参数如介电常数、电导率及其频率依赖性等与 ER 效应强度的关系，仍是今后一段时间里研究 ER 理论的一大热点和焦点。

7.5.2 电流变液组成和性能

自从 Winslow 发现某些亲水性粒子的悬浮液能产生 ER 现象以来，人们就意识到 ER 效应对 ER 液的配方有强烈的依赖性，为了获取高性能的电流变液，人们探索了各种各样的 ER 液配方，但要想获得理想的 ER 效应，需特别注意满足以下条件：

1)介电不匹配性：在 ER 液材料组成中，最主要的是满足分散相和连续相的介电不匹配性，即在 DC 或低频 AC 电场下电导失配(σ_P/σ_F，σ_P 是颗粒电导率，σ_F 是基液的电导率)对电流变效应起主要作用；在高频 AC 下介电常数失配($\varepsilon_P/\varepsilon_F$)对电流变效应起主要作用。这是因为在外加电场作用下，这种介电不匹配性将导致悬浮液内部产生不均匀的电场，粒子极化后就会沿电场方向形成链状、柱状的纤维结构。

2)材料性能稳定：即长期使用和储存后有良好的重复性。由于 ER 液为固液两相动力学不稳定系统，为解决粒子沉降现象，应尽量使粒子的密度与连续相介质的密度相一致，即密度匹配性。另外，在 ER 液中还可添加表面活性剂。

3）高屈服应力、低电场强度：即希望在较低的电场强度下获得高的动态剪切应力。目前国际上电流变液的水平是在 5 kV/mm 电场强度下动态屈服应力为 1~5 kPa，较高要求是达到 20 kPa 以上。另外，还要求 ER 液具有较低的零场黏度（小于 100 mPa·s），较宽的工作温度范围（−40~200 ℃）及低的漏电流密度（小于 100 μA/cm²），且不会引起腐蚀和密封件、轴承件等的磨损。

ER 液一般由悬浮粒子、分散介质和添加剂三部分组成。按悬浮粒子是否具有本征可极化的特性，它又可分为含水 ER 液和无水 ER 液两类。含水电流变液是指必须需要水或其他极性液体作为活化剂的协助才能产生 ER 效应的悬浮液，无水 ER 液是指不需要活化剂就能产生 ER 效应的悬浮液。由于含水电流变液不可克服的一些缺点，目前对 ER 材料的研究已转向寻找合适的无水电流变液体系。近几年来，无水粒子材料大致有以下几种类型：

1）有机半导体粒子，如聚苯胺、取代聚苯胺、聚乙烯醇等。聚合物半导体电流变材料干态下所具有的强的电流变活性被认为是来自于电子或空穴载流子的迁徙引起的界面极化。聚合物半导体 ER 材料的优点在于有较高的力学值、较小的密度、优良的疏水性，可以通过控制掺杂量和后处理程度有效控制电导率的大小。同时由于非离子极化，电导并非由离子产生，故电流变效应受温度的影响较小。它的缺点在于材料基体的热稳定性较差，颗粒只能在低温下干燥处理，聚合物半导体电流变材料由于是电子或空穴导电，在高电场作用下因电子跃迁造成的漏电流较大。

聚合物基电流变材料的研制主要集中在两个方面：一是合成具有高极性基团的长链或网状高聚物，再对其进行改性处理；二是合成聚合物半导体材料，再通过掺杂或后处理如温度、pH 等对其进行介电常数和电导率等的调整。

2）无机非金属材料，如沸石、$BaTiO_3$、$PbTiO_3$、$SrTiO_3$、TiO_2、PbS 等。无机化合物如氧化物、盐类是一类重要的电流变材料，其特点是具有较高的介电常数。中科院物理所张玉苓等人合成了复合 $SrTiO_3$ 无水电流变液，在体积比 20vol%，在 DC 4.4 kV/mm 电场下，10~80 ℃温度范围内的剪切应力可达 5 kPa，零场应力为 200 Pa，80 ℃时的电流密度仍小于 1 μA/cm²，并具有良好的悬浮稳定性。目前，无机 ER 材料的主要缺点是：①密度大，颗粒的悬浮稳定性差；②质地硬，对器件磨损大；③力学值仍需进一步提高。但无机化合物 $BaTiO_3$、TiO_2 等具有高的介电常数，为制备高性能电流变液提供了基础。

3）复合材料。设法使 ER 液的电诱导屈服应力提高和电导率降低，始终是对电流变材料的一个挑战。为了降低 ER 液的电导率，研究人员作了很多努力，其中之一就是试图在悬浮粒子表面涂上绝缘层以避免粒子的直接接触，从而阻碍电荷的粒子间跃迁，达到降低电导率的目的。H. Conrad 等人利用不同方式包裹的双层复合结构分散相，验证了电导和介电常数在电流变中的作用，并从理论上预言了由高介电常数的绝缘外层包裹高电导核心结构在高频或宽频下更有应用前景，剪切屈服应力的理论值有望达到 20~100 kPa。其结构特点为：①高电导核心可以提高颗粒的介电常数，增加颗粒的表面电荷提供适宜的电导率；②高介电常数的绝缘外层可以提高材料的耐电场击穿能力并有效限制表面电荷的运动，提高链结构的稳定性，厚度越小，电流变效应越大；③在 AC 电场下，外层材料的介电常数与基液介电常数的比值越大，电流变效应越大。多层复合结构设计模型的出现为进一步研究电流变转变机理提供了一条新的途径，并可较好地与材料的众多参数匹配，实现无机与有机的有效复合。

4）目前，以液晶材料为基础的均相电流变液的开发是电流变液材料研究的另一热点。据报道，液晶本身的 ER 效应非常弱，但用侧链型液晶聚硅氧烷组成的均相电流变液在电场下显示很强的电流变效应。这一材料的主要特点是没有颗粒沉降、聚集或磨损等普通两相电流变液遇到的问题。但是，液晶电流变液由液态向固态转变所需的响应时间太长，而且在高温和低温下材料的电流变性能都较差。目前，人们正在从事两相都具有电流变性能的电流变体的研究。

电流变液在无电场时黏度较低，基本上是一种牛顿流体。当施加一定的电场强度时，液体的力学性能发生明显改变，液体的表观黏度增大并渐渐缺乏流动性，当电场强度大到一定值时，电流变液迅速由液态向类固态转变。这就是电流变最吸引人的地方。目前的研究集中在提高电流变液的性能，分析影响电流变液性能的主要因素，提出各种模型来解释电流变液的静态和动态力学特性以及由电流变液制得的器件的性能。

电流变效应是电流变液体在电场作用下，流体的表观黏度和剪切应力急剧变化和增加，在一定的电场强度条件下，由液态转化为固态，当电场消失后又可由固态向液态转化。这一过程可用如下的公式描述 $\tau = \mu_0 \dfrac{\mathrm{d}v}{\mathrm{d}y} + \tau_E(E^2)$。式中：$\tau$ 为液体流动的剪切应力或流动阻力；τ_E 为电流变液体在电场作用下电流变效应所引起的剪切应力；μ_0 为电流变液体在零电场下的黏度；$\dfrac{\mathrm{d}v}{\mathrm{d}y}$ 为电流变液体在未加电场时的剪切率或切应变。在未加电场时或所加电场强度不致发生电流变效应时，$\tau_E = 0$，电流变液体一般表现为牛顿流体的性质，介电微粒在基础液中无序排列，液体的最大剪切应力 $\tau_0 = \mu_0 \dfrac{\mathrm{d}v}{\mathrm{d}y}$。当施加电场后，分布于基础液中的介电微粒在电场作用下产生极化，介电微粒的相互作用使得所有的介电微粒按电场方向排列，集结形成连接两电极间的链状结构，链状结构的方向与电场方向一致，并且链状结构链间有横向连接，成为网状结构，此时由电场引起的剪切应力 τ_E 急剧增大，此时液体的剪切应力 τ 由两部分 τ_E 和 τ_0 组成，流体表现为宾汉（Bingham）流体的性质。当电场强度逐步增大到某一临界值时电流变液体的黏度增加，流体由液态逐步稠化转化为固态，具有抗剪切的静态最大应力。

图 7-9 为电流变液体的剪切应力 - 切应变曲线。在电流变液体的剪切应力 - 切应变曲线中，剪切应力在 $\tau < \tau_0$ 时，剪切应力 - 切应变服从牛顿流体的性质，当应力 $\tau > \tau_0$ 时，撤去外力后，将产生不可恢复应变 γ_y，此时为零电场或电场强度较弱时的情况。当电场强度增强，电流变液体产生电流变效应，液体中链状结构开始形成，液体的剪切应力 τ 急剧增大，

液体的剪切应力 τ 由两部分 τ_0 和 τ_E 组成，在图7
–9中最大应力 τ_s 是液体在电场作用下的最大静
态屈服应力，τ_E 是在大应变时的平稳动屈服应
力，也是液体的宾汉屈服应力。Yen 等人研究了
电流变液的动态特性，得出类似的结论，他还研
究了固体颗粒的体积比(φ)和外加电场强度对电
流变液力学性能的影响。在体积比不变，外加电
场强度变化时的动屈服应力 – 切应变曲线表现为
首先是线性突增，然后是过渡阶段，接着又是一
个线性增加。对相同电场，不同体积比的实验得

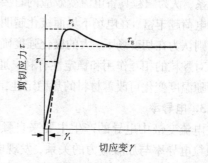

图 7 – 9　电流变液体剪切应力 – 切应变曲线

出了类似的结论，还得出体积比对电流变液的动屈服应力影响比外加电场强度大。Bonnecaze
等人从微结构模型研究了电流变液的静、动屈服应力。对有不同体积比和分散粒子/母液介电
常数比的电流变液用非线性弹性应变能理论来分析其静态屈服应力，结果发现静态屈服应力随
介电常数比的增加而增加，当介电常数比小于或等于 4 时，静态屈服应力在体积比为 0.4 时有
最大值，动屈服应力也随介电常数比的增大而增大，体积比较小时的动屈服应力可看作是体
积比的线性函数，当介电常数比小于或等于 10 时，动屈服应力在体积比为 0.4 时有最大值。
从 Bonnecaze 的文章中得出体积比和介电常数比是确定动屈服应力的两个重要参数。通常配
制电流变液的粒子体积比不要超过最优值(0.4)，而介电常数比应小于或等于 10。

　　提高电流变液的动屈服应力的最简便方法是增大介电常数比，而增大介电常数比要考虑
可实现性，因为电流变液消耗的电能随介电常数比的增大而增大，因此实际电流变液必须在
增加动屈服应力和减小能耗之间寻求折中方案。

7.5.3　影响电流变效应的因素

　　电流变液的性能受多种因素的共同影响，下面简单的介绍一些主要的影响因素。

1. 介电常数

　　根据介电失配理论，在高频 AC 电场下，$\varepsilon_P / \varepsilon_F$ 对电流变效应将起主要作用，即颗粒的介
电常数越大，电流变效应也越强。Block. K. H. 等人利用不同介电常数的颗粒实验分析了屈服
应力与介电常数的关系，发现随介电常数的提高，电流变液的力学性能提高。然而不能简单
的依据颗粒介电常数的大小判断电流变活性的大小，即介电常数不是判断电流变效应的唯一
因素。材料自身结构对介电常数有重要影响。Connad. H 认为提高颗粒极化的一种方法是在
颗粒内部或附近引入载流子，当载流子在颗粒与基液界面上迁移受阻后会产生大的界面极
化。另外，材料的介电常数受温度、电场强度、电场频率等众多因素的影响。

2. 介电损耗

　　Tao R. 等人研究了几种不同材料做成的电流变液的介电常数以及界面损耗与其电流变效应

的关系，认为颗粒具备电流变效应的首要条件是介电损耗必须足够大，介电损耗越大，颗粒的表面电荷越丰富，在电场下界面极化越明显；其次是介电常数越大，电流变效应越大。QiuZ. Y. 等人则认为在切变场下，大的极化强度确保了颗粒相互作用的强度，而合适的极化速率和介电损耗对颗粒的相互作用和稳定性有利。通过对材料设计和表面处理保持直流和交流损耗之差，不算随温度变化可改善材料的热稳定性，介电损耗与电场频率有强烈的依赖关系。

3. 电导率

电流变液中电导的产生主要来自颗粒的离子电导或电子电导。Anderson R. A. 等人分析了颗粒电导率与屈服应力的关系，发现电流变效应对电导率有依赖关系，颗粒的电导率太大或太小，电流变效应均不理想，当 $\sigma_P = 10^{-9} \sim 10^{-7}\,\text{S/m}$ 之间有最大电流变效应。电导率太大会引起电流变液的电流密度增加，链结构的稳定性破坏，尤其对离子型电流变体更为明显。材料的电导率受到如电场、温度的影响。

7.5.4 电流变液的工程应用及发展前景

人们对电流变效应予以广泛关注和重视，很重要的一个原因是看到了它具有广泛的工程应用前景以及潜在的巨大经济效益和社会效益。电流变效应能够被用来发展新一代产品的主要依据是：电流变液的表观黏度及屈服应力可由外加电场控制，随着电场强度的增加急剧上升，当电场强度达到一定值时，电流变液由液态向类固态转变，这种变化快速可逆，所需的电能很小，非常适用于实时控制。由于可以通过微机控制外加电场的强弱来改变电流变液的力学性能，进而实现实时控制，因而越来越受到各行业的重视。

将这一技术应用于汽车工业，前途将是美好的。由电流变阻尼器组成的悬架系统可随路面的不同情况调节电场强度，很容易改变悬架系统的阻尼和刚度，电流变液的这一特性可达到主动控制汽车振动的目的。为了改善汽车的操纵性和提高乘客的舒适性，大汽车公司已着手研究电流变液在汽车悬架系统的中应用的可能性。美国、日本、法国、英国都已有将其用于汽车悬挂系统与调速及制动系统的先例，美国正在研究如何在桥梁及高速公路的支架上安装电流变液减振器，以减少地震带来的损失。此外，这种减振器还能用于发动机底座、飞机机翼、高层建筑等许多场合。

另一方面，人们还研制成功了具有电流变效应的油墨，在施加电场时，这种油墨液滴落于电极之间会聚成球体而不摊平，待油墨液滴干燥后再撤去电场，即可获得永久性的球形油墨。这样，就可印刷线条精美的图像、文字，使印刷效果更为逼真。

关于电流变液应用研究的另一个例子是 ER 液在机器人工业中的应用。ER 液装置不仅可吸收当机器人手臂由高速运动突然转向低速运动引起的振动，而且做成桥路的四单元或二单元的电流变液阀门网络系统，可以控制机器人手臂待服机构。在四单元的情况下，液体由油泵强迫流通，两个独立的电压源及相应的反馈回路控制两对电流变液阀门的关闭或开启，指导手臂中的活塞向上或向下运动，从而牵拉机器人的手臂。

　　电流变流体为工程机械实现新一代的电 - 机耦合系统提供了良好的前景，并有可能在诸如汽车工业、液压工业、机械制造业、机器人工业、传感器技术等许多部门引起革命性的变化。经过多年的研究，人们对电流变效应的机理了解得越来越清楚，对粒子材料的选择和研制有了长足进展；但现在还远不能说 ER 液的研究与技术开发已进入或即将进入成熟期。恰好相反，要使 ER 液实现工程应用，还有很多基础理论和应用技术问题需要解决，其原因主要表现在如下几个方面：

　　1）电流变流体在非电场下的黏度过高，有电场下的屈服强度不够，不能够传输足够的力矩。

　　2）在离合器和减振器中，都存在由于磨损、吸收冲击热量，导致电流变体温度升高的问题。为了保证电流变体正常的工作温度，必须设计一个适当的散热系统。

　　3）电流变流体的稳定性不是很理想。电流变流体的悬浮颗粒易发生凝聚、沉降、分层，放置一段时间后，屈服应力会大幅下降。

　　4）支持电流变器件的辅助装置（如信号传感器，体积小、重量轻的可调高压电源等）达不到要求。

　　总之，要使电流变技术实用于工程实际，研究还有待深入。但可以肯定地说，电流变技术是当代一门有巨大发展前途和潜在市场的高新技术，而且对学科发展或工程技术的变革，都具有难以估计的重大的学术价值和经济价值。

习　题

1. 什么是智能材料？有何显著特征？

2. 智能材料可分为几大类？目前的研究现状如何？

3. 简述聚合物基人工肌肉的组成及作用原理。

4. 简述纳米技术与智能材料之间的联系与差别，简述纳米传感器工作原理。

5. 仿生自愈伤水泥基复合材料为什么具有自愈功能？有何应用前景？

6. 什么是形状记忆合金？有何特征？有何用途？

7. 什么是马氏体相变？什么是奥氏体相变？

8. 形状记忆效应的工作原理是什么？有哪些较为典型的形状记忆材料？

9. 什么是压电效应？晶体压电效应的本质是什么？什么是逆压电效应？最早发现的具有压电效应的陶瓷材料是谁？

10. 什么是铁电性？晶体的压电性与铁电性之间有何联系和区别？什么样的材料可表现出电致伸缩效应？常见高性能铁电陶瓷的制备方法有那些？

11. 如何配置电流变液？影响电流变液性能的因素有那些？理想的电流变材料应满足什么条件？

12. 电流变材料有那些应用前景？限制电流变液实用化的瓶颈问题是什么？

第8章 化学功能材料

化学功能材料是指具有一定化学功能的功能性化学化工材料，以及可利用其化学性质产生某些功能的材料。它的应用涵盖了化学化工、电子、国防等各个领域，具有强劲的发展势头，也必将成为未来研究和经济增长的热点。本章从最为常见的纳米材料、化学薄膜材料、有机电子材料、功能色素、有机硅等几方面——论述。

8.1 纳米材料

纳米材料就其化学功能来讲，随着其研究的深入，应用领域的扩展，渐渐的被学界所关注，本节从纳米材料的概念、性能、分类、制备和应用等几个方面进行简单介绍。

8.1.1 纳米材料简介

1. 纳米材料的含义

从人类对物质世界产生认识开始，经历了三个层次，即微观层次、宏观层次和宇观层次。三个层次的时空尺度分别是以纳米、米、光年为基本单位。纳米科技属于微观领域，有的研究人员也将其归属于介于微观和宏观之间的介观领域。处于这一领域的物质都具有奇特的性能，因而纳米科技引起了全世界科学家的关注，并且已经获得突破性的进展。

纳米科技(Nano-ST)是20世纪80年代末期诞生并崛起的新科技，它的基本涵义是在纳米尺寸($10^{-9} \sim 10^{-7}$ m)范围内认识和改造自然，通过直接操作和安排原子、分子创制新的物质。

纳米科技主要包括以下几个方面：①纳米体系物理学；②纳米化学；③纳米材料学；④纳米生物学；⑤纳米电子学；⑥纳米加工学；⑦纳米力学。这七个组成部分是相对独立的。隧道显微镜在纳米科技中占有重要的地位，它贯穿到七个分支领域中。由于电子学在人类的发展和生活中起了决定性的作用，因此在纳米科技的时代，纳米电子学也将继续对人类社会的发展起更大的作用。纳米科学所研究的领域是人类过去从未涉及的非宏观、非微观的中间领域，人类改造自然的能力已经延伸到分子、原子水平，标志着人类的科学技术进入了一个新时代——纳米科技时代。

2. 纳米材料的发展历史

纳米材料和技术是纳米科技领域内最富有活力、研究内涵十分丰富的学科分支。人们无意识的制备纳米材料的历史至少可以追溯到1 000年前。中国古代利用燃烧蜡烛来收集炭黑作为墨的原料以及用作着色的染料，这就是最早的纳米材料；中国古代铜镜表面的防锈层经检验，证实为纳米氧化锡颗粒构成的一层薄膜。但当时人们并不知道这是由人的肉眼根本看不到的纳米尺度小颗粒构成。约 1861 年，随着胶体化学(colloid chemistry)的建立，科学家们开始了对于直径为 1~100 nm 的粒子系统即所谓胶体(colloid)的研究，但是当时的化学家们并没有意识到在这样一个尺寸范围是人们认识世界的一个新的层次，而只是从化学的角度作为宏观体系的中间环节进行研究。

人们有意识的制备纳米材料是在 20 世纪 60 年代，1962 年，久保(Kubo)及其合作者针对金属超微粒子的研究，提出了著名的久保理论，也就是超微颗粒的量子限制理论或量子限域理论，从而推动了实验物理学家向纳米尺度的微粒进行探索；1963 年，Uyeda 及其合作者用气体冷凝法获得了超微颗粒，并对单个的金属超微颗粒的形貌和晶体结构进行了透射电子显微镜研究；1970 年，江崎和朱兆祥首先提出了半导体超晶格的概念。

20 世纪 70 年代末到 80 年代初，科学家们对一些纳米颗粒的结构、形态和特性进行了比较系统的研究。1984 年，德国萨尔大学的 Gleiter 教授等人首次采用惰性气体凝聚法制备了具有清洁表面的纳米粒子，然后在真空室中原位加压成纳米固体，并提出了纳米材料界面结构模型。1985 年，Kroto 等人采用激光加热石墨蒸发并在甲苯中形成碳的团簇，质谱分析发现 C_{60} 和 C_{70} 的新谱线，而 C_{60} 具有高稳定性的新奇结构。1990 年 7 月在美国巴尔的摩召开了国际第一届纳米科学技术会议，正式把纳米材料科学作为材料科学的一个新的分支公布于众，标志着纳米材料科学作为一个相对较独立的学科的诞生。1994 年在美国波士顿召开的MRS 秋季会议上正式提出纳米材料工程，它是在纳米材料研究的基础上通过纳米合成、纳米添加发展新型的纳米材料，随后纳米材料方面的理论和实验研究都十分活跃。

21 世纪，纳米材料依然是受人欢迎并研究热潮不减的领域。在催化剂和胶体化学成为纳米技术真正的开创部分以来，已过去几十年，但是现在发明了大量表征和分析纳米材料的技术，现在能够看见真正原子，很多年前这是很难想象的。高分辨率透射电子显微镜、扫描探针显微镜、粉末 X 射线衍射、示差扫描量热仪、超导量子相干磁力测定仪、激光脱附傅立叶变换离子回旋加速器共振质谱仪、BET 等，另外，合成领域的进展也是令人惊异的。

3. 纳米材料的发展现状

(1)国外纳米材料与技术的发展现状

国际上一些著名科学家在 1959 年就提出在纳米层次上进行科学研究，在几十年的时间里物理、化学、材料等各领域的许多科学家做了大量的工作。20 世纪 90 年代以来，世界各国真正开始大规模的对纳米科技进行投入。纳米碳管合成的成功，标志着具有奇特性能的新纤维问世，它具有韧性高、导电性极强，兼具金属性和半导性，被科学家称为"超级纤维"。由于纳米碳管的奇特性能，它的用途更为诱人，可制成极好的微细探针和导线等，前景十分广阔。

纳米技术的应用还远不仅仅局限于信息传导的新型材料上，利用纳米技术，微型化将在化学、物理学、生物学和电子工程学的交叉领域形成，并会在 21 世纪达到高峰。

早在 1995 年，欧盟一项研究报告说，10 年内纳米技术的开发将成为仅次于芯片制造的世界第二制造业，到 2010 年，纳米技术市场的价值将达到 400 亿英镑。另外，纳米技术在军事、医学领域都有了较好的发展。随着纳米科技的发展，纳米材料与技术是重要的一个方面。纳米材料和纳米结构是当今新材料研究领域中最富有活力、对未来经济和社会发展有着十分重要影响的研究对象，也是纳米科技中最为活跃、最接近应用的重要组成部分。近年来，纳米材料和纳米结构取得了引人注目的成就。例如，存储密度达到每平方厘米 400G 的磁性纳米棒阵列的量子磁盘，成本低廉、发光频段可调的高效纳米阵列激光器，价格低廉、高能量转化的纳米结构太阳能电池和热电转化元件，用作轨道炮道轨的耐烧蚀、高强、高韧纳米复合材料等的问世，充分显示了它在国民经济新型支柱产业和高技术领域应用的巨大潜力。正像美国科学家估计的"这种人们肉眼看不见的极微小的物质很可能给予各个领域带来一场革命"。

（2）我国纳米材料的发展现状

我国 20 世纪 80 年代起，就有科学家进行纳米科技的理论研究和纳米材料的制备。20 世纪 90 年代以来，我国在纳米科技领域已经取得了丰富的研究成果。中国的纳米科技事业几乎与几个先进国家同步，而且在某些领域达到了世界先进水平，甚至站在了世界的前沿，并取得了一系列举世瞩目的成就。

1996 年底，由吉林大学超硬材料国家重点实验室和长春节能研究所合作的科研项目——纳米金属材料的制备与应用研究，顺利通过鉴定，并获得了国家专利。1997 年，东北超微粉制造有限公司生产的纳米硅基陶瓷系列粉，经有关部门检测，各项技术指标均达到设计要求。同年，英国卢瑟福实验室宣布，由中国青年科学家张杰教授领导的研究组，获得了波长为 7.3 nm 的 X 射线激光饱和输出，创造了 X 射线激光饱和输出最短波长的世界纪录。

8.1.2　纳米材料的基本概念

1. 什么是纳米材料

纳米是英文 nanometer 的译音，是一个物理学上的度量单位，1 纳米是 1 米的十亿分之一，相当于 45 个原子排列起来的长度。通俗一点说，相当于万分之一头发丝粗细。就像毫米、微米一样，纳米是一个尺度概念，并没有物理内涵。当物质到纳米尺度以后，大约是在 1 ~ 100 nm 这个范围空间，物质的性能就会发生突变，出现特殊性能。这种既具不同于原来组成的原子、分子，也不同于宏观的物质的特殊性能构成的材料，即为纳米材料。如果仅仅是尺度达到纳米，而没有特殊性能的材料，也不能叫纳米材料。过去，人们只注意原子、分子或者宇宙空间，常常忽略这个中间领域，而这个领域实际上大量存在于自然界，只是以前没有认识到这个尺度范围的性能。第一个真正认识到它的性能并引用纳米概念的是日本科学家，他们在 20 世纪 70 年代用蒸发法制备超微离子，并通过研究它的性能发现：一个导电、导热的铜、银导体做成纳米尺度以后，它就失去原来的性质，表现出既不导电、也不导热。磁性材料也是如此，像铁 - 钴合金，把它做成大约 20 ~ 30 nm 大小，磁畴就变成单磁畴，它的磁性要比原来高 1 000 倍。20 世纪 80 年代中期，人们就正式把这类材料命名为纳米材料。

纳米材料的特点就是粒子尺寸小(纳米级)、有效表面积大(相同质量下,材料粒子表面积大),这些特点使纳米材料具有特殊的小尺寸效应、表面效应、量子尺寸效应和宏观量子隧道效应。而这些效应的宏观体现就是纳米材料的成数量级变化的各种性能指标。

2. 纳米材料的分类

纳米材料可以是单晶,也可以是多晶;可以是晶体结构,也可以是准晶或无定形相(玻璃态);可以是金属,也可以是陶瓷、氧化物或复合材料等。纳米材料大致可分为纳米粉末、纳米纤维、纳米膜、纳米块体等四类,其中纳米粉末开发时间最长、技术最为成熟,是生产其他三类产品的基础。

(1)纳米粉末

又称为超微粉或抄袭分,一般指粒度在 100 nm 以下的粉末或颗粒,是一种介于原子、分子与宏观物体之间处于中间舞台的固体颗粒材料。可用于高密度磁记录材料,吸波隐身材料,磁流体材料,防辐射材料,人体修复材料,抗癌制剂等。

(2)纳米纤维

指直径为纳米尺度而长度较大的线状材料,可用于微导线、微光纤(未来量子计算机与光子计算机的重要元件)材料,新型激光或发光二极管材料等。

(3)纳米膜

纳米膜分为颗粒膜与致密膜。颗粒膜是纳米颗粒粘在一起,中间有极为细小的间隙的薄膜。致密膜指膜层之间的晶粒尺寸为纳米级的薄膜。可用于气体催化材料,过滤器材料,高密度磁记录材料,光敏材料,平面显示材料,超导材料等。

(4)纳米块体

是将纳米粉末高压成形或控制金属液体结晶而得到的纳米晶粒材料。主要用途为超高强度材料、智能金属材料等。

8.1.3 纳米材料的基本性能

对纳米材料来说,超细的晶粒、高浓度晶界以及晶界原子邻近状况决定了它们具有明显区别于无定形态、普通多晶和单晶的特异性能。有统计资料显示,纳米材料与多晶材料性能的差异(40%)远大于玻璃态和多晶材料(10%)。纳米材料性能的研究可成为其结构研究的佐证,亦为潜在的应用打下基础,下面将介绍一下纳米材料的基本性质。

1. 小尺寸效应

当超微粒的尺寸与光波波长、德布罗意波长以及超导态的相干长度或透射深度等物理特征尺寸相当或更小时,周期性的边界条件将被破坏,声、光、电磁、热力学等特性均会呈现新的尺寸效应,称为小尺寸效应。

(1)力学性质

陶瓷材料在通常情况下呈现脆性,而由纳米微粒制成的纳米陶瓷材料却具有良好的韧性。原子在外力变形条件下容易迁移，从而表现出优良的韧性和延展性。

（2）热学性质

固体物质在粗晶粒尺寸时，有固定的熔点，超微化后，熔点降低。

（3）光学性质

所有金属纳米微粒均为黑色，尺寸越小，色彩越黑。这说明金属纳米微粒对光的反射率低，一般低于1%。利用此特性可制作高效光热、光电转换材料，也可作红外敏感材料和隐身材料。

（4）磁性

纳米材料具有很高的磁化率和矫顽力，具有低饱和磁矩和低磁滞损耗。

2. 表面效应

表面效应是指纳米粒子表面原子数与总原子数之比随粒径变小而急剧增大后所引起的性质上的变化。如当粒径降至 10 nm 时，表面原子所占的比例为20%，而粒径为 1 nm 时，几乎全部原子都集中在粒子的表面，纳米晶粒的减小结果导致其表面积、表面能及表面结合能的增大，并具有不饱和性质，表现出很高的化学活性。

金属的纳米微粒在空气中会燃烧，无机材料的纳米微粒暴露在大气中会吸附气体，并与气体进行反应。

表面微粒的活性不仅引起微粒表面原子输运和构型的变化，而且也引起表面电子自旋构象和电子能谱的变化。

3. 量子尺寸效应

当微粒尺寸下降到某一值时，金属费米能级负极的电子能级出现由准连续变为离散的现象。当能级间距大于热能、磁能或超导态的凝聚能时，纳米微粒会呈现一系列与宏观物体截然不同的反常特性，称之为量子尺寸效应。

量子尺寸效应在微电子和光电子领域一直占据重要的地位，根据该效应已经研制出具有许多优异特性的器件。半导体的能带结构在半导体器件设计中非常重要，随着半导体颗粒尺寸的减少，价带和导带之间的能隙有增大的趋势，这就使即便是同一种材料，它的光吸收或发光带的特征波长也不同，实验发现，随着颗粒尺寸的减少，发光的颜色从红色→绿色→蓝色，即发光带的波长由 690 nm 移向 480 nm。

4. 其他的性能

纳米材料还具有其他的一些性能如下：

1）宏观量子隧道效应。微观粒子贯穿势垒的能力称为隧道效应。磁化的纳米粒子具有隧道效应，它们可以穿越宏观系统的势垒而产生变化（即宏观量子隧道效应）。

2）催化性质。纳米粒子晶粒体积小，比表面积大，表面活性中心多，其催化活性和选择性大大高于传统催化剂。而且，纳米晶粒催化剂没有孔隙，可避免使用常规催化剂所引起的反应物向孔内扩散带来的影响。纳米催化剂不必附着在惰性载体上使用，可直接放入液相反应体系之中,如苯加氢制备环己烷采用纳米钌催化剂。

3)纳米材料还具有硬度高、可塑性强、高比热和热膨胀、高电导率、高扩散性、烧结温度低、烧结收缩比大等性质。这些性质为其应用奠定了广阔前景。

8.1.4　纳米材料的制备技术

从形貌上看,纳米材料大致可分为纳米粉末(零维)、纳米纤维(一维)、纳米膜(二维)、纳米块体(三维)、纳米复合材料等。其中纳米粉末结构开发时间最长、技术最为成熟,是制备其他纳米材料的基础。

1. 零维纳米材料(纳米粒子)合成方法概述

纳米粒子的合成目前已发展了许多种方法,制备的关键是控制颗粒的大小和获得较窄的粒径分布,有些需要控制产物的晶相,所需的设备尽可能简单易行。

(1)物理方法

1)机械粉碎法

机械粉碎法即采用新型的高效超级粉碎设备,如高能球磨机、超音速气流粉碎机等将脆性固体逐级研磨、分级、再研磨、再分级,直至获得纳米分体,适用于无机矿物和脆性金属或合金的纳米粉体生产。几种典型的粉碎技术是:球磨、振动球磨、振动磨、搅拌磨、胶体磨、纳米气流粉碎气流磨。

一般的粉碎作用力都是几种力的组合,如球磨和振动磨是磨碎和冲击粉碎的组合,雷蒙磨是压碎、剪碎和磨碎的组合,气流磨是冲击、磨碎与剪碎的组合,等等。

物料被粉碎时常常会导致物质结构及表面物理、化学性质发生变化,主要表现在:

①粒子结构变化,如表面结构自发的重组,形成非晶态结构或重结晶;

②粒子表面的物理、化学性质变化,如电性、吸附、分散与团聚等性质;

③受反复应力使局部发生化学反应,导致物料中化学组成发生变化。

2)构筑法

构筑法是由小极限原子或分子的集合体人工合成超微粒子。具体步骤如图 8 - 1 所示。

(2)化学方法

化学法主要是"自上而下"的方法,即是通过适当的化学反应(化学反应中物质之间的原子必然进行组合,这种过程决定物质的存在状态),从分子、原子出发制备纳米颗粒物质。化学法包括气相反应法和液相反应法。

气相反应法可分为:气相分解法、气相合成法及气 - 固反应法等;

液相反应法可分为:沉淀法、溶剂热法、溶胶 - 凝胶法、反相胶束法等。

1)气相分解法

又称单一化合物热分解法。一般是将待分解的化合物或经前期预处理的中间化合物进行加热、蒸发、分解,得到目标物质的纳米粒子,一般的反应形式为:A(气)→B(固) + C(气)。

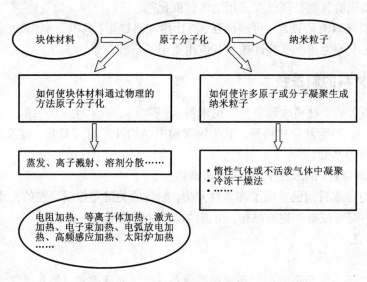

图 8 - 1   构筑法步骤

2) 气相合成法

通常是利用两种以上物质之间的气相化学反应，在高温下合成为相应的化合物，再经过快速冷凝，从而制备各类物质的纳米粒子，一般的反应形式为：A(气) + B(气)→C(固) + D(气)。

3) 沉淀法

沉淀法通常是在溶液状态下将不同化学成分的物质混合，在混合溶液中加入适当的沉淀剂制备纳米粒子的前驱体沉淀物，再将此沉淀物进行干燥或煅烧，从而制得相应的纳米粒子。沉淀法主要分为：直接沉淀法、共沉淀法、均匀沉淀法、水解沉淀法、化合物沉淀法等。

① 共沉淀法。在含有多种阳离子的溶液中加入沉淀剂，使金属离子完全沉淀的方法称为共沉淀法。共沉淀法可制备 $BaTiO_3$、$PbTiO_3$ 等 PZT 系电子陶瓷及 ZrO_2 等粉体。以 CrO_2 为晶种的草酸沉淀法，制备了 La、Ca、Co、Cr 掺杂氧化物及掺杂 $BaTiO_3$ 等。以 $Ni(NO_3)_2 \cdot 6H_2O$ 溶液为原料，乙二胺为络合剂，NaOH 为沉淀剂，制得 $Ni(OH)_2$ 超微粉，经热处理后得到 NiO 超微粉。

② 均匀沉淀法。在溶液中加入某种能缓慢生成沉淀剂的物质，使溶液中的沉淀均匀出现，称为均匀沉淀法。本法克服了由外部向溶液中直接加入沉淀剂而造成沉淀剂的局部不均匀性。

③ 水解沉淀法。众所周知，有很多化合物可用水解生成沉淀，用来制备纳米粒子。反应的产物一般是氢氧化物或水合物。因为水解反应的对象是金属盐和水，所以如果能高度精制金属盐，就很容易得到高纯度的纳米粒子。

④水热法。是指在高温高压下在水、水溶液或蒸汽等流体中所进行的有关化学反应的总称。水热条件能加速离子反应和促进水解反应。

⑤溶胶－凝胶法。基本原理：将金属醇盐或无机盐经水解直接形成溶胶或经解凝形成溶胶，然后使溶质聚合凝胶化，再将凝胶干燥、焙烧去除有机成分，最后得到无机材料。

2. 一维纳米材料(纳米纤维)的制备方法概述

纳米纤维材料的制备方法可以用表8－1表示。

表8－1　纳米纤维的制备方法

纳米纤维材料类型	制备方法
纳米碳管	电弧法、碳氢化合物催化分解法、等离子体法、激光法、等离子体增强热流体化学蒸气分解沉积法、固体酸催化裂解法、微孔模板法、液氮放电法、热解聚合物法、火焰法
纳米棒、丝、线	激光烧蚀法、激光沉积法、蒸发冷凝法、气－固生长法、溶液－液相－固相法、选择电沉积法、模板法、聚合法、金属有机化合物气相外延与晶体气－液－固生长法相结合、溶胶－凝胶与碳热还原法、纳米尺度液滴外延法
同轴纳米电缆	电弧放电法、激光烧蚀法、气－液－固共晶外延法、多孔氧化铝模板法、溶胶－凝胶与碳热还原及蒸发凝聚法

3. 二维纳米材料(纳米薄膜)的制备方法概述

纳米薄膜分两类：一类是由纳米粒子组成的(或堆砌而成的)薄膜；另一类是在纳米粒子间有较多的孔隙或无序原子或另一种材料，即纳米复合薄膜，其实指由特征维度尺寸为纳米数量级($1 \sim 100$ nm)的组元镶嵌于不同的基体里所形成的复合薄膜材料。

纳米薄膜的制备方法主要包括：自组装技术、LB 膜技术、物理气相沉积、MBE 技术、化学气相沉积等。

(1)自组装技术

自组装技术可如图8－2所示。

(2)LB 膜技术

LB 膜是一种分子有序排列的有机超薄膜。这种膜不仅是薄膜学研究的重要内容，也是物理学、电子学、化学、生物学等多种学科相互交叉渗透的新的研究领域。

LB 膜技术是一种精确控制薄膜厚度和分子结构的制膜技术。具体的制备过程是：

1)在气液界面上铺展两亲分子(一头亲水，一头亲油的表面活性分子)。两亲分子通常被溶在氯仿等易挥发的有机溶剂中，配成较稀的溶液(10^{-3} M 以下)；

2)待几分钟溶剂挥发后，控制滑障两边向中间压膜，速度 $5 \sim 10$ mm/min，分子逐渐立起；

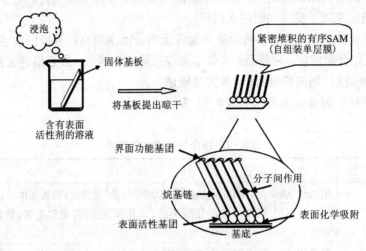

图 8-2　自组装技术过程图

3)进一步压缩,压至某个膜压下,分子尾链朝上紧密排在水面上时,认为形成了稳定的 Langmuir 膜;

4)静置几分钟后,一次或重复多次转移到固体基板上便是 LB 膜了。

(3)物理气象沉积法

其基本过程如图 8-3 所示。

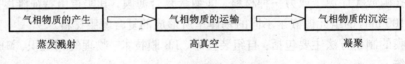

图 8-3　物理气相沉淀

(4)化学气相沉积法

化学气相沉积法指在一个加热的衬底上,通过一种或几种气态元素或化合物产生的化学反应形成纳米材料的过程,该方法主要可分成分解反应沉积和化学反应沉积。随着其他相关技术发展,由此衍生出来的许多新技术,如金属有机化学缺陷相沉积、热丝化学气相沉积、等离子体辅助化学气沉积、等离子体增强化学气相沉积及激光诱导化学相沉积等技术。

4. 三维纳米材料(纳米块体)的制备方法概述

其他方法如表格 8-2 所示。

表 8 – 2 纳米块体材料的制备方法

纳米块体材料类型	制备方法
纳米金属与合金材料	惰性气体蒸发 – 原位加压制备法、高能球磨法结合加压成块法、非晶晶化法、高压 – 高温固相淬火法、大塑性变形方法、塑性变形加循环相变方法、脉冲电流直接晶化法、深过冷直接晶化法
纳米陶瓷	无压力烧结、应力有助烧结

5. 纳米复合材料的制备方法

制备方法如表 8 – 3 所示。

表 8 – 3 纳米复合材料的制备方法

纳米复合材料类型	制备方法
无机纳米复合材料	溶胶 – 凝胶法、高能球磨法、化学气相沉积法、溅射法、无机晶体生长法、辐射合成法、机械融合法、非均相沉淀法、溶剂 – 非溶剂析晶法
有机 – 无机纳米复合材料	溶胶 – 凝胶法、插层复合法、辐射合成法、纳米粒子直接分散法、纳米微粒原位生成法、前驱体法、LB 膜技术
聚合物 – 聚合物纳米复合材料	溶液共混共沉淀法、电化学合成法、原位聚合法、模板聚合法

8.1.5 纳米材料的应用

纳米材料作为一种新型的材料，具有很广泛的应用领域，下面将从建筑、涂料、生物学、航天及环境等方面介绍一下纳米材料的应用。

1. 纳米材料在建筑材料中的应用

纳米材料以其特有的光、电、热、磁等性能为建筑材料的发展带来一次前所未有的革命。利用纳米材料的随角异色现象开发的新型涂料，利用纳米材料的自洁功能开发的抗菌防霉涂料、PPR 供水管，利用纳米材料具有的导电功能而开发的导电涂料，利用纳米材料屏蔽紫外线的功能可大大提高 PVC 塑钢门窗的抗老化黄变性能，利用纳米材料可大大提高塑料管材的强度等。由此可见，纳米材料在建材中具有十分广阔的市场应用前景和巨大的经济、社会效益。

（1）纳米技术在建筑涂料中的应用

纳米复合涂料就是将纳米粉体用于涂料中所得到的一类具有耐老化、抗辐射、剥离强度高或具有某些特殊功能的涂料。在建材（特别是建筑涂料）方面的应用已经显示出了它的独特魅力,包括光学应用纳米复合涂料、吸波纳米复合涂料、纳米自洁抗菌涂料、纳米导电涂料、纳米高力学性能涂料。

(2)纳米技术在混凝土材料中的应用

纳米材料由于具有小尺寸效应、量子效应、表面及界面效应等优异特性,因而能够在结构或功能上赋予其所添加体系许多不同于传统材料的性能。利用纳米技术开发新型的混凝土可大幅度提高混凝土的强度、施工性能和耐久性能。

(3)纳米技术在陶瓷材料中的应用

近年来国内外对纳米复相陶瓷的研究表明,在微米级基体中引入纳米分散相进行复合,可使材料的断裂强度、断裂韧性大大提高(2~4倍),使最高使用温度提高400~600℃,同时还可使材料的硬度、弹性模量、抗蠕变性和抗疲劳破坏性能提高。

2. 纳米材料在涂料领域的应用

近10多年来,纳米材料在涂料中的应用不断拓展。纳米材料以其特有的小尺寸效应、量子效应和表面界面效应,显著提高了涂料涂层的物理机械性能和抗老化等性能,甚至赋予涂层特殊的功能,如吸波、抗菌、导电、耐刮擦、自清洁等,纳米 TiO_2、纳米 SiO_2、纳米 Al_2O_3、纳米 $CaCO_3$ 等纳米填料的工业化生产,更起到了积极的促进作用,带动了纳米材料在粉末涂料中的应用研究。

纳米材料由于其表面和结构的特殊性,具有一般材料难以获得的优异性能,显示出强大的生命力。表面涂层技术也是当今世界关注的热点。纳米材料为表面涂层提供了良好的机遇,使得材料的功能化具有极大的可能。借助于传统的涂层技术,添加纳米材料,可获得纳米复合体系涂层,实现功能的飞跃,使得传统涂层功能改性。

(1)抗菌粉末涂料

在粉末涂料中,采用挤出或干混方式加入纳米材料,或经纳米技术处理的抗菌剂、负离子发生剂等均可制得抗菌性粉末涂料涂层。涂铭旌、陆耀祥分别利用纳米抗菌剂,采用近似常规粉末涂料生产工艺制备了抗菌粉末涂料,涂层抑菌率都超过99%;徐明等人利用纳米技术处理的负离子粉研制的负离子粉末涂料,常温下可产生负离子 $2~5$ 个/ cm^3。

(2)耐刮擦粉末涂料

熔融挤出或干混加入纳米 SiO_2、纳米 Al_2O_3 和纳米 ZrO_2 等刚性纳米粒子,均可有效提高涂层的表面硬度和耐刮擦、耐磨损性能。

(3)耐候粉末涂料

徐锁平等人研制的纳米环氧粉末涂料,加入纳米 $\alpha-Fe_2O_3$ 后,环氧涂层 80 h UV 失光率从99%改善到10%;陈彩亚等人将纳米材料采用高低速(300~5 000 r/min)交替混合分散方法,制得纯聚酯粉末涂料,涂层抗冲击强度超过 60 kg·cm、耐老化时间达到 1 200 h;涂铭旌等人将 0.5%~5.0% 的无机纳米复合材料进行高速混合分散,然后熔融挤出,制得聚氨酯粉末涂料,其耐候性指标比不加纳米材料提高了 100%~200%。

3. 纳米材料在生物医学领域的应用

生物医学纳米材料是指应用于生物医学领域中的纳米材料与纳米结构。纳米生物医用材料就是纳米材料与生物医用材料的交叉,将纳米微粒与其他材料相复合制成各种各样的复合材料。随着研究的进一步深入和技术的发展,纳米材料开始与许多学科相互渗透,显示出巨大的潜在应用价值,并且已经在一些领域获得了初步的应用。

(1)纳米材料在生物学上的应用

1)细胞分离用纳米材料

由于纳米复合体性能稳定,一般不与胶体溶液和生物溶液反应,因此用纳米技术进行细胞分离在医疗临床诊断上具有广阔的应用前景。目前,生物芯片材料已成功运用于单细胞分离、基因突变分析、基因扩增与免疫分析(如在癌症等临床诊断中作为细胞内部信号的传感器)。

2)细胞内部染色用纳米材料

将纳米金粒子与预先精制的抗体或单克隆抗体混合,制成多种纳米金/抗体复合物。借助复合粒子分别与细胞和骨骼内各种系统结合而形成的复合物,在白光或单色光照射下呈现某种特征颜色。

3)生物活性纳米材料

应用溶胶–凝胶技术制备纳米复合材料,同时在体系中引入氨基、醛基、羟基等有机官能团,使材料表面具有反应活性,可望在生化物质固定膜材料、生物膜反应器等方面获得较大应用。

(2)纳米材料在医药学上的应用

1)药物控释纳米材料

对于一些溶解速率过快的药物,采用纳米载体制成含药的纳米脂质体、纳米囊、纳米球等,使药物微粒在体内随着其载体的缓慢降解而逐渐溶出,从而达到药物在体内的缓慢释放,因而在药物输送方面具有广阔的应用前景。

2)纳米颗粒

纳米颗粒表面活性很高,通过纳米颗粒的表面活性作用,利用纳米技术将中药材制成纳米粒子口服胶囊、口服液或膏药,可克服中药在煎熬中有效成分损失及口感上的不足,使有效成分吸收率大幅度提高。

3)纳米抗菌材料及创伤敷料

由于纳米银粒子的表面效应,其抗菌能力是微米银粒子的 200 倍以上,因而添加纳米银粒子制的医用敷粒对诸如黄色葡萄球菌、绿浓杆菌等临床见的 40 余种外科感染细菌有较好的抑制作用。

4. 纳米材料在航天领域的应用

(1)固体火箭催化剂

固体火箭推进剂主要由固体氧化剂和可燃物组成。固体火箭推进剂的燃烧速度取决于氧化剂与可燃物的反应速度，它们之间的反应速度的大小主要取决于固体氧化剂和可燃物接触面积的大小以及催化剂的催化效果。纳米材料由于粒径小、比表面积大、表面原子多、晶粒的微观结构复杂并且存在各种点阵缺陷，因此具有高的表面活性。正因为如此，用纳米催化剂取代火箭推进剂中的普通催化剂成为国内外研究的热点。

（2）增韧陶瓷结构材料和"太空电梯"的绳索

陶瓷材料在通常情况下呈现脆性，只在 1 000 ℃ 以上温度时表现出塑性，而纳米陶瓷在室温下就可以发生塑性变形，在高温下有类似金属的超塑性。碳纳米管是石墨中一层或若干层碳原子卷曲而成的笼状"纤维"，内部是空的，直径只有几到几十纳米。这样的材料很轻，很结实，而强度也很高，这种材料可以做防弹背心，如果用做绳索，并将其做成地球 – 月球乘人的电梯，人们在月球定居很容易了。

（3）纳米改性聚合物基复合材料

纳米材料的另一重要应用是制造高性能复合材料。北京玻璃钢研究院的研究表明，将某些纳米粒子掺入树脂体系，对玻璃钢的耐烧蚀性能大大提高。这些研究对于提高导弹武器酚醛防热烧蚀材料性能、改善武器系统工作环境、提高武器系统突防能力有着深远影响。

此外，纳米材料在航天领域还有很多的应用，如采用纳米材料对光、电吸收能力强的特点可制作高效光热、光电转换材料，可高效地将太阳能转换成热、电能，在卫星、宇宙飞船、航天飞机的太阳能发电板上可以喷涂一层特殊的纳米材料，用于增强其光电转换能力；在电子对抗战中将各种金属材料及非金属材料（石墨）等经超细化后，制成的超细混合物用于干扰弹中，对敌方电磁波的屏蔽与干扰效果良好等。

5. 纳米材料在环境保护上的应用

纳米材料具有吸附和光催化作用，吸附是气体吸附质在固体吸附剂表面发生的行为，其发生的过程与吸附剂固体表面特征密切相关。目前，利用于光催化作用的纳米材料主要是 TiO_2。普通的 TiO_2 的光催化能力较弱，但纳米级锐钛型 TiO_2 晶体具有很强的光催化能力，这与颗粒的粒径有直接的关系。TiO_2 等半导体纳米微粒的光催化反应在废水处理和环境保护方面大有用武之地。

（1）废水处理

纳米 TiO_2 对于生产和使用燃料的过程排放的大量含芳烃、氨基、偶氮基团的致癌物有机物废水具有很好的催化降解作用；用浸涂法制备的纳米 TiO_2 或者用空心玻璃球负载 TiO_2 可以漂浮于水面，对水面上的油层、辛烷等具有良好的光催化降解作用，这无疑给清除海洋石油污染提供了一种可以实施的有效方法。

随着工业和农业的发展，工业废水和农业排放废水进入地下使地下水中的有机物含量增加，这些有机物容易在水处理过程中反应生成致癌物质（THM），幸运的是，纳滤膜能够有效地去除这些有机物。

研究结果表明，纳米 TiO_2 对 Cr^{6+} 有强烈的吸附作用。当 pH 改变时，纳米 TiO_2 吸附的

Cr^{6+} 可被 2 mol/L HCl 完全洗脱。如果把纳米微粒做成净水剂,那么,这种净水剂的吸附能力是普通净水剂 $AlCl_3$ 的 10 ～ 20 倍,足以把污水中的悬浮物完全吸附和沉淀下来。若再以纳米磁性物质、纤维和活性炭净化装置相配套,就可有效地除去水中的铁锈、泥沙和异味。经过前两道净化工序后,水体清澈、无异味,并且口感较好。

(2)固体垃圾处理

将纳米技术和纳米材料应用于城市固体垃圾处理主要表现在以下两个方面:①将橡胶制品、塑料制品、废旧印刷电路板等制成超微粉末,除去其中的异物,成为再生原料回收;②应用纳米 TiO_2 加速城市垃圾的降解,其降解速度是大颗粒 TiO_2 的 10 倍以上,从而可以缓解大量生活垃圾给城市环境带来的巨大压力。

8.1.6　纳米材料的发展前景及展望

在充满生机的 21 世纪,信息、生物技术、能源、环境、先进制造技术和国防的高速发展必然对材料提出新的需求,元件的小型化、智能化、高集成、高密度存储和超快传输等要求材料的尺寸越来越小;航空航天、新型军事装备及先进制造技术等对材料性能要求越来越高。纳米材料和纳米结构是当今新材料研究领域中最富有活力,对未来经济和社会发展有着重要影响的研究对象,也是纳米科技中最为活跃、最接近应用的重要组成部分。正像美国科学家估计的"这种人们肉眼看不见的极微小的物质很可能给予各个领域带来一场革命"。纳米材料和纳米结构的应用将对如何调整国民经济支柱产业的布局、设计新产品、形成新的产业及改造传统产业注入高科技含量提供新的机遇。

纳米材料的发展前景主要体现在以下几个方面:

1)信息产业中的纳米技术。信息产业在国际上占有举足轻重的地位,纳米技术的应用主要体现在 4 个方面:①网络通信、宽频带的网络通信、纳米结构器件、芯片技术等;②光电子器件、分子电子器件、薄层纳米电子器件;③网络通信的关键纳米器件;④压敏电阻、非线性电阻等。

2)环境产业中的纳米技术。纳米技术对空气中 20 nm 以及水中的 200 nm 污染物的讲降时不可替代的。要净化环境,必须用纳米技术。

3)能源环保中的纳米技术。合理利用传统能源和开发新能源是我国当前和今后的一项重要任务。利用纳米改进汽油、柴油的添加剂,具有助燃、净化作用,也可以通过转化太阳能得到电能、热能,提供新型能源。

4)纳米生物医药。目前,国际医药行业面临新的决策,那就是用纳米尺度发展制药业。

5)纳米技术对传统产业改造。对于中国来说,当前是纳米技术切入传统产业、将纳米技术和各个领域相结合的最好机遇。

综合看来,纳米材料作为新型的技术产业,已经在国际上占有不可取代的地位,如何利用纳米材料和技术为人类造福,改造保护环境是研究的重点和方向。21 世纪将是纳米科技迅速发展的时段，开发、创造新型材料将会促进国家经济、国防建设等的发展，具有深远的意义。

8.2　化学薄膜材料

8.2.1　膜材料的分类与特点

1. 什么是薄膜材料

在大块物体中，有许多力作用在一给定的粒子（原子、电子）上，在晶体中，这些力具有周期性；但在无定形材料中，由于至多只存在着短程有序性，这些力不再具有周期性；不过在以上两种情况下，粒子在各个方向上都受到力作用。然而，倘若只考虑表面区域，则这些力就会在表面中断。作用在表面粒子上的力，不同于作用在体内粒子上的力，主要的差别是前者具有明显的非对称性，因此表面的能态可能与内部的能态迥然不同，所以我们就称其存在着表面能态。

如果考虑的是某种材料构成的非常薄的薄膜，那么我们就会有这样一种情况，在这种情况下薄膜的两个表面彼此靠得非常近，因而会对该材料内部的物理性质和过程带来决定性的影响，这些物理性质和过程绝然不同于块状材料。薄膜两表面之间距离的减小及相互作用，会导致出现种种全新的现象。此外，当材料的一个尺度减至仅有几个原子层的量级时，会形成一个介于宏观系统和分子系统之间的一种中间系统，这样便给我们提供了一种研究各种物理过程微观物理性质的办法。

究竟"薄"至何等尺度方可以认为是薄膜，这一问题现在尚无法做出确切回答。一般可以认为，这一尺度取决于出现特定异常现象时的厚度，但是它又会因不同的物理现象而不同。实际上，薄膜物理和工艺只研究厚度在十分之几微米和几个微米之间的薄膜。

2. 膜材料的基本性质

单晶膜，在以固体电路为中心的电子学领域中，以及在分子束外延膜等很有应用前途的光电子学领域中，起着重要的作用。但是，常用的薄膜还是以多晶膜为多。这两种薄膜分别经过了严格的评价试验，都已经实用化了。这里，叙述有关薄膜的基本性质。

导电性：薄膜是在急热急冷的状态下生成的，因此薄膜内缺陷很多，这样，其导电性就表现出与整块的（固体）金属时的导电性不同的特殊性质。在研究薄膜的导电性时，和气体情况下相类似的要考虑到电子的平均自由行程（一般为数百埃左右）与膜厚的关系。

金属薄膜的电阻温度系数 TCR，一般地，在膜较薄时为负，在膜较厚时为正值。TCR 不仅随着厚度而且随着蒸镀时的温度而变化。

薄膜的密度：一般说来，薄膜的密度要比整块材料的密度低。因此同样重量的膜也比整块材料的膜要厚些。也可以说，这是由于某种程度的粗糙性造成的。因此在以测定重量来计算膜厚的情况下，有必要预先测定出密度来(为此也还必须测定一次膜厚)。

经时变化：薄膜在制成后也会十分缓慢地变化，这和普通金属那样经过充分地退火除去了各种各样的缺陷是不同的。薄膜在制造时由于急速地冷却而包含有各种各样的缺陷、变形等，这是它变化的起因。在使用薄膜时，一般要求经时变化越小越好。为此，就要研究各种各样的制造条件。通常膜越薄，经时变化越大。

电介质膜：电介质多数是化合物在被蒸发和溅射的情况下，是不变化地飞出去，还是分解、汽化了? 这还不清楚。但是，可以认为，至少其中有一部分被分解了。这些薄膜是作为绝缘体使用的，但其中包含的缺陷比金属膜要多得多，且组成成分的差异也很大，因此，在多数场合下，绝缘性和介电特性都比整块材料要差.为了除去这些缺陷，在薄膜制成之后，往往要进行热处理。

8.2.2　膜材料的制备方法简介

1. 电解淀积

19 世纪初，镀金已经发明。此后不久，其他金属也用电解淀积方法制成薄膜。装饰性和保护性薄膜的淀积，不久亦相继出现，采用的是电解淀积法(作为提炼金和铜的一种方法)。电镀铜在电铸方面有了进一步的应用，用作汽车"五金零件"镀铬的衬底。淀积厚度可达微米级，因而这一方法亦可用于改变工件的尺寸。如果非导体上先被覆上导电层，则薄膜亦可镀在非导体上。

在金属的电解淀积过程中，电解液中的金属离子向所加电场的阴极移动。离子接受电子而淀积在阴极上成为金属原子。淀积而成的薄膜，其特性决定于电流密度、电解液的搅拌和温度、金属离子的扩散速率以及电极的形状和结构。电解液中的杂质亦可随同金属被吸附或淀积，从而影响薄膜的特性。

2. 化学还原

大约在电解淀积法发明的同时，就发明了另一种薄膜淀积技术。这种技术目前还在应用，主要是用于镜子镀银。这个方法采用的是硝酸银溶液，加入还原剂，金属银就淀积起来。所用的还原剂，一般是糖、罗谢耳盐或甲醛。这种技术也适用于铜、铂、硫化铅的淀积。硫化铅薄膜用于制造电阻，早在 1910 年就有人提出过。

3. 非电镀膜

非电镀膜是一种新的薄膜淀积方法，类似于"化学还原"。该方法是 1946 年发明的，当时试图把镍－钨合金电解淀积在管子的里面。向电镀槽内添加了次磷酸盐，以降低阳极氧化的程度，而且把阳极安置在管子里面，这样结合起来就使管子内外都镀上了。同时，又观察到另一惊人的情况，即使不用电流也可获得同样的结果。很明显，次磷酸盐离子在同金属表面接触时，能把镍盐还原。后来还发现，一般不能采用非电镀膜的衬料，如果先在氯化钯溶液中冲洗，亦可如此进行非电镀膜。采用这种技术可在选定的区域和孔隙内镀膜，从而克服了在这些部位上电镀所遇到的困难。这种方法与电镀相似之处，就是它可以连续形成一厚膜层。除镍以外，钯和金的薄膜亦可采用非电镀膜法。当前，在陶瓷上已把非电淀积镍作为电阻材料。

4. 蒸气镀膜

一种材料，在其熔点以下某一温度时，如能形成易于分解或还原的挥发性化合物，即可利用其蒸气进行镀膜。这种挥发性化合物必须是十分稳定的，以防止其在未达到淀积表面以前发生分解和还原现象。蒸气镀膜技术就是在加热表面上还原或分解这种挥发性化合物。例如，在工件上镀钛，此方法是在 1 100～1 400 ℃时用氢还原溴化钛。溴化钛在室温时为固体，将其加热到 50～100 ℃时使氢气通过，以获得镀膜用蒸气气体混合物。这种气体混合物再通过加热了的试样，并在其上进行化学反应，这样就生成附着的非挥发性金属钛膜。残余的氢气和溴化氢，连同未进行反应的溴化钛，随后溢出镀膜容器而加以回收。

蒸气镀膜技术的一个优点，就是可以把难熔金属镀在工件上，作为高温防护层，其厚度大大超过用其他方法得到的镀膜厚度。

5. 蒸发镀膜

任何物质在一定温度下，总有一些分子从凝聚态(固态，液态)变成为气态离开物质表面，但固体在常温常压下，这种蒸发量是极微小的。如果将固体材料置于真空中加热至此材料蒸发温度时，在气化热作用下，材料的分子或原子具有足够的热震动能量去克服固体表面原子间的吸引力，并以一定速度逸出，变成气态分子或原子向四周迅速蒸发散射。当真空高度，分子自由程 λ 远大于蒸发器到被镀物的距离 d 时[一般要求 $\overline{\lambda} = (2 \sim 3d)$]，材料的蒸气分子在散射途中才能无阻挡地直线到达被镀物和真空室表面。在化学吸附(化学键力引起的吸附)和物理吸附(靠分子间范德瓦尔斯力产生的吸附)作用下，蒸气分子就吸附在基片表面上。当基片表面温度低于某一临界温度，则蒸气分子在其表面发生凝结，即核化过程，形成"晶核"。当蒸气分子入射到基片上密度大时，晶核形成容易，相应成核数目也就增多。在成膜过程继续进行中，晶核逐渐长大，而成核数目却并不显著增多。由于后续分子直接入射到晶核上，已吸收分子和小晶核移到一起形成晶粒，两个晶核长大到互相接触合并成晶粒等三个因素，使晶粒不断长大结合，构成一层网膜。当它的平均厚度增加到一定厚度后，在基片表面紧密结合而沉积成一层连续性薄膜。

蒸气镀膜技术的一个优点，就是可以把难熔金属镀在工件上，作为高温防护层，其厚度大大超过用其他方法得到的镀膜厚度。

6. 溅射技术

阴极溅射技术是 19 世纪中期发明的。溅射和蒸发的相似之处是两者都需要在真空中进行。重要的区别是：蒸发被覆材料时，使用的是热能；溅射时对材料进行离子轰击(引起原子喷射)。这样，耐热材料薄膜即可用溅射法淀积生成，而不采用高蒸发源温度。当把高电场加到低气压气体(如氩)时，在积淀室内产生辉光放电，即产生离子。带正电荷的氩离子被加速通过电场而冲击用溅射材料制成的阴极,阴极表面由于离子轰击而失去原子并聚集在周围。

溅射技术的优点,是能够以适当的速率把耐热金属积淀到较凉的基片上,以及能依赖添加反应气体的方法积淀这些金属的化合物。与蒸发相比,对积淀参数的控制略嫌繁琐,原因是建设条件较为复杂。溅射薄膜主要用于薄膜电路,如制备电阻、电容器电极,以及制备金属氧化物电容器介质的原材料。这些耐热金属薄膜在化学上非常稳定,从而可制成稳定的、寿命长的元器件。

7. 阳极处理

在金属上生成氧化物层的阳极处理法,早在 19 世纪中期就为人所知,但首次生成较厚的保护层还是在 1924 年。该保护层当时用于由"杜拉铝"(硬铝合金)制成的水上飞机,其阳极处理电解液采用的是铬酸。近几年来,这一工艺也使用硫酸槽。阳极处理技术与电解淀积技术也有关系,两者所用的装置大致相同;不过顾名思义,阳极处理制成的薄膜是形成在阳极即正电极上,而不是在阴极上。

8. 聚合作用

制各介质薄膜的另一方法,是先喷覆聚合物溶液然后把溶剂蒸发掉。利用这一技术已制成"漆膜"电容器。这一方法必须注意防止在溶剂蒸发期间形成针孔。这种薄膜常常是多孔性的,因而不用于反应气体的防护层。这一技术只适用于能溶于挥发性溶剂中的聚合物。应当指出,挥发性溶剂这一条件,严重地限制了可用材料的品种。

8.2.3　功能无机膜材料

无机膜是以无机材料为分离介质制成的具有分离功能的渗透膜,如陶瓷膜、金属膜、分子筛复合膜和玻璃膜等,它具有化学稳定性好、耐高温、孔径分布窄和分离效率高等特点,可用于气体分离等。无机膜的研究始于 20 世纪 40 年代,现已经历三个阶段。由于无机膜的优异性能和无机材料科学的发展,无机膜的应用领域日益扩大,无机膜的应用主要涉及液相分离与净化,气体分离与净化和膜反应器 3 个方面。无机膜的工业化应用主要集中于液相分离领域。无机膜在液体分离方面的应用主要是微滤和超滤,其中使用最多的是陶瓷膜。将无机膜与催化反应过程结合而构成的膜催化反应过程被认为是催化学科的未来三大发展方向之一。因此无机膜的应用成为当前膜技术领域的一个研究开发热点。

1)陶瓷膜是以多孔陶瓷材料为介质制成的具有分离功能的渗透膜。它可以承受高温和宽的 pH 范围,而且其化学惰性比聚合物膜高,一般用于微滤和超滤。金属膜是 20 世纪 90 年代由美国研制成功的以多孔不锈钢为基体、TiO_2 陶瓷为膜层材料的一种新型金属 – 陶瓷复合型的无机膜。金属膜具有良好的塑性、韧性和强度,以及对环境和物料的适应性,是继有机膜、陶瓷膜之后性能最好的膜材料之一。

2)金属膜是以金属材料(如钯、银)为介质制成的具有分离功能的渗透膜。可利用其对氢的溶解机理制备超纯氢和进行加氢或脱氢膜反应。金属膜材料包括致密金属膜材料和多孔金属膜材料。致密金属膜材料物质通过致密材料是按照溶解－扩散或离子传递机理进行的。

3）分子筛复合膜是指表观孔径小于 1 nm 的膜。分子筛膜作为复合膜的控制层来使用，由于具有均匀的孔径，其孔径大小与分子尺寸相近，气体因分子大小不同而被分离，这种由分子筛分机制控制的选择性是微孔膜中最高的。它具有与分子大小相当、且均匀一致的孔径，可进行离子交换，具有高温稳定性、优良的选择催化性能、易被改性以及有多种不同的结构可供选择等优点，是理想的膜分离和膜催化材料。沸石膜作为一种新型无机膜，不仅具有一般无机膜所有的特性，而且还具有沸石分子筛固有的独特孔道结构和结构种类多样性及其性质的可调变性。因此，近十几年来一直是膜研究的重要热点方向之一。沸石分子筛膜是一种优异的无机膜材料，它具有独特的性能、孔径均一、阳离子可交换等优点，是实现分子水平上膜催化反应的优良多孔材料。

4）玻璃膜主要是由玻璃经化学处理制成具有分离功能的渗透膜。它是无机多孔膜的一种，可用于血液过滤和气体分离。其中孔径大于 50 nm 为粗孔膜，孔径介于 2～50 nm 称之为过渡孔膜，孔径小于 2 nm 成为微孔膜。目前研究的玻璃膜有三种：酸沥法制备的多孔玻璃膜；用无机物或有机物进行表面改性的玻璃膜；以多孔玻璃、陶瓷、金属为基体，利用溶胶－凝胶等工艺将另一种非晶膜涂在它们表面的复合膜。

8.2.4 有机高分子膜材料

高分子固体膜材料主要有纤维素类、聚酰胺类、芳香杂环类、聚烯烃类、硅橡胶类、含氟高分子系列。

1. 反渗透膜材料

要具有优异的渗透选择性、脱盐率高、耐温性能好，目前已大规模工业应用，以芳香聚酰胺复合膜为代表的新一代反渗透膜，脱盐率已达 99.7%。反渗透膜主要用在高温海水脱盐，低压苦咸水脱盐及超低压反渗透技术即纳滤。反渗透膜几乎对所有溶质都有很高的脱出率，但纳滤膜只对特定的溶质有较高的脱除率，如 Ca^{2+}、Mg^{2+} 等，截留的分子为纳米级。

2. 微滤、超滤膜材料

微滤、超滤膜材料要有亲水性、高水通量和抗污染能力，主要用于除菌，因而在饮用水处理、食品和医药卫生工业有广泛应用。醋酸纤维素是最常用的材料，具有选择性高、透水量大、耐氯性好、制膜工艺简单等优点。聚砜不对称超滤膜的化学性能更稳定，膜强度更高，已发展为产量最大的超滤膜材料。

3. 电渗析膜材料

电渗析用的离子交换膜强调膜要耐酸碱和具有热稳定性，制备离子交换膜的高分子材料近 10 年最常用的是聚乙烯、聚丙烯、聚氯乙烯、氟碳高聚物等的苯乙烯枝接高聚物，适用于苦咸水淡化、海水浓缩制备食盐、果汁脱酸等。

4. 渗透汽化膜材料

渗透汽化要求膜对透过组分有优先溶解、扩散的能力，如用于有机溶剂分离，还要求膜材料耐溶剂，渗透汽化膜材料大多是复合膜。

5. 气体分离膜材料

气体分离要求膜材料具有高的透气性和良好的透气选择性，高的机械强度，优良的热稳定性和化学稳定性及良好的膜加工性能。常用的膜材料有聚烯烃、纤维素类聚合物、聚砜等。近年来研究开发的热点是聚酰亚胺类材料，该类材料具有透气选择性好、力学强度高、耐化学介质等优点。

8.2.5 特种纳滤膜、超滤膜和炭膜介绍

所谓纳滤膜是指透过物大小在 $1 \sim 10$ nm，科学家们推测纳滤膜表面分离层可能拥有纳米级（10 nm 以下）的孔结构，故习惯上称之为"纳滤膜"，又叫"纳米膜"、"纳米管"。

超滤膜是一种具有超级"筛分"分离功能的多孔膜。它的孔径只有几纳米到几十纳米，也就是说只有一根头发丝的1‰！在膜的一侧施以适当压力，就能筛出大于孔径的溶质分子，以分离分子量大于 500 道尔顿、粒径大于 $2 \sim 20$ nm 的颗粒。超滤膜的结构有对称和非对称之分。前者是各向同性的，没有皮层，所有方向上的孔隙都是一样的，属于深层过滤；后者具有较致密的表层和以指状结构为主的底层，表层厚度为 0.1 μm 或更小，并具有排列有序的微孔，底层厚度为 $200 \sim 250$ μm，属于表层过滤。工业使用的超滤膜一般为非对称膜。超滤膜的膜材料主要有纤维素及其衍生物、聚碳酸酯、聚氯乙烯、聚偏氟乙烯、聚砜、聚丙烯腈、聚酰胺、聚砜酰胺、磺化聚砜、交链的聚乙烯醇、改性丙烯酸聚合物等。超滤膜是最早开发的高分子分离膜之一，在 20 世纪 60 年代超滤装置就实现了工业化。超滤膜的工业应用十分广泛，已成为新型化工单元操作之一。超滤膜用于分离、浓缩、纯化生物制品、医药制品以及食品工业中；还用于血液处理、废水处理和超纯水制备中的终端处理装置。在我国已成功地利用超滤膜进行了中草药的浓缩提纯。随着技术的进步，超滤膜的筛选功能必将得到改进和加强，对人类社会的贡献也将越来越大。

炭膜作为一种新颖的无机膜石油含碳物质经过高温热解炭化而成的，它不仅具有较高的耐高温、耐酸碱和化学溶剂的能力，较高的机械强度，而且还具有均匀的孔径分布和较高的渗透能力及选择性。炭膜的结构由支撑体和分离层两部分组成。支撑体主要起支撑作用，要求有较好的渗透性和较高的机械强度。

8.3 有机电子材料

8.3.1 有机电子材料的电性能

有机化合物是共价化合物，其晶体是分子晶体，分子间以范德瓦耳斯力相互作用，长期

以来作为优良的绝缘体。20世纪50年代科学家发现一些有机晶体具有半导体特性，从此开辟了一个新的研究领域，即有机材料，包括高分子材料作为导电材料的研究。固体材料按其电导率和温度特性可划分为绝缘体（$10^{-22} \sim 10^{-15}$ S/cm）、半导体（$10^{-8} \sim 10^{-2}$ S/cm，其电导率随温度升高而增加）、金属（$10 \sim 10^4$ S/cm，其电导率随温度降低而增加）和超导体（在某温度下，电阻为零；同时，磁场不能穿透样品；诸如比热容等有突变）。随着对有机化合物导电特性的深入研究，人们不仅打破了有机化合物是绝缘体的传统观念，具有重要的科学意义，而且还发现有机导电材料具有广泛的应用前景。

有机导体和超导体是一个多学科交叉的领域，经过了20世纪八九十年代迅速的发展，其研究内容和结果得到了极大的丰富，但近10年来相对处于一个研究的低潮时期，要想取得重大的进展必须有待在研究体系和理论上获得突破。基于TTF体系的有机超导体似乎T_C难有再大的提高，C_{60}体系的超导体的出现曾让有机超导体的T_C有一个大的提高（约47 K），有理由期待具有更高T_C的有机超导体能在其他全新的分子体系中实现。有机物一个最大的优势是其结构和组成的多样性，这是无机材料所无法比拟的，人们可以设计合成出各种全新结构的分子，来实现各种不同的功能。另外，有机超导体的研究意义还在其超导机制是不同于无机超导体系的，美国科学家Little等人曾设计提出过室温的有机超导体模型化合物，这些都是有机超导体这一研究领域不断吸引各国科学家努力钻研的所在。

人们在对有机导体和超导体研究的同时，也对有机半导体进行了详细的研究。尤其发现有机半导体作为电致发光材料和有机场效应材料具有很好的应用前景，成为有机光电子功能材料和器件研究领域里的热点。

导电聚合物是指一类具有共轭链结构、氧化或还原掺杂后具有导电性的聚合物。20世纪70年代，美国的Alan J. Heeger教授、Alan G. MacDiarmid教授和日本的白川英树教授合作研究发现，聚乙炔薄膜经电子受体掺杂后电导率可提高9个数量级，达到10^3 S/cm，这一发现打破了有机高分子聚合物都是绝缘体的传统观念，开创了导电聚合物的研究领域。随后的一段时间里，在全世界范围内掀起了一股导电聚合物的研究热潮，相继又发现了聚吡咯、聚苯胺、聚噻吩、聚对苯、聚对亚苯基乙烯等一系列导电聚合物。在早期（1977～1990年）的导电聚合物研究中，人们取得了一系列重要研究成果，如提出了导电聚合物电荷载流子的孤子理论和极化子、双极化子理论，发展了导电聚合物的化学氧化聚合和电化学氧化聚合制备方法，并开展了导电聚合物在化学电源、修饰电极、电致变色显示等方面的应用研究。

导电聚合物的许多应用（包括用作化学电源的电极材料、电色显示材料、修饰电极和酶电极等）都与其电化学性质密切相关，因此研究导电聚合物的电化学性质，非常重要。许多共轭聚合物在高电位区可发生电化学 p 型掺杂/脱掺杂（氧化/再还原）过程，在低电位区又可发生电化学 n 型掺杂/脱掺杂（还原/再氧化）过程。研究导电聚合物的电化学性质，主要是研究这些电化学掺杂/脱掺杂反应的电极电位、可逆性及其反应机理。

导电聚合物具有掺杂导电态和中性半导态两种状态，这两种状态都有一些重要的应用。

掺杂导电态的应用包括用于电池和超电容的电极材料、静电屏蔽材料、金属防腐蚀材料、电解电容器、微波吸收隐身材料、电致发光器件正极修饰材料、透明导电涂层、化学和生物传感器、导电纤维等；中性半导态的应用领域有电致发光材料、场效应管半导体材料、聚合物光伏电池材料等。

8.3.2 有机电子材料的光性能

光功能材料大体可以分为两大类，一类是利用光与物质的相互作用导致材料本身的结构与性能发生变化，从而产生新的功能，如感光材料、光电导材料、光致变色材料等；另一类则是利用光在与物质相互作用后导致光的性质发生变化，如发光材料、非线性光学材料等。

光致变色被定义为具有不同吸收波长的两种化学物质之间可逆的光异构化。在发生光异构化反应过程中，不仅异构化的吸收波长发生改变，异构体其他的物理、化学性质，如折射率、介电常数、氧化 – 还原电位以及分子的几何构型等，也会发生变化。正是基于分子的这些变化，光致变色材料在很多光子器件中有着广阔的应用前景。光致变色化合物的研究可以追溯到 19 世纪 60 年代。1867 年，Fritsche 首次观察到黄色的并四苯化合物在空气和光的作用下发生褪色，所生成的物质受热重新生成黄色的并四苯化合物的现象。但在随后的六七十年中，除了有几例化合物在光的作用下颜色发生可逆变化的报道外，光致变色现象并未引起人们的关注。光致变色学发展的第一次飞跃始于 20 世纪 40 年代。为了揭示光致变色反应机理、生成物的结构及反应中间体的形成过程，人们对二苯乙烯，偶氮染料等的顺 – 反异构化反应做了大量的研究。到了 50 ~ 60 年代，由于典型的功能色素、有机染料、颜料等材料光致变色体系的被发现，光致变色学的发展出现了第二次飞跃。这期间对光致变色材料的研究主要围绕在军事和商业兴趣上，如光致变色伪装材料、光致变色印刷版和印刷电路等。激光技术的发展给光致变色学的突破创造了条件。90 年代后，光致变色学有了较快的发展，其研究主要集中在光信息存储和分子光开关等方面。

感光性高分子材料主要包括光敏涂料和光刻胶。

聚合物型电致发光材料具有良好的机械加工性，并可用简单方式成膜，很容易实现大面积显示。聚合物种类繁多，并可以通过改变共轭链长度、替代取代基、调整主侧链结构及组成等分子设计方法改变其结构，能得到不同禁带宽度的发光材料，从而获得包括红、绿、蓝三基色的全谱带发光，为开发第四代全彩色电致发光显示器创造了基本条件。相对于前三代显示器(阴极射线管、液晶和等离子体)，电致发光材料器件具有超薄、超轻、低耗、宽视角、主动发光等特点。此外，聚合物电致发光器件体积小、驱动电压低、制作简单、造价低、响应速度快也是其重要优点。

与有机小分子电致发光材料相比，聚合物的玻璃化温度高、不易结晶，材料具有挠曲性，力学强度好。因此，聚合物电致发光器件克服了以有机小分子为主要成分的电致发光材料易结晶、界面分相和寿命短等问题，为有机电致发光器件性能的提升开辟了道路，具有巨大的市场前景。

　　高分子非线性光学材料是光学性质依赖于入射光强度的高分子材料。非线性光学性质也被称为强光作用下光学性质，主要是因为这些性质只有在激光这样的强相干光作用下才表现出来。随着激光技术的发展和广泛应用，光电子技术已经成为重要的高新技术，包括光通讯、光信息处理、光信息存储、全息技术、光计算机等。但是，激光器本身只能提供有限波长的高强度相干光源，如果要对激光束进行调频、调幅、调相和调偏等调制操作，就必须依靠某些物质特殊的非线性光学效应来完成。具有非线性光学性质的材料包括有机和无机晶体材料、有序排列的高分子材料、有机金属配合物等。其中某些有序排列的高分子材料，如某些高分子液晶、高分子 LB 膜、SA 膜等都是重要的高分子非线性光学材料，属于光敏功能高分子材料范畴。

8.3.3　有机电子材料的化学性能

　　有机电子材料的化学性能主要是指它们作为高分子试剂和高分子催化剂使用时的性能。高分子试剂和高分子催化剂的研究和开发是在小分子化学反应试剂和催化剂的基础上，通过高分子化过程，使其分子量增加，溶解度减小，获得聚合物的某些优良性质。在高分子化的过程中，人们希望得到的高分子试剂和催化剂能够保持或基本保持其小分子试剂的反应性能或催化性能，将某些均相反应转化成多相反应，简化分离、提纯等后处理过程，或者借此提高试剂的稳定性和易处理性，从而克服小分子试剂和催化剂反应后的分离、纯化等困难。

　　1. 高分子试剂的作用原理及特点

　　（1）高分子试剂的作用原理

　　常规的有机合成过程中一般包括三个阶段：反应、分离和纯化。在低分子有机合成体系中，只有经过这三步过程才能得到纯化的产物，其中化学反应过程可能时间较短，但是分离提纯过程往往需要数倍于反应的时间。而高分子试剂参与的有机合成反应是将反应试剂通过适当的化学反应固载到聚合物载体上得到聚合物支载的产物。经一定的化学反应方法将产物从聚合物上解脱下来，滤去用过的高分子载体，粗产物留在滤液中，经简单的纯化后得到所需的产物。经过再生后的高分子试剂可循环使用。

　　（2）高分子试剂的特点

　　与常规的有机合成方法相比，高分子试剂进行有机化学反应具有如下优点。

　　1）高分子试剂在反应完成以后可以很容易地通过过滤的方法与其他的反应组分分离，大大简化了反应操作。

　　2）高分子试剂可以再生，重复使用，在经济上有一定的优势。

　　3）反应过程可能实现连续自动化操作。对于反应速率较快的反应，可用一根装填有有机高分子试剂的反应柱，其他的反应物依次通过反应柱即可完成反应过程。

　　4）由于聚合物一般不溶、不挥发、无毒无嗅，因此聚合物支载的硫醇、砷类等高分子试剂对环境是友好的。

5）一些低分子试剂制成高分子试剂以后，其活性和选择性会提高。

（3）高分子试剂的用途

自从肽的固相合成法发明的 40 多年来，高分子试剂的开发和应用已得到了很大的发展。新型的高分子试剂不断地被研制出来，高分子试剂的应用范围也不断扩大。高分子试剂主要用作高分子氧化还原剂、高分子卤代试剂、高分子酰基化反应试剂、高分子烷基化试剂、高分子亲核反应试剂等。

2. 高分子催化剂

高分子催化剂是对化学反应具有催化作用的高分子，包括无机及有机高分子。有机高分子催化剂大体分为两类：一是不含有金属元素的高分子聚合物，二是含有金属活性物质的高分子配合物。前者典型的代表是离子交换树脂，利用离子交换树脂本身的酸、碱特性，在一些有酸、碱催化的化学反应中得到很好的使用，如缩合反应（Knoevenagel 反应、酯化、缩醛化、羟醛缩合反应等）、加成反应（Michael 加成、氰醇合成、硝基醇的合成、烯烃参与的烷基化反应、环氧化合物的加成反应）、消除反应、分子重排反应及某些高分子合成反应。酸性和碱性离子交换树脂作为催化剂在前述反应中使用时，不仅得到了较高的催化速率，而且将许多均相反应变为多相反应，达到了将催化剂与产物简单分离、催化剂反复使用的目的。

含有活性金属的高分子催化剂又被称为高分子负载催化剂。负载型催化剂是以有机或无机高分子材料为催化剂载体，将活性金属或其配合物采用共价键或非共价键形式负载于载体的表面。这类催化剂在加氢、硅氢加成、羰基化、分解、齐聚及聚合等反应中的使用研究比较活跃。这类催化剂多采用非均相反应体系，其主要出发点是采用多相体系有利于催化剂的回收利用，也有利于产品的分离及纯化，通过多年的研究，取得了一些很好的结果。

（1）高分子负载催化剂

将具有催化活性的金属离子和金属配合物以化学作用或物理作用方式固定于聚合物载体上所得到的具有催化功能的高分子材料称为高分子负载金属或金属配合物催化剂，简称高分子负载催化剂。

高分子负载催化剂由于其特殊的大分子结构，表现出小分子催化剂无法比拟的特点，如极为隔离效应、选择性提高效应、活性提高效应和协同效应等。高分子负载催化剂主要应用于催化加氢反应、氧化性聚合反应、烯烃的聚合与调聚以及环烯烃的开环歧化聚合等。

（2）高分子酸碱催化剂

高分子酸碱催化剂的制备多数是以苯乙烯为主要原料，二乙烯苯作为交联剂，通过乳液等聚合方法形成多孔性交联聚苯乙烯颗粒。通过控制交联剂的使用量和反应条件达到控制孔径和比表面积的目的。得到的交联树脂在溶剂中一般只能溶胀，不能溶解。然后再通过不同高分子反应，在苯环上引入强酸性基团（如磺酸基），或者强碱性基团（如季铵基），分别构成酸性阳离子交换树脂催化剂和碱性阴离子交换树脂催化剂。

目前，绝大部分强酸性阳离子交换树脂由二乙烯苯交联的聚苯乙烯微球用浓硫酸进行磺化反应制备，广泛用于锅炉软化水制备、纯水制备等。它也可以代替强酸如硫酸催化各种有机反应，如酯化反应、烯烃与醇的加成反应等。而强碱性阴离子交换树脂主要通过氯甲基化交联聚苯乙烯微球的季铵化反应进行制备。由于强碱性阴离子交换树脂可以视为固体的碱，因此可以代替无机碱作为催化剂使用，催化羟羧缩合、烯烃水合、消除、重排等反应。此外，强碱性阴离子交换树脂还可以交换上述各种性质不同的阴离子，制备成各种聚合物负载的氧化剂、还原剂及其他有机合成试剂。

(3)高分子相转移催化剂

相转移催化剂一般是指在反应中能与阴离子形成离子对，或者与阳离子形成配合物，从而增加这些离子型化合物在有机相中的溶解度的物质。这类物质主要包括亲脂性有机离子化合物(季铵盐)和非离子型的冠醚类化合物。与小分子相转移催化剂相比，高分子相转移催化剂不污染反应物和产物，催化剂的回收比较容易，因此可以采用比较昂贵的催化剂；同时还可以降低小分子冠醚类化合物的毒性，减少对环境的污染。

8.3.4 紫外光刻胶的应用

光致抗蚀剂也叫光刻胶，它是进行微型图形加工、制造微电子器件和印刷线路板的一种关键化学品。按反应机理及显影原理分类，它可以分为正型和负型两种。按曝光光源分类，它可以分为可见光和紫外线光刻胶、辐射光刻胶等。

光致抗蚀剂的配方比较复杂，除感光单体外，还有敏化剂、溶剂、稳定剂、阻聚剂、酸类和其他特殊添加剂。目前采用的曝光光源多为近紫外、中紫外、远紫外、电子束和 X 射线。其中 4 M 位 DRAM 采用 g 线(436 nm)；16 M 位 DRAM 采用 Ⅰ 线(356 nm)；高 NA 的透镜($NA > 0.55$ nm)，1G 位 DRAM，需用激元激光(KrF：249 nm，ArF：193 nm)步进重复缩小投影曝光或利用 SOR(同步辐射光)做光源的 X 射线或电子束、离子束来曝光。光刻胶主要发展趋势是：

1)生产线上正胶比例增加，过去负型抗蚀剂较多，现在正型胶销售额超过了负型胶；

2)改进紫外正胶对Ⅰ线(波长 365 nm)的灵敏度，使之用于 64 M 位存储器；

3)开发深紫外、电子束、X 射线等辐射抗蚀剂。

大规模集成电路的集成度以三年增长四倍的速度发展着，集成度的不断提高，不仅意味着最小器件尺寸的变小，也意味着高速、高可靠、低能耗和低成本。由于光刻工艺的极限分辨率 R 正比于曝光波长 λ，反比于棱镜的孔径 $NA[R = k\lambda/(NA)]$，因此，为满足微电子工业不断发展的需要，光刻工艺也经历了从 G 线(436 nm)光刻，Ⅰ 线(365 nm)光刻到深紫外(248 nm)光刻的发展历程。

光刻胶主要应用于模拟半导体(analog semiconductors)、发光二极管(light - emitting Diodes LEDs)、微机电系统(MEMS)、太阳能光伏(solar PV)、微流道和生物芯片

（microfluidics & biochips）、光电子器件/光子器件（optoelectronics/photonics）、封装（packaging）等领域。

中国的微电子和平板显示产业发展迅速，带动了光刻胶材料与高纯试剂供应商等产业链中的相关配套企业的建立和发展。特别是 2009 年 LED（发光二极管）的迅猛发展，更加有力地推动了光刻胶产业的发展。中国的光刻胶产业市场在原有分立器件、IC、LCD（液晶显示器）的基础上，又加入了 LED，再加上光伏的潜在市场，到 2010 年中国的光刻胶市场将超过20 亿元，将占国际光刻胶市场比例的 10% 以上。

从国内相关产业对光刻胶的需求量来看，目前主要还是以紫外光刻胶的用量为主，其中的中小规模（5 μm 以上技术）及大规模集成电路（5 μm、2 ~ 3 μm、0.8 ~ 1.2 μm 技术）企业、分立器件生产企业对于紫外负型光刻胶的需求总量将分别达到 100 ~ 150 t/a；用于集成电路、液晶显示的紫外正型光刻胶及用于 LED 的紫外正、负型光刻胶的需求总量在 700 ~ 800 t/a 之间。但是超大规模集成电路深紫外 248 nm（0.18 ~ 0.13 μm 技术）与 193 nm（90 nm、65 nm 及45 nm 的技术）光刻胶随着 Intel 大连等数条大尺寸线的建立，需求量也与日俱增。

8.4 功能色素材料

8.4.1 色素的构造和性质

功能色素材料指的是有特殊性能的有机染料和颜料，因此也称功能性染料，其特殊性能表现为光的吸收和发射性（如红外吸收，多色性，荧光、磷光、激光等）、光导性、可逆变化性（如热、光氧化性，化学发光）等方面。这些特殊功能来自色素分子结构有关的各种物理及化学性能，并将这些性能与分子在光、热、电等条件下的作用相结合而产生。例如，红外吸收色素就是利用了染料分子共轭体系，造成分子光谱的近红外吸收；液晶彩色显示材料利用了色素分子吸收光的方向性与色素分子在液晶中随电场变化发生定向排列的特性等。最早的功能色素可能是 1871 年拜尔公司开发的作为 pH 指示剂的酚酞染料。随后，在 19 世纪 90 年代开始出现压敏复写纸，在 20 世纪 60 年代压敏复写纸有了较快发展。随着电子工业等的发展，以及世界能源及信息面临的严峻形势以及传统的防治、印染工业的停滞，染料工业的研究也就从传统的染料、颜料，大规模的转移到光、电功能性色素上，并与高新技术紧密相连，取得了长足进步。

8.4.2 色素的种类

有机功能性色素的分类原则，可以用途为基础，也可以功能原理为依据。因此文献中出现过不同的分类结果。按照材料的功能原理可将功能性有机色素分为以下 5 大类 22 小类。随着研究开发的不断深入和应用技术领域的不断开拓，必定会有许多新的功能类别的功能色素出现。

色异构功能色素：光变色色素、热变色色素、电变色色素、湿变色色素、压敏色素。

能量转换与储存用功能色素：电致发光材料、化学发光材料、激光染料、有机非线性光学材料、太阳能转化用色素。

信息记录及显示用功能色素：液晶显示用色素、滤色片用色素、光信息记录用色素、电子复印用色素、喷墨打印用色素、热转移成像用色素。

生物医学用色素：医用色素、生物标识与着色色素、光动力疗法用色素、亲和色谱配基用色素。

化学反应用色素材料：催化用色素、链终止用色素。

和传统染料一样，上述这些功能色素的吸收光、发射光、电子性能、化学反应性以及光化学反应性等性能都来源于其分子中的 π 共轭电子体系。

功能色素的开发途径主要有筛选原有染料，利用传统的染料和颜料的某些潜在性能，例如，在电子照相和太阳能电池中的光导电性，在热转移印花中的升华性能，热转移记录系统中的扩散性能，热量记录中的光分解性能以及在喷涂记录系统的荷电性能等。另一种途径是改变或修正传统染料的发色体系，使其具有新的功能，例如，用于液晶显示的二色性，用于热变色的热敏染料隐色体，用于记录系统的红外线吸收染料等。

8.4.3 有机电致发光功能色素材料

电致发光(electroluminescence, EL)被称作"冷光"现象，是一种电控发光器件。早期采用无机材料作为发光材料，其发光效率差，而且无法制成大型显示器和纤维状制品。采用功能有机色素作为有机电致发光材料，以高分子材料做基体，有可能制成超薄大屏幕显示器、可弯曲薄膜显示器和薄膜电光源等。

对有机化合物电致发光现象的研究始于 20 世纪 30 年代中期。1936 年 Destriau 将有机荧光化合物分散在聚合物中制成薄膜，得到了最早的电致发光器件。1963 年纽约大学的 Pope 等人报道了蒽(anthracene)单晶的电致发光现象。随后 Helfrich 等人相继报道了蒽、萘、丁省等稠杂芳香族化合物的电致发光。Vincentt 等人用各种缩合多环芳香族化合物及荧光色素材料，制成 EL 薄膜器件。1982 年 Vincentt 用蒽作为发光物质，制成的有机电致发光器件能发蓝光，但由于发光效率和亮度较低，而未能引起人们注意。直到 1987 年美国 E. Kodak 公司的 Tang 等人采用超薄膜技术及空穴传输效果更好的 TPD 有机空穴传输层，制成了直流电压(小于 10 V)驱动的高亮度(大于 1 000 cd/m²)、高效率(1.51 m/W)有机薄膜电致发光器件(organic electroluminescent device, OLED)，使有机 EL 获得了划时代的发展。随后日本的安达等人发表了利用电子传导层 - 有机发光层 - 空穴传导层的三层结构，同样得到了稳定、低驱动电压、高亮度的器件。1989 年 Tang 再次报道对发光层进行了 DCM_1、DCM_2 掺杂，使掺杂的荧光产生率是未掺杂的 3 ~ 5 倍，得到了黄、红、蓝、绿色的有效电致发光，使有机 EL 在多色显示方面表现出更大的优越性。

有机薄膜电致发光属于注入式的激子复合发光,即在电场的作用下,分别从正极注入的空穴与从负极注入的电子在有机发光层中相遇形成激子,激子复合而发光。这种器件都为多层结构,其中的有机功能染料发光层是决定发光光谱、强度、效率及寿命等指标的重要因素。

有机电致发光材料主要为分子型与聚合物型两类。有机电致发光器件操作寿命是其广泛应用的关键,分子型元件已经证明了它有更高的电致发光效率及更好的元件性能,其耐久性、亮度及颜色方面的控制较佳。而聚合物电致发光没有小分子那么纯,但聚合物型的元件拥有易加工成形、挠曲性比分子型材料好等优点。

1990 年 Burronghes 等人首次提出用共轭高分子 PPV(聚对苯乙炔)制成了聚合物有机 EL 器件,在低电压条件下可发出稳定的黄绿色光,从而开辟了聚合物电致发光这一新兴高技术领域。1992 年 Braum 等人用 PPV 及衍生物制备了发光二极管,得到有效的绿色和橙黄色两种颜色的发光。为了降低电子注入的能垒,Greenham 等人合成了 MEH – CN – PPV。此后 Garten 等人用聚 3 – 辛基噻吩为发光层制成了电致发光器件。

1994 年 Kido 利用稀土配合物研制出发纯正红色的 OLED。中国稀土资源丰富,为研究开发稀土有机发光材料器件提供了十分有利的条件。1998 年 Baldo 等人采用磷光染料对有机发光层进行掺杂,制备的器件发光效率随掺杂浓度的增大而增大。1999 年 Daldo 等人在研究激子传输规律之后,提出用 BGP(一种传输电子的有机导电聚合物)做空穴阻挡层,用磷光染料掺杂,制备出的 OLED 内量子效率达 32%。2000 年 8 月,该研究小组又用二苯基吡啶铱掺杂到 TAZ 或 GBP(都是电子传输材料),制备出器件的发光效率达 $(15.4 \pm 0.2)\%$。2002 年牛俊峰等人合成了在聚对苯亚乙炔主链末端引入蒽基团的电致发光材料。以上研究极大地推进了有机电致发光器件的发展。

国际上许多著名的公司都投入了大量的人力、物力研制有机电致发光器件。1997 年单色有机电致发光显示器首先在日本产品化,1999 年 5 月日本先锋公司率先推出了为汽车音视通信设备而设计的多彩色有机电致发光显示器面板。同年 9 月,使用了先锋公司多色有机电致发光显示器件的摩托罗拉手机大批量上市;10 月 Sanyo Electric 公司和美国的 Eastman Kodak 公司又共同研发了一款全彩面板。总之,有机电致发光显示器件已经从研发阶段进入了使用化阶段,从样品研制阶段发展到了批量化生产阶段,从仅能提供单色显示的初级阶段发展到了可提供多色显示、全色显示的高级阶段。

8.4.4 化学发光材料

化学发光(chemiluminescence)现象很早以前就已发现,自然界的萤火虫发光就是化学发光之例。萤火虫体内的荧光素在荧光酶的作用下,被空气氧化成氧化荧光素。这个反应必须与三磷酸腺苷(ATP)转化成一磷酸腺苷(AMP)的反应结合,ATP 转化成 AMP 放出的热量提供可转化光能所需的化学能。用于照明的化学发光器件是近二十几年来才推向实用化的。化学发光是冷光源，安全性强。现有的小型、简便照明器件可以连续发光数小时，并可发出各种颜色的光，适用于海事求救信号、特殊场合或非常情况下的照明等。

化学发光是一种伴随着化学反应的化学能转化为光能的过程，若化学反应中生成处于电子激发态的中间体，而该电子激发态的中间体回复到基态时以光的形式将能量放出，这时在化学反应的同时就有发光现象。发光化学反应大多是在氧化反应过程中发生能量转换所引起的。

发光最强的化学发光物质是氨基苯二酰肼及其同系物。氨基苯二酰肼在碱性水溶液中，在氧化剂作用下发出蓝色光，最大波长 424 nm，由于生成了氨基苯二甲酸二负离子的激发单线态，它回复基态时放出荧光。但该发光过程持续时间很短，无法提供实用。化学发光材料主要由发光体(发光化合物)、氧化剂(过氧化氢)、荧光体(荧光化合物)组成。由这些化合物组成的化学发光材料可以达到发光强度大、持续时间长和具有实用化意义的目的。化学发光体在反应过程中被消耗，要维持较长的发光时间，需要反应速度慢且平稳，同时要有较高的量子收率。实用性的常用化学发光体有草酸酯[(1)~(3)]、草酰胺[(4)~(5)]及稠环类结构(6)等。

(1)

(2)

(3)

(4)

(5)

(6)

荧光体 BPEA 的合成：

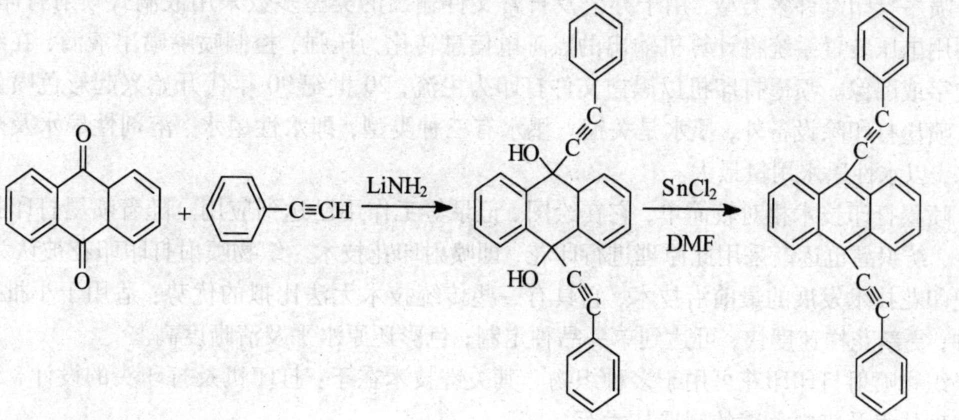

化学发光体的合成示例：

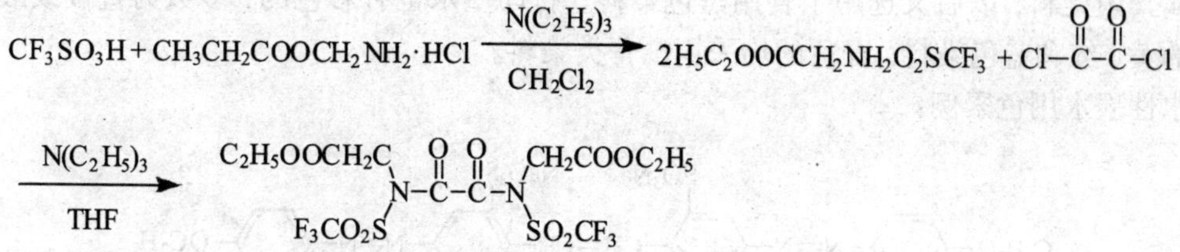

荧光体在中间产物分解是通过能量转移而被激发的，从基态到激发态时要防止副反应的发生，因此荧光体的反应稳定性要高。常用的化学发光体有芳基取代蒽(7)、对二苯乙炔基苯(8)、荧烷(9)及多省稠环类结构(10)等。在实用过程中要考虑所用的化合物都不溶于水，与过氧化氢水性体系混合反应时要选择加入适当的溶剂、反应促进剂、稳定剂等控制氧化反应。

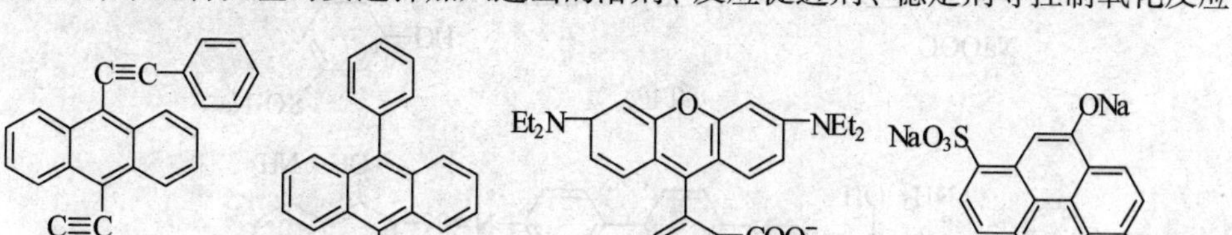

| (黄绿色) | (蓝色) | (红色) | (黄色) |
| (7) | (8) | (9) | (10) |

8.4.5 印刷用功能色素

喷墨打印起始于 20 世纪 30 年代，80 年代后期有了迅速的发展。它采用与色带打印完全不同的工作原理，即用喷墨喷出墨水(或彩色液)在纸上形成文字或图像。

喷墨打印有许多类型，用于办公及日常文件输出的类型多数采用液滴式喷射打印技术。它利用电压装置系统将计算机输出的点阵电信息转化为压强，控制喷嘴喷出液滴，在纸上形成文字或图像。喷墨打印机以黑白文件打印为主流，20 世纪 90 年代开始兴起彩色喷射打印机。喷墨打印除设备外，墨水是关键。墨水有三种类型，即水性墨水、溶剂性墨水及热溶性墨水，以水性墨水用量最大。

喷墨打印技术相对较简单，它在绘图、记录等工作用已达到应用。随着喷墨打印技术的推广，纺织品也逐渐采用此原理进行印花，即喷射印花技术。织物喷射打印印花被认为是 21 世纪印花技术发展的最前沿技术，它具有一些传统技术无法比拟的优势：适用于小批量、多品种；更新花样速度快；可达到单一品种定制；色彩还原水平及清晰度高。

织物喷射打印印花可用于多种织物。其关键技术在于：打印机及打印头的设计、织物的前处理技术及染料色浆的制造技术等。

水性墨水用染料以黑色染料应用最广，它多半属多偶氮染料，早期用直接染料，由于大多数属禁用染料，以后又选用了食用黑色染料。打印墨水也有彩色的，多数为直接或酸性染料中的黄、红和蓝色染料，青色的均采用酞菁类染料。

水性墨水用色素例：

（黄色）

（红色）

（蓝色）

（黑色）

用作织物喷射打印印花的染料色浆分为转移印花用染料色浆和直接印花用染料色浆两

类。染料色浆研究的关键是色素的选择及色浆助剂的配置。目前所用的色素以分散染料及活性染料为主。对染料的要求基本与彩色打印墨水相同，要求染料类型相同，如转移印花用的 S-型分散染料等，纯度要高，通常需≥98%，易研磨，在墨水中染料的粒径需全部≤0.5 μm。其他要求则与一般打印墨水相同。典型的分散染料有：黄，CI 分散黄 42、CI 分散黄 54；橙，CI 分散橙 30、CI 分散橙 37；红，CI 分散红 60、CI 分散红 288；蓝，CI 分散蓝 56、CI 分散蓝 165 等。染料色浆用分散剂有萘磺酸甲醛缩合物、木质素磺酸钠、脂肪醇聚氧乙烯醚硫酸钠等。助剂则以二醇及其醚类化合物为主，如乙二醇、戊二醇、乙二醇甲醚、乙二醇丁醚、二乙二醇、三乙二醇、乙二醇甲醚、二乙二醇甲醚、乙二醇乙醚等。

分散染料热转移印花、传统的印花方法和活性染料湿法转移印花方法具有许多优点，但是它们仍然要采用印刷方法印制转移纸，也就是说仍然需要对图案进行分色等复杂的工序，而且转移后的废纸处理也仍然是个问题。随着转移技术和控制技术的发展，近年来出现了两种热转移新技术，即热扩散转移和热蜡转移技术，它们均不需要事先印制带有图像的转移纸，而只需涂有染料的色带，通过电脑控制的热头打印色带就可以进行转印的图像。但它们两者的差异在于：热扩散转移印花中染料发生上染固着现象，而热蜡转移印花中不发生上染现象。

染料热扩散转移技术是将黄、品红和青色染料分段涂在带子上，当带子与接触面接触时，来自磁盘的编码图像信息对色带接触的热头进行寻址。譬如说，该处需要一个黄色点，则热头就把黄色带迅速加热到 400 ℃ 以上，时间为 1~10 ms，于是黄色染料色点就通过"热扩散"方式转移到受印面上。另外，通过控制热头(即小型发热元件)的通电量还可改变转移的染料量，控制色点的颜色浓淡。用这样的方法转移减色三原色的色点，就可得到精细的全色印花图像。所用的色带是由在基质薄膜上涂以染料(或颜料)、胶黏剂组成的油墨制成的。基质薄膜可以用聚酯薄膜、电容器纸等。胶黏剂可以用乙基纤维素、羟乙基纤维素、聚酰胺、聚醋酸乙烯酯、聚甲基丙烯酸酯、聚乙烯醇缩丁醛等，通常采用 6 μm 厚的聚酯薄膜。转移记录用的接受纸是在基质上涂以聚酯、聚氨酯、聚酰胺、聚碳酸酯树脂等。

染料热扩散转移技术用染料主要有分散染料、溶剂染料及碱性染料等。对染料的要求有：颜色为黄/品红/青三原色，强度光密度达到 2.5 级，在制作色带的溶剂中溶解度≥3%，热稳定性达到瞬间可耐 400 ℃，耐光牢度达到彩色照片要求，耐热牢度要求在保存图像的条件下无热迁移性，色带稳定性要求在使用条件下可保存 18 个月以上，无毒性等。为了提高颜色鲜艳度，还可应用具有良好溶解度和耐光牢度的荧光染料。典型的黄、品红和蓝色染料的结构如下。

CI分散黄54   CI分散红60   CI分散蓝3

黄色染料:

品红色染料:

蓝色染料:

8.5　特种有机硅材料

8.5.1　有机硅简介

　　有机硅化合物，简称有机硅，是指含有—Si—O—键、且至少有一个有机基是直接与硅原子相连的化合物，习惯上也常把那些通过氧、硫、氮等使有机基与硅原子相连接的化合物也当作有机硅化合物。通常所说的有机硅材料指的是聚硅氧烷，以硅氧键(—Si—O—Si—)为骨架组成的聚硅氧烷，是有机硅化合物中为数最多、研究最深、应用最广的一类，约占总用量的 90% 以上。硅油、硅橡胶、硅树脂等聚硅氧烷产品，以及硅烷偶联剂等有机硅材料已成为高新技术领域、国防工业和国民经济中不可缺少的关键材料。有机硅是分子结构中含有硅元素的高分子合成材料，通常指含有硅氧键的聚合物，作为具有特殊用途的功能性材料，用途极为广泛。例如用来合成具有特殊功能的表面活性剂，由于其分子内含有聚氧基硅氧烷憎水基，因而具有氧化稳定性、热稳定性、润滑性、抗静电性、剥离性及生理惰性等优点，尤其是优异的表面活性使其既能存于水介质中，又能存在于有机介质中。与一般的表面活性剂相比，其具有更多的优越性，因而被广泛应用于化纤织物柔软剂、消泡剂、涂料流平剂、水溶性润滑剂、合成橡胶乳剂的热敏凝固剂、防雾剂、聚氨酯泡沫的稳定剂等。

　　有机硅分子由硅原子和氧原子间隔排列的无机主链构成，这种 Si—O 键很像石英和玻璃中的 Si—O 键，虽然其耐热性不及石英，但比 C—C 键主链的分子优异得多。这种耐高温性可以从 Si—O 键的键能来理解。Si—O 键的键能为 $368 \sim 489$ kJ/mol，而 C—C 键的键能只有 $347 \sim 356$ kJ/mol。无机主链结构使有机硅有抗真菌的能力，对啮齿动物也无吸引力。如用硅橡胶作为绝缘材料，它不仅可耐高温，而且即使暴露在火焰中烧成灰也是绝缘的。

　　硅氧键主链周围为极其灵活的甲基基团所屏蔽，这就产生了两方面的作用。首先，这种屏蔽作用很大，一般有机硅侧链基团中的甲基占 99.9%，而甲基只具有伯氢，它对氧的进攻不太敏感，再加上主链不含 C＝C 双键，对臭氧和紫外线也不敏感，所以有机硅在高温下能够较长时间地保持自己的性能。其次，甲基限制了有机硅分子间的接近，分子间的距离和甲基基团的非极性使硅氧烷的玻璃转化温度降低，而且使硅橡胶有很高的适应性和压缩性。

8.5.2 有机硅的特征

1. 表面张力

以聚二甲基硅氧烷为例，其结构为一种易屈挠的螺旋形直链结构，Si 原子上的每个甲基都围绕 Si—C 键轴旋转、振动，甲基上的氢原子要占据较大的空间，从而增加了相邻分子间的距离，因此聚二甲基硅氧烷分子间的作用力要弱得多，黏度低，表面张力小，据测聚二甲基硅氧烷的表面张力为 2.1×10^{-2} N/m。

2. 特殊柔顺性

除了具有大的键角、键长、键能以外，硅氧键另一个独特的性质是可自由旋转。在聚氧乙烯中围绕碳碳键旋转所需能量为 13.8 kJ/mol，在四氟乙烯中旋转能大于 19.7 kJ/mol，在聚硅氧烷中围绕硅氧键旋转所需的能量几乎为零，这表明聚硅氧烷旋转实际上是自由的。主链显著的柔顺性还在玻璃化温度(T_g)上体现。玻璃化温度是聚合物内流动性、自由体积、分子间力、主链刚性以及链长的量度。聚二甲基硅氧烷的最低玻璃化温度为 -127 ℃，因此其主链十分柔顺。

3. 化学惰性

尽管 Si 原子与 C 原子同处于第ⅣA 族，但两者的显著区别在于硅硅双键不能形成，且硅油主链中 Si—O 键键能为 506.7 kJ/mol，远大于 C—C 键的键能 345.8 kJ/mol，因此聚硅氧烷化合物比其他有机化合物更不易氧化，更耐紫外线照射，热稳定性更高。聚二甲基硅氧烷从 200 ℃开始才被氧化，250 ℃以上硅氧键断裂。硅油不仅耐高温也耐低温，且各种性能随温度变化很小，聚二甲基硅氧烷长期使用温度为 -60～250 ℃。它们具有较高的绝缘性，对化学药品的抵抗性很强。有机硅的物理常数较稳定，一般温度变化对其影响较小。

4. 耐水与抗水性

有机硅聚合物的耐水性和抗水性能很好，其本身对水的溶解度很小，又难吸收水分。当它与水滴接触时，好像水滴落在石蜡上，有很大的接触角，所以水珠只能落下来而无法湿润其表面。

8.5.3 有机硅材料的分类

1. 有机硅单体

有机硅高分子材料的主要原料是有机硅甲基单体，其通式为 R_nSiX_{4-n}，式中 R 为烷基或芳基，X 为卤素或 OR 官能团。如果式中 X 为卤素（一般为氯），则为卤素（氯）硅烷单体；如果 X 为 OR, 则为取代硅酸酯类。最重要的是甲基氯硅烷(惯称有机硅甲基单体), 其用量占 90% 以上, 有机硅的生产水平相当程度上体现在甲基单体的生产技术水平上。

有机硅甲基单体由氯甲烷与硅粉在高温下反应直接合成而得, 其产物是复杂的混合物, 主要为二甲基二氯硅烷 $(CH_3)_2SiCl_2$, 含量约为 70%, 另外还有一甲基三氯硅烷 CH_3SiCl_3、三甲基氯硅烷 $(CH_3)_3SiCl$ 等副产物。通过精馏可以分离得到纯度较高的二甲基二氯硅烷。

2. 硅油

硅油是有机硅的主要产品之一, 其中二甲基硅油是最主要的硅油。硅油的生产一般以三甲基氯硅烷水解缩聚后的 $(CH_3)_3SiOSi(CH_3)_3$ 作为封头剂, 再将二甲基二氯硅烷进行水解。水解物在 KOH 的存在下进行催化重排(裂解)制得环体, 经分馏将 173 ℃ 以下和 176 ℃ 以上的馏分作为硅油原料, 再除去低分子物即得硅油。

二甲基硅油是透明液体, 它的黏温性好, 在较宽的温度范围内都保持液相。硅油不易燃烧, 热稳定性好, 闪点高, 挥发度低, 凝固度低, 绝缘性好, 具有防水性和化学惰性等优点。

3. 硅橡胶

硅橡胶是硅、氧原子交替形成主链的线性聚硅氧烷, 包括一种或几种聚二有机硅氧烷, 基本上由羟基或乙烯基封端的 R^1R^2SiO 链节组成, 常含有 Me_2SiO 单元、$PhMeSiO$ 单元和 Ph_2SiO 单元, 或者兼有 2 种单元。分子中硅氧键易自由旋转、分子链易弯曲, 形成 $6\sim8$ 个以硅氧键为重复单元的螺旋形结构。线性聚硅氧烷具有较低的内聚能和表面张力。作为压敏胶用的有机硅橡胶在常温下一般都是无色透明的液体或半固体, 玻璃化温度约为 -120 ℃。用来制备硅橡胶的原料要求纯度很高, 如主原料二甲基二氯硅烷纯度高达 99.98% 以上, 这样才能聚合成相对分子质量为 40 万 $\sim$50 万之间的具有较高弹性的硅橡胶。硅橡胶的特点是既能耐低温又耐高温, 在 $-65\sim250$ ℃ 仍能保持良好的弹性。

4. 硅树脂

硅树脂是高度交联的网状结构的聚有机硅氧烷, 通常是甲基三氯硅烷、二甲基二氯硅烷、苯基三氯硅烷、二苯基二氯硅烷或甲基二苯基氯硅烷的各种混合物, 在有机溶剂如甲苯的存在下, 在较低温度下加水分解, 得到的酸性水解物。水解的初始产物为环状的、线性的和交联聚合物的混合物, 通常还含有相当多的羟基。水解物经水解除去酸, 中性的初缩聚体于空气中热氧化或在催化剂存在下进一步缩聚, 最后形成高度交联的立体网状结构。

8.5.4 有机硅材料的应用

1. 有机硅表面活性剂的应用

有机硅表面活性剂除具有湿润、去污、乳化、洗涤、分散、渗透、扩散、起泡、抗氧、黏度调节、防止老化、抗静电、柔软、增溶、消泡、稳泡和防止晶析等功能外, 还具有高的表面活性和极易在极性表面铺展、无毒、生理惰性、耐气候、耐高低温等特点, 广泛用于日化、食品、医药、生物工程、合成树脂、染料、农药、纺织、涂料、纤维、石油化工等作为乳化剂和溶剂等。由于经济附加值高,它不但有极高开发价值,而且越来越显示其发展前景。

2. 有机硅防黏剂的应用

在自黏标签上的应用是用量最大的一项,主要是将防黏剂固化在底纸上,成为防黏纸。目前世界上的防黏纸中,用于自黏性标签方面的占防黏纸总量的80%。

1)在压敏胶带上的应用。在压敏胶带的基材(如 PE 纸)的一面先涂防黏剂,固化后,再涂布胶黏剂(如压敏胶等),固化后收卷,便是常见的压敏胶带,它常用于封箱、喷漆涂装的遮蔽带等。还有一种双面胶带,其结构由双面防黏纸和胶黏剂层构成,它要求防黏纸的两面具有不同的剥离力,以便顺利开卷使用,最常见的是双面胶带、牛皮封箱胶带等。

2)在装饰薄膜上的应用。在薄膜或布等基材的表面上设计各种装饰图案,背面涂上胶黏剂、复合防黏纸。使用时将防黏纸撕开,露出胶黏剂层,黏贴到所需位置上,施工很方便。

3)在人造皮革上的应用。在聚氯乙烯、聚氨酯人造革注塑法新工艺中,要求以离型纸作为载体,使制品能顺利脱膜,同时在离型纸上的图案能逼真地印在人造革制品上。这种离型纸也是由防黏剂涂布而成的。它要求有机硅防黏剂具有耐热性、一定的伸展性和优异的防黏性,所以必须选择剥离力较低的防黏剂。例如在聚氨酯生产中,防黏剂要与作为介质使用的有机溶剂和黏接力很强的聚氨酯糊料相接触,同时防黏层必须耐溶剂而且又具备优异的防黏性,才能满足使用要求。

4)在妇女卫生用品上的应用。将防黏剂涂布并固化在基纸上制成离型纸。离型纸复合在卫生巾的胶黏剂上,使用时将离型纸撕开。

5)在包装行业上的应用。采用防黏纸包装焦油、沥青等黏性物质,可防止与包装材料相黏结。

6)其他。有机硅防黏剂的应用相当广泛,建筑、汽车、电子、食品及医药方面都有涉及。其中有机硅防黏剂应用于食品及医药方面,需符合食品及医药卫生标准。

3. 有机硅在纺织行业的应用

有机硅表面活性剂的疏水基团是由疏水性比碳链类更强的烷基硅氧烷组成,具有比碳链类更强的表面活性,在同等浓度的溶液中,具有更低的表面张力。在纺织行业,主要赋予纺织品柔软、滑爽手感及抗菌防霉、抗静电、亲水、防水等特殊功能。

4. 有机硅在皮革工业中的应用

硅油具备许多独特的优良性能,如不影响皮革透气性的良好的防水性、突出的柔软性、良好的手感、耐擦性、化学稳定性等,为皮革工业提供了许多重要用途。有机硅化合物在皮革工业中主要用于四个方面:鞣剂、加脂剂、涂饰剂和功能性助剂。

5. 有机硅在造纸上的应用

有机硅材料有良好的脱模性,与其他物质不相容和具有疏水性,对纸张混合印刷品的制造改性具有其他材料所不能比拟的优越性。

有机硅是理想的防水剂，可在纤维表面形成膜而具有憎水性，在纸张加工时，只要加入 0.02% ~0.03% 的有机硅即可提高纸张的疏水性。采用硅油或硅乳液处理超细玻璃纤维而制成防水过滤纸已应用在医药、化工、电子等行业的细菌微尘及放射性过滤中。它使用性能好、过滤效率高、对空气阻力也小。

另外，日本东北大学吉良满夫教授的研究小组合成了具有特殊构造和电子状态的硅分子，为电子领域开发新材料提供了线索。吉良教授在《自然》杂志上公布了这个成果。新型硅分子含有 3 个硅原子，硅原子之间通过双键相连，并具有和乙炔中的碳原子相同的电子状态。

硅和碳是同族元素。但是，碳原子之间可以通过单键、双键甚至三键相连，因此形成的化合物种类繁多。而自然界的硅原子之间只能靠单键相连，自然形成的有用化合物种类就非常有限。新型硅分子的诞生使今后合成具有导电性等多种性能的硅化合物成为可能。

同样，吉良教授还在《科学》上发表了新型有机硅材料的研究成果，有望在电子领域得到广泛应用。

$R=t\text{-}BuMe_2Si$ $R=SiH_3, H$ $R=SiH_3, H$ $R=SiH_3, H$ $R=H$ $R=SiH_3, H$

习　题

1. 简述纳米材料的基本概念和性能。
2. 举例说明常见的纳米材料制备技术与方法。
3. 化学薄膜材料种类有哪些，其主要应用在哪些方面？
4. 举例说明有机电子材料的光学性能。
5. 色素化学功能材料的结构特征是什么？
6. 有机硅的特征有哪些？
7. 通过本章的学习，简单总结化学功能材料的种类及其应用。

第9章　生物医学功能材料

　　生物医学材料是用于与生命系统接触和发生相互作用的，并能对其细胞、组织和器官进行诊断治疗、替换修复或诱导再生的一类天然或人工合成的特殊功能材料，亦称生物材料。由于生物医学材料的重大的社会效益和巨大的经济效益，近20年来，已被许多国家列为高技术材料发展计划，并迅速成为国际高技术的制高点之一，其研究与开发得到了飞速发展。此外，生物医学材料是材料科学与生命科学的交叉学科，代表了材料科学与现代生物医学工程的一个主要发展方向，是当代科学技术发展的重要领域之一。

　　人类利用天然物质和材料治病已有很长的历史。公元前5000年前，古代人就尝试用黄金修复失牙，公元前2500年，在中国和埃及人的墓葬中已发现有假手、假鼻、假耳等人工假体，公元前400~前300年，腓尼基人已用金属丝结扎法修复牙缺损。公元2世纪已有使用麻线、丝线结扎血管制止静脉出血的记载。我国在隋末唐初就发明了补牙用的银膏，成分是银、锡、汞与现代龋齿充填材料汞齐合金相类似。1851年发明天然橡胶的硫化法后，开始用天然高分子硬橡木制作人工牙托和颧骨进行临床治疗。1892年将硫酸钙用于充填骨缺损，这是陶瓷材料植入人体的最早实例。

　　尽管生物医学材料的发展可追溯到几千年以前，但取得实质性进展则始于20世纪20年代。70年代以前，医用金属材料、生物陶瓷、医用高分子材料都得到了蓬勃发展，70年代后，医用复合材料的研究开发，或为生物医学材料发展中最活跃的领域之一。进入90年代，借助于生物技术与基因工程的发展，生物医学材料已由无生物存活性的材料领域扩展到具有生物学功能的材料领域，其基本特征在于具有促进细胞分化与增殖、诱导组织再生和参与生命活动等功能。这种将材料科学与现代生物技术相结合，使无生命材料生命化，并通过组织工程实现人体组织与器官再生及重建的新型生物材料，已成为现代材料科学新的研究前沿。其中，具有代表性的生物分子材料和生物技术衍生生物材料的研究已取得重大进展。

9.1　生物医学材料的特征与评价

9.1.1　生物医学材料的研究内容、分类和基本性能要求

1. 生物医学材料的研究内容

　　从应用的角度来看，生物医学材料指的是一类具有特殊性能、特种功能，用于人工器官、外科修复、理疗康复、诊断、治疗疾患，而对人体组织不会产生不良影响的材料。根据近代

医学、材料化学、材料物理学的基本原理与理论以及医学应用的实际需要，生物医学材料的研究内容主要包括以下一些方面：

1）生物体的生理环境、组织结构、器官生理功能及其替代方法的研究。

2）具有特种生理功能的生物医学材料的合成、改性、加工成形以及材料的特种生理功能与其结构关系的研究。

3）材料与生物体的细胞、组织、体液、免疫、内分泌等生理系统的相互作用以及减少材料毒副作用的对策和方法研究。

4）生物医学材料的卫生学处理和管理，及其医用安全性评价方法与标准的研究。

这些研究内容涉及到化学、物理学、高分子化学、高分子物理学、无机材料学、金属材料学、生物化学、生物物理学、生理学、解剖学、病理学、基础与临床医学、药物学、药剂学等多门学科。为了达到满意的临床疗效，还涉及到许多新的工程学和管理学的问题。生物医学材料在医学上的应用，为医学、药学、生物学等学科的发展提供了丰富的物质基础，反过来这些学科的进步也不断地推动生物医学材料更进一步的发展。因此，生物医药材料学正是多门学科的共同协作、互相借鉴、突破旧有学科的狭小范围而开创的一门新学科。这门学科也可视为材料科学的一个重要分支，对于探索人类生命的奥秘、促进人类的文明发展与保障人类的健康与长寿，必将作出重大的贡献。就经济面而言，随着生物医学材料的发展，将诞生一系列崭新的高科技产品，一个新兴的产业——"生物医学材料与相关制品业"正在形成和发展之中，它在整个产业经济中的作用和地位必将随着时间的推移与科技的进步，受到世人的瞩目和重视。

2. 生物医学材料的分类

生物医学材料应用广泛，品种很多，有不同的分类方法。

（1）按与活体组织作用的方式分类

根据与活体组织之间是否形成化学键合的方式，生物医学材料可以分成两类：生物惰性材料（bioinert materials）和生物活性材料（bioactive materials）。

1）生物惰性材料。是指在生物体内能保持稳定，几乎不发生化学反应的材料。生物惰性材料植入体内后，基本上不发生化学反应和降解反应，它所引起的组织反应，是围绕植入体的表面形成一层包被性纤维膜，与组织间的结合主要是靠组织长入其粗糙不平的表面或孔中，从而形成一种物理嵌合。一些氧化物陶瓷、医用碳素材料及大多数医用金属和高分子材料都是生物惰性材料。

2）生物活性材料。是指能在材料–组织界面上诱出特殊生物或化学反应的材料，这种反应导致材料和组织之间形成化学键合。生物活性的概念是由美国人亨奇（Hench）在 1969 年首先提出，按他的定义，生物医学材料科学中所指的"生物活性"，其原义是一种特殊的能导致材料和组织在界面上形成化学键接的性质。但也有学者认为生物活性是增进细胞活性或促进新组织再生的性质。经过 30 多年的发展，生物活性材料的概念已建立了牢固的基础，并被广泛使用。

(2)按照材料的属性分类

最常见的是按材料的物质属性来划分，根据物质属性，生物医学材料大致可以分为以下几种。

1)生物医学金属材料(biomedical metallic materials)

金属材料是生物医学材料中应用最早的。由于金属具有较高的强度和韧性，适用于修复或代换人体的硬组织。早在100多年前人们就已用贵金属镶牙。随着抗蚀性强的不锈钢、弹性模量和骨组织接近的钛合金，以及多孔金属材料、记忆合金材料、复合材料等新型生物医学金属材料的不断出现，其应用范围也在扩大。

(a)生物医学金属材料的特殊要求和考虑

除了要具备前面介绍的一般性要求，生物医学金属材料还有一些特殊要求及需要注意和考虑的问题：①抗腐蚀性；②毒性低或无毒性；③高力学性能。

在应用中，还要注意和其他类型材料复合使用时的性质差异、加工工艺对材料性能影响、抗凝血或溶血、抗感染及固定松动等问题。

(b)贵金属

以金为主的贵金属主要用于牙科修复材料。铂、铂-铱合金等多用做植入体内的器件的电极和电极导线材料。磁性铂合金也用于眼睑功能的修复。贵金属及其合金的耐腐蚀和力学性能优良，但生物相容性差。

(c)不锈钢

不锈钢为铁基耐蚀合金，根据所含元素的不同具有多种型号。目前，最常用的是316L超低碳(碳含量不大于0.03)不锈钢(0Cr18NiMo2)；含氮不锈钢(00Cr18Ni14Mo3N)医用性能更好。316和317型也常用。不锈钢耐蚀性和力学性能不如钴基合金，但易加工，价格低。多用做体内植入的阴性对照材料，接骨板、骨螺钉、齿冠、齿科矫形器具。用淀硬化法制造的不锈钢CoP-1(含磷0.002)常用做人工关节制作材料。

(d)钴基合金

钴基合金是钴基奥氏体合金(奥氏体是一种金相结构，其晶体结构为面心立方体)，是医用金属材料中最优良的常用材料之一。它可锻可铸，硬度有硬、中、软之分，力学性能好，但价格高、加工难，应用不够普及。常用来制作人工关节的金属间滑动联接。钴基合金的商品牌号较多，成分大同小异，俗称钒钢或活合金。

(e)钛和钛合金

钛，质轻强度高，比重与人骨相近，生物相容性好，组织反应轻微。由于钛易氧化，在表面形成十分致密的二氧化钛氧化膜，不仅极耐磨而且与生物界面结合牢固。抗疲劳性及耐蚀性均比不锈钢及钴基合金高，是一种较为理想的植入材料。已列入ISO标准。主要用于齿科、骨科等。加入铝和钒的钛合金C120AV(国产为TC4，成分为Ti6Al4V)，可用做人工牙根、人工下颌骨、颅骨修复网支撑、心脏瓣膜支架及脑动脉瘤止血夹等，也是手术器械、医疗仪器和人工假肢等的制作材料。1958年美国海军武器实验室首先研制出的镍钛记忆合金，被认为是很有前途的矫型和固定的植入式器件材料。镍－钛记忆合金最常用的是含镍量54% ~56%的55－Nitanol。它具有良好的生物相容性及形状记忆效应。其形状记忆的原理如下:在高温下成形的合金器件,其金相为无序的奥氏体晶体结构。当低于某转变温度下可转变为有序,成为具有热弹性的马氏体,它可以发生一定程度的塑性变形。当让温度升高到转变温度以上时,合金器件又恢复到原状。例如国产的NT－2型镍－钛合金在冰水中变软,可以任意改变形状,当它放入人体,达到37℃(逆转变温度)以上时,便恢复原来的形状,此可逆过程可重复数百次。镍－钛记忆合金可用做人工关节、畸形脊柱矫正、心血管扩张支架、尿道扩张支架、避孕器、输卵管夹、牙颌整矫、骑缝钉等的制作材料。

除此之外,用于修补龋齿的银－汞合金,用于修复肌腱、神经和血管的钽丝,用于无缝合伤口、肠道和食道吻合,治疗尿失禁的磁性金属材料,配制各种药物、医用器械配件所使用的种类繁多的稀土和稀有金属等都是应用广泛的生物医学金属材料。

(f)多孔材料和复合材料

利用生物医学金属材料粉末、纤维通过粉末冶金方法,可以制作出多孔的金属材料,俗称泡沫金属。由于骨质可以长入材料表面孔隙内,获得内锁型生物镶嵌式固定。用于人工假体、骨缺损修复、肌腱假体,可减少假体的松动和下沉,使固定更牢、更可靠。国内已研制并在临床应用的有微孔钛、钴合金及多孔陶瓷等。

为了充分发挥各类材料的优势性能,将两种类型不同的材料优化配伍而形成复合材料,是生物医学金属材料的发展方向之一。即在金属表面形成高分子材料或生物陶瓷涂层。

(2)生物医学高分子材料(biomedical polymer)

生物医学高分子材料种类庞大,已获得应用的材料品种近100种,制品近2 000种。西方国家的耗用量每年以10% ~15%的速度增长。可以说,几乎没有什么人工器官中没用到生物医学高分子材料的。此外,每种材料都有广泛的应用,比如作为人工器官的制备材料,制作医用器械和药用原料和材料等。

(a)高分子材料的血液相容性

血液相容性也是一种生物相容性。生物相容性是指生命体组织对非存活材料产生合乎要求的反应的一种性能。对高分子材料进行分子设计改性可取得较好的血液相容性。

(b)药用高分子材料

高分子化合物的药用主要有3个方面:一是作为控制释放药物的载体;二是作为药物使用;三是作为药物制剂的辅助材料。

特别是采用智能高分子材料,可以使药物释放体系(DDS)智能化。此体系的特点是药物是否需要可由药剂本身判断,它可感知疾病所引起的化学物质及物理量变化的信号,药剂能对信号响应并自主地控制药物的释放。

(c)天然高分子生物医学材料

天然高分子生物医学材料是人类最早使用的医学材料之一。由于它具有多功能性、生物相容性、生物可降解性，仍然不失为重要的生物医学材料，主要包括多糖类和蛋白质材料两大类。

最为常用的天然多糖类材料有纤维素、甲壳素等。纤维素具有多种构型，是构成植物细胞壁的主要成分。纤维素是一种非还原性的碳水化合物，不溶于水和一般有机溶剂，但能溶于某些酸、碱溶液。纤维素在酸作用下发生降解，完全水解时得到单一的葡萄糖。纤维素在医学上最重要的用途是制造各种医用膜。醋酸纤维素是人们最早使用的血液透析膜材料。用铜氨法制备的再生纤维素膜(亦称铜珞玢)是目前人工肾使用较多的透析膜材料。醋酸纤维素膜已用于体外的血液净化系统。

甲壳素是一种来源于动物的天然多糖。在医学领域中，甲壳素和壳聚糖在临床已用作制备可吸收缝线、人工皮肤。

蛋白质广泛存在于动物和植物体中，作为医学材料应用的主要是结构蛋白，如胶原和纤维蛋白等。胶原制品主要用来制作人工皮肤、缝线、结扎线、人工肾透析膜、人工血管、人工肌腱、人工晶体、人工角膜、止血剂、创伤敷料以及药物载体等。

纤维蛋白主要来源于血浆蛋白，因此具有明显的血液相容性、无毒、无不良影响，其主要生理功能是止血，还具有一定的杀菌、促进创伤愈合的作用。纤维蛋白的制品的应用形式有粉末、薄膜、泡沫材料、压缩模塑制品等，主要用于止血剂、骨缺损充填剂、关节成形等。

(d)有机硅氧烷、聚氨酯、聚丙烯酸类

硅氧烷类是含有—Si—O—Si—的化合物，这种有机聚合物又称硅酮。医用级聚有机硅氧烷主要用在与人体组织、器官、体液直接接触的制品上，有严格的生产标准及安全性评价。常用的应用形式有硅油、有机硅凝胶、有机硅橡胶等。医用级硅油无色透明，具有化学惰性、低表面张力、不易挥发及分解等特点，不会引起皮肤过敏，用做需进入人体使用的医疗器械的润滑剂，高级护肤霜和喷雾剂的成分，可配制胃部气胀的治疗药物消胀片等。有机硅凝胶适合于做各种灌封材料。有机硅树脂主要用做各种医疗器械的表面处理剂。有机硅橡胶可用做医用黏合剂，制做各种医用导管，也可在整形与修复外科上应用。

聚氨酯(PU)是聚醚、聚酯和二异氰酸酯缩聚产物的总称。当前医疗上人工器官和医疗器具所用的是一种聚醚型聚氨基甲酸酯，近来又研制了相分离聚氨酯(SPU)。在临床上由于材料优良的血液相容性、生理惰性和优良的机械性能，多用SPU制作辅助人工心脏、辅助循环装置、人工心脏搏动膜等，还可用做缝合线与软组织黏合剂、绷带、敷料、人工软骨、医疗器械进行封口用的密封剂等。

聚丙烯酸类(polyacrylic)，一般是指以丙烯酸和甲基丙烯酸及其酯类为单体的均聚物或共聚物，俗称有机玻璃。其中，聚甲基丙烯酸甲酯(PMMA)最为常用。材料具有良好的强度、韧性、黏连性和生物相容性，多用来制作硬质接触眼镜片、人工晶状体、人工颅骨、齿科修复及骨关节假体的充填黏合剂或粘着固定剂。俗称亲水性有机玻璃的聚甲基丙烯酸羟乙基酯(PHEMA)在水中浸泡后成为含水率38%的水凝胶，是软接触镜片最早的制作材料。用PHEMA粉末与聚氧化乙烯形成的凝胶薄膜可用做烧伤敷料。这类材料中有些还具有类肝素性或易于和肝素结合而特别适合制备抗凝血表面,用做软组织黏合剂的 504 胶和用于角膜溃疡穿孔等眼科疾病和手术黏合的 508 胶就属这类材料。

(e)其他的生物医学高分子材料

由于这类材料品种繁多、应用广泛,下面仅按材料名称的英文字母顺序例举一些,以备了解。

聚酰胺(PA),俗称尼龙,用做医用缝线。聚丙烯酰胺(PAM),可形成水凝胶,具有良好的生物相容性和抗凝血性,主要用做包膜材料,例如酶电极的包膜,人工器官及血液灌注系统中炭化树脂或活性炭的包膜。聚丙烯腈(PAN),经改性用做人工肾的中空纤维,丙烯腈与苯乙烯的共聚物用于制作肾透析器外壳。聚乙烯(PE),主要用于制作医用导管、避孕器、包装材料,高密度 PE 用于制作一次性注射器。聚酯(polyester),主要是指聚对苯二甲酸乙二酯(PET),美国商品名 Dacron,具有优良的生物相容性,在生物体内可保持长期的力学稳定性和化学惰性,能用高压蒸汽消毒灭菌,可用做多种人工器官的材料、外科修复材料、手术缝线、弹力绷带等。聚醚(polyether)类,包括用做人工生物瓣膜的瓣架和人工关节的聚甲醛,用做人工心肺机的消泡、过滤材料的聚氨酯海绵,用于人工肾的聚氨酯密封材料的聚氧化丙烯二元醇或多元醇等。聚 N - 乙烯基吡咯烷酮(PNVP),具有水溶性,制作软接触眼镜片吸水率高、透气性高。聚丙烯(PP),力学性能和化学稳定性好,适用于制作医用导管、容器、包装材料、夹板,腹壁修补片、手术缝线等。薄膜经表面活性剂处理用做人工肺的材料。聚苯乙烯(PS),常制成球形使用,用做人工肝、肾的吸附剂。为增强吸附力,一般经高温裂解炭化形成多孔或加入扩孔剂形成微孔树脂,用来吸附、分离和净化。聚四氟乙烯(PTFE),性质优良,用途广泛。它具有极好的耐热性和耐化学腐蚀性,几乎是非极性、完全憎水性,黏性小,蠕变率较高。膨体聚四氟乙烯(EPTFE)制作的人工血管远期效果好,制成的人工肺气体交换膜经处理容易形成抗凝血的假内膜。PTFE 可用做植入人体的修补片材、人工器官用的接头、体内植入装置导线绝缘层、导引元件等。聚乙烯醇(PVA),良好的血液相容性材料,可溶于水,可制成水凝胶。它多用做止血纤维、避孕药膜、眼药膜基底材料;水凝胶经注射用来填充眼睛玻璃体腔。聚氯乙烯(PVC),不耐高温(使用温度 70 ℃以下),价格低、易加工,是用量最大的医用高分子材料,只能用于制造与人体短期接触的制品,例如输血输液袋、导管、人工肺血液回路、鼓泡式氧化袋等。聚乙烯基吡咯(PVP),它的含碘络合物用做固体锂 - 碘电池的阳极,该电池作为心脏起搏器的内置电源使用。

(3)生物医学无机非金属材料或生物陶瓷(biomedical ceramics)

无机生物医学材料从主要成分来看,包括生物陶瓷、生物玻璃和碳素材料。1808 年就已用陶瓷来镶牙,近 20 年来由于无机生物医学材料性能的改善及复合材料发展的需要,这类材料的研制和应用都有了较大发展。

(a)生物陶瓷

生物陶瓷由多种氧化物烧结而成。

1)普通生物陶瓷,多用于假牙制作,硬度及耐磨性优于树脂制品。

2)生物活性陶瓷，主要成分为磷酸钙，植入人体后可以降解吸收，诱导骨质生长，一般也制成多孔状。

3)特殊加工生物陶瓷，掺入荧光物质的陶瓷贴片可以贴在牙齿外表面增加美观。

(b)生物医学玻璃和玻璃陶瓷

微晶玻璃又叫玻璃陶瓷，因此玻璃陶瓷和玻璃并无重大差别，都可统称生物玻璃。它大致可分为非活性及活性两类。由于一般把羟基磷灰石材料也归于生物玻璃，可单列为第三类。

1)非活性生物玻璃：多用于制作人工股骨、人工齿冠、齿桥，还可用强磁性的玻璃陶瓷埋入肿瘤附近，通过材料在交变磁场作用下磁滞损耗发热而杀死癌细胞，或用经中子照射产生 β 射线源的生物陶瓷的埋入治疗癌症等。

2)活性生物玻璃：我国自行研制的 BGC 人工骨即为这类材料。临床实验证明这种材料生物相容性好，和骨组织结合性好，成骨过程快，有利于植入物早期固定，种植成功率高。国内外也生产了可进行切削加工的生物玻璃陶瓷，国外也有制成柔顺性强的生物玻璃纤维的研究工作报告。

3)羟基磷灰石(HAP)材料：HAP 是人牙和骨骼的主要无机成分，1976 年开始人工合成 HAP 材料，经过研究证明 HAP 具有吸收和聚集体液中钙离子的作用，参与体内钙代谢，能起到适合于新生骨沉积的生理搭桥作用，即起着骨传送作用(osteoconductlon)，常用于制作复合人工骨，与高分子材料制成的混合材料 Ceravital 常用做人工中耳骨等。HAP 的人工齿根也已用于临床。

(c)碳素材料

碳是构成生物体的重要组成元素，由于它具有极好的抗血栓性，因而碳素材料被认为是最佳的人工心脏瓣膜材料。各向同性碳(LTI)又称低温裂解碳，被用于人工心脏瓣膜、关节帽、股骨修复。多孔性碳材用做人工齿根和骨修复。碳纤维束有利于生物组织依附生长，经聚乳酸浸渍制成人工韧带和肌腱已用于临床。碳纤维与高分子材料制成的复合材料用于制作假牙、人工软骨、人工中耳骨及用于胫骨骨折固定板、颌面修复等。活性炭常用于血液净化材料等。我国在碳素材料的研制及临床应用方面做了不少工作，取得了可喜的进展。

(4)生物医学复合材料(biomedical composites)

生物医学复合材料是由两种或两种以上不同材料复合而成的生物医学材料，主要用于修复或替换人体组织、器官或增进其功能以及人工器官的制造。其中钛合金和聚乙烯组织的假体常用做关节材料；碳－钛合成材料是临床应用良好的人工股骨头；高分子材料与生物高分子(如酶、抗原、抗体和激素等)结合可以作为生物传感器。

(5)生物医学衍生材料(biomedical derived materials)

生物衍生材料是经过特殊处理的天然生物组织形成的生物医学材料，经过处理的生物衍生材料是无生物活力的材料，但是由于具有类似天然组织的构型和功能，在人体组织的修复和替换中具有重要作用，主要用做皮肤掩膜、血液透析膜、人工心脏瓣膜等。

另外，近来一些天然生物组织，如牛心包、猪心瓣膜、牛颈动脉、羊膜等，通过特殊处理，使其失活，消除抗原性，并成功应用于临床。这类材料通常称为生物衍生材料或生物再生材料。

也可按材料的用途进行分类：如口腔医用材料、硬组织修复与替换材料（主要用于骨骼和关节等）、软组织修复与替代材料（主要用于皮肤、肌肉、心、肺、胃等）、医疗器械材料。

3. 生物医学材料的基本性能要求

由于生物材料与生物系统直接接合，除了应满足各种生物功能等理化性质要求外，生物医用材料毫无例外都必须具备生物学性能，这是生物医用材料区别于其他功能材料的最重要的特征。生物材料植入机体后，通过材料与机体组织的直接接触与相互作用而产生两种反应：一是材料反应，即活体系统对材料的作用，包括生物环境对材料的腐蚀、降解、磨损和性质退化，甚至破坏；二是宿主反应，即材料对活体系统的作用，包括局部和全身反应，如炎症、细胞毒性、凝血、过敏、致癌、畸形和免疫反应等，其结果可能导致对机体的中毒和机体对材料的排斥。因此，生物医学材料应满足以下基本条件。

（1）生物相容性

它包括：①对人体无毒、无刺激、无致畸、致敏、致突变或致癌作用；②生物相容性好，在体内不被排斥、无炎症、无慢性感染，种植体不致引起周围组织产生局部或全身性反应，最好能与骨形成化学结合，具有生物活性；③无溶血、凝血反应等。

（2）化学稳定性

包括：①耐体液侵蚀，不产生有害降解产物；②不产生吸水膨润、软化变质；③自身不变化等。

（3）力学条件

生物医学材料植入体内替代一定的人体组织，因此它还必须具有：①足够的静态强度，如抗弯、抗压、拉伸、剪切等；②具有适当的弹性模量和硬度；③耐疲劳、耐摩擦、耐磨损、有润滑性能。

（4）其他要求

生物医学材料还应具有：①良好的孔隙度，体液及软硬组织易于长入；②易加工成形，使用操作方便；③热稳定好，高温消毒不变质等性能。

9.1.2　生物医学材料的生物相容性及生物学评价

1. 生物医学材料的生物相容性

生物医学材料的生物相容性是指材料在生理环境中，生物体对植入的生物材料的反应和产生有效作用的能力，用以表征材料在特定应用中与生物机体相互作用的生物学行为。

生物医学材料的生物相容性取决于材料及生物系统两个方面。在材料方面，影响生物相容性的因素有材料的类型、制品的形态及表面材料的组成、物理化学性质以及力学性质、使用环境等。在生物系统方面，影响因素有生物机体种类、植入部位、生理环境、材料存留时间、材料对生物机体免疫系统的作用等。

生物相容性是生物医学材料极其重要的性能，是区别于其他材料的标志，是生物医学材料能否安全使用的关键性能。

生物医学材料的生物相容性具体包括血液相容性、组织相容性和力学相容性。

血液相容性是指材料用于心血管系统与血液直接接触，考察材料与血液的相互作用。生物医学材料与血液接触时，将产生一系列生物反应，表现为材料表面出现血浆蛋白被吸附，血小板被黏附、聚集、变形，凝血系统、纤溶系统被激活，最终形成血栓。因此要求制造人工心脏、人工血管、人工心血管的辅助装置及各种进入或留置血管内与血液直接接触的导管、功能性支架等医用装置的生物医学材料必须具备优良的血液相容性。

组织相容性是指材料与心血管系统以外的组织或器官接触，考察材料与组织的相互作用。组织相容性要求生物医学材料植入体内后与组织、细胞接触无任何不良反应。当生物医学材料与装置植入体内某一部位时，局部的组织对异物将产生一种正常的机体防御性应答反应，植入物周围组织的白细胞、淋巴细胞发生聚集，出现不同程度的急性炎症。若植入物无毒性，组织相容性好，则植入物逐渐被淋巴细胞、成纤维细胞和胶原纤维包裹，形成纤维性包膜囊。半年或一年后该包膜囊变薄，囊壁中的淋巴细胞消失，在显微镜下只观察到 1~2 层很薄的成纤维细胞形成的无炎症反应的正常包膜囊。若植入材料的组织相容性差，就会刺激局部组织细胞形成慢性炎症，材料周围的包囊壁增厚，淋巴细胞浸润，逐步出现肉芽肿或发生癌变，给接受治疗者产生不良后果。

力学相容性是对于植入体内承受负荷，以及要求其弹性形变和植入部位的组织的弹性形变相协调的生物材料的力学性能。如人工关节、骨连接材料、人工牙根、人工血管。当植入材料的刚性远远高于与之接触的生物组织的刚性时，过大的力学刺激集中于生物组织。如果这种应力集中发生在骨组织，则很有可能引起骨的吸收。植入小口径人工血管时，往往在宿主血管吻合处形成过剩的肉芽或者血管壁变薄。

生物相容性尽管受诸多因素的影响，主要表现为宿主反应和材料反应。

(1)宿主反应

宿主反应是生物机体对植入材料的反应。宿主反应的发生是由于生理环境的作用，导致构成材料的组分原子、分子以及颗粒、碎片等代谢产物进入机体组织。生物材料进入机体后，可产生以下宿主反应：

1)局部组织反应，是组织对手术创伤的急性或炎性反应；

2)全身毒性反应，是由于材料在合成加工及消毒过程中吸收或形成的低相对分子质量产物造成的，有急性和慢性反应；

3)过敏反应，是由于材料降解所产生的有毒物质造成的；

4）致癌、致畸、致突变反应，是由于材料中或降解产物中产生的有害物质造成的；

5）适应性反应，是慢性的、长期的，包括机械力对组织和材料相互作用的影响。

（2）材料反应

材料反应是材料对生物机体作用产生的反应，材料反应的结果可导致材料结构破坏和性质改变，主要包括：

1）生理腐蚀：生理环境对材料的化学侵蚀作用，致使材料产生离解、氧化等，导致过敏反应。

2）吸收：材料在生理环境中，可以通过吸收过程使其功能改变，也可导致材料物理机械性能改变；

3）降解及失效：在生理环境作用下，材料可能被机体降解，导致材料失效；磨损可以使修复体部件之间结合受损，造成修复体失效。机械力作用也可能引起材料失效。

一种理想的生物医学材料既要求所引起的宿主反应能够保持机体可接受，又不使材料发生破坏，即保持良好的生物相容性。

2. 生物相容性评价实验

生物相容性评价实验包括体外试验和动物体内试验，属于非功能性试验。

（1）体外试验

体外试验包括材料溶出物测定、溶血试验、细胞毒性试验等。

材料溶出物测定一般是使材料在模拟体液中溶解，测定材料主要组分的浓度或溶出的量。最好采取动态测定。

溶血试验是将测试材料与血液细胞直接接触，通过测定红细胞释放出的血红蛋白的量，检测材料的溶血作用。

细胞毒性试验是将细胞和材料直接接触，或将试验材料浸液加到单层培养的细胞上，观察材料对细胞生长的抑制和细胞形态的改变。

体外试验的结果用于分析、研究材料性能以便筛选。

（2）动物体内试验

体内试验包括急性全身毒性试验、刺激试验、致突变试验、肌肉埋植试验、致敏试验、长期体内试验等。

急性全身毒性试验又称急性安全试验，是将一定量的材料浸提液注射到小白鼠体内，在规定时间内观察小白鼠致残情况。

刺激试验是将材料与有关组织接触，或将材料的浸提液注入有关组织内，观察组织是否出现红肿、出血、变性、坏死等症状。

致突变试验（遗传毒性试验）是用哺乳动物或非哺乳动物细胞培养技术，测定由材料或材料浸提液引起的基因突变，染色体结构和数量变化或遗传毒性。

肌肉埋植试验，进一步了解材料的组织反应。

上述体外与动物体内试验是非功能性试验，侧重于考察材料与植入环境的化学与生物成分之间的相互作用，是评价生物相容性最基本的试验。非功能性试验完成后，需要在动物体内进行功能性或"使用"状态的试验，其目的在于考察用于人体的种植部件在种植部位的情况，以检验其设计是否合理。动物试验完成后，可以在人体进行临床初试，以考察植入材料与部件实际使用的情况。最后进行人群试验，以便作出总的评价。决定生物相容性的因素是复杂的，且相互影响。因此，研究评价生物相容性标准与标准方法一直是生物材料研究的重要组成部分。

9.1.3 生物医学材料的研究现状、研究方向和发展趋势

1. 生物医学材料的研究现状

目前，世界各国对生物医学材料的研究大多处于经验和半经验的阶段，基本上是应医学上的急需进行研究的。一般以现有材料为对象，凡性质基本能满足使用要求者，则进行适当纯化，包括配方上减少有害助剂，工艺上减少单位残留量及低聚物，然后加以利用；性能不满足要求者，进行适当改性后再加以利用；有的则是把两种材料的性质结合起来以实现一定的功能。至今，真正建立在分子设计基础上，以材料结构与性能的关系，特别是与生物相容性的关系为基础的新型生物材料的设计研究尚不多见。因此，目前应用的生物医学材料，尤其是用于人工器官的材料，只是处于"勉强可用"或"仅可使用"的状态，远未满足应用的要求。

近年来，对生物医学材料结构与生物相容性之间关系的研究已受到重视。目前已进入了为"生物医学材料分子设计学"的建立积累数据和资料的阶段，个别性能的分子设计已被应用并取得了较好结果。

当前研究比较活跃的生物医学材料主要有：

1) 高抗凝血材料，这是生物医学材料最活跃的前沿领域，主要用于人工心脏、人工血管和人工心脏瓣膜等人工器官。目前虽已开发了抗凝血性较好的材料，但仍然不能满足临床要求。

2) 生物活性陶瓷及玻璃，主要用于人工骨、人工关节、人工种植牙等。现已开发出具有较好组织相容性的羟基磷灰石陶瓷、活性氧化铝陶瓷、β - 磷酸三钙多孔陶瓷、SiO_2 - CaO - MgO - P_2O_5微晶玻璃等材料，但对这类材料的生物活性表征及生物活性的可信赖机理、应力传递时弹性模量的不匹配效应、生物活性界面键合的长期稳定性等问题仍需进一步解决。

3) 钛及钛合金、镍 - 钛记忆合金，主要用于骨科修补及矫形外科。

4) 生物活性缓释材料及靶向药物载体材料，主要用于局部长时间释放药物、植入型长效避孕药物系统及糖尿病、性机能减退、心血管病、神经疾病等慢性疾病的长效治疗药物系统。现已开发出医用的乙烯 - 醋酸乙烯共聚物、聚硅氧烷、聚甲基丙烯酸羟乙酯、聚乙烯基吡咯烷酮、聚乙烯醇、琼脂糖、羧甲基纤维素、羟乙基纤维素、胶原、聚葡糖肽等多种缓释材料。

5）生物黏合剂，主要用于替代外科手术的缝合及活组织的接合。现已开发出了 α - 氰基丙烯酸酯、明胶/间苯二酚复合物、血纤维蛋白朊、氧化再生纤维、琥珀酰化直链淀粉，并已广泛应用于手术切口的吻合、肠腔吻合、骨科及齿科硬组织的接合、血管栓塞、输卵管粘堵、止血等。

6）可生物降解与可吸收性生物材料，主要用做手术缝线、骨组织的修补、人工血管及人工韧带的临时支撑物、药物缓释包膜、防组织黏连涂层等，已开发出的可降解、可吸收和可溶性生物材料有 β - 磷酸钙医用聚己内酯、聚己醇酸乙二醇酯、聚乙二酸亚烷酯、聚环氧乙烷/PET、聚乳酸、聚酸酐、聚原酸酯交联白蛋白、交联胶原/明胶等。

7）纳米生物材料，在医学上主要用做药物控释材料和药物载体。从物质性质上可以将纳米生物材料分为金属纳米颗粒、无机非金属纳米颗粒和生物降解性高分子纳米颗粒；从形态上可以将纳米生物材料分为纳米脂质体、固体脂质纳米粒、纳米囊（纳米球）和聚合物胶束。纳米材料作为基因治疗的理想载体，具有承载容量大，安全性能高的特点。近来新合成的树枝状高分子材料作为基因导入的载体值得关注。

8）智能与杂化材料。

9）血液净化材料。

近年来，各国对生物材料的表面修饰研究也十分重视，目的是改善与机体直接接触材料表面的生物相容性及力学相容性，采取的方法有粒子加速器、等离子束、溅射涂覆等先进技术，力求使材料表面形成逐步过渡的、与活体要求相适应的性能，如高生理惰性、高生物相容性及应力响应匹配性等，还提出了梯度生物材料的概念。

2. 生物医学材料的研究方向

1）生物相容性的分子设计学研究，重点研究材料的一次结构及表面高次结构与活体的组织相容性、血液相容性及体内耐老化性的关系，深入探讨生物材料分子设计的理论与方法，并用于指导新材料的开发。

2）血液相容性材料研究，特别是对仿肝素结构材料和表面生物化处理材料的研究。

3）生物膜材料的研究，重点是人工肺膜用气体透析材料，血液净化用透析膜、超滤膜，尤其是可分离分子物质的透析膜材料。

4）缓释材料研究，重点是研究植入型可吸收性缓释材料及生物黏附型缓释材料。

5）天然生物材料中再生胶原及弹性纤维蛋白的稳定化和增强处理方法、甲壳素和透明质酸代替物的应用研究。

6）生物陶瓷和生物玻璃材料研究，重点是提高生物陶瓷表面生物相容性和力学相容性及表面修饰与处理方法的研究，生物陶瓷表面与机体组织、体液相互作用的机理研究，以及具有各种功能的生物陶瓷、生物玻璃的应用研究。

7）医用钛及钛合金、镍 - 钛合金材料表面与体液相互作用机理和生化反应及金属表面生物惰性化处理方法的研究。

8)生物材料表面修饰学的研究,发展各种生物梯度材料,通过对材料表面的合理修饰,使其表面形成一个能与生物活体相适应的过渡层,从而提高材料的生物相容性,这种过渡层应具有生物相容性和力学相容性。

9)生物材料的生物相容性表征及评价方法的研究,制定不同应用场合的生物相容性要求,研究准确可靠、简便快速的评价方法,并使评价标准统一和规范化。

10)生理活性材料、仿生材料、智能材料、生物/合成杂化材料的研究,包括应用仿生设计,仿制具有某些器官或组织的物性和生物活性的生物材料,用共价键合或物理交联方法将某些生物功能物牢固地固定在合成聚合物表面或内部,制造杂化生物材料系统,用于人工器官、药物释放、亲合分离系统和生物传感器,研究能保持细胞活力的细胞载体材料和接载方法。

3. 生物医学材料发展趋势

今后生物医学材料研究的主要趋势是:继续筛选现有或新出现的材料;深入研究材料的组织相容性、血液相容性、生理机械性能和耐生物老化性,并建立它们的标准和评价方法;加强材料表面修饰和生物化处理方法的研究,以使材料与活体表面的接触面有一相容性好的过渡层;注意材料结构与性能关系的研究,积累数据资料,逐步发展生物材料的分子设计,在改性和分子设计基础上合成新的生物材料。

总之,通过分子设计、仿生模拟、表面改性、智能化药物控释等,制备出性能优异的新材料和全面生理功能的新器官,为造福人类做出贡献。

9.2 人工器官与生物医学材料

9.2.1 人工器官概述

人工器官(aritficial organs)是用人工材料制成能部分或全部替代病损的自然器官,以补偿、替代或修复自然器官的功能的器件或装置。近年来,人工器官在挽救危重病人、为脏器移植争取时间方面起到了越来越重要的作用。人工器官的发展动向是:"暂时代替"向"长期"或"永久代替"发展;"体外应用"向"体内植入"进展;"装饰性"向"功能性"发展。

目前,除人脑外,几乎人体各个器官都在进行人工仿真研制,人工器官的分类如图 9-1 所示。主要有:

补偿血液循环功能:人工心脏、心脏辅助装置、人工心脏瓣膜、人工血管和人工血液;

支持运动功能:人工关节、人工脊椎、人工骨、人工肌腱和假肢;

具有血液净化功能:人工肾、人工肝;

具有呼吸辅助功能:人工肺、人工气管和人工喉;

具有支持消化功能:人工食管、人工齿、人工胆管和人工肠;

具有排尿辅助功能：人工膀胱、人工输尿管和人工尿道；

具有内分泌辅助功能：人工胰、人工胰岛细胞；

具有生殖辅助功能：人工子宫、人工输卵管、人工睾丸、人工阴道和阴茎假体；

具有神经传导功能辅助作用：心脏起搏器和膈起搏器；

具有感觉辅助功能：人工视觉、人工听觉、人工晶体、人工角膜和人工鼻等。

已有不少人工器官如人工关节、人工喉、人工耳蜗、人工瓣膜、人工角膜、人工皮肤等成功用于临床，修复了不少病损器官的功能。另外，一些更为复杂的人工器官也应用于临床，使用较广泛的有：①人工肺（氧合器），模拟肺进行

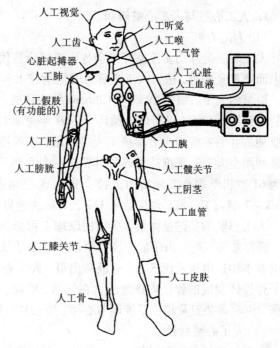

图 9 – 1　人工器官的分类

O_2 与 CO_2 交换的装置，通过氧合器使体内含氧低的静脉血氧合为含氧高的动脉血。②人工心脏（血泵），代替心脏排血功能的装置，结构与泵相似，能驱动血流克服阻力沿单向流动。人工心脏与人工肺合称人工心肺机，于1953年首次用于人体，主要适用于复杂的心脏手术。③人工肾（血液透析器），模拟肾脏排泄功能的体外装置，1945年开始用于临床。人工肾由透析器及透析液组成，透析器的核心是一层半透膜，可允许低分子物质如电解质、葡萄糖、水及其他代谢废物（如尿素）等通过，血细胞、血浆蛋白、细菌、病毒等则不能通过，从而调节机体电解质、体液和酸碱平衡，维持内环境的相对恒定。人工肾主要应用于急、慢性肾功能衰竭和急性药物、毒物中毒等。

9.2.2　人工器官的种类及基本原理

生物医学材料的最生要的应用之一是人工器官，当人体的器官因病损不能行使功能时，现代医学提供了两种可能恢复功能的途径：一种是进行同处异体的器官移植；另一种是用人工器官置换或替代病损器官，补偿其全部或部分功能。由于同种异体器官来源困难，并存在移植器官的器官保存、免疫、排斥反应等问题，所以移植前和短时替代需要人工器官。因此，人工器官作为一条重要方法被医学界广泛欢迎和重视，并迅速发展起来。

1. 人工心脏与人工心脏瓣膜

（1）人工心脏

人工心脏是推动血液循环完全替代或部分替代人体心脏功能的机械心脏。在人体心脏因疾患而严重衰弱时，植入人工心脏暂时辅助或永久替代人体心脏的功能，推动血液循环。

最早的人工心脏是 1953 年 Gibbons 的心肺机，其利用滚动泵挤压泵管将血液泵出，犹如人的心脏搏血功能，进行体外循环。1969 年美国 Cooley 首次将全人工心脏用于临床，为一名心肌梗塞并发室壁痛患者移植了人工心脏，以等待供体进行心脏移植。虽因合并症死亡，但这是利用全人工心脏维持循环的世界第一个病例。1982 年美国犹他大学医学中心 Devries 首次为 61 岁患严重心脏衰竭的克拉克先生成功地进行了人工心脏移植。靠这颗重 300 g 的 Jarvik－7 型人工心脏，他生活了 112 天，成为世界医学史上的一个重要的里程碑。

人工心脏的关键是血泵，从结构原理上可分为膜式血泵、囊式血泵、管形血泵、摆形血泵、螺形血泵五种。由于后三类血泵血流动力学效果不好，现在已很少使用。膜式和囊式血泵的基本构造由血液流入道、血液流出道、人工心脏瓣膜、血泵外壳和内含弹性驱动膜或高分子弹性体制成的弹性内囊组成。在气动、液动、电磁或机械力的驱动下促使血泵的收缩与舒张，由驱动装置及临控系统调节心律、驱动压、吸引压收缩张期比。

（2）人工心脏材料

血泵的好坏与使用时间长短，除与血泵的血流动力学与结构设计有关外，主要和血泵材料的种类和性能有关。血泵内囊与驱动膜的材料要求具有优异的血液相容性与组织相容性、即无毒、无菌、无热源、不致敏、不致畸变、不致癌、溶血、不引起血栓形成，不引起机体的不良反应。此外，要求材料有优异的耐曲挠性能和力学性能。

在实际应用中采用的血泵材料有加成形硅橡胶、甲基硅橡胶、嵌段硅橡胶、聚氨酯、聚醚氨酯、聚四氟乙烯织物、聚酯织物复合物、聚烯烃橡胶、生物高分子材料以及高分子复合材料，其中聚氨酯性能最好。临床应用以聚氨酯材料为主。但聚氨酯长期植入后血液中钙沉积易引起泵体损伤的问题尚未得到彻底的解决。目前，组织工程正在研究使用仿生材料解决这一问题。

（3）人工心脏瓣膜

人工心脏瓣膜指能使心脏血液单向流动而不返流，具有人体心脏瓣膜功能的人工器官。其主要用于心脏瓣膜病变。不能通过简单的手术或治疗恢复和改善瓣膜功能的患者，用人工心脏瓣膜替代病损瓣膜。人工心脏瓣膜主要有两类：生物瓣和机械瓣。

机械瓣：最早使用的是笼架－球瓣，其基本结构是在一金笼架内有一球形阻塞体（阀体）。当心肌舒张时阀体下降，瓣口开放血液可从心房流入心室，心脏收缩时阀体上升阻塞瓣口，血液不能返流回心房，而通过主动脉瓣流入主动脉至体循环。

生物瓣：全部或部分使用生物组织，经特殊处理而制成的人工心脏瓣膜称为生物瓣。由于 20 世纪 60 年代的机械瓣存在诸如血流不畅、易形成血栓等缺点，探索生物瓣的工作得到发展。目前根据取材来源不同,生物瓣分为自体、同种异体、异体三类。若按形态来分类,则分为异体或异体主动瓣固定在支架上和片状组织材料(如心包或硬脑膜包裹在三个支柱的金属架上)经处理固定在关闭位两类。

生物瓣的支架通常采用金属合金或塑料支架,外导包绕涤纶编织物。生物材料主要用作瓣叶。由于长期植入体内并在血液中承受一定的压力,生物瓣材料会发生组织退化、变性与磨损。生物瓣材料中的蛋白成分也会在体内引起免疫排异反应,从而降低材料的强度。为解决这些问题虽采用过深冷、抗菌素漂洗、环氧乙烷、甲醛、γ射线、丙内酯处理等,但效果甚差,直到采用甘油浸泡和戊二醛处理,才大大地提高了生物瓣的强度。

2. 人工肺

人工肺指用于血气交换,调节血内 O_2 和 CO_2 含量,取代人体肺的装置。该装置亦称氧合器、血气交换器。人工肺和血泵配合构成人工心肺机,以往主要除用于心血管手术时的体外循环外,还可用于急性呼吸衰竭的支持,体外膜式氧合由此而诞生。植入性人工肺也进入了实验阶段。

(1)人工肺的类型

静立垂屏式人工肺,它由上方储血室、氧合室、下方储血室构成。氧合室内垂挂 3～14 片不锈钢片,每片长、宽为 40cm×30cm。血液由上方储血室进入氧合室,在钢片上形成血膜,氧合后的血液进入下方储血室。操作需用两个血泵,一个血泵把血液注入上方储血室,另一个血泵把氧合后的血液由下方储血室注入体内。气合血量 500～3 500 mL·min^{-1},氧饱和度为 95%～100%。基本上能满足婴儿、幼儿、成人的需要。但由于组装困难,不易清洗消毒,血膜形成困难,血膜形成后不能中断和预充量大等缺点,目前已很少应用。

膜式人工肺血液与气体分开,避免了由血气直接接触引起的血细胞破坏和蛋白变性,亦减少了气栓和微栓产生的机会,可安全地应用于长期体外循环,更适用于进行长期呼吸衰竭的支持。从这个意义上讲,膜式人工肺代表了人工肺的发展方向,当然其中还有许多研究工作有待深入进行。

(2)膜式人工肺的材料

人工肺用的薄膜主要有:无孔薄膜包括硅橡胶(聚二甲基硅氧烷、聚氟硅氧烷、聚二苯硅氧烷)和聚烷基砜;微孔薄膜包括聚四氟乙烯、聚丙烯、聚砜;复合膜是微孔薄膜涂超薄膜(聚丙烯微孔薄膜＋硅橡胶)。

3. 人工膀胱

人工膀胱是一种替代膀胱的人工装置。对膀胱肿瘤或因病变所致膀胱挛缩等症,患者在施行膀胱摘除术时,植入人工膀胱储存和排除尿液,不仅可维持患者正常生活,而且可以克服一般尿道改道等手术带来的各种并发症及给患者生活带来的不便。

(1)人工膀胱的类型

有生物材料、非生物材料及全置换体内植入型三种。

生物材料的人工膀胱：包括自体组织移作人工膀胱和异体组织移作人工膀胱。

非生物材料人工膀胱：体外留置型人工膀胱的移行上皮细胞再生型人工膀胱。利用膀胱的移行上皮细胞具有良好再生能力的原理，在膀胱切除后，盆腔内置膀胱支架，使残留的膀胱及尿道组织沿支架再生成一个膀胱，最后去除埋入的膀胱支架。膀胱支架可分为两类：其一是不能吸收的膀胱支架，用聚乙烯和明胶制成，这种支架用后需自体内取出；其二是生物降解材料制成。例如以聚α－氨基酸膜做膀胱支架材料，支架可全部降解，据报道无感染、无毒、无致癌作用。

全置换体内植入型人工膀胱：由人工输尿管、单向止逆瓣、集尿器、人工括约肌装置和人工尿道五个部分组成。人工膀胱上端左右有一段人工输尿管，与患者原输尿管缝合联接。下端有一小段人工尿道与患者原有尿道缝合联接。集尿器是人工膀胱储尿的容器，上连单向止逆瓣防止尿液返流肾脏，下接人工括约肌以控制尿液的排放。

（2）人工膀胱材料

作为人工膀胱用的非生物材料必须具备如下条件：

1）组织相容性：人工膀胱材料必须和盆腔周围及输尿管、尿道组织有良好的组织相容性，否则易产生炎症，继发感染，发生脓肿。

2）尿液相容性：人工膀胱的内面相当于人体膀胱的粘膜，长期与尿液中的各种有机、无机成分接触，应不产生钙质沉积及诱发结石生成。长期应用，材料的机械物理性能不发生明显变化，保持一定的强度和柔韧性。

3）对泌尿系统其他器官不产生刺激，不导致尿路梗阻、炎症、致癌及诱发泌尿系统本身的疾病。

4）密封性良好：与输尿管、尿道易于缝合及结合，不产生漏尿，如发生漏尿则可引起致命的腹膜炎。

5）易于手术及消毒。

全置换人工膀胱使用的材料有硅橡胶、聚四氟乙烯、涤纶、聚丙烯、聚氨酯、天然橡胶。再生型人工膀胱支架利用的不能降解材料有聚乙烯海绵、白明胶海绵和天然胶乳、nobecutan涂层纸，能降解材料有聚α－氨基酸、戊二醛处理牛心包等。其中，硅橡胶和天然橡胶是较为理想的人工膀胱材料，天然橡胶和聚氨基酸是理想的膀胱支架材料。

4. 人工皮肤

皮肤是人身体的最大器官，人工皮肤作为一种皮肤创伤修复材料和损伤皮肤的替代品，可以使皮肤大面积和深度烧伤的患者，在自体皮不够的情况下，进行修复治疗并使之恢复因皮肤创伤丧失的生理功能。随着组织工程学科的出现和发展，人工皮肤的研究已从原来单纯的创伤敷料向活性人工皮肤的方向发展。活性人工皮肤不仅只包覆在创伤表面，保护创面，防毒，杀菌，促进皮肤的恢复和生长，而且组织支架材料中的活性细胞还能诱导分化细胞，使活性人工皮肤能完全永久地代替已损伤和丧失的皮肤。今天，科学家们已研究出可以永久真正替代人皮肤的活性人工皮肤，目前已应用到临床。

人工皮肤的发展分为以下几个阶段。

（1）人工敷料

最早的人工皮肤是从创伤敷料开始的，按其功能可分为以下几种：

1）吸收敷料：其功能为保护创面和吸收体液，以使创伤不受细菌的感染和进一步恶化。这种材料大多为天然材料，如甲壳素、壳聚糖、藻酸盐、果酸、明胶、CMC、卡拉胶、淀粉等，它们都可在人体内降解并被人体吸收。

2）不粘敷料：其功能为经过石蜡、石油浸泡过的纱布不粘创面，防止创面干燥和病原菌进入创伤，一般由穿孔的不粘膜层加吸收衬垫组成，这种材料大多用天然或人工膜材料做外层，吸收衬垫用吸收敷料，是吸收敷料的改进品种。

3）封闭和半封闭敷料：为半透过性材料，其目的为清洁创伤、减少体液渗出，促进创伤修复。1987 年 Alvarez C M, Sirvio L M 等和 1989 年 Grussing D M 等人采用聚乙烯膜、聚氨酯做半透膜，效果比不用的对照组愈合率提高了 18% ~31%。

4）水凝胶敷料：其功能为水凝胶吸水溶胀后对创面形成闭合吸收敷料，可以防菌、防毒并在创伤修复后易于除去，该类材料为瓜尔胶、CMC 纳盐、聚乙烯基吡咯烷酮（PVP）等，其愈合率比不用的对照组提高 30% ~36%。

5）含药敷料：即在敷料中加入使上皮再生和消炎以及抗生素等药物材料，其效果比不用的对照组愈合率提高 16% ~37%。

（2）人工皮肤

人工皮肤是在创伤敷料的基础上发展的一种可替代损伤皮肤的材料，它可用于大面积烧伤的皮肤的修复。其主要使用材料是：

1）合成高分子材料：临床应用的有两种形式。一种是合成纤维织物，大多采用尼龙、聚酯、聚丙烯等合成纤维织成丝绒状表面以利于人体组织的长入和固定，同时织物的基底层涂布硅橡胶或聚氨基酸。聚氨基酸涂层具有优异的透湿性，特别是氧化聚蛋氨酸具有优异的组织相容性而无抗原性。另一种是聚乙烯醇、聚氨酯、硅橡胶、聚乙烯、聚四氟乙烯多孔薄膜，性能优异，厚度为 20 μm 的硅橡胶薄膜水蒸气透过性为 $4 \sim 7 \ mg \cdot cm^{-2} \cdot h^{-1}$。它与创面密合性良好，有效地防止细菌侵入引起的感染。Gourlay 还证明了硅橡胶膜有促进组织自然再生的作用。拉伸加工后的聚四氟乙烯有极细的连续气孔，气孔率可达 70% ~80%，具有良好的透气性、吸湿性，在创面贴敷柔软，利于创面的生长愈合。

2）生物高分子材料：临床应用的有两类。一类是同种异体或异种组织，如人或动物的羊膜、腹膜和皮肤，其中以同种异体皮最好，但来源困难。异种皮中较理想是猪皮，其结构近似人皮，但使用制备工作较复杂，且有免疫反应。另一类是胶原蛋白。胶原是蛋白质，广泛存在于哺乳类动物体内，如皮肤、肌腱、韧带等。胶原作为人工皮肤使用时，关键是要将胶原的抗原基团去除。胶原蛋白对组织有良好的亲和性，与创面贴附好，能被消化吸收，抗原性微弱，对组织修复有促进作用，又是上皮细胞生长良好的基底。以胶原蛋白制造的人工皮肤有胶原膜、胶原海绵、胶原泡沫及纤维蛋白膜等。

实际上临床应用效果较好的人工皮肤大多是复合结构的，外层材料多选用硅橡胶、聚氨酯、聚乙烯醇等薄膜，其表面微孔较小，具有屏障作用，可防止蛋白质、电解质的丢失和细菌的侵入，并可控制水分的蒸发。内层材料多选用各种胶原蛋白薄膜或绒片。尼龙或涤纶纤维织物，其表面较粗糙，微孔较大，有利于创面肉芽组织，成纤维细胞的长入，增加贴附力，防止皮下积液。胶原蛋白能增加对组织的贴附性，又能降解吸收。

所有人工皮肤的材料基本为天然材料和合成的高分子材料的复合。因为天然材料的力学强度(弹性、柔性、抗拉强度、抗弯强度等)无法满足实际的应用要求，所以必须辅以力学强度好的高分子材料做外部包扎材料。

3)活性人工皮肤：随着人工皮肤的研究和发展，在深度和大面积烧伤的治疗中，由于自体皮源不足，仅仅用没有活细胞的人工皮肤已不能满足实际的需要，因此希望通过体外培养来扩展自体皮表面积或重建上皮层来满足这一要求。

1980 年，Grant. C G 就成功地进行了体外培养片皮的研究：在组织培养基维持下，皮肤移植物加入生长因子，3 周内就长出了片皮的 100 倍，可用于大面积烧伤病人作为新生的上皮，并具有类似皮肤的特征。1988 年，Boyce 和 Hansbrough 在胶原加硫酸软骨素的真皮代用品上，进行了人表皮角细胞(HK)的培养，发现 HK 细胞和胶原之间有生物黏附性，制备出的真皮膜如同一般的无细胞膜层，可用做 HK 扩展期冻干保存。1989 年，Morykwas 进行了关于胶原膜支持角质细胞生长以及烧伤面体内外的研究。1992 年，Nanchahal J 和 Ward C M 等还进行了从代用品到自体新型移植皮的研究。

人工皮肤生物材料的研究从最早的天然材料开始，后来为天然材料与合成材料的复合，直到现在为合成材料与生物材料的杂化、变联、互穿网络以及最近的人工合成类天然材料——仿生材料。活性人工皮肤几种常用的原料有以下几种：

蛋白类：胶原、明胶、丝素等，该类材料为人工皮肤的重要组成，是细胞分化、生长的营养基地。例如，I 型胶原有增加结缔组织修复和再生的作用，但其存在的缺陷是无弹性、强度低、降解太快。明胶海绵是最早使用的止血吸收敷料，但其引导细胞生长性能不如胶原。

多糖类：甲壳糖、糖胺多糖、透明质酸等，该类材料有促进细胞生长的功能，例如，甲壳糖有消炎杀菌、促角质细胞生长作用，为良好的细胞生长基质材料，但随着用量增加，有抑制成纤维细胞生长的作用，同时材料的弹性低、质脆。

盐类：海藻酸纳、海藻酸钙等，该类原料为交联剂，同时起到促细胞生长的作用。

高聚物：不降解材料包括聚氨酯、涤纶、尼龙、硅橡胶等，这类材料为生物惰性材料，不降解，不能进行生理代谢，只能用做外层敷料，不能永久代替皮肤。生物降解材料有聚酯，目前广泛使用的 PLGA，乙丙交酯等，生物性能好，可降解，可代谢，是目前研究组织工程支架材料的热点之一。但如果其分子量小则强度不够，并且，其降解之后的产物使其周围组织酸度提高,出现无菌性炎症。

4)人工皮肤材料研究的发展趋势

原料选择的新颖性:目前,人们选用的细胞生长活性材料不仅限于明胶、胶原等蛋白类,同时还选用丝素和合成蛋白或改性蛋白,以及改性甲壳素、蛋白多糖和糖蛋白等天然和合成的天然材料。更注重的是无论天然还是合成都选用可降解的材料,如聚乳酸、聚乙交酯等,它们都可降解,有一定的生物活性并可在皮肤修复后,被人体降解吸收。同时要求在制备成形后,有一定的降解速度并与组织生长速度相匹配。

制备方法的新颖性:以往的方法或复合或交联,不外乎以下两种情况:以胶原为主,加上高聚物做外层,以二胺或二醛等对胶原进行交联,用以改善胶原的力学性能;胶原与其他天然大分子生物材料(通明质酸、海藻酸盐、硫酸软骨素等)进行杂化,改善力学性能的同时增加材料的生物活性。

而现在采用的方法却有很多种,例如,用纳米材料合成中的插层法和原位法,可得到以胶原和合成大分子的互穿网络大分子,胶原作为细胞生长的支架,而聚合物作为胶原的二次支架。所得到的材料柔软、多孔、机械强度好。

材料性能的新颖性:弹性好,因为所得到的原料具有良好的弹性和柔软性,断裂伸长可达 150% ~300%;强度高,其抗拉强度远大于胶原和与其他天然材料杂化材料的强度;降解速度适当,与细胞生长速度和人体代谢速度相匹配,所合成材料可生物降解,可正常吸收,通过代谢除去。材料在体内降解可调,可根据应用要求(不同创面要求维持的时间不同),通过控制分子量来控制降解时间和速度。

人工皮肤作为组织工程的一个主要分支,随着组织工程学的发展和在细胞支架材料性能上进一步完善,本着仿生的原则,人为地更接近于天然,应用于人类,将会大大地提高人类的生命质量和生活水平。

5. 人工肾

肾脏是人体的主要排泄器官之一,它在调节和维持人体内环境体液及电解质平衡方面起着极其重要的作用。肾脏的生理功能主要有:排泄尿素、肌酐、尿酸等人体代谢产物和对人体有害的毒物及药物;通过再吸收调节人体内的水分、电解质,如 Na^+、K^+、Ca^{2+}、Cl^-、$H_2PO_4^-$ 等;调节酸碱平衡和渗透压平衡;调节血压、激活维生素 D 以及分泌促红细胞生成素等。

进行性的肾脏疾患可使肾单位受损逐步丧失功能。一旦肾脏功能不足以维持人体新陈代谢的平衡,就会出现肾功能衰竭,重者转为尿毒症,危及生命。因此,制备人工肾以代替坏死的肾是极为迫切的。

将人体血液引出体外,利用透析膜两侧溶质浓度的差别,血液中高浓度溶质经过膜向透析液一侧传递,排出体内过剩的含氮化合物、代谢产物或愈量药物等溶质,并调节电解质、水平衡,然后再将净化的血液引回体内的这种装置称为人工肾。

人工肾的关键是膜的性能,最早用聚四氟乙烯 – 硅橡胶制成第一个动静脉血液短路(A

－Ⅴ外瘘)导管用于临床。

近年来，由于各学科的互相渗透，互为依托，特别是人工肾的基础研究取得较大进展，推进了新装置、新器具的开发，出现了一些人工肾的新技术，主要包括血液过滤、血液灌流、血浆分离、连续动静脉血液过滤等。

例如，血液过滤，模拟肾小球滤过血液净化方法，利用滤过膜两侧的压力梯度，一面向血液中补充等渗电解质溶液，同时通过高效滤过膜滤过血液，将血液中的水分、蓄积的代谢产物、电解质和其他物质滤过排除，达到血液净化的目的。其膜材为聚丙烯腈膜(AN69透析器)及聚甲基丙烯酸甲酯膜和聚砜膜等。

连续动静脉血液滤过，利用血液滤过的原理，它用一个小型的血液滤过器(直滤肾)与患者动、静脉连接，不需要血泵，利用动、静脉间的压力差作为推动力进行血液滤过。这种由聚砜及聚丙烯腈制成的滤过肾，用环氧乙烷进行消毒。

(1)血液透析

又称透析型人工肾，是利用透析的原理，即利用透析膜两侧溶质浓度梯度作为传质动力，血液中高浓度溶质跨膜传递到透析液中去，从而达到替代肾脏功能净化血液的目的。

透析型人工肾的基本结构并不十分复杂，主要有透析器、透析液供给装置和自动监护装置三个部分组成。通过血液回路把人体与透析型人工肾联接起来。透析器是透析型人工肾的关键器具之一，血液透析过程就在透析器中进行。透析液供给装置由动力系统和控温系统两个部分组成。前者能自动配制电解质含量接近人体的无菌透析液，保证在整个透析过程稳恒供给透析液(一般为 $400 \sim 500 \ mL \cdot min^{-1}$)，并提供透析液回路的负压；后者主要维持透析液恒温供给。透析液供给装置还附设浓度监护及误配报警，以预防机器及人为故障造成的误配透析液发生。自动监护装置是为了保证透析过程的体外血液循环安全而设置的。一般有透析液温度、负压调控系统、透析液及血液流率调控系统、透析液浓度监护系统、血液回路、动静脉压监护，以免漏电误伤患者，近年开发的产品还附有治疗计算机程序设计系统。

血液回路是联接人体与人工肾的纽带。为保证体外血液循环的通畅及提供足够的血液流率(一般为 $200 \ mL \cdot min^{-1}$)，管路的内径为 $4 \sim 6 \ mm$，并设有输液、排气、过滤、注射肝素等分管。为保证体外循环过程中，血液流率稳恒，管路中设有供转子式血泵驱动用的厚壁管段。此外，要求管路具有一定的血液相容性，避免溶血以及血小板、血球细胞在管壁及滤网黏附。一般血液回路采用聚合度约为2 500左右的高分子量的医用级聚氯乙烯制成。

(2)透析器

透析器是种类甚多，在临床使用过的主要用三类：平析型、盘管型、空心纤维型，目前基本上使用的是空心纤维透析器。

1)平析型透析器：它由外壳、支承片和透析膜三部分组成。外壳采用ABS树脂或苯乙烯－丙烯腈共聚物注射成形。支承片大多数采用聚乙烯注射成形。双层透析膜由上、下两片支承片支承压紧。血液在膜中间流动，透析液流经膜与支承片之间空间。此类透析器尿素的清除率可达 100 ~ 150 mL·min^{-1}。

2) 盘管型透析器：由外壳、内衬网片及透析膜三部分构成。透析膜做成扁管，宽 10 ~ 15 cm，长 4 ~ 6 m，用尼龙或聚乙烯塑料网片做夹具，将透析膜夹于网片之间，卷成桶状，外面用 ABS 树脂或聚丙烯的外壳包封。血液在透析膜之间流动，透析液在膜外流动进行透析，尿素清除率为 110 ~ 150 mL·min^{-1}。

3) 空心纤维透析器：这是目前临床使用最多，效果最好的一种透析器。它由苯乙烯 – 丙烯腈共聚物注射成形的外壳与空心纤维透析膜构成。外壳与透析膜之间采用离心浇铸法用聚氨酯进行密封。一般此类透析器长约 20 ~ 25 cm，直径 3 ~ 5 cm。内装有壁厚 6 ~ 13 μm，直径 200 ~ 300 μm 的空心纤维透析管 8 000 ~ 12 000 根。血液流经空心纤维管内，透析膜外有透析液流动。空心纤维透析器尿素清除率可达 160 mL·min^{-1}，肌酐清除率 130 mL·min^{-1}，负压 40 kPa 时，每小时可脱水 600 mL 左右。

（3）透析膜

如果说透析器是透析型人工肾的关键，那么透析膜可以说是关键的关键，患者治疗效果的好坏很大程度上取决于透析膜。对于人工肾用的透析膜有以下一些基本要求：①容易透过需要清除的较低分子量和中等分子量的溶质，不允许透过蛋白质；②具有适宜的超滤渗水性；③有足够的湿态强度；④具有好的血液相容性，不引起血液凝固、溶血现象发生；⑤对人体是安全无害的；⑥灭菌处理后，膜性能不改变。

透析膜常用材料主要是纤维素和聚合物两大类。

1) 纤维素

铜氨纤维素：铜氨纤维素制成透析膜又称铜玢膜、铜仿膜。它的用量虽因国家不同而有差别，但其总用量仍居各种透析膜之首。用铜氨盐法制备的铜氨纤维膜，由于具有较高的聚合度，可以制成湿态强度高的超薄膜。同时，膜的微观结构具有很高的膨润性，其表面结构规整，因此这种超薄膜很好地符合人工肾的要求，并能以恰当的比例透过血液中代谢废物离子和水分。它问世不久就得到医务工作者的认可，在临床得到推广。早期开发的膜厚 13 μm，膜孔平均 3 nm 左右，超滤脱水量为 3.5 mL·mmHg^{-1}·h^{-1}·m^{-2} 左右。近年在制膜过程中进一步进行定向拉伸以降低膜厚，临床应用的铜氨纤维膜厚已降到 6 ~ 9 μm，如膜厚由 11 μm 降低到 8 μm，发现膜孔加大，超滤量可提高到 4.1 mL·mmHg^{-1}·h^{-1}·m^{-2}，中分子量代谢物的清除率亦得到提高。

硝化纤维素：纤维素通过其分子中的羟基与硝酸进行酯化反应生成的纤维素硝酸酯。改变不同的硝化度，则可以制备具有不同特性的硝化纤维素。虽然，现在临床上已不再使用硝化纤维素的透析膜了，但是在人工肾透析膜的应用历史上，它具有不可磨灭的历史功勋。后为铜仿膜及醋酸纤维膜所替代。

2) 嵌段、共聚、接枝聚合物

纤维素透析膜由于有激活补体，导致一系列生理反应及临床病症的问题，人们期望制备具有更好的血液相容性的透析膜。此外，人工肾用的透析膜材料还必须同时满足对尿素等溶质的渗透性和湿态强度这两个方面的要求。综合考虑上述因素，就膜材料的结构而言，溶质的渗透性主要由亲水基团、亲水非晶区造成的空穴提供的，而膜的湿态强度与疏水基团及疏水结晶区的存在密切相关。从血液相容性的提高来说，亦希望透析膜具有两相分离的结构。

近年来采用高分子嵌段、共聚、接枝等方法制备和开发了新的人工肾用的透析膜材料。

(a)聚丙烯腈-丙烯磺酸盐共聚物

这类共聚物是由丙烯腈与丙烯磺酸钠共聚而成。共聚物的大分子内部，既有亲水性链段（聚丙烯磺酸链盐），又有疏水性链段（聚丙烯腈），前者提供了尿素的溶质通透性，后者提供了湿态强度。同时，由于分子链局部上带有负电荷，能防止血小板的黏附与变形，改善膜的血液相容性，调节亲疏水单体比例以及制膜条件，可以制备具有不同孔径的透析膜。这种膜的特点是对中等分子量的溶质透过性高、膜表面不含激活补体，血液相容性好，用于临床的聚丙烯腈透析器大多数是平膜制成的积层式平板型透析器。

(b)聚乙烯-乙烯醇共聚物

聚乙烯-乙烯醇共聚物（EVAL）是由乙烯和醋酸乙烯共聚，尔后通过酯交换脱醋酸而制得。由于聚乙烯链段和聚乙烯醇链段的亲疏水性不同，前者疏水后者亲水，结晶形态亦不同，因此调节 EVAL 分子中聚乙烯和聚乙烯醇的比例以便控制醋酸乙烯酯的不同的水解度，能制备出具有不同渗透性能的膜材。特别指出的是，这种材料具有良好的血液相容性。

(c)聚醚-聚碳酸酯共聚物

聚醚-聚碳酸酯共聚物（PCAC）是近年开发的新品种，它是用聚醚（聚乙二醇）、双酚 A 和光气制备的嵌段共聚物。亲水性的聚醚链段和疏水性的碳酸酯链段相互嵌段的结构，提供了足够高的湿态强度和优异的渗透性能。

另外还有：聚乙烯醇-丙烯腈等三元接枝共聚物，聚乙烯醇-丙烯腈接枝、甲基丙烯酸-β-羟乙酯及接枝 N-取代羟丙基丙烯酰胺共聚膜。

聚离子复合膜是新的透析膜材料发展方向之一，这类复合物制成的透析膜的特点是血液相容性优良，渗透性能可以在很大的幅度内调整，截留分子量大小亦能控制。文献中报道的这类复合物有聚乙烯醇缩醛阳离子及阴离子衍生物的复合物，聚丙烯酰胺 N 取代的阳离子及阴离子衍生物的复合物，聚丙烯酸与 N 取代阳离子丙烯酰胺的复合物，甲基丙烯酸烷基磺酸与 N 取代阳离子丙烯酰胺的复合物。

3)新的均聚物开发

其也是近期人工肾透析膜发展趋势之一。例如，立构 PMMA 和无规或间同立构的 PMMA 混合，形成一种固态络合物。这种溶液加热可以形成溶胶，冷却时形成凝胶，改变二类聚合物的比例浓度、溶胶-凝胶转换温度、水处理温度等条件可以制备具有不同渗透特性的渗透膜，例如，孔穴达到透析性能良好的 PMMA 空心纤维，一般这类透析膜的渗水性能太高，不适宜血液透析。后来又发展了和纤维素共混的 PMMA 透析器，如空心纤维透析器。

4）其他新型高分子膜材料

这些材料也在研究中，天然高分子材料骨胶原制作空心纤维膜也具有优异的性能。甲壳类生物的加工产品，即用碱对甲壳素进行乙酰化处理，乙酰化后生成的壳聚糖溶于酸，这种酸性水溶液可以制成透析膜。实验测定结果发现这种膜的湿态强度、透水性以及透过中分子量溶质的能力均优于铜仿膜。因此，这类来源于生物体的材料引起了人们极大的关注。

6. 人工骨

骨是支撑整个人体的支架，骨骼承受了人体的整个重量，因此，最早的人工骨都是金属材料和有机高分子材料，但其生物相容性不好。随着人对骨组织的认识和生物医学材料的发展，人们开始向组织工程方向努力。通过合成纳米羟基磷灰石和计算机模拟对人工骨铸型，与生长因子一起合成得到活性人工骨。

自然骨和牙齿是由无机材料和有机材料巧妙地结合在一起的复合体。其中无机材料大部分是羟基磷灰石结晶$[Ca_{10}(PO_4)_6(OH)_2]$（HAP），还含有CO_3^{2-}、Mg^{2+}、Na^+、Cl^-、F^-等微量元素；有机物质的大部分是纤维性蛋白骨胶原。在骨质中，羟基磷灰石大约占60%，它是一种长度为$200\sim400\text{ Å}$、厚度$15\sim30\text{ Å}$的针状结晶，其周围规则地排列着骨胶原纤维。齿骨的结构也类似于自然骨，但齿骨中羟基磷灰含量更高达97%。

羟基磷灰石（Apatite）的分子式是$Ca_{10}(PO_4)_6(OH)_2$，属六方晶系，天然磷矿的主要成分$Ca_{10}(PO_4)_6F_2$与骨和齿的主要成分羟基磷灰石$[Ca_{10}(PO_4)_6(OH)_2]$类似。

对羟基磷灰石的研究有很多，例如，把100%致密的磷灰石烧结体柱（$4.5\text{ mm}\times2\text{ mm}$）埋入成年犬的大腿骨中，对6个月期间它的生物相容性作了研究。埋入3周后，发现烧结体和骨之间含有细胞（纤维芽细胞和骨芽细胞）的要素，而且用电子显微镜观察界面可以看到骨胶原纤维束，平坦的骨芽细胞或无定形物；6个月纤维组织消失，可以看到致密骨上的大裂纹，在界面带有显微方向性的骨胶原束，以及在烧结体表面$60\sim1\,500\text{ Å}$范围可看到无定形物。结论是磷灰石烧结体不会引起异物反应，与骨组织会产生直接结合。还有利用"同位素放射自显影"和"放射性计数测量"技术对植入皮下的羟基磷灰石进行观察，发现进入人体内的钙不仅很快聚集于骨组织内，而且也聚集于植入皮下的 HAP 圆片之中，证明 HAP 具有吸收、聚集体液中钙离子的作用，参与体内钙代谢，其作用与骨组织作用近似。另外，将 HAP 植入豚鼠和兔骨的骨髓腔和背下皮下浅层肌肉内，手术4周后取出作组织切片，光镜下观察，结果可以看到植入骨髓腔中的 HAP 周围形成大量新生骨组织，而且与它直接连接，而植入皮下的 HAP 经过长达3个月后观察，只能形成纤维性包覆，并未观察到任何成骨现象，证明 HAP 尽管具有良好的生物相容性，起到了适合新生骨沉积的生理支架作用，也就是所谓的"骨引导"或"骨诱导"作用，但并不具用本身引发成骨过程的能力，也就是不具有"骨诱导"作用。

9.2.3 人工器官的现状及发展

当人体器官因病伤已不能用常规方法救治时，现代临床医疗技术有可能使用一种人工制造的装置来替代病损器官或补偿其生理功能，人们称这种装置为人工器官。如20世纪50年代以前，风湿性心脏瓣膜病的治疗，除了应用抗风湿药物、强心药物对症治疗外，对病损的瓣膜很难修复改善，不少患者因心功能衰竭死亡。而今天可以应用人工心肺机体外循环技术，在心脏停跳状态下切开心脏，进行更换人工瓣膜或进行房、室间隔缺损的修补，使心脏瓣膜病、先天性心脏病患者恢复健康。心外科之所以能达到今天这样的水平，主要是由于人工心肺机的问世和使用了人工心脏瓣膜、人工血管等新材料、新技术的结果。

肾功能衰竭、尿毒症患者愈后不良，而人工肾血液透析技术已挽救了大量肾病晚期患者的生命，肾病治疗学也因此有了很大进步。

现代生物医学工程中人工器官的发展也非常迅速，除上述人工器官外，人工关节、人工心脏起搏器、人工心脏、人工肝、人工肺等在临床都得到应用，使千千万万的患者恢复了健康。可以说，人体各种器官除大脑不能用人工器官代替外，其余各器官都存在用人工器官替代的可能性。

人工器官的主要研究方向有：

(1)生物相容性表面技术

表面生物相容性好，人工组织与人工器官整体的生物相容性就会得到提高。梯度修饰是当今世界上人工组织与人工器官领域的最新技术，梯度修饰能使生物相容性优异的生物活性材料通过组装、修饰它们的表面，提高人工组织与人工器官表面与整体的生物相容性。同时，组装、修饰层与人工组织与人工器官连成一体，在体内长期不会剥落。非梯度修饰由于修饰层与人工组织、人工器官材料差别较大，植入体内一段时间后修饰层会从本体表面剥落，引起并发症的发生，影响人工组织与人工器官的效果和使用寿命。

(2)精密加工技术

在人工组织与人工器官领域，精密加工技术是它们在人体内长期安全、有效地发挥功能的重要保证。例如，体内植入支架，它的花纹、结构需要准确的激光刻蚀；介入导管球囊与不同硬度管体的高强度光滑连接，需要精密高频及超高频焊接。再如，眼内人工晶体的成形需要无轴高速切削；特定的人工髋关节，需要个体化的计算机辅助设计与计算机控制加工。

(3)组织工程中的转基因技术

组织工程方法生产的人工组织与人工器官体内植入成败关键在于降低宿主免疫排斥反应。宿主的干细胞、实质细胞的来源也是大量开发组织工程产品的主要困难之一。利用转基因技术制备能为宿主接受的异体及异种干细胞、实质细胞是发展组织工程产品的关键技术，这里包括基因转染、克隆技术与转基因动物的制备等技术。

(4)组织工程网络构架的生物活性组装与表面修饰

网络构架的使用主要是为细胞提供黏附增殖的表面，至于其他因素如机械强度、表观密度等只是与细胞的优化生长条件有关。通过生物活性材料组装与修饰改变表面形态与分子结构，进而可调控细胞的生长速度与构造，组装与修饰的分子层的厚度和生长因子表面与微环境的浓度，通过界面技术与生物降解等缓释技术可加以调控。

(5)组织工程网络构架在低重力效应下细胞和组织三维培养技术和装置的研究

如前所述，能否培养出与人体组织和器官功能、分化水平相当的组织与器官，关键在于能否在适当的流动剪应力条件下，克服重力沉降引起的接触限制，从而在细胞离体培养过程中，确保细胞能够三维生长。而且，在维持其生长所需的稳态(生物、化学)环境的同时，确保细胞 – 细胞之间、细胞 – 网络构架表面之间的连接、黏附、细胞聚集等不同传质过程免受必然造成的流动应力的妨碍或损伤。这就是在地面重力条件下实现的"低重力效应下细胞、组织培养技术"的含义。这里，生物流体力学和细胞生物学的结合起着关键作用。

9.3　药物载体

9.3.1　药用功能材料的分类和基本性能要求

低分子药物进入人体后，往往在较短的时间内药剂的浓度大大超过治疗所需浓度，而随着代谢的进行，药剂浓度很快降低。疾病的药物治疗需要药物在体内有比较理想的浓度和作用时间，药物浓度过高会给人体带来毒副作用以及过敏急性中毒，浓度过低则药物不能发挥作用。为了保证疗效，药物有效浓度往往需要在体内维持一个时期。有些药物作用的发挥还取决于特定部位的吸收。因此，使用可以控制释放的、持久释放的药物和能定向给药(使药物到达体内指定部位)，对于药物在特定部位吸收，降低药物总剂量，避免频繁用药以及在体内保持恒定的药物浓度，使药物的药理活性提高，从而降低毒副作用等方面都具有重要的意义。

目前，高分子药物的研究尚处于初始阶段，对它们的作用机理尚不十分明确，应用也不十分广泛。但高分子药物具有高效、缓释、长效低毒等优点以及与血液和生物体的相容性良好。另外，还可以通过单体的选择和共聚组分的变化调节药物释放的速率，达到提高药物活性，降低毒性和副作用的目的。合成高分子药物的出现大大丰富了药物的品种，改进了传统药物的一些不足之处，为人类战胜某些严重疾病提供了新的手段。

1. 药用功能材料的分类

药用功能材料可有各种各样的分类方法。例如：从来源上区分，可以分为天然材料和合成材料两大类，从材料的成分和性质上分类，可分为有机材料和无机材料两大类，从材料的分子量大小上则可分为小分子材料和高分子材料两大类，而高分子材料又可分为天然高分子材料、改性的天然高分子材料和合成高分子材料几种；从材料在体内能否降解的性能上区分，又可分为生物降解性材料和非生物降解性材料两大类；从材料对环境的反应能力上分类，又可分为智能型材料和非智能型材料两大类等。传统药物的药物载体大多是无机物质，而目前使用的药物载体材料大多是高分子材料，随着药物制剂的发展、新型剂的出现，特别是由于新型高分子材料的出现及其优良性能的开发,使其在药物制剂中显示出了越来越重要的作用。

高分子药物的种类很多,其分类也有很多方法。有人按照水溶性高分子药物分为水溶性高分子药物和不溶性高分子药物,也有人按照应用性质的不同可分为药用辅助材料和高分子药物两类。药用辅助高分子材料是指在加工时所用的和为改善药物使用性能而采用的高分子材料,如稀释剂、润滑剂、胶囊壳等,它们只在药品的制造过程中起到从属或辅助作用,其本身并不起到药理作用。高分子药物是指在聚合物分子链上引入药理活性基团或高分子本身能够起到药理作用的高分子材料,它能够与机体发生反应,产生医疗或预防效果。

高分子药物按照功能进行分类可以分为三大类:一是具有药理活性的高分子药物,这类药物只有处于整个高分子链时才显示出医药活性,它们相应的低分子模型化合物一般并无药理作用;二是高分子载体药物,这类药物大多为低分子的药物,它以化学方式连接在高分子的长链上;三是微胶囊化的低分子药物,它是以高分子材料为可控释放膜,将具有药理活性的低分子药物包裹在高分子中,从而提高药物的治疗效果。

2. 药用功能材料的基本性能要求

药物通过注射、口服等方式进入循环系统或消化系统,作用于生物活体,作为药物制剂载体的高分子材料应该满足以下性能要求:

1)具有生物相容性和生物降解性。即载体高分子可以在体内降解成为小的碎片然后被机体排泄;如果不能降解,则需要在药物释放完毕后,可通过外科手术取出。

2)高分子的降解产物必须无毒和不产生炎症反应和组织病变。

3)高分子的降解必须要发生在一个合理的期间内,而且其本身或分解产物应具有抗凝血性,不形成血栓。

目前作为药物制剂载体的常用高分子材料如表9-1所示。

表9-1 常用的药物载体高分子材料

生物降解高分子	非生物降解高分子
明胶	聚乙烯醇
淀粉	聚醋酸乙烯酯
白蛋白	聚苯乙烯
胶原	聚硅氧烷橡胶
甲壳素或壳聚糖	聚丙烯酸酯
藻酸盐	聚甲基丙烯酸酯
聚酸酐	聚氨基甲酸酯
聚酰胺	聚酰胺
聚腈基丙烯酸烷基酯	聚酯
脂肪族聚酯	聚四氟乙烯

由于给药途径不同，对于药物制剂的高分子载体材料的要求也不同。譬如，对于体内用的药物制剂的高分子载体要求较高，而对于经皮药物制剂的高分子载体要求相对较低。药物制剂载体材料的发展经过了一个从生物惰性材料到生物降解材料、从天然材料到合成材料的发展过程。过去，普遍认为生物惰性材料是用于人体内的最理想材料，如硅橡胶等其性质稳定、在体内不会发生化学变化。随着生物降解高分子的发展，发现生物降解高分子具有更为理想的生物相容性；由于它们在体内可以降解，降解产物可以被机体吸收或代谢、不存在累积在体内的危险，因此生物降解材料比生物惰性材料更为安全和可靠，从而逐渐取代生物惰性材料，成为在体内使用的首选材料。

近20年来，药物微囊化技术和靶向药物制剂以及一些长效控释的体内植入制剂得到了快速的发展，由于这些药物制剂是进入人体内的，一旦药物释放完毕，要求药物载体可在体内降解，降解产物能被机体吸收或代谢，不存在体内累积的危险，因此生物可降解吸收的药物载体材料得到了高度重视和迅速发展。

9.3.2 药物控制释放和载体材料

药物控制释放技术最早应用于农业方面，主要用于化肥、农药的释放。20世记60年代开始向医学领域扩展，70年代中期开始用于设计大分子量药物(如多肽)的释放，80年代开始研究各种机制控制的药物释放体系，90年代人们开始向智能性控制释放进军。随着高分子科学和现代化医学的高度发展，药物控制释放体系在医学上的研究和应用日益受到人们的重视，成为当今医用高分子研究中最热门的领域之一。

药物控制释放就是将天然的或合成的高分子化合物作为药物的载体或介质，制成一定的剂型，控制药物在人体内的释放度，使药物按设计的剂量在要求的时间范围内以一定的速度在体内缓慢释放，以达到治疗某种疾病的目的。药物控制释放与常规释放相比有无可比拟的优点：①药物释放到环境中的浓度比较稳定。常规药物投药后，药物浓度迅速上升至最大值，然后由于代谢、排泄及降解作用，又迅速降低，要将药物浓度控制在最小有效浓度和最大安全浓度之间很困难。②能十分有效地利用药物。由于控制释放能较长时间控制药物浓度恒定在有效范围内，药物利用率可达80%～90%，常规投放药物的利用率仅有40%～60%。③能够让药物的释放部位尽可能接近病源，提高了药效，避免发生全身性的副作用。④可以减少用药次数，不存在由于多次服药而产生的药物浓度高峰，减少了副作用，因此方便了用药者。药物控制释放在医学的应用解决了传统的周期性受药方式所产生的受药体系内药物浓度忽高忽低，易产生毒副作用，药物半衰期短和作用率低等问题，使药物在受药体内长期维持有效浓度，大大提高了药物的利用率和使用效果。

药物控制释放体系所采用的高分子材料一般可分为生物降解型及非生物降解型两类，其中生物降解型材料较非生物降解型材料具有更多的优点，即可以避免在药物释放完后用外科手术取出材料，因此更受人们的重视而得到广泛的应用。

药物控制释放体系按药物释放机理可分扩散控制释放体系、化学控制释放体系、溶剂渗透控制释放体系、药物脉冲释放体系等。

1. 扩散控制药物释放体系

扩散控制药物释放体系的研究和应用较为广泛，药物与高分子基材进行物理结合，释放过程由药物在基材内的扩散速率控制。根据高分子基材对药物包埋的方式，可分为贮库型和基质型。

(1) 贮库型

在贮库型体系中药物被聚合物膜包埋，通过在聚合物中的扩散释放到环境中。在该型中高分子材料通常被制成平面、球形、圆筒等形式，药物位于其中，随时间变化成恒速释放。对于非生物降解型高分子材料，药物的释放一般主要通过外层高分子材料微孔进行控制。对于生物降解型高分子材料，药物恒速释放的条件是高分子膜的降解时间要比药物释放时间足够长。可以通过选择不同降解性质的高分子膜来控制药物的释放速度。该体系存在一定程度的安全问题，因为一旦膜破裂，药物就会全部释放。贮库型又可以细分为微孔膜型和致密膜型。前者是经过膜中的微孔进行扩散，并释放到环境中，其扩散符合 Fick 第一定律。而后者的释放包括以下过程：药物在分散相/膜内侧的分配，在膜中的扩散和膜外侧/环境界面的分配。尽管两者的扩散机理不同，但如果贮库中的药物填量远大于药物在聚合物中形成饱和溶液所需的量，则两者的释放速度可以视为随时间不变化，即为恒速释放即零级释放。近年来，贮库型体系在医学界已经得到了广泛的应用，包括胶囊、微胶囊、中空纤维及膜等，用于眼疾、癌的治疗和生育控制等。例如磷酸丙吡胺缓释片，作为一种抗心率失常药，就是微孔膜型。

(2) 基质型

在这种体系中，药物是以溶解或分散的形式和聚合物结合在一起，对于非生物降解型高分子材料，药物在聚合物中的溶解性是其释放状态的控制因子，而对于生物降解型高分子材料，药物释放的状态既可受其在聚合物中溶解性的控制，也可受到降解速度的控制。如果降解速度大大低于扩散速度，扩散成为释放的控制因素；反之，如果药物在聚合物中难以移动，则降解为释放的控制因素。因此，在不同的条件下，采用不同的控制方法能达到最佳的释放目的。由于生物降解型高分子材料具有不在体内累积滞留的优点，现在已经成为药物控制释放材料的主要研究方向。基质型的释放，表面的药物可以顺利地释放，而内部的药物需要先到表面，然后才能释放。药物的释放速度随药物扩散迁移到表面的距离增加而下降，也就是说释放速率随时间的增加而减小，不可能达到零级释放。此外，释放还受到其他一些因素的影响，如膜的性质、形状，药物的分散方法等。

用于药物扩散控制释放体系的聚合物基材，除应具有生物相容性以外，还应具有化学和物理性质的稳定性，以及良好的加工性能。目前，应用较广的有下列四大类材料：①乙基、羟丙基及其衍生物类，如 Harwood 等用羟丙基纤维素释放毛果芸香碱；②聚硅氧烷类，如

Folkman用交联的硅橡胶释放麻醉剂；③交联的水凝胶聚合物类，如Kim等人用甲基丙烯酸酯及其羟基酯的均聚物或共聚物制成棒状的混合药膜型，用来释放妊激素；④乙烯－醋酸乙烯酯（EVA）共聚物，如Ocusert（Ocusert Ciba－Geigy公司），这是一种释放毛果芸香碱的体系，用来治疗青光眼的，属于贮库型，释放期限在一个星期以上。

2. 化学控制释放体系

化学控制药物释放体系的突出优点在于，这种体系的聚合物基材可在释放环境中降解，当药物释放完毕后，聚合物基材也可以完全降解以至消失，在医学上这种体系不需要手术将基材从体内取出，给病人带来很大的方便。如聚乳酸（PLA），它是具有优良的生物相容性和可生物降解的聚合物，作为药物载体的聚乳酸分子量一般为几千到几万不等，它经FDA批准可用做医学手术缝合线和注射用微胶囊，微球及埋植剂等制剂的材料，PLA在体内代谢最终产物是CO_2和H_2O，中间产物乳酸也是体内正常糖代谢产物，所以不在重要器官聚积。除了用在药物控制释放系统之外，还可以用做手术缝合线、接骨材料。该释放体系的释放速率通过聚合物基材的降解反应速率来控制。化学控制药物释放体系可分为两种：混合药膜降解体系和降解大分子药物体系。

（1）混合药膜体系

混合药膜体系中，药物分散在可降解聚合物中，药物在聚合物中难以扩散，其释放只有在外层聚合物降解后才能实现。用于混合药膜体系的聚合物应具备以下条件：疏水性好，稳定性好，不易溶胀，充分致密以阻止扩散，主链易断，降解产物对生物体没有不良作用，具有易化学改变的结构以产生不同的寿命等。常用于此体系的聚合物有聚酯、聚酰胺、聚碳酸酯、聚原酸酯、聚内酯、聚缩醛类、多糖类等，如Sato等人报道了含有亚甲蓝（methylene blue）的载药微球进行控制释放的研究，Cowsar等人报道了含有诺塞丝酮（norethisterone，NET）的聚乳酸－乙醇酸共聚物（PLGA）微球，Junik等人报道了含有阿克拉霉素（aclarubicin）的聚羟基丁酸酯（PHB）微球，Dukenrnet等人报道了含有呋喃托英（nitrofurantoin）的聚己内酯（PCL）微球，Kojima等人报道了含有较高药物含量（27%）的聚碳酸酯微球对二丁卡因（dibuoaine）、苯唑卡因（benzocaine）、利多卡因盐酸盐（lidocaine）等麻醉药进行了控制释放研究。这些聚合物通常能在生物作用下降解，形成能被生物体吸收代谢的小分子产物，这样分散于聚合物基材中的药物因聚合物的降解而释放，其释放速率受聚合物降解速率控制。聚合物降解机理常见有三种：①聚合物水解成为可溶于水的自由高分子单体。此类体系通常溶胀，并且很快释放出药物，只适合于低水溶性和大分子药物。②疏水的聚合物通过侧链基团水解、离子化、质子化等成为水溶性聚合物。降解前后，分子量不发生很大变化，要彻底消除这些分子比较困难，所以一般不作为植入材料，而作为口服类药物材料来研究开发。③聚合物主链上不稳定键的断裂变成低分子量、水溶性分子。此类体系最广泛用于治疗性药物的控制释放，要求降解产物基本上没有毒性。但在一般情况下，聚合物降解是这三种机理的混合。

（2）降解大分子药物体系

在此体系中药物通过化学键与聚合物相连，或药物分子之间以化学键相连，药物的释放必须通过水解或酶解来进行。用于该体系的聚合物可以是能降解的，也可以是不能降解的，前者多用于靶向体系，而后者多用于需要长时间控制释放的植入材料，要求这两种聚合物都不与生物体产生不良反应。

3. 溶剂渗透控制释放体系

溶剂渗透控制释放体系是运用半透膜的渗透原理工作，可溶性药物被包裹在聚合物基材中，放入环境介质后，外界溶剂经渗透进入后形成饱和溶液，然后饱和溶液在与环境介质之间的渗透压差作用下向外释放。这种体系可以恒速释放药物，释放速率只与药物的溶解度有关。用于此种体系的聚合物要有一定的渗透性、强度和刚度。纤维素及其衍生物是这种体系的理想材料。

另外，利用溶剂渗透使聚合物溶胀也能达到释放药物的目的。药物通常被溶解或分散在聚合物当中，开始时并无药物扩散溶剂渗透到聚合物中使其溶胀，聚合物的玻璃化转变温度降至环境温度下，因而化学链松弛，这样药物就可以释放出来。此体系需要能溶胀、但不能溶解的玻璃态聚合物，常用半结晶或轻度交联的聚合物，如甲基丙烯酸羟乙酯和甲基丙烯酸甲酯的共聚物、EVA 共聚物、交联 PVA 等。

4. 药物脉冲释放体系

药物脉冲释放体系是指利用对刺激信号（磁场、超声波、温度、pH 等）敏感的聚合物，这类聚合物可以因外界信号的改变而改变其结构和性质，从而使药物的释放速率得到改变，据此来设计给药系统。

（1）磁场控制释药体系

本系统由分散于聚合物骨架的药物和磁粒组成，释药速率由外界振动磁场控制，在外磁场的作用下，磁粒在聚合物骨架内移动，带动磁粒附近的药物一起移动，从而使药物得到释放。Edelmen 对此种药物进行了体内研究，Siegel 研究了影响该体系药物释放的因素，Langer 将大分子药物和磁微粒分散于 EVA 中，利用外部磁场来大大提高药物的释放速率。

（2）超声波控制释药体系

本体系利用超声波作为刺激信号来控制释药，超声波的空穴作用是引起药物释放的部分原因，Miyazaki 等人对此类药物进行了体内研究，得出释放药的速率增加与超声波的强度成正比的结论。

（3）温度控制释药体系

温度控制释药体系是由外部温度来调节释药速度的给药系统。热敏性水凝胶能随外界的温度变化而发生可逆的膨胀和收缩，而膨胀和收缩的程度直接影响凝胶的体积和通透性改变，从而改变药物的释放速率。Y H Bae 对吲哚美辛的脉冲释放进行了研究，并得出了释放速度随温度脉冲变化的图谱。此外，Senel 用辐射聚合法合成了 N–异丙基丙烯酰胺和乙烯基吡咯烷酮的共聚凝胶，并探讨了聚合条件及加入聚乙二醛（PEG）对凝胶温敏性的影响，Maitra 研制成既具有 pH 响应性又有温敏性的丙烯酸和乙烯基吡咯烷酮共聚纳米凝胶，并且研究了凝胶对左旋葡萄糖的控制释放。

　　（4）pH 控制给药体系

　　此系统采用对 pH 有响应性的凝胶材料作为药物包埋基质，利用凝胶在不同 pH 下溶胀度、渗透性能的不同，来控制药物释放浓度。Kenji Kono 等人用部分交联的聚丙烯酸 – 聚乙烯亚胺共聚物构成直径 4.6 mm 的微胶囊，该胶囊的含水量随 pH 改变而变化，当胶囊包载对 – 甲苯磺酸盐后，药分子在中性 pH 时渗透力低，在低 pH 下渗透力高，从而可根据溶液中的 pH，对药分子的渗出进行控制。Horbett 和 Ratner 也报道了利用 pH 敏感凝胶的胰岛素控制释放体系。

5. 智能化释放体系

　　智能化释放体系是指药物释放智能化，需要用药时药物释放，不需要用药时药物停止释放。药物本身既是传感器和处理器，又是执行器，药物需要与否由其自身判断，通过感知疾病引起的变化（温度，pH 异常），来释放药物或停止用药。

6. 应用

　　医药工业是药物控制释放应用最多的领域，控制释放药物现已广泛应用于临床，解决一些疑难杂症，按给药部位及方式不同，又分为口服型、透皮吸收型、注射型及靶位给药型等。

　　口服控释药，用微孔渗透膜法制作的药物外包一层分子膜，用激光打孔或致孔剂成微孔。药片口服后，胃肠道消化液透过膜进入，使片内药物溶解，被溶解的药物由于渗透作用穿过膜的微孔，连续释放，如茶碱、水杨酸咖因、环磷酰胺、可乐定、苯巴比妥等。而用高分子骨架包埋法制作的药物，有的用亲水性高分子材料将药物包埋起来，遇消化液，此种高分子材料膨胀成为凝胶，从而改变药物释放的速度，如扑尔敏、异烟肼、氯丙嗪等；也有的用不溶性高分子材料包埋，如氯化钾、硝酸甘油、盐酸普鲁卡因胺等；或者用混合材料包埋，如水杨酸、布洛芬、吲哚美辛、茶碱、乙酰水杨酸等。

　　透皮吸收主要用于对皮肤有高渗透性并且需要剂量不大的药物。将透皮药物贴在皮肤上，药物透过膜由皮肤吸收，直接进入血液，不通过胃肠消化系统和肝脏，避免了药物的分解，比静脉注射更安全。如硝酸甘油、氢化可的松、硝酸异山梨酯、东莨菪碱等。

　　注射药是常见的药物治疗形式。许多注射药还是常规释放的，但已有控制释放的注射药应用，如日本武田药物工业会社将治疗前列腺癌的药物和生物相容性聚合物一起做成微胶囊悬浮液，皮下注射后，药物通过微胶囊的微孔膜释放，1 个月内持续有效，用药量只有原来的四分之一。

　　靶位给药型药物通过物理混合或化学修饰，使其有选择地到达人体所需的靶位，在那里转化成母体发挥作用。①眼用药。如氯霉素、利福平、毛果芸香碱等，将药物毛果芸香碱夹在两层透明的 EVA 微孔膜中，当药膜放在眼球下部时泪液透过微孔溶解包裹的毛果芸香碱使之在一周内分别以 20 μg/d 或 40 μg/d 速率恒速释药,这样不仅降低眼压效果明显,而且减轻了因间断用药引起的头痛、屈光度变化的副作用,用量也只为滴眼剂的八分之一。②计划生育用药。此类药做成控释药,避免了每天服药的麻烦,方便而安全。现有以下几种:皮下埋植避孕剂、阴道带药避孕环、宫内节孕器。③抗癌药。如北京大学医学部第一医院将抗癌药丝裂霉素、阿霉素充分乳化,注入肝动脉,治疗肝癌 50 例,有效率达 85%。用聚酸酐制成含有卡氮芥的微球,是结合纳米技术的控制释放,用于治疗恶性脑胶质瘤,在美国已获批准进行Ⅲ期临床试用。

9.3.3 高分子微胶囊药物释放体系

1. 高分子微胶囊的特点

微胶囊技术作为药物释放体系在医学上的早期研究大多集中在具有生物相容性的非生物降解高分子(如硅橡胶、丙烯酸类聚合物等)上面。20 世纪 70 年代初期 Yolles 等人研究了聚乳酸(PLA)微胶囊,由此开始了生物降解高分子微包囊药物释放体系的研究。随着新型生物降解材料的不断出现,聚酸酐、聚烷基异氰酸酯、聚酯等高分子材料也成为研究的对象。

高分子微胶囊药物释放体系可分为贮存式和基体式两种结构。

贮存式结构的药物集中在内层,其外层为由高分子材料制成的膜;基体式结构的药物则是均匀地分散于微胶囊内,其药物可以呈单分散,也可以呈一定的聚集态结构分散于高分子基体中。由于结构的不同对药物的释放会产生不同的影响。

最初出现的高分子胶囊尺寸相对较大,在 5 μm~2 mm 范围内。进入 20 世纪 80 年代后,出现了具有更小尺寸的胶囊,其中包括粒径为 1~10 μm 的微胶囊以及 10~1 000 nm 的纳米级胶囊。由于这些尺寸更小的胶囊具有独特的性能,人们的研究兴趣也从药物的恒速释放扩大到对药物的可调节释放上。此外,还通过对包囊表面的改性,使药物释放体系具有靶向作用。通过对生物相黏性药物释放体系的作用设计,使高分子微胶囊药物释放体系呈现出多样性。

目前,许多国家正在研究用高分子微胶囊药物释放体系治疗青光眼、糖尿病、高血压、癌症等疾病,以及用于免疫及计划生育,并且还研究不同的给药途径。

给药途径对药物在生物体内的传输有重要的影响,将直接影响到药物的释放行为。通过胃肠消化道给药的口服药物由于服用方便,因而易于被患者接受。但由于胃分泌的消化液中含有消化酶,而限制了许多药物,特别是蛋白质及多肽类药物的口服途径。药物经过高分子微胶囊化后,可避免与消化酶直接发生接触,通过对药物释放时间的控制,可使之在肠道内释放药物。另外,有些药物对胃、肠道有很强的刺激作用,经过包裹化后,可通过缓慢地释放而减弱对胃、肠道的刺激。由于纳米级胶囊可在肠道内通过粘膜,由小肠绒毛的尖部进入到血液及淋巴系统的独特性能,通过对药物胶囊表面进行改性可使药物包囊在要求的肠道部位吸收,从而进一步提高口服药物的药效。

　　透反给药药物释放体系是商业上最成功的药物释放体系。由于药物制剂可随时方便地从皮肤表面移走，因而可随时中断药物的释放，同时亦可避免药物对肝、肾的毒副作用。

　　通过口腔、鼻腔及眼内的粘膜给药，药物释放体系可以很容易地黏结与除掉。通过与粘膜的黏结和增加在粘膜上的驻留时间，可使释放的药物通过毛细血管网进入到血液循环系统，从而达到治疗目的，适合于小型蛋白质及多肽类药物的给药。注射 $0.3 \sim 2\ \mu m$ 的胶囊在血液中的停留时间很短，会迅速被网状内皮组织（RES）和肝脏中的多形核白细胞吸收，从而聚集在肝脏的星形细胞中，因此可有效地用于治疗肝脏部位的疾病。粒径在 $7 \sim 12\ \mu m$ 以上的胶囊在静脉注射时，由于具有较大的尺寸而停留在肺部，因此可用于肺部疾病的治疗。动脉注射粒径大于 $12\ \mu m$ 的胶囊可使其直接运送到肝脏、肾脏等器官。药物胶囊停留在血液中的时间越长，则到达患病部位的可能性也就越大，因此有时并不希望它们被 RES 吸收。为此可通过对包囊表面改性，用吸附或共价键接的方法，在包囊表面覆以生物相黏性物质或特定的细胞和组织抗体，从而使 RES 难以辨认，达到尽可能到达患病部位的目的。

　　用生物降解材料制成的微胶囊在生物体内可降解成为小分子化合物，从而被机体代谢，同时药物的释放速度可通过控制材料的降解速度来予以控制。制备高分子胶囊药物释放体系的高分子材料主要有聚乙交酯、聚丙交酯、聚 ε - 己内酯等。

2. 高分子微胶囊的制备

　　微胶囊化的具体制备方法很多，一般有以下几种：①化学方法，包括界面聚合法、原位聚合法、聚合物快速不溶解法、气相表面聚合法等；②物理化学方法，包括水溶液相分离法、有机溶剂中相分离法、溶液中干燥法、溶液蒸发法、粉末床法等；③物理方法，如空气悬浮涂层法、喷雾干燥法、真空喷涂法、静电气溶胶法、多孔离心法等。

　　（1）界面聚合法

　　该方法也被用来制备微包囊，这是利用在界面处发生聚合反应而形成微包囊。典型方法是单体从一侧向界面扩散，催化剂从另一侧向界面扩散，药物位于中间的液体分散相内。乳液聚合及界面聚合的方法为微包囊提供了新的制备方法。或将两种带不同活性基团的单体分别溶于两种互不相溶的溶剂中，当一种溶液分散到另一种溶液中时，在两种溶液的界面上形成了一层聚合物膜，这就是界面聚合法的基本原理。常用的活性单体有多元醇、多元胺、多元酚和多元酰氯、多异氰酸酯等。其中，多元醇、多元胺和多元酚可溶于水相，多元酰氯和多异氰酸酯则可溶于有机溶剂（油）相，反应后分别形成聚酰胺、聚酯、聚脲或聚氨酯。如果被包裹物是亲油性的，应将被包裹物和油溶性单体先溶于有机溶剂，然后将此溶液在水中分散成很细的液滴。再在不断搅拌下往水相中加入含有水溶性单体的水溶液，于是在液滴表面上很快生成一层很薄的聚合物膜。经沉淀、过滤和干燥后，得到包有液滴的微胶囊。如果被包裹的是水溶性物，则整个过程正好与上述方法相反。界面聚合法所得微胶囊的壁很薄，为 $1 \sim 11\ nm$，被包裹物渗透性较好。微胶囊颗粒直径为 $0.001 \sim 1\ mm$，可通过搅拌速度来调节。搅拌速度高，颗粒直径小而且分布窄。加入适量表面活性剂也可达到同样目的。

（2）原位聚合法

单体、引发剂或催化剂以原位处于同一介质中，然后向介质中加入单体的非溶剂，使单体沉积在原位颗粒表面上，并引发聚合，形成微胶囊。也可将上述溶液分散在另一不溶性介质中，并使其聚合。在聚合过程中，生成的聚合物不溶于溶液，从原位液滴内部向液滴表面沉积成膜，形成微胶囊。原位聚合法要求被包裹物可溶于介质中，而聚合物则不溶解。因此，其适用面相当广泛，任何气态、液态、水溶性和油溶性的单体均可适用，甚至可用低分子量聚合物、预缩聚物代替单体。为了使被包裹物分散均匀，在介质中还常加入表面活性剂，或阿拉伯树胶、纤维素衍生物、聚乙烯醇、二氧化硅胶体等作为保护胶体。

（3）水（油）中相分离法

将聚合物溶于适当介质（水或有机溶剂），并将被包裹物分散于该介质中，然后向介质中逐步加入聚合物的非溶剂，使聚合物从介质中凝聚出来，沉积在被包裹物颗粒表面而形成微胶囊。

（4）溶液干燥法

使被包裹物溶液与聚合物溶液形成乳液，再将这种乳液分散于水或挥发性溶剂，形成复合乳液，然后通过加热、减压、萃取、冷冻等方法除去溶解聚合物的溶剂，则聚合物沉积于被包裹物表面，形成微胶囊。根据介质的不同，此法又可分为水中干燥法和油中干燥法两种方法，前者是制备水溶性包裹物的最常见方法，它比界面聚合法优越之处在于它避免了单体与被包裹物的直接接触，不会由于单体残留而引起毒性，也不必担心单体与被包裹物发生反应而使被包裹物变性。因此对那些容易失去活性和变性的被包裹物（如酶制剂、血红蛋白等）尤为合适。水中干燥法的具体实施过程是：先将含有被包覆物的水溶液分散于含有聚合物和表面活性剂（如司盘型乳化剂）的有机溶液中，形成油包水（W/O）型乳液，再将这种乳液分散到含有稳定剂（如明胶、聚乙烯醇、吐温型乳化剂等）的水中，形成复合乳液［（W/O）/W］；然后通过加热、减压或萃取等方法除去溶解聚合物的有机溶剂，于是在被包裹物颗粒表面形成一层很薄的聚合物膜。

（5）气相表面聚合法

气相表面聚合法就是把气化的自由基（活性单体）沉积在固体颗粒表面上使之聚合。如把对二亚苯气化后，导入放有 Mg 粉的小室，冷却后对二亚苯自由基就沉积在 Mg 粉的表面上聚合形成包裹层（微胶囊）。经 Mg 包覆后，在空气下不吸湿。

（6）喷雾干燥法

喷雾干燥法微胶囊化可分为三类：水溶液系统、有机溶液系统和胶囊浆系统。

1）水溶液系统：被包裹的物质（芯材）是不溶于水的固体颗粒或液体，包埋芯材的材料（壁材）是水溶性材料，芯材分散或乳化于壁材的水溶液中，构成起始溶液。该溶液在喷雾干燥器内雾化形成小液滴，芯材被水相包裹起来，水分由于高温而挥发，壁材在芯材表面成膜，将芯材包埋，形成微胶囊。

2）有机溶液系统：壁材是不溶于水的材料，芯材既可以是不溶于水的材料，也可以是溶于水的或与水反应的材料，壁材的载体溶剂是某种有机溶剂。

3）胶囊浆系统：通过相分离法微胶囊化得到微胶囊的分散液，将其喷雾干燥，可得到微胶囊粉末。此方法得到很小粒径的微胶囊，包埋效率很高，但包埋成本也较高，适合于对失重产品或高附加值的产品进行包埋。

微胶囊化的壁材特性是影响微胶囊特性至关重要的因素。喷雾干燥法微胶囊化的壁材应具有高度的溶解性，优良的乳化性、成膜特性和干燥特性，且其浓溶液应是低黏度的。除壁材本身的因素外，壁材的性能还受到环境因素、工艺条件等诸多因素的影响，在考虑壁材特性或选择壁材时都应综合考虑。喷雾干燥法得到的微胶囊一般都具有良好的水溶性，因此环境湿度对储存的影响尤为突出。喷雾干燥法得到的微胶囊在储存中囊壁易吸收水分，囊壁吸收了过量的水分后，它的结构被破坏，芯材被暴露在外。因此防止囊壁吸收水分十分重要。

（7）乳液聚合法

乳液聚合法是制备纳米级包囊的重要方法，乳液聚合方法既可适用于连续的水相，也可适用于连续的有机相。

典型的在连续的水相中乳液聚合的方法如下：首先，单体溶于水相进入乳化剂胶束，形成有乳化剂分子稳定的单体液滴，然后通过引发剂或高能辐射在水相中引发聚合。聚甲基丙烯酸甲酯、聚烷基异氰酸酯、聚丙烯酸类共聚物微包囊均可通过此方法制得。

（8）界面沉积法

界面沉积是一种制备纳米级包裹的新方法。典型例子是 PLA 溶于丙酮，药物溶于油相，将所形成的丙酮－油体系注入到含有表面活性剂的水中，由于丙酮迅速地穿透界面，显著地降低了界面张力，自发形成纳米液滴，使得逐渐不溶的高分子向界面迁移、沉积，最终形成纳米级包囊。这种方法具有重复性好、药物包裹量大、粒径均匀的优点。

3. 高分子微胶囊给药途径和药物释放机制

作为一个理想的药物释放体系，通常应当满足如下特殊要求：①将药物传送到作用部位；②在达到要求疗效的前提下，药物投放量最小，药物的毒副作用最小；③使用方便，安全、易被患者接受；④在生理环境下具有一定的物理和化学稳定性。

药物的给药途径同药物的吸收和疗效亦有很大关系。目前常用的六类给药途径为：①通过胃肠消化道给药；②体腔内给药（包括眼内、口腔、舌下、鼻腔、直肠以及阴道、子宫内给药）；③透皮给药；④动脉注射及静脉点滴；⑤皮下及肌肉注射；⑥皮下埋置。

给药途径对药物在生物体内的传输有重要的影响，将直接影响到药物的释放行为。通过合适的给药途径，可使药物释放达到较为理想的效果。与传统的药剂相比，高分子药物胶囊可大大减少服药次数，屏蔽药物的刺激性气味、延长药物的活性、控制药物释放剂量、提高药物疗效。因此具有比一般药物制剂明显的优越性。

高分子微胶囊的药物释放机制涉及聚合物的降解性、通过孔的扩散及从微胶囊的表面释放等三个方面。

胶囊中的药物一般是通过溶解扩散过程,由高分子基体和微胶囊自身的孔洞两种途径来释放。对于生物降解型微胶囊,药物的释放还涉及材料的降解,因此更为复杂。此外,材料的扩散还与作为包裹材料的高分子的密度与结晶度有关。粒径较小胶囊的高分子基材密度小或具有多孔性,有利于药物的扩散,药物的表观扩散系数随粒径的减小而增大。结晶性高则不利于材料的生物降解。因此,在制备生物降解型微胶囊时,要考虑材料结晶性对药物释放的影响。聚合物的分子质量、药物与聚合物含量之比、药物的包裹量、微胶囊的粒径与粒径分布及其表面性能等都会影响到药物的释放行为。

药物脉冲释放体系由于其释药动力学符合生物机体的要求而备受关注。药物脉冲释放体系根据对信号的响应可分为程序式药物脉冲释放体系(PPRS)及智能式药物脉冲释放体系(IRRS),其中 PPRS 是指药物的脉冲释放方式完全由制剂的结构预先设定,而 IRRS 则需要外界信号刺激及制剂响应的共同作用。

程序式药物脉冲释放体系设计的关键在于能控制药物释放的滞后时间及药物释放的持续时间。药物释放滞后时间的控制方法如下:

1)以油膏状生物降解聚合物如聚原酸酯作为大分子药物的载体材料,以阻止内部药物的扩散释放,直到聚合物降解到一定相对分子质量。

2)利用不载药的膜层或聚合物层阻止内层药物的扩散释放,直到膜破裂或聚合物层溶蚀掉。

药物释放持续时间可利用聚合物溶蚀速度控制或利用药物在水凝胶中的扩散释放速度控制。用聚原酸酯作为蛋白质的载体材料制成了一种蛋白质药物脉冲释放系统,当聚原酸酯降解到一定相对分子质量时,药物在聚原酸酯中的扩散系数增大,开始从系统中释放,并随聚原酸酯的进一步降解而逐步释放。因而改变聚原酸酯的结构或相对分子质量,可调控药物释放的滞后时间及药物释放的持续时间。

一种时控药物系统(TES),由外至内依次为水不溶性聚合物层、溶胀层、药物层及内核。当水渗透至一定程度,溶胀层充分溶胀乃至将最外层胀破,药物经溶胀层从系统中释放,通过控制最外层膜厚来控制药物释放的滞后时间。

智能式药物脉冲释放体系根据信号的来源可分为外部调节的药物脉冲释放体系(ERIPRS)和体内自身调节的药物脉冲释放体系(SRIPRS)。ERIPRS 的信号有光、电、磁、超声波等。例如,制备了一种光照引发膜破裂的微胶囊,微胶囊由对苯二甲酰氯与二胺通过界面聚合制得,微胶囊中包含有 AIBN 及药物,当光照时 AIBN 分解产生氮气,氮气产生的压力将膜胀破,药物得以释放。

每一种可降解生物材料都有各自的特性,不同的药物控制释放体系需要不同的材料。尽管目前已有一些缓释药物产品,但对药物剂型改造还未取得突破性的进展,离药物剂型的高效化、速效化、长效化距离尚远。这就为医学、生物学、特别是材料科学提出了更新的课题。

相信在不远的将来，随着研究的不断深入，药物剂型的更新换代将出现革命性的变化。

9.3.4　靶向药物释放体系

有些药物的毒性太大且选择性不高，在抑制和杀伤病毒组织时，也损伤了正常组织和细胞，特别是在抗癌药物方面。因此降低化学和放射性药物对正常组织的毒性，延缓机体耐药性的产生，提高生物工程药物的稳定性和疗效是智能药物需要解决的问题之一。对药物靶向制导，实现药物定向释放是一种理想的方法。

靶向药剂就是在利用特异性的载体，把药物或其他具有杀伤肿瘤细胞的活性物质有选择地运送到病灶部位，如肿瘤部位，以提高疗效，降低毒副反应的制剂。

1. 靶向功能的实现途径

靶向药物"靶向"功能的实现，一般可以通过"主动靶向"和"被动靶向"两条途径。

1）主动靶向：需要对药物载体进行表面改性，通过改性可使病患部位容易被识别，从而使药物能集中在病患部位。为达到靶向释药而常用的配体有抗体、酶、蛋白 A、植物凝血素和糖。对于主动靶向药物制剂重要的是设计新的生物活性分子以有效地选择特定的受体。

2）被动靶向：利用药物释放体系本身性能（如颗粒大小、表面性质等）的差异来影响药物释放体系在体内的运行途径，从而使药剂在病患部位聚集，以达到只对病患部位给药的目的。所以，对于被动靶向药物制剂重要的是利用载体与药物的结合使药物达到特定的部位。此类体系主要有脂质体、聚合物微粒、纳米粒等。

2. 靶向药物的导向机制

从实现靶向作用的导向机制上可分为以下三类导向机制。

（1）利用有识别能力的基团导向

即通过诱导基在水溶性载体高分子链上结合药物分子，或通过诱导分子能使载体高分子同药物分子相结合的机制进行导向，如图 9 - 2 所示。通常可以用作为诱导分子的有单克隆抗体（或它的一部分）、荷尔蒙、糖链等。使用的药物有毒素（天然毒物的活性部分）和抗癌剂等。此外，也可将对肿瘤周围几毫

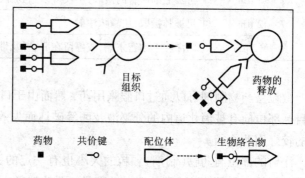

图 9 - 2　药物同配位体的络合及络合物同目标组织的结合

米范围内有放射性的标识物结合到单克隆抗体上。通常使用的放射性标识物有 ^{131}I 和 ^{90}Y。如果要在一个诱导分子上同时结合多个药物分子，则分子链的水溶性是十分必要的。

试验最多的靶向药物是对付癌抗原的单克隆抗体同细胞杀伤性化合物相结合的免疫复合

体(免疫共轭体)。体外试验得到了很好的结果,而体内试验则由于没有投药方法而未能得到良好的效果。体内试验中存在的一个问题是难以得到人的单克隆抗体,因而只能使用鼠的抗体,然而由于这样反复的投入而产生人的抗体是不能不考虑的。为了避免这一点,就需采用抗体分子的片段。

此外,除了利用对在目标细胞膜表面存在的特异抗原、受体、糖类等有选择亲和性的诱导分子而导向目标细胞的药物外,还有可以不使用诱导分子而将药物导向目标的药物,以及用活性细胞攻击目标的免疫疗法等。例如明胶-干扰素复合物的抗肿瘤的效果,使用复合物后肿瘤细胞数比单独使用干扰素有明显的减少。在高分子上结合抗癌剂的肝癌靶向药物例子也已有报道。

(2)利用药物颗粒的大小导向

由于不同大小的药物(制剂)颗粒具有不同的穿透能力,从而可以在体内达到不同的部位,因此通过控制药物(制剂)颗粒的大小,同样可以达到药物导向的目的。通常药物(制剂)颗粒的大小与其导向部位之间呈如表9-2的关系。

表9-2 药物(制剂)颗粒粒径及其在体内的导向部位

颗粒粒径	在体内的导向
小于 50 nm	能穿过肝脏内皮或通过淋巴传输到脾和骨髓,也可达到肿瘤组织,最终到达肝
$0.1 \sim 0.2 \ \mu m$	可被网状内皮系统的巨噬细胞从血液中吸收,可通过静脉、动脉或腹腔注射
$1 \ \mu m$	是白血球最易吞噬物质的大小
$2 \sim 12 \ \mu m$	可被毛细血管网摄取,不仅可以达到肺,而且可以达到肝和脾
$7 \sim 12 \ \mu m$	可被肺摄取,从静脉注射
大于 12 μm	阻滞在毛细密末端,或停留在肝、胃及带有肿瘤的器官中

微粒型药物制剂可以通过口服来用药,然而由于口服药物制剂存在着药物在被吸收和达到目标部位前有被消化道内的分泌液及酶等破坏而失效的可能,因此注射给药是靶向药物制剂的较好用药途径。

注射的部位与药物(制剂)颗粒的大小也有一定的关系。不同大小的药物(制剂)颗粒可选用不同的注射部位、通常的选择标准是:颗粒粒径小于 2 μm,静脉注射;颗粒粒径小于 6 μm,关节腔注射;颗粒粒径 $50 \sim 100 \ \mu m$,动脉注射。

(3)利用磁性的导向

磁性导向是利用药物制剂带有顺磁性,从而使在服药后可以通过体外的强磁场以控制制剂的行径,使药物制剂最终到达且固定在预定的目标部位的导向。最简单的磁性导向药物就

是将磁铁粉末包裹到药物制剂中使所制得的药物制剂具有顺磁性。此类靶向药物制剂的显著
优点是导向的方法较简单、控制导向也较容易；但是如何防止在体内不能代谢的顺磁性物质
进入血液循环系统，以及如何防止磁性物质在体内的累积以及引起不良反应是必须考虑解决
的问题。此外，制备磁性导向药物制剂时除了需控制药物制剂微粒的大小外，还必须保证使
顺磁性物质导入药物微粒，因此其制备难度很大。

3. 靶向药物制剂对载体的要求

对作为靶向药物制剂载体材料的高分子的基本要求是必须无毒，具有一定的药物透过性
和生物可降解性，具有一定的分子量以保证具有必要的强度；有时还需材料具有良好的血液
相容性和在血液循环中保持一定的寿命。根据前面所述的靶向药物制剂各种制备方法，为实
现靶向药物制剂的制备，作为药物载体的高分子材料必须具有一定的溶剂可溶解性、加热可
熔性以及对所载药物、加工条件(溶剂、pH、温度、超声波、辐照)、消毒灭菌条件的稳定性。
此外，根据具体使用的药物以及药物制剂的制备方法，还具有不同的具体要求。一些有报道
的靶向药物制剂如表9-3所示。

表9-3　靶向药物制剂举例

制剂形式	药物载体	药物种类	靶向机制
大分子	脱氧核糖核酸	阿霉素 5-Fu	细胞融合的白血病细胞的摄取增加
抗体	免疫球蛋白 单克隆抗体	阿霉素 柔红霉素	抗体的高度专属性识别癌细胞
微球 微囊	脂质体 类脂质蛋白 生物降解性高分子	阿霉素 5-Fu 卡氮芥	改变微粒大小和给药途径，达到靶向性动脉栓塞
磁性微球	Fe_3O_4 $Zn_{20}Fe_{80}Fe_2O_3$	阿霉素 丝裂霉素	病灶上加强磁场

9.3.5　智能化药物释放体系

智能药物释放是人们理想的药物体系，它改变了由于一般的给药方式所带来的使人体内
的药物浓度只能维持较短时间，血液或体内组织中的药物浓度上下波动较大，时常超过药物
最高耐受剂量或低于最低有效剂量。这样不但起不到应有的疗效，而且还可能产生副作用，
在某些情况下甚至会导致医原性疾病或损伤等缺点。智能化药物释放体系是能够根据环境的
某些因素变化，在固定时间内自动按照预定方向向全身或某一特定器官连续释放一种或多种

药物，并且在一段固定时间内，使药物在血液和组织中的浓度能稳定于某一适当水平的药物释放体系。

一般的药物释放体系由药物贮存、释放程序、能源和控制等4个结构单元构成。所使用的材料大部分是具有响应功能的生物相容性高分子材料，包括天然和合成高分子。根据控制释放药物和疗效的需要，改变药物释放体系的4个结构单元，可以设计出理想的药物释放体系。

智能材料的出现，特别是智能高分子材料的发展，为智能化

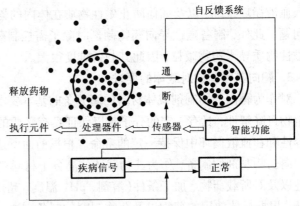

图9-3 智能化药物释放体系

药物释放体系提供了研究和应用基础。智能化药物释放体系对药物的投放，从用量、时间和空间上进行了控制。它不仅具有一般控制体系的优点，而且最重要的是能根据病灶信号而控制药物的脉冲释放。如图9-3所示。

使用智能高分子材料作为药物释放载体，并集传感、处理与执行功能于一体，可以感知外界刺激从而做出响应，使药物在需要时才释放，无需要时使药物自动停止释放，从而达到药物控制释放智能化的目的。

由于体系对刺激信号的感知和响应的敏感性不同，其智能化的程度各异。下面分别介绍几种智能药物控释体系。

1. 化学刺激响应体系

该体系是药物根据环境化学因素的变化，例如 pH、某种物质成分、某种物质浓度等的变化，进行自控释药。

用于化学因素控释的药物体系最典型的是用于治疗糖尿病的刀豆球蛋白 A（ConA）。利用其与葡萄糖和糖基化胰岛素的竞争性互补结合行为，可以控制病人体内血糖的水平。其机理为：ConA 为一种外源性凝集素，对特异糖类物质的亲和性非常高，因此可用对硝基苯基糖衍生物使胰岛素糖基化，以提高 ConA 与胰岛素的亲和性，这样可以防止低血糖条件下胰岛素的释放。糖基化胰岛素与 ConA 结合时，需要把 ConA 载在琼脂糖上，避免 ConA 经膜扩散。在这里，糖基化胰岛素和葡萄糖均可经高分子膜渗透。葡萄糖通过膜扩散进入装置的速率与浓度成正比，一旦进入装置内葡萄糖与糖基化胰岛素就要竞争 ConA 上的糖结合位置，使 ConA 释放一定量的糖基化胰岛素。ConA - 琼脂糖珠填充柱释放实验证明，糖基化胰岛素释放体系响应速率较快，释放剂量较大。把该释放体系植入糖尿病模型犬的体内可保持允许的葡萄糖水平。

也有一些研究者利用葡萄糖氧化酶使葡萄糖氧化成葡萄糖酸及过氧化氢,将葡萄糖浓度信号转换成 pH 变化和氧化反应信号,再通过体系对这些刺激信号的响应控制释放胰岛素。还有其他研究者将葡萄糖氧化酶(GOD)固定于接枝聚丙烯酸的纤维素微孔膜上,无葡萄糖时,聚丙烯酸解离,接枝链伸展,膜孔径较小,胰岛素不易渗出,有葡萄糖时,GOD 使葡萄糖氧化成葡萄糖酸,结果 pH 降低,聚丙烯酸分子链收缩,膜孔径变大,胰岛素通透性增大。又有研究者开发了固定葡萄糖氧化酶的甲基丙烯酸二乙氨乙酯 - 甲基丙烯酸羟丙酯共聚物膜。葡萄糖与固定化酶反应生成过氧化氢,过氧化氢再与高分子上的酰氨基发生氧化还原反应,使高分子链的极性增大,促进胰岛素的渗透。

除葡萄糖敏感释放体系外,人们还研究了对其他特定化学物质具有响应性的控制释放基材。例如,带有二硝基苯基的两性聚合物在水中的溶胀行为,可随三乙胺(TEA)的加入而发生变化,以这类高分子为载体制成的释放体系可响应三乙胺而控制释放药物。

2. 物理刺激响应体系

这类药物释放体系是根据环境物理因素的变化(光、电、磁等)进行药物的控释的。

(1)光响应控制释放体系

以光(可见光、紫外光)敏感高分子材料作为药物载体,以光信号控制药物释放行为的体系就是所谓的光响应控制释放体系。例如,当带有光敏感侧基的高分子受到光的照射时,光敏感基团发生光异构化反应,使高分子极性发生可逆变化,从而影响材料的溶胀行为,控制药物释放。可发生光异构反应的光敏基团有偶氮苯、螺 - 苯并吡喃、三苯基甲烷衍生物等。带有这些基团的高分子具有光刺激响应性。

用光解离的材料或光照后可引发聚合或发生相分离的材料,也能设计出光响应释放体系。例如双组分双层类脂微囊,在紫外光照射时,其中的一个组分发生聚合,形成化学键合区域;另一组分未聚合类脂则呈非层状结构,这样就形成两相分离,释放出微囊内的物质。

(2)电刺激响应药物释放体系

这类控制释放体系是通过电化学方法来控制药物的释放。与一般药物释放体系相比,其优点在于能控制释放的进程,即药物释放的通断和速率可控。例如,把药物以共价键形式固定于高分子载体上,然后将其包埋到电极表面。电流通过时,药物与高分子间的化学键断裂,释放出药物,无电流时,停止释药。一般作为药物载体的高分子都带有电活化基团和离子交换官能团,一些离子型药物,可通过配对离子键与导电高分子结合,并以膜的形式包覆于电极上。这类膜在电流刺激下可由离子态转变为中性状态,迫使配对的药物被释放出来。

(3)磁控制药物释放体系

在高分子载体中混入或放置微磁球或磁环等磁性物质,可设计出对外界震荡磁场敏感的药物释放体系。该体系一般采用乙烯和醋酸乙烯酯共聚物(EVA)作为药物的载体。如把微磁球与药物一起混入乙烯和醋酸乙烯酯共聚物中,当体系受到外界震荡磁场作用时,体系内的磁球会引起高分子内孔隙结构的变化,明显提高药物的释放速率。

(4)pH 响应性药物释放体系

pH 响应性药物释放体系是利用人体消化道各环节 pH 的不同,控制药物在特定部位释放的体系。例如,在酸性条件下不稳定的药物可以用含弱酸性基团的高分子水凝胶作载体,凝胶在酸性环境中(如胃液)处于疏水收缩状态,可避免酸溶液与包埋的药物接触,而不释放药物;在碱性介质里(如肠液)则吸水溶胀,体积明显增大,药物从凝胶中渗出。又如一些味道极苦的药物,用 pH 响应性水凝胶包埋后,药物仅在胃肠中释放,在中性 pH 的口腔内药物不溶出。这类药物释放体系可用于局部病变组织及器官的治疗,如治疗口腔溃疡的类固醇释放体系、治疗宫颈癌的细胞毒性药物控制释放体系等。采用这类体系,还可使药物直接作用于病灶。这类药物释放体系常常植入人体的空腔,如口腔、鼻腔、直肠、阴道、子宫等,发挥其治疗作用。

(5)温度敏感药物释放体系

对温度响应性药物控制释放体系,聚(N,N - 烷基取代丙烯酰胺)水凝胶是一类常用材料,其中,聚 N - 异丙基丙烯酰胺(PIPAm)类凝胶在某一温度(相转变温度,LCST)产生急剧的亲水性/疏水性结构的转变,引起溶胀,体积突变。用这类热敏感性水凝胶已制备温度响应性药物释放体系,其响应温度呈现"通断"释放行为。

聚丙烯酸和聚丙烯酰胺互穿聚合物网络水凝胶(PAA;PAAmIPN)完全不同于聚(N - 异丙基丙烯酰胺)类水凝胶,它可借高分子间氢键的缔合和解离,改变其溶胀特性而响应温度的变化,因此当温度低于 LCST 时药物将停止释放。还有一类温度响应性药物释放体系是根据脂质体在 LCST 以下为液晶态,在 LCST 以上则为凝胶态的特点,并复合一些高分子材料设计而成的。如将壳聚糖微球用二棕榈酰胆碱(DPPC)包裹制成温度响应性释放体系,此时 DPPC 的 LCST 从 41.41 ℃提高至 42.12 ℃。当温度达到 42 ℃时,模型药物 5 - 氟尿嘧啶稳定释放,而温度降至 37 ℃时药物的释放受到抑制。

3. 生物信号响应体系

随着医学科学的发展,人们对自身生理特点的研究不断深入,也为药物治疗提出了许多新的构思。利用人体各种生理特异性设计药物释放体系就是其中之一。细胞表面存在各种糖链、受体和抗原等,它们与细胞的生物学特性有关,故称之为"生物信号"。如选择对这些信号具有特异识别作用的适宜的分子与药物载体结合,即可设计出响应特定生物信号的药物释放体系。采用这种体系能明显提高药效,降低副作用,特别适合用于抗癌药物。

9.4 组织工程材料

组织和器官的衰竭、损伤是最主要的临床医学问题,约占美国年医疗费用的一半,其中包括器官移植、外科修复、人工取代物、医疗器械以及某些情况下的药物治疗。人们首选的自体器官移植是以牺牲健康组织为代价的"以伤治伤"的方法,虽然临床效果令人满意,但供区极为有限;同种异体器官移植则存在同种供体器官严重不足的问题;人工取代物存在生物相容性问题;而医疗器械不能替代器官的所有功能,不能很好地修复组织或器官的主要损伤,使患者早日康复。

20世纪80年代美国学者Langer和Vacanti提出了组织工程(tissue engineering)的再生医学新概念。现正在形成组织工程学这门新学科。组织工程是利用生命科学与工程科学的原理和方法,研究和开发具有修复或改善人体组织或器官功能的新一代临床应用的取代物,用于替代组织或器官的一部分或全部功能。

组织工程一般采用以下三种策略。

(1)细胞和生物材料杂化体系

如从小块活组织分离组织特异细胞,经体外扩增后种植在生物相容性良好并可生物降解的聚合物构建的多孔支架内,体外培养一定时间后把此细胞/支架结构物植入患者体内;随着组织缺损部位的重建,聚合物逐渐降解而消失。

(2)只有生物降解材料的体系

通过生物过程使细胞长入多孔支架内,经过增殖、分化形成组织,同时与周围组织整合。如用珊瑚骨架制备的羟基磷灰石陶瓷,其孔隙结构与人体骨结构极其相似,可作为骨组织工程支架使用。

(3)细胞体系

移植的细胞由生物过程发展成微结构。

工程化组织可归纳为三大类。

1)结构类:如皮肤取代物、软骨和骨的取代物等,大都采用生物降解聚合物作为支架。

2)代谢类:如生物杂化人工胰和肝、生物人工肾以及用于释放生物活性物质的包囊细胞。此类装置常采用免疫隔离膜材,仅允许营养物质(氧、葡萄糖、胰岛素等)和代谢产物(乳酸、二氧化碳、H^+等)通透,而隔离体液中的免疫反应组分和免疫细胞等。它们可以作为体内植入物或体外装置来使用。

3)细胞类:体细胞经离体扩增、增殖和纯化后植入体内。

9.4.1 组织工程原理

1. 组织工程原理

体内组织的生长发育过程是在一定的内环境条件下进行的,常规的体外单层培养方法不能提供组织正常生长发育所需的环境条件,通常的后果是细胞发生分化现象,培养的细胞不仅失去了正常的形态,而且失去了其生化与功能性质。比如,软骨细胞在单层培养过程中,呈现出类似成纤维细胞的形态,并且由正常条件下的分泌Ⅰ型胶原转变到分泌Ⅱ型胶原,这一形态与功能变化与培养条件有关。因而需要通过培养系统技术对环境因子进行有效的控制。培养系统能提供以下基本性能:①对培养液进行有效的、均一的混合并对传质过程进行精确控制；②调节培养容器中的剪应力大小；③维持恒定的 pH 值、气体分压及营养物质的浓度；④通过过程控制以满足培养物在生长发育过程中对环境条件的不同需求。实现这一目的除了要求提供足够大的传质速率以保证细胞的生长外，还要根据所培养的组织类型，在反应器的设计上模拟组织生长发育的微环境状态，促进不同细胞的分化。

组织工程学的基本原理和方法是将体外培养的高浓度组织细胞，吸附扩增于一种生物相容性良好并可被人体逐步降解吸收的生物材料上，形成细胞–生物材料复合物。该生物材料为细胞提供一个生存的三维空间，有利于细胞获得足够的营养物质，进行营养物交换，并能排除废物，使细胞能在按照预制设计的三维形状支架上生长。然后将此细胞–生物材料复合体植入机体组织病损部位。种植的细胞在生物支架逐步降解吸收过程中，继续增殖并分泌基质，形成新的具有与自身功能和形态相应的组织和器官。这种具有生命力的活体组织能对病损组织进行形态、结构和功能的重建并达到永久性替代。

目前在体外构建含活细胞成分的工程组织的核心方法是，首先分离自体或异体组织的细胞，经体外扩增后达到一定的细胞数量，然后将这些细胞种植在预先构建好的聚合物骨架上，这种骨架提供了细胞三维生长的支架，在适宜的生长条件下（通常通过培养系统技术对培养条件进行控制），细胞沿聚合物骨架迁移、铺展、生长和分化，最终发育形成具特定形态功能的工程组织。在对细胞进行体外培养过程中，通过模拟体内的组织微环境条件，使细胞得以正常生长和分化，主要包含三个关键步骤：第一步，必须扩增细胞达足够的细胞数量；第二步，诱导组织细胞分化；第三步，维持分化表型形成具有特定形态功能的组织。完成这三步所采用的方法分别为常规培养瓶(皿)培养方法，优化设计三维骨架结构和表面性质以及采用灌注培养系统提供稳定的环境条件。基本过程首先需要大规模扩增从体内分离获取的少量细胞，对于贴壁依赖性细胞，可使用常规的单层培养方法，传代培养后即可达到足够的数量；第二步是将这些细胞种植在聚合物骨架上，通过对骨架的内部结构与表面性能的优化设计，在细胞–材料及细胞–细胞的相互作用下，诱导细胞进行分化；第三步是采用灌注培养系统，维持稳定的环境条件，使工程组织维持长期的分化状态。

2. 组织工程的关键技术

组织工程的关键技术主要包括生物材料技术和培养系统技术。

材料生物相容性的传统概念是指材料为"惰性"的，不会引发宿主强烈的免疫排斥反应。随着对材料–生物体相互作用机理研究的深入，这一概念已发展到材料是具有生物活性的，可诱导宿主的有利反应，比如可以诱导宿主组织的再生等。

体外构建工程组织或器官，需要应用外源的三维骨架。这种聚合物骨架的作用除了在新生组织完全形成之前提供足够的机械强度外，还包括提供三维支架，使不同类型细胞可以保持正确的接触方式，以及提供特殊的生长和分化信号使细胞能表达正确的基因和进行分化，从而形成具有特定功能的新生组织，并且参与工程组织与受体组织的整合过程。

聚合物骨架在三个尺度范围可以控制组织的生长发育过程：①培养基大尺度范围(mm ~

cm 级)决定工程组织总的形状和大小;②骨架孔隙的形态结构和大小(μm 级)调节细胞的迁移与生长;③用于制造骨架的材料的表面化学性质(nm 级)调节与其相接触的细胞的粘附、铺展与基因表达过程。

工程组织植人体内后,移植物的几何形状与内部结构同样可以影响受体组织与移植物的相互作用。移植物的几何形状可以影响其周边免疫细胞的数量与免疫因子的活性,尖锐的形状易引发强烈的免疫排斥反应。移植物的内部结构中重要的特征是孔隙的性质,包括孔隙的大小、形状和连续程度。对孔隙的正确设计可以实现选择性的通透作用,从而减少免疫因子及免疫细胞的不利影响。

应用目前先进的材料制造技术,对微米至纳米级水平的结构采用计算机辅助设计-计算机辅助加工技术进行设计与加工,采用正在迅速发展过程中的纳米技术对材料的纳米结构进行设计与加工。

构建骨架的材料包括合成材料与天然材料。合成材料(高分子聚合物等)可以很容易地加工成不同的形状结构,设计制造过程中能对材料的许多性能进行控制,包括机械强度、亲水性、降解速率等;与之相比,天然材料不易提取和加工,并且材料的物理性能受到限制,但天然材料具有特殊的生物活性并且通常不易引发受体的免疫排斥反应。因此实现材料的优化设计的途径之一是将化学合成的高分子材料与天然成分偶联在一起形成杂交材料。其中合成材料具有高机械强度、可降解及易加工的性能,而天然成分包含细胞表面受体的特异识别位点,在调控细胞生长发育方面具有特殊生物活性,这对于构建复杂的组织具有重要作用。这一技术已应用于人工血管的内皮化过程。

在培养系统技术中,三维组织培养与单层培养相比通常含有很高的细胞密度,因而需要频繁地换液以保持营养环境的稳定。因此,在培养系统设计中,通常采用灌注培养方式来维持 pH 值和营养物质的稳定,这种培养方式也避免了在对工程组织的长期培养过程中,由于换液操作而带来的污染风险。

高密度细胞培养常常受到营养物质和氧气供应不充分的限制,为了满足培养环境中对高传质速率的需要,对培养槽需进行特殊的设计。早期的工作曾用机械搅拌等方式,对贴附在微载体上的细胞进行悬浮培养来维持足够的传质效率。虽然通过对搅拌桨形状的正确设计,添加保护剂等措施可以降低由搅拌引起的强剪应力对细胞造成的损伤,而可用于生物制药的目的。但这种混合方式除产生强剪应力外,还造成营养物质与 pH 值的梯度,这种生化环境条件对组织的生长发育带来不利影响,因而不适于工程组织的培养。

如何有效地控制反应器中的传质过程是组织工程用培养系统的技术难点。利用二次流是解决问题的一个途径,通过增加内部流体的循环,传质速率大大提高。而由美国宇航局设计的旋转细胞培养仪,具有不同的混合方式。通过外部的旋转方式,在低剪切应力的条件下,旋转所产生的流动可以实现对培养成分充分的混合,并使一定大小之内的培养物以悬浮状态存在。在这种培养条件下,人肺腺癌细胞可与微载体形成 0.2～0.5 cm 的聚集体并具有显著的分化特性。这一技术已应用于人工软骨等多种组织的三维培养。

3. 组织工程学的研究内容

组织工程的科学内涵有三个紧密结合的部分：①对正常和病理的组织、器官结构－功能关系的认识，包括定性和定量的研究；②在可控（可重复）条件下，通过特定细胞的体外培养，形成具有生物活性的替代物，包括具有特定功能的组织、细胞－骨架聚集体、细胞悬浮液、细胞及其产物的包囊、生物人工器官（bioartifical organ）等；③具有生物活性酌替代物植入后与机体组织的相互作用和整合。上述三部分中，第一部分是组织工程的基础，第二部分是它的主体，第三部分则是它的应用、检验和效益的体现。这里，核心问题是诱导种子细胞定向分化，长成具有特定功能的组织或器官。因此，活的细胞、可供细胞进行生命活动的支架材料以及细胞与支架材料间的相互作用是组织工程研究的主要科学问题。

目前用于体外构建工程组织、器官的细胞按其来源分为自体细胞、同种异体细胞和异种细胞三类。其中自体细胞存在来源严重短缺的限制；异种细胞存在移植排斥反应、传染动物源性病毒和伦理的制约；同种异体细胞同时存在着来源受限和移植排斥反应的问题。

人胚胎干细胞和组织干细胞的研究进展为从根本上解决制约组织工程的细胞问题提供了可能。目前研究较多的是骨髓基质干细胞，而胚胎干细胞（embryonic stem cells，ES）因其具有全能性和无限增殖的能力，有望成为组织工程中种子细胞的新来源。

其中，生物可降解材料在组织工程研究中起着非常重要的作用，它是组织工程实现产业化的关键。从生物学的角度考虑，理想化的生物材料应尽可能具备拟构建组织、器官的细胞外基质的所有功能。因此在组织工程研究中，寻找能充分发挥组织再生潜力的细胞外基质材料是核心内容。基质材料不仅影响细胞的生物学行为和培养效率，而且决定着移植后能否与机体很好适应、结合和修复的效果，是限制组织工程能否真正应用于临床的一个关键因素。

为使生物医用材料与细胞/组织接触时产生所期望的反应，控制材料与细胞/组织间的相互作用极为重要。如何抑制生物医用材料与细胞间非特异相互作用，促进生物特异作用乃是关键所在。

9.4.2 组织工程材料的研究现状与前景

1. 组织工程用生物材料领域国内外研究现状

组织工程材料综合了工程科学与生命科学原理，构筑取代物以修复组织缺损，恢复其部分功能。从材料科学观点，可将组织视同细胞复合材料，它由细胞及其合成与分泌的细胞外基质（ECMs）组成；ECMs 提供细胞信号，而细胞则指导 ECMs 的合成。ECMs 由蛋白质和糖胺聚糖（GAGs）的交联网络组成。组织工程一般采用 3 种策略，常用的策略是将种子细胞（培养细胞或骨髓间基质干细胞（BMSCs））种植在生物降解的三维多孔支架内，构筑细胞/支架结构物质在模拟体内环境的生物反应器中扩增后，再植入患者体内，经生物过程在缺陷部位形成组织；第二种策略是采用生物材料植入体内，经生物过程形成组织；第三种策略是细胞移植。

许多生物材料能在体外指导细胞生长，然而体内组织再生涉及到引导神经、骨、血管的生长和修复，同时再生损伤组织的细胞受到原有损伤部位和周围健康组织的分子信号作用。理想的支架材料应能在需修复损伤的组织周围诱导目标细胞黏附，并与其表达的生长因子受体相互作用，生物材料支架应引导这些目标细胞迁移到损伤部位并刺激其生长和分化，随着组织的修复，细胞释放的基质重建酶，最终使支架完全降解。理想的生物材料能够促使分子识别的目标基因活化且具有细胞特异性。

目前与组织工程相关的生物材料包括：①生物降解高分子材料，如胶原、明胶、壳聚糖、海藻酸盐、透明质酸、血纤蛋白、聚丙烯酸及其衍生物、聚乙二醇及其共聚物、聚乙烯醇、聚磷腈、多肽、聚交酯、聚乳酸等；②生物活性玻璃和生物陶瓷；③生物复合材料，如羟基磷灰石/胶原、羟基磷灰石/胶原/透明质酸、磷灰石/壳聚糖、多孔羟基磷灰石/壳聚糖 – 明胶、磷酸三钙/聚乳酸共聚物、磷酸三钙/壳聚糖 – 明胶复合材料等。

下面简单介绍组织工程用生物材料最受关注的几方面研究状况。

（1）基因控制和活化

骨的迅速修复依赖于成骨细胞的分化和增殖，成骨细胞基因的同步序列必须被激活，细胞才能分裂，合成 ECMs，才能矿化为骨。通过基因治疗将表达生长因子（如骨形态发生蛋白（BMPs））的质粒 DNA 以适宜载体控制释放，使细胞转染。美国 Goldstein 等人将含有能编码的人甲状旁腺素（PTH）基因质粒 DNA 负载在聚合物基材中，再植入犬腿骨缺损部位，同周围细胞接纳质粒 DNA，表达类似于 BMP 的 PTH 达 6 周，骨的损伤部位完全愈合。研究表明，一些生物活性玻璃的离子溶解产物对成骨的某些基因具有特殊的控制作用，可促进细胞生长构建骨组织工程支架材料。

（2）生物材料的细胞活化

大多数哺乳动物细胞是贴壁细胞，它们必须在适宜的基质上贴附、铺展才能正常代谢增殖和分化。细胞外基质（ECMs）的主要作用是介导细胞黏附。ECMs 中有许多细胞受体识别的多肽和糖配体，此类受体、配体相互作用对维持细胞功能具有很重要的作用，同时还能赋予细胞环境的响应性。ECMs 的首要功能是介导细胞黏附，大多数细胞缺乏黏附就会凋亡或死亡，而丧失黏附相关信号传导途径会使癌性肿瘤生长和扩散。因而生物材料表面修饰受到了广泛的关注。生物系统相互作用受生物材料表面特性的控制，目前主要运用等离子沉积（聚合）蚀刻、辐射接枝、自组装、湿化学反应、吸附、光反应、固定化等方法对生物材料表面改性，以改善生物材料的生物相容性，从纳米到微米尺度上调控表面的拓扑结构，诱导细胞行为或生物矿化，控制生物活性物质的释放速率或防止蛋白质或细胞黏附和组织黏连等。

（3）生物材料仿生化

生命从本质上讲源自生物大分子。细胞主要由蛋白质、糖类和核酸构成，此类生物大分子以高度复杂的方式响应外界刺激。高分子聚合物具有模仿组织中 ECMs 的多方面潜在功能，特别是结构类似体内许多组织的水凝胶，其生物相容性良好，已广泛用于组织工程和药物释放载体。水凝胶的设计既要考虑到它们的物理性能，更要关注其生物学特性(生物相容性)。Lutoif 等人以聚己二醇四乙烯基砜、整联蛋白(integrin)、结合肽及含金属蛋白酶(MMP)敏感和不敏感序列的双半胱氨酸肽构筑 MMP 敏感水凝胶，并将骨形态发生蛋白(BMP)截留在凝胶内。由于水凝胶的酶降解具有可调性的特点，这类水凝胶可望用于组织工程和细胞生物学等作为天然细胞外基质衍生物材料(如血纤蛋白或胶原)的取代物。

(4)表面组构化

自组装形成的超分子组构化赋予生物材料独特的性质，它对复杂材料系统(如细胞外基质)生物自组装的重要性不言而喻。复杂的三维组装可通过二维(2D)图案简化，将前驱体"指导"分子在纳米到微米尺度单层图案化形成超分子组装和组构。自组装单层(SAM)影响细胞黏附和铺展。这些过程为 ECMs 中的蛋白质(如纤连蛋白、层黏连蛋白及胶原)所介导，细胞在其生物材料表面上的黏附受 ECMs 蛋白表面吸附、取向及分子构象的调控。生物材料的表面特性与细胞的关系直接影响细胞代谢，因而这种调控对生物材料结构与功能有重要意义。

采用表面图案化的分子光刻技术可使分子二维组构化，如微接触印迹(μCP)、浸笔纳米光刻(DNP)及扫描探针光刻制备纳米到微米尺度的图案。Kaplan 用 DNP 技术在胶原及胶原状肽上制备出线宽为 30~50 nm 高度组构图案，保持了这些生物大分子的三维螺旋结构及功能。可望将其用于未来的生物装置，如蛋白组学阵列。

(5)组织构造

在合成和分泌的 3D 基质中，组织细胞能比 2D 基质更有效地介导细胞黏附，利于增强细胞活性。生物材料支架的表面化学修饰及拓扑结构应利于细胞黏附、分化和增殖；且支架应具有适宜的力学性能，并可制造成不同的形状和尺度，具有贯通孔隙和适当的孔隙率，才能使组织整合和血管化。

2. 组织工程用生物材料的发展趋势

生物材料介入生物体内时，其表面会诱发一系列宿主反应，从蛋白质的吸附、炎性分子与细胞激活到细胞征集或黏连，这些反应是更为广泛的炎症反应和纤维化反应的一部分。如何诱发所期望的愈合途径，使组织重建，这有赖于抑制生物材料与体内环境的非特异反应，使其具有生物特异性，这是需要首先考虑的问题。

(1)生物材料与细胞相互作用

将生物材料植入生物体内时，应考虑其对生物活性分子的动态吸附、多种细胞的作用、细胞因子的影响以及生物过程的激发。另一方面，这些细胞及细胞外基质和生物体内的生物系统也对生物材料的结构和性能产生影响，因而生物材料与细胞的相互作用是双向的、动态的且随时间和空间的不同而不同。细胞与生物材料之间存在物质、能量和信息(化学信使和场信号)的传递，是一个受多因素调控的复杂体系，这些都决定了生物材料研究的复杂性。

骨是羟基磷灰石和胶原构建的纳米尺度的生物复合材料，它在生命过程中不断更新和重建。

骨的形成需有成骨细胞和破骨细胞参与，这些细胞的细胞外基质分泌的不同信号分子协调骨的形成与吸收，血液和内分泌系统的生物活性物质亦参与骨重建过程，而力学信号则影响基因表达细胞功能的发挥。阐明生物材料与细胞相互作用的过程，必将引起新的生物材料概念产生，有助于新一代生物材料的设计。

（2）仿生表面工程及生物材料的仿生化

从材料科学的观点可以把组织视作细胞复合材料，它由细胞及其细胞外基质（ECMs）组成。组织工程的典型方法是在外源性的 ECMs 中种植细胞组成结构物，在生物反应器中培养扩增，体外形成新组织后植入患者体内与组织整合构建新的功能组织。因此，组织工程采用的外源性 ECMs（即三维支架）应模拟天然组织的 ECMs 分子功能。

细胞外基质中含有黏附蛋白和糖蛋白结构中的肽序列[（如精氨酸－甘氨酸－天冬氨酸（RGD)）]，可将这种序列固定在生物降解材料表面以与介导细胞黏连，但这一过程非常复杂。细胞的存活与黏连过程关系密切，要求细胞游走形成血管并再生神经末端。因此修饰生物材料表面的 RGD 应具有适宜的密度，才能使细胞既黏连又能移动；细胞还能与相应的 RGD 肽组装成纳米尺度的团簇结构发生作用，这样的肽结构比无规肽结构更能有效地诱导细胞的黏连和移动。

生物材料目标细胞的活化，要考虑的除了黏附配体肽外，还可将寡糖和脂质体设置于生物材料表面，赋予其对目标细胞的特异相互作用。

生物材料应精确控制其化学构造，使人体生理系统能够识别其为人体自身组织的一部分。为此，需从细胞生物学和分子生物学的角度设计生物材料，且应考虑材料的力学性能、物理特性及可加工性能。

（3）生物活性物质释放载体调控

生物支架材料构筑成生长因子和细胞因子的载体，可适时缓释因子（μg 级），诱发细胞分化组织在体外生长及促进血管化，更能将含编码生长因子基因的质粒 DNA 与适宜的载体构筑成复合物，从而高效、靶向转染目标细胞，在体内按生理剂量（ng）表达生长因子，促进组织重建，防止高剂量因子的负面响应。组织重建受生长因子和细胞因子调控，将基因治疗与组织重建相结合应使其靶向目标细胞通过膜融合或胞吞进入细胞和细胞核，释放基因外源 DNA 与细胞基因组整合，才能表达治疗蛋白，如生长因子。

（4）生物材料智能化

由阳离子聚合物载体与荷负电的质粒 DNA 构筑的复合物，应能够传感细胞膜亲疏水性变化和细胞内区室的 pH 变化及酶环境，且能进入细胞，并应避免这些微环境的改变将外源基因引入细胞核内基因组。为此，应使非病毒载体具有仿病毒感染宿主细胞的智能特性。冈野光夫等人利用温度响应的聚异丙基丙烯酰胺（PIPAAm）接枝组织培养聚苯乙烯（TCPS）板上形成心肌细胞片层，再直接构筑纤维组织，可用其作为工程化心肌、肝和肾等层状结构物。

(5)生物材料中的纳米技术与方法

在纳米复合生物材料上培养从体内采集的细胞或将纳米复合物植入体内时,细胞会与周围的纳米材料相互作用。通常,纳米复合生物材料中的纳米结构是无序的,表面化学和拓扑学在分子水平上也是混沌的。因此,需研究细胞生存的纳米及微米环境,细胞对纳米图案的响应特性(不平衡界面力等)以及表面化学图案的构筑,以实施不同细胞共培养,为研制生物芯片和细胞芯片提供技术与方法。

习 题

1. 生物医学材料的定义是什么?生物医学材料的研究内容有哪些?
2. 简述生物医学材料的分类方法。
3. 生物医学材料的生物相容性评价方法有哪些?
4. 简述人工器官的种类及基本原理。
5. 简述药用功能材料的分类和基本性能要求。
6. 什么是药物控制释放?药物控制释放按药物释放机理可分哪几类?
7. 高分子微胶囊的制备方法有哪些?
8. 简述靶向药物释放体系靶向功能的实现途径。
9. 靶向药物的导向机制有哪几类?
10. 靶向药物制剂对载体的要求是什么?
11. 目前应用的有哪几种智能化药物释放体系?
12. 组织工程一般采用的三种策略是什么?
13. 简述细胞与生物材料间的相互作用。
14. 组织工程用生物材料最受关注的研究方向有哪些方面?
15. 简述组织工程用生物材料的发展趋势。

第 10 章　光学功能材料

光的频率比无线电的频率高得多，为提高传输速度和载波密度，信息的载体由电子到光子是发展必然趋势，它会使信息技术的发展产生突破。光学功能材料作为信息社会的技术支撑，愈来愈引起科技界的关注。光功能材料包括光学、光电子学、光子学材料；从材料种类上它可以是无机材料，也可以是有机材料；从材料的结构状态上它可以是单晶、多晶，也可以是玻璃。如可透射各种波长的窗口材料，用于通信和传感各类光纤，以稀土离子和过渡金属离子掺杂的激光晶体和玻璃以及激光放大器玻璃纤维，用于各类显示器和高效绿色光源的发光材料，在光电转换、调制、开关和隔离等方面发挥重要作用的磁光、声光、压光、光致折变等晶体和玻璃，新型智能和环保的低辐射玻璃、自洁玻璃，利用光与电介质的相互作用中新的光学现象的光子晶体等。这些光学功能材料的研究将有力地推动光子学器件和技术的发展。

10.1　发光材料

发光材料已经成为现代人类生活不可或缺的材料，每天的工作和生活之中都会遇到它，例如彩色电视机的显示屏、机场的 X 射线安检器、计算机的屏幕、各类检测设备的显示器以及各类照明光源等，这些装置的核心部位都是发光材料。

发光是一种常见的现象。当某种物质受到诸如光、外加电场或电子束轰击等激发后，只要该物质不会因此发生化学变化，它总要回复到原来的平衡状态。在这个过程中，吸收的能量会通过热和光的形式释放出来。如果这部分能量以可见光或近可见光的电磁波形式发射出来，就称这种现象为发光。

发光材料又称为发光体，是一种能够把从外界吸收的各种形式的能量转换为光辐射的功能材料。发光材料可以被多种形式的能量激发。光致发光是由电磁辐射(通常为紫外光)激发，阴极射线发光是由高能量电子束激发，电致发光是由电压激发，摩擦发光是由机械能激发，X 射线发光是由 X 射线激发，化学发光是由化学反应的能量激发。本章主要介绍光致发光材料。

10.1.1　光致发光的基本原理

1. 电子跃迁选律

发光过程中的能量吸收(激发)、发光(退激)等过程都是电子在不同能级之间的跃迁，吸收或释放能量的过程。每一条发射谱线的波长，取决于跃迁前后两个能级之差。由于原子的能级很多，原子在被激发后，其外层电子有不同的跃迁，但这些跃迁应遵循一定的规律。

在多原子系统中，考虑电子的轨道与自旋的电磁相互作用，经过量子力学角动量耦合过程，多原子的运动状态可用 L、S、J 和 M_J 4 个量子数来规定。根据原子光谱的实验数据及量子力学理论可以得出如下结论：

对原子的同一组态而言，L 和 S 都相同，而 M_L 和 M_S 不都相同的诸状态，若不计轨道相互作用，且在没有外界磁场作用下，都具有完全相同的能量。因此，就把同一组态中，由同一个 L 和同一个 S 的构成的诸状态合称为一个光谱项，每一个光谱项相当于一个能级。

$$^{2S+1}L——原子光谱项的符号$$

其中，$2S+1$ 为自旋多重度。对 $S=1$ 的状态，$S_{Z总}$ 有三种可能取值 $\hbar$，0，$-\hbar$，故称之为三重态(或多重度为3)。对 $S=0$ 的状态 $S_{Z总}=0$ 称之为单重态(或多重度为1)。$L=2$，$S=1/2$ 的光谱项 ^2D。

其次，由于轨道和自旋的相互作用，不同的 J 对应的能级会有微小的区别，因此又将 J 的数值记在 L 的右下角 $^{2S+1}L_J$，为光谱支项。

例：$L=1$，$S=1$，$J=2，1，0$

$^3P_2$，$^3P_1$，$^3P_0$

最后，对于给定的 J 来说，又可沿磁场方向(z 方向)有 $(2J+1)$ 个不同取向(即 M_J 的取值有 $2J+1$ 个)。即每个光谱支项也应包括 $(2S+1)$ 个微态，当外磁场存在时，原属同一光谱支项又可发生分裂，得到 $2J+1$ 个状态能级，这就是塞曼效应。

洪特总结了大量的光谱数据，归纳出如下几条规律：

1)具有最大多重度，即 S 值最大的谱项的能量最低，也最稳定。

2)若不止一个谱项具有最大的多重度，则以有最大的 L 值的谱项的能级最低。

3)对于一定的 S 和 L 值时，在开壳层半满之前，如 p^2、d^4，J 越小的光谱支项所对应的能级越低；反之，J 越大者越稳定。

光谱项之间的跃迁不是任意的，它由光谱选择定则(简称跃迁选律)来决定，只有符合下列条件的跃迁才能发生。

1)$\Delta L=\pm 1$，即跃迁只允许在 S 项与 P 项之间，P 项与 S 项或 D 项之间，D 项与 P 项之间发生，等等。而具有相同宇称的能级之间的电子跃迁是禁阻的，例如，d 壳层内部、f 壳层内部、d 壳层与 s 壳层之间的跃迁是宇称禁阻的。

2)$\Delta S=0$，即单重项只能跃迁到单重项，三重项只能跃迁到三重项等。

3)$\Delta J=0$，± 1，但当 $J=0$ 时，$\Delta J=0$ 的跃迁是不允许的。

例如 Na 原子的电子组成为 $3s^1$，它的激发态可以是 np^1 或 nd^1($n=3，4，5，\cdots$)，也可能是 ns^1 或 nf^1($n=4，5，6，\cdots$)，根据跃迁选律可以有多个谱线系，其中 $3^2P_{1/2}$ 和 $3^2P_{3/2}$ 是第一激发态的光谱项，因此，通常观察到的最强的 NaD 发射的双线：

Na 588.995 nm $3p(^2P_{3/2}) \rightarrow 3s(^2S_{1/2})$

Na 589.593 nm $3p(^2P_{1/2}) \rightarrow 3s(^2S_{1/2})$

不同种类的原子能级分布不同，原子能级允许跃迁决定了它的吸收谱线和发射谱线。

2. 光致发光过程

为了解释发光材料的构成和发光过程，给出光致发光材料最简单的发光过程模型，见图 10-1。发光材料通常由基质和发光中心（通常称为激活剂）组成。例如，典型的发光材料 $Al_2O_3 : Cr^{3+}$ 和 $Y_2O_3 : Eu^{3+}$，它们的基质分别为 Al_2O_3 和 Y_2O_3，激活剂分别为 Cr^{3+} 和 Eu^{3+}。激活剂位于基态的电子吸收激发光的能量跃迁至激发态，然后又回到基态并发出光，同时还可能有部分位于激发态的电子以非辐射的方式返回基态，其能量用于激发基质振动，使基质的温度升高。非辐射

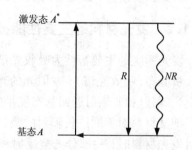

图 10-1　发光原理示意图

R—辐射回到基态；NR—非辐射回到基态

跃迁过程总是与辐射跃迁过程相互竞争，非辐射跃迁的存在会降低材料的发光效率。在发光材料中发光中心绝大部分是稀土离子和过渡金属离子，基质可以是晶体，也可以是玻璃，激活离子固溶或溶解于基质中。基质也可吸收和传递激发能量，并为激活离子提供合适的晶格场，使之产生所需的辐射。

实际上光致发光材料的发光过程较为复杂，发光材料除包括基质、发光中心外，有时还包括敏化剂，敏化剂是能够吸收激发辐射并将能量传递给发光中心的第二种杂质离子。

敏化剂与激活剂之间的能量传输过程如图 10-2 所示。敏化剂 (S) 吸收激发辐射后，把能量传递给激活剂，即激发能从激发中心 (S^*) 传递到另一个中心 (A)：

$$S^* + A \rightarrow S + A^*$$

能量传输完成后，可以发生源于 A 的发射。可以"S 敏化了 A 的发射"来表述这一过程。如果 S 的发射光谱与 A 允许的吸收光谱发生较大程度的重叠，那

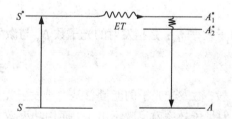

图 10-2　敏化剂-激活剂体系发光过程示意图

S, S^*—敏化剂的基态和激发态；ET—能量传递；
A, A_1^*, A_2^*—激活剂的基态，激发态的高能级，激发态的低能级

么就会有相当多的辐射能量传递：S^* 辐射衰减以及发射出的辐射会被再吸收。

实际上，几乎所有的发光材料中都涉及能量的传递与运输现象，如敏化剂的敏化，淬灭剂的淬灭，上转换发光，下转换发光，复合和复合发光以及电致发光中的载流子运动等均与能量的传递与运输过程密切相关。

综上，材料发光过程一般由以下几个过程构成：①激发过程，也是光的吸收过程，通过激活剂、敏化剂或基质吸收辐射能量，位于基态的电子跃迁到激发态；②发光中心之间的能量转移或基质晶格吸收的激发能传递给发光中心；③激活剂（发光中心）发光，按照的电子跃

迁选律由激发态轨道回到基态,辐射出一定频率的光子;④同时伴随着激发态的电子以非辐射的形式回到基态,即无辐射跃迁,也称淬灭。

10.1.2 发光材料的主要性能参数

发光系统的主要特性为吸收光谱、发射光谱、激发光谱和发光效率,即吸收发射光的光谱能量分布(吸收光谱)、发射光的光谱能量分布(发射光谱)、激发光的光谱能量分布(激发光谱)、辐射和非辐射返回基态能量的比率。后者决定了发光材料的量子效率。

把某材料对不同波长辐射的吸收情况记录下来,就成为这一材料的吸收光谱。当一束光照射发光材料时,一部分光被反射和散射,还有一部分透射,其余的被吸收。只有被吸收的光才对发光材料的发射可能起作用。发光材料的吸收光谱决定于激活剂、敏化剂和基质材料。

发射光谱是记录在某一特定波长光的激发下,发光材料所发射的不同光的强度或能量分布。从光谱外形上看,有些发射光谱成宽带谱,有些是窄带谱,还有些是线状谱。如果发射光谱是以发射光的能量分布来作图,则称为光谱能量分布。

激发光谱是指发光材料在不同波长光的激发下,该材料的某一发射光谱线(或谱带)的强度或发光效率与发射光波长的关系。根据激发光谱可以确定该发光材料发光所需的激发光波长范围,并可以确定某发射谱线强度最大时,最佳的激发光波长。

发光效率是发光体的重要物理量。通常有三种表示方法:即量子效率、功率效率和光度效率。

量子效率 η_q:是指发射的光子数 N_x 与激发时的光子数 N_f 之比。

$$\eta_q = \frac{N_f}{N_x} \qquad (10-1)$$

一般,激发光光子的能量总是大于发射光光子的能量,即使量子效率是100%,也有能量损失,但量子效率就反映不出来,而用功率效率来表示。

功率效率 η_p:发射光的光功率 P_x 与激发时输入的光功率 P_f 之比。

$$\eta_p = \frac{P_f}{P_x} \qquad (10-2)$$

作为照明用发光材料的应用,总是作用于人眼的,功率效率很高的发光材料,人眼看起来不一定很亮。因此,用人眼来衡量发光器件的功能时,引入光度效率。

光度效率 η_L:光度效率就是发射的光通量 P_x 与激发时输入的电功率 L 之比。

$$\eta_l = \frac{L}{P_x} \qquad (10-3)$$

10.1.3 影响材料发光性能的主要因素

1. 发光中心的性质

发光中心一般为稀土离子或过渡金属离子。但并不是所有的稀土离子或过渡金属离子都能发光。不同离子的能级分布不同，发光性质也不一样。

(1) 过渡金属离子（d^n）的跃迁

对于过渡金属离子通常处于是六配位的环境中，即处于具有八面体对称性的晶体场中。d^1电子组态是离子中最简单的。过渡金属自由离子具有五重简并轨道，它在八面体晶体场中分裂成两组能级（E_g 和 T_{2g}）。唯一可能的光吸收跃迁就是从 T_{2g} 到 E_g。三价过渡金属离子的 Δ 约为 $20\,000\ \mathrm{cm}^{-1}$，相应的光跃迁位于可见光区域。这就解释了为什么过渡金属离子往往具有美丽的颜色。此跃迁吸收能量还受晶体场强度的影响，即当配位体的种类和配位数发生变化时，其跃迁能量改变，吸收和激发光的波长随之改变。

应当注意的是，此跃迁为 d–d 跃迁，它是 d 层每两个能级之间的跃迁吸收，宇称奇偶性不发生改变，是跃迁禁戒的，这种类型的跃迁可称为晶体场跃迁，宇称禁戒选律可因电子跃迁与合适对称性的振动产生耦合而被放宽。事实上，过渡金属离子的颜色并不是很深。然而，在四面体场中，由于缺少中心对称性，宇称禁戒选律则通过其他途径得以放宽，即将少量相反宇称的波函数混入到 d 波函数中。事实上，四配位的过渡金属离子的颜色并不比八配位的浅。其他过渡金属离子的 d–d 跃迁比 d^1 离子的跃迁复杂些。

(2) 稀土离子的 f–f 跃迁

稀土离子具有未充满的 4f 电子壳层，因此具有丰富的能级，其电子构型为 $4f^n5s^25p^6$，三价离子为 f^n。当稀土离子的吸收和发射现象来自于未填满的 4f 壳层的电子跃迁，由于 $4f^n$ 电子在空间上受到外层 $5s^25p^6$ 电子所屏蔽，基质晶体场对能级分裂作用非常之小。与过渡金属离子（d^n）比较，当过渡金属离子所感受到的晶体场的强度为几万厘米$^{-1}$（约 10^5 数量级）时，稀土离子此时所感受到的晶体场的强度仅为几百厘米$^{-1}$（约 10^2 数量级）。故在光谱中其发射跃迁呈线状光谱。在稀土离子中，除 Sc^{3+} 和 Y^{3+} 无 4f 亚层，La^{3+} 和 Lu^{3+} 的 4f 亚层为全空或全满外，其余稀土离子的 4f 电子在 7 个 4f 轨道之间分布，从而产生多种能级跃迁，可吸收或发射紫外、可见、红外各种波长，显示出丰富的发光特性。

f–f 跃迁是被宇称选律严格禁阻的，但由于稀土离子邻近环境及格位对称性等因素的影响，使 f–f 跃迁成为可能。例如当稀土离子处于反演对称中心的格位时，晶体场势能展开式中出现奇次项。这些奇次项将少量相反宇称的波函数 5d 或 5p 混入到 4f 波函数中，使晶体中的宇称禁阻选律放宽，f–f 跃迁成为可能。f–f 跃迁具有发射光谱呈线状、温度淬灭小、基质对发光颜色影响不大等特点。

以 Eu^{3+}（$4f^6$）为例：通常 Eu^{3+} 的发射谱线处于红色光区。谱线主要对应于 $4f^6$ 电子组态内从激发态 $^5D_0$ 能级到 ^7E_J（$J=0,1,2,3,4,5,6$）基态能级的跃迁发射。这些谱线在发光与显示(彩色电视)中有许多重要的作用。

$^5D_0 - ^7F_J$ 发射是很适于测定稀土线状光谱特征的跃迁频率。若稀土离子所占据晶格格位具有反演对称性,那么 $4f^n$ 电子组态能级间的电子跃迁发射属于宇称选律严格禁戒的电偶极跃迁。它们只能作为强度很弱的磁偶极跃迁(所服从的跃迁规律为:$\Delta J = 0$,± 1,但 $\Delta J = 0$ 到 $\Delta J = 0$ 的跃迁是禁戒的)或电子振动电偶极跃迁发生。

若稀土离子处于的格位没有反演对称性,则晶体场奇次项可以将相反宇称态混合到 $4f^n$ 组态能级中。此时电偶极跃迁不再是严格禁戒的,在光谱中出现弱的谱线,即所谓的受迫电偶极跃迁。某些跃迁($\Delta J = 0$,± 2 的跃迁)对此效应极为灵敏。即便是 Eu^{3+} 所处的格位仅稍微偏离反演对称性,此跃迁发射在光谱中也占主导地位。受迫电偶极跃迁发射必须满足如下两个条件,即在 Eu^{3+} 的晶体学格位上不存在反演对称中心,而且电荷迁移跃迁处于低能位上。

根据 ^7F_J 的能级劈裂数和 $^5D_0 \rightarrow ^7F_J$ 的跃迁数得到的光谱结构数据,可以很容易地判断 Eu^{3+} 所处环境的点群对称性。当 Eu^{3+} 处于严格反演对称中心的格位时,将以允许的 $^5D_0 \rightarrow ^7F_1$ 磁偶极跃迁发射橙色光(590 nm)为主。当 Eu^{3+} 处于 C_i、C_{2h} 和 D_{2h} 点群对称性时,$^5D_0 \rightarrow ^7F_1$ 跃迁可出现三条谱线,这是由于在此对称性晶体场中 $^7F_1$ 能级完全解除简并而劈裂成三个状态。当 Eu^{3+} 处于 C_{4h}、D_{4h}、D_{3d}、S_6、C_{6h} 和 D_{6h} 点群对称性时,$^7F_1$ 能级劈裂成两个状态而出现两条 $^5D_0 \rightarrow ^7F_1$ 跃迁的谱线。当 Eu^{3+} 处于对称性很高的立方晶系的 T_h 和 O_h 点群对称性时,$^7F_1$ 能级不劈裂,此时只出现一条 $^5D_0 \rightarrow ^7F_1$ 跃迁的谱线。

(3)稀土离子的 4f–5d 和电荷迁移跃迁

除 f–f 跃迁外,稀土离子允许的电子跃迁发生在内层组态,包括两种不同的类型,即:

电荷迁移跃迁($4f^n \rightarrow 4f^{n+1}L^{-1}$,此处 L = 配体)。即电子从配体(O、X)的充满分子轨道迁移到稀土离子内部部分填充 4f 轨道,从而在光谱上产生较宽的电荷迁移带。例如,四价稀土离子(Ce^{4+}、Pr^{4+}、Tb^{4+})和三价稀土离子(Sm^{3+}、Eu^{3+}、Yb^{3+})等在紫外光区具有电荷迁移带。

$4f^n \rightarrow 4f^{n-1}5d$ 跃迁。这种跃迁与晶格振动有关,光谱为带状;吸收强度比 f–f 跃迁大四个数量级;由于 5d 轨道较 4f 轨道易受晶体场的影响,其发光颜色易随基质的不同而改变。

这两种跃迁都是允许的,在波谱中均表现为宽带状吸收。

一般来说,电荷迁移带随氧化态增加而向低能方向移动,而 $4f^n \rightarrow 4f^{n-1}5d$ 跃迁则向高能方向移动。因此可以预期,四价稀土离子的最低吸收带将是由电荷迁移跃迁形成的,而二价稀土离子的最低吸收带则是由 4f→5d 跃迁形成的,事实上也正是如此。

易被还原的稀土离子发生电荷迁移跃迁,易被氧化的稀土离子发生 4f→5d 跃迁。四价稀土离子(Ce^{4+}、Pr^{4+}、Tb^{4+})具有电荷迁移吸收带。Y_2O_3:Tb^{4+} 发橘黄色光就是因为电荷迁移吸收谱带处于可见光区内。二价稀土离子(Sm^{2+}、Eu^{2+}、Yb^{2+})具有 4f→5d 跃迁,Sm^{2+} 在可见光区内，Eu^{2+} 和 Yb^{2+} 在长波紫外区内。

三价的稀土离子（Ce^{3+}、Pr^{3+}、Nd^{3+}）和二价稀土离子（Eu^{2+}、Sm^{2+}、Yb^{2+}）都有带状发射。在该系列离子中，最知名并广泛应用的是 Eu^{2+}（$4f^7$）。Eu^{2+} 的 5d→4f 宽带发射波长在长波紫外光区到黄色光区变化，基质晶体是影响 Eu^{2+} 发射颜色的决定因素。过去一直认为 Eu^{2+} 只有 $4f^65d$→$4f^7$ 宽带发射，基态是 $4f^7$ 的 ^8S，最低激发态为 $4f^65d$ 组态。但后来发现 Eu^{2+} 也存在线状发射，这意味着 $4f^7$ 组态的 $^6P_{7/2}$ 能级与 $4f^65d$ 能级组底部何者处于更低的能位。若晶体场强度较弱，且化学键的共价性较低，那么 Eu^{2+} 的 $4f^65d$ 组态的晶体场劈裂组分底部将提升至如此高的能位，以至于 $4f^7$ 组态的 $^6P_{7/2}$ 能级露了出来，位于它的下面。在低温条件下，可以发生来自 $^6P_{7/2}$→$^8S_{7/2}$ 跃迁的锐线发射。在相当数量的 Eu^{2+} 激活的化合物中都能够观察到此发射，尤其是在许多氟化物和具有强束缚力的氧化物中，如 $BaAlF_5$：Eu^{2+}、$SrAlF_5$：Eu^{2+}、$BaMg(SO_4)_2$：Eu^{2+}、$SrBe_2Si_2$：Eu^{2+} 和 SrB_4O_7：Eu^{2+}。

发光离子的掺杂浓度也影响材料的发光性能。一般而言，在浓度低时，发光亮度正比于掺杂浓度，随着掺杂浓度进一步提高，到某一个浓度时发光达到最强，然后开始下降。随着掺杂浓度提高，发光中心之间的平均距离缩短，发光中心之间开始发生较强的相互作用，能量在它们之间的传递成为此时一个很重要的现象。在能量传递的过程中，如果遇到了淬灭通道，能量就会从这个通道被释放，不再对最终的发光作贡献。淬灭中心密度大，能量损失多，发光强度下降就多。另一方面，如果发光中心密度大（即掺杂浓度高），激发能量在发光中心之间传递的几率要大大高于转化为辐射的几率，在这个多次传递过程中，碰到淬灭中心的几率自然增加，也会导致发光强度下降。

2. 敏化剂

在有些情况下，在加入激活剂的同时还需加入一定量的敏化剂。敏化剂的主要作用是在吸收激发辐射后可以把能量传递给激活剂，改善激活剂对激发光的吸收，从而提高材料的发光性能。例如，在 $LaPO_4$：Ce^{3+}，Tb^{3+} 发光材料中，Ce^{3+} 作为敏化剂吸收能量后可以把能量传递给激活剂 Tb^{3+}，使 Tb^{3+} 离子产生绿光发射。又如，灯用荧光粉 $Ca_5(PO_4)_3F$：Sb^{3+}，Mn^{2+}。激发光源为紫外光，发出的光包括 Sb^{3+} 发出的蓝色和 Mn^{2+} 发出的黄色。由于 Sb^{3+} 吸收紫外辐射，而 Mn^{2+} 不吸收紫外辐射，因此应有激发能量由 Sb^{3+} 转移到 Mn^{2+}。发光过程如下所示：

$$Sb^{3+} + h\nu_1 \longrightarrow (Sb^{3+})^* \tag{10-4}$$

$$(Sb^{3+})^* + Mn^{2+} \longrightarrow Sb^{3+} + (Mn^{2+})^* \tag{10-5}$$

$$(Mn^{2+})^* \longrightarrow Mn^{2+} + h\nu_2 \tag{10-6}$$

上述基元步骤分别表示了能量吸收、能量转移和发射过程。若在 Sb^{3+} 附近没有 Mn^{2+}，那么它只能发出自身的蓝色光，这里 Sb^{3+} 既是激活剂又是敏化剂。

3. 基质晶格的影响

一般说来，对于给定的某发光中心，在不同基质中它的发光行为是不同的。这在固体发光材料研究领域中它们是最基础、最重要的。通常发光中心作为杂质固溶于基质晶格中，基质晶格为激活离子提供了稳定的化学环境和配位环境并对其跃迁能级产生影响，同时基质晶格也起着对激发能量的吸收和传递的作用。

适合做发光材料基质的晶体很多。除考虑其物理、化学性能稳定外，主要应考虑激活离子是否易于固溶，以及基质晶格的能量传递作用。

基质晶格往往对激发能量的吸收有明显的影响。发光材料只有吸收能量后才能产生光辐射。在 YVO_4：Eu^{3+} 发光材料中，VO_4^{3-} 离子可以被紫外光激发，然后将激发能传递 Eu^{3+} 给使其发光。

不同基质表现出不同的吸收特性。比较 Y_2O_3：Eu^{3+} 和 YF_3：Eu^{3+} 吸收光谱特性。先来看 Y_2O_3：Eu^{3+} 的吸收光谱。从低能量的长波一端开始，在 $\lambda \leqslant 230$ nm 的区域有一个很强的吸收带为 Y_2O_3 的晶格吸收；在 250 nm 有一个宽带吸收，为 Eu^{3+} 电荷迁移吸收带；在 $300 \sim 500$ nm 之间有几条非常弱、狭窄的谱线，为 Eu^{3+} 的 $4f^6$ 组态内的电子跃迁。

而在 YF_3：Eu^{3+} 的吸收光谱，其基质晶格吸收带小于测量波长范围，并未观察到；Eu^{3+} 电荷迁移吸收带出现在 150 nm，这表明在 YF_3 中 Eu^{3+} 中的电子迁移需要更多的能量；位于 140 nm 附近的宽带状吸收，属于 Eu^{3+} 的 $4f-5d$ 跃迁，它是允许跃迁；同样 $300 \sim 500$ nm 之间有几条非常弱、狭窄的谱线，为 Eu^{3+} 的 $4f^6$ 组态内的电子跃迁。造成给定离子在不同基质中具有不同光谱性质的主要原因应是由于 Eu^{3+} 与 F 的共价键更强，形成电子云膨胀效应，造成 $4f^6$ 层内跃迁的位置稍高。

基质晶格影响离子的发光性质的另一个因素是晶体场。可以把晶体场理解为给定离子的周围所产生的电场。某一发光跃迁的光谱位置由晶体场的强度决定，过渡金属离子是大家非常熟悉的实例。例如，虽然 Cr_2O_3 和 Al_2O_3：Cr^{3+} 两种材料具有相同的晶体结构，但 Cr_2O_3 是绿色的，而 Al_2O_3：Cr^{3+} 却是红色的。定形的解释很简单，在红宝石中（Al_2O_3：Cr^{3+}），Cr^{3+} 占据了体积较小的 Al^{3+} 的格位，因此与 Cr_2O_3 中的 Cr^{3+} 相比，红宝石中的 Cr^{3+} 处于更强的晶体场中。

10.1.4 典型发光材料

1. 半导体照明(白光 LED)用荧光粉

最近几十年中，荧光灯中引入了稀土激活的荧光灯粉，使光的流明效率和显色性能显著提高，从此荧光灯走进了千家万户。1993 年日本日亚化学公司的 Shuji Nakamura 等人成功地突破了 GaN 半导体发光芯片的制备技术，并将其推向产业化生产。至此，红(AlGaAs)、蓝(InGaN)、绿(InGaN)三基色 LED 均已产业化，白光发光二极管(white light emitting diode，简称白光 LED)作为一种新型全固态照明光源，全面走向市场，并深受人们的重视。由于其具有节能、环保、绿色照明等众多的优点，拥有广阔的应用前景和潜在的市场，被视为 21 世纪的绿色照明光源，已引起各国政府的大力支持并寄予厚望。在 LED 领域，以发蓝、紫光的发光二极管涂以在此光源激发下发黄光的发光材料形成的白光 LED 组合成为当前的发展主流，成为新一代的照明光源，实现了节能和绿色照明，发光材料在未来的照明领域发挥着越来越重要的作用。

白光 LED 用荧光粉属于光致发光荧光粉。根据目前 LED 芯片的发展状况，LED 荧光粉主要有两大类：一类是适合 440～480 nm 范围内的蓝光激发的荧光粉，该类荧光粉的发光颜色主要有绿色、黄色和红色；另一类是适合 360～410 nm 范围内的紫光和紫外光激发的荧光粉，该类荧光粉的发光颜色可以从蓝色一直到红色。荧光材料是影响白光 LED 器件性能的关键材料之一。

能用在 LED 蓝光激发的黄光荧光粉系统主要为 YAG：Ce^{3+} 和基于 YAG：Ce^{3+} 的荧光粉。真正实用化的荧光粉还需要在 YAG：Ce^{3+} 里面掺杂其他稀土离子，以使荧光粉的各方面的性能得以改善。这类荧光粉的制备方法可采用固相反应法、沉淀法、燃烧法等。

LED 用紫外激发黄色荧光粉最合适的为 Eu 和 Mn 掺杂的碱土金属的焦磷酸盐荧光粉，$A_2P_2O_7$：Eu^{2+}，Mn^{2+}。其中 A 至少为 Sr、Ca、Ba、Mg 中的一种。Eu^{2+} 通常作为敏化剂，Mn^{2+} 作为激活剂。当 A 为 Sr^{2+} 的时候，荧光粉为宽发射带，波长范围在 575～595 nm。当 Sr 和 Mg 的摩尔含量一样的时候，此荧光粉的发射峰波长为 615 nm。

2. 发光离子探针

所谓"荧光探针"是指根据某个离子的发光特性，推断出该离子自身电子结构以及它在基质晶格中所处的化学环境。近年来，有关利用稀土荧光探针来研究无机固体材料、有机固体化合物和液相生物大分子的结构的报道很多。特别是利用 Eu^{3+} 和 Tb^{3+} 的能级和荧光特性，可以很灵敏地提供有关离子周围环境的对称性、所处格位及不同对称性的格位数目和有无反演中心等结构信息。这是由于周围晶场作用和化学环境对称性的改变，可使稀土离子的谱线发生不同模式的劈裂。

对于 Eu^{3+} 的配合物，最重要的探针跃迁发射是 $^5D_0 \rightarrow {}^7F_1$ 和 $^5D_0 \rightarrow {}^7F_2$，它们的跃迁强度大，劈裂模式也较为简单，即使在很低的对称性环境下也是如此。由于 $^5D_0$ 是非简并的，所以在 $^5D_0 \rightarrow {}^7F_J$ 发射光谱中，不存在强的晶场跃迁，$^5D_0 \rightarrow {}^7F_1$ 发射峰最多只能劈裂成 3 个组分，而 $^5D_0 \rightarrow {}^7F_2$ 最多只能劈裂成 5 个组分（假设不存在任何能够观察到的电子振动线）。如果 $^5D_0 \rightarrow {}^7F_1$ 峰出现多于 3 个或 $^5D_0 \rightarrow {}^7F_2$ 峰存在多于 5 个劈裂组分，那么可以肯定 Eu^{3+} 的配合物或 Eu^{3+} 的配位环境不止一种。

如果使用高分辨率仪器，则 $^5D_0 \rightarrow {}^7F_0$ 跃迁发射也能够提供配位环境或配合物种类的信息。因为只有当样品中存在两种或两种以上 Eu^{3+} 的配位环境时，才能观察到 $^5D_0 \rightarrow {}^7F_0$ 发射峰的多重线。

在近紫外区和蓝光区 Tb^{3+} 发光体具有多方面适应性，因此性能优于 Eu^{3+}。此外，Tb^{3+}

的 $^5D_4 \rightarrow {}^7F_5$ 跃迁发射在很宽的溶液条件下具有显著的强度，而且当 Tb^{3+} 与手性配位体键合时此跃迁发射显示出很强的 CPL 行为。作为结构细节的探针，Eu^{3+} 和 Tb^{3+} 均可提供出各自的特殊性能。

3. 上转换材料

上转换材料是一种能将看不见的红外光变成可见光的新型功能材料，其能将几个红外光子"合并"成一个可见光子，也称为多光子材料。这种材料的发现，在发光理论上是一个新的突破，被称为反斯托克斯(Stokes)效应，即用小能量的光子激发而得到大能量的光子发射现象。

按照 Stokes 定律，发光材料的发光波长一般总大于激发光波长。上转换材料与一般发光材料不同，不遵循斯托克斯(Stokes)定律，发出光子的能量不是小于而是大于激发光的光子能量。它的发光机理是基于双光子或多光子过程(见图 10-3)。即发光中心相继吸收 2 个或多个光子，再经过无辐射弛豫达到发光能级，由此跃迁到基态放出一可见光子。为有效实现双光子或多光子效应，发光中心的亚稳态需要有较长的能级寿命。稀土离子能级之间的跃迁属于禁戒的 f-f 跃迁，因而有长的寿命，符合该条件。迄今为止，所有上转换材料均只限于稀土化合物。

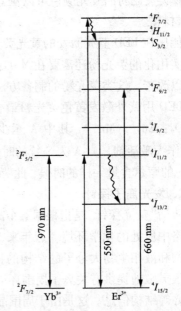

主要的上转换发光材料按基质可分为四类：① 稀土氟化物、碱(碱土)金属稀土复合氟化物，如 LaF_3、YF_3、$LiYF_4$、$NaYF_4$、$BaYF_5$、BaY_2F_8 等；② 稀土卤氧化物，如 $YOCl_3$ 等；③ 稀土硫氧化物，如 La_2O_2S、Y_2O_2S 等；④ 稀土氧化物和复合氧化物、如 Y_2

图 10-3 红外变可见上转换材料机理

O_3、$NaY(WO_4)_2$ 等。在以上基质中，一般由 $Yb^{3+}-Er^{3+}$，$Yb^{3+}-Ho^{3+}$，$Yb^{3+}-Tm^{3+}$ 等组成敏化剂-激活剂离子对而发光。

上转换发光材料目前的应用领域主要是在探测和防伪上，尤其是在军事上。应用方法主要是和红外激光器或红外发光二极管匹配使用，在红外光的激发下，上转换发光材料发射出绿色、蓝色或红色光。

10.2 固体激光材料

自 1960 年红宝石激光器的研制成功，激光作为一门新颖科学技术迅速发展，已渗透到几乎所有的自然科学领域，并产生着深刻的影响。

固体激光材料在激光发展史中曾起过重要作用，在 21 世纪的今天仍然是激光技术发展的关键。每一次新材料的诞生都极大地推动了激光技术的发展和应用。

10.2.1　激光的基本性能

激光辐射具有一系列与普通光不同的特点，激光具有良好的单色性、良好的方向性、高亮度和高相干性等特点。

1. 单色性

以激光辐射的谱线宽度表征辐射的单色性。单色性量度常用 $\Delta\nu/\nu$ 或 $\Delta\lambda/\lambda$ 来表征，ν、λ 为辐射谱线的中心频率和波长，$\Delta\lambda$、$\Delta\nu$ 为辐射谱线的宽度。光源的单色性越好，$\Delta\lambda$、$\Delta\nu$ 越小，$\Delta\nu/\nu$ 或 $\Delta\lambda/\lambda$ 越小。在普通光源中，单色性最好的光源是氪同位素 86(^{86}Kr)灯发出的波长 $\lambda=0.6057\ \mu m$ 的光谱线。在低温下，其谱线宽度 $\Delta\lambda=0.47\times10^{-6}\ \mu m$，单色性程度为 $\Delta\lambda/\lambda=10^{-6}$ 数量级。这与激光的单色性相比相差甚远。例如，氦氖激光器发出光的波长为 $\lambda=0.6328\ \mu m$，其谱线宽度 $\Delta\lambda<10^{-12}\ \mu m$，输出激光的单色性程度可达 $\Delta\lambda/\lambda=10^{-10}\sim10^{-13}$ 数量级。

光源的单色性在许多方面都有重要应用。单色性越高相干时间越长，相干的光程越长。例如，在高精度长度测量方面，由于激光的单色性，即相干性很好，可精密测量的长度非常长，可达几十米至几百米，测量的精度非常高，可达 $0.1\ \mu m$。

2. 高方向性

光束具有良好的方向性可以保证其传输较远的距离。普通光源是非定向的，向空间四面八方辐射，不能发射到较远的地方。采用定向聚光反射灯其发射口径为 1 m 左右，其汇聚的光束的平面发散角约为 10 rad，即光传输到 1 km 外，光斑直径已扩至 10 m 左右。激光器发出的光束的定向性在数量级上大为提高，其平面发散角只有 10^{-6} rad，即光束口径同样为 1 m，光传输到 10^3 km 外，光斑直径仅仅扩至几米。良好的方向性使它可以从地球射到月球，长达 4×10^5 km。良好的方向性使得激光在测距、通信、定向等方面发挥着巨大的作用。

3. 高亮度

规定光源在单位面积上向某一方向的单位立体角内发射的光功率为光源在这个方向上的亮度。光源的单色定向亮度 B_ν 满足下面公式：

$$B_\nu=\frac{\Delta P}{\Delta S\Delta\nu\Delta\Omega} \tag{10-7}$$

激光辐射的高定向性、高单色性决定了它具有极高的单色定向亮度值。在同样的光输出功率下，激光可保证功率集中在极小的空间范围内。例如，太阳的亮度为 $1.65\times10^9\ cd/m^2$（坎每平方米），而发散角为 10^{-6} rad 的激光亮度可以达到 $4\times10^{14}\ cd/m^2$。利用激光可以进行大功率的材料制备，也可以摧毁各类飞行器。

4. 极好的相干性

两列位相差恒定，频率相同的光波在振动方向相同的情况下，在作用的不同位置处的合成运动会导致始终相互加强或始终相互减弱，这一现象称为光波的干涉现象，能产生稳定干涉现象的两列光波，我们称之为相干光波。激光良好的单色性以及各列波在很长的的时间内存在恒定的相位差，使得激光具有很好的相干性。

10.2.2　激光器的构成与激光的形成——红宝石激光器

激光器的基本结构都是由激光工作物质、泵浦源和光学谐振腔三大部分组成。基本结构见图 10－4。

1.　激光工作物质

激光工作物质是组成激光器的核心部分，它是一种可以在外界能量（泵浦源）的激励下，用来实现粒子数反转和产生光的受激发射作用的物质体系。某种激光工作物质可以使某个或某些特定频率（由到达粒子数

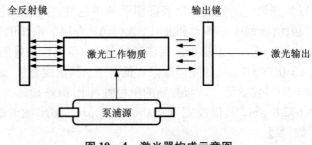

图 10－4　激光器构成示意图

反转的两个能级决定）的光得到放大，最终得到激光输出。激光工作物质可以是气体、液体和固体。

2.　泵浦源（激励源）

为使给定的激光工作物质处于粒子数反转状态，必须采用一定的泵浦源和泵浦装置。根据激光工作物质特性和运转条件的不同，采用不同的方式和装置，提供的泵浦源可以是光能、电能、化学能和原子能等。

3.　光学谐振腔

光学谐振腔有两个面向工作物质的反射镜组成，其中一个是全反射镜，另一个是部分反射镜（输出镜）。在光学谐振腔内，工作物质吸收能量发射激光，沿谐振腔轴线的那一部分光波在谐振腔内来回振荡，多次通过处于激活状态的工作物质，"诱发"激活的工作物质发光，光被放大。当光达到极高的强度，就有一部分放大的光通过谐振腔有部分透过率的反射镜（输出镜）一端输出，这就是激光。可见光学谐振腔的作用是将被放大的光中的一部分输出，即发射激光；另一部分反射回工作物质中再放大，即正反馈作用。

光学谐振腔除了提供光学正反馈维持激光持续振荡以形成受激发射外，还对振荡光束的方向和频率进行限制，以保证输出激光的高单色性和高定向性。

以红宝石激光器为例讨论激光的形成。红宝石激光器的激光工作物质为红宝石。红宝石是含有 0.035% 铬离子 Cr^{3+} 的 $\alpha - Al_2O_3$ 固溶体单晶，通常记为 $Al_2O_3 : Cr^{3+}$。Cr^{3+} 置换 Al_2O_3 中的 Al^{3+}，Cr^{3+} 外层的 4s 轨道和分裂的两组 3d 轨道形成了典型的三能级系统，见图 10－5。

在泵浦源氙灯的照射下，位于基态 E_0 的电子跃迁到激发态 E_2，粒子在 E_2 的寿命很短，在

约 10^{-7} s 内，很快地自发无辐射地落入亚稳态 E_1，粒子在亚稳态的寿命很长，约 10^{-3} s (d - d 跃迁禁阻)，只要作为泵浦源的氙灯有足够的光强，就可使得位于较高能级 E_1 的粒子数 N_1 大于基态 E_0 的粒子数 N_0，在高能级 E_1 与低能级 E_0 之间实现了粒子数的反转。位于较高能级 E_1 的粒子将向基态 E_0 跃迁。跃迁可分为两类，未受到外界作用的跃迁为自发跃迁，如果这份能量转换为

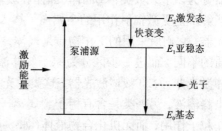

图 10 - 5 红宝石激光器简化能级结构示意图

光能，则辐射光子的能量为 $h\nu_{10} = E_1 - E_0$，也称为自发辐射跃迁。由外来光子带动的跃迁称为受激辐射跃迁，由受激辐射跃迁产生的光子与外来的光子有着相同的特征，即频率相同、位相相同、偏振方向相同和传播方向相同，而自发辐射的光子则没有这些特征。

在红宝石激光器两端反射镜主要对频率为 ν_{10} 光产生反射，而其他频率的光以及偏离两反射镜平行线方向的光由于透射溢出，不再在激光器内存留。这些反射光继续激发能级 E_1 的粒子产生受激辐射跃迁，这些受激辐射跃迁光子经反射后反复通过激光工作物质，产生"雪崩"效应，形成了光的受激发射振荡器即在谐振腔内受激辐射光子来回振荡，具有相同频率、相同位相、相同偏振方向和相同传播方向的光不断的被放大，这样频率为 ν_{10} 的激光产生了反射。红宝石激光器两端镀膜构成反射镜，其中一边为全反射，另一边为部分反射部分透过，当产生的激光强度足够大时，激光在装有部分透过反射镜的一端输出。

光在激光工作物质中的路程越长，与越多的原子发生作用，才能获得越有效的光放大。反射镜的作用也起到了增加光程的效果。

总之，在理论上产生激光条件为：受激辐射 > 受激吸收，即受激辐射的光放大。能够实现受激辐射光放大的必要条件是"粒子数反转"。而在实际工艺上产生激光条件为：受激辐射 > 受激吸收 + 谐振腔其他损耗。光在腔内的损耗包括：光在反射镜上由于透射、吸收和散射产生的损耗，由于激光工作物质的气孔、自身的不均匀性造成的衍射、散射损耗，介质的吸收损耗等。

10.2.3 激光器的分类

激光器的种类是很多的。可以分别从激光工作物质、激励方式、运转方式、输出波长范围等几个方面进行分类。按激励(泵浦源)方式可分为：光激励、电激励式、化学激光器和核泵浦激光器。按运转方式可分为：连续激光器、单次脉冲激光器、重复脉冲激光器、可调谐激光器等。按输出激光波长范围可分为：远红外激光器($25 \sim 1\ 000\ \mu m$)、中红外激光器($2.5 \sim 25\ \mu m$)、近红外激光器($0.75 \sim 2.5\ \mu m$)、可见激光器($4\ 000 \sim 7\ 000$ Å 或 $0.4 \sim 0.7\ \mu m$)、近紫外激光器，X 射线激光器等。

从材料学的角度，通常可按工作物质进行分类。根据工作物质物态的不同可把所有的激

光器分为以下几大类：①固体(晶体和玻璃)激光器，这类激光器所采用的工作物质，是通过把能够产生受激辐射作用的金属离子掺入晶体或玻璃基质中构成发光中心而制成的；②气体激光器，它们所采用的工作物质是气体，并且根据气体中真正产生受激发射作用之工作粒子性质的不同，而进一步区分为原子气体激光器、离子气体激光器、分子气体激光器、准分子气体激光器等；③液体激光器，这类激光器所采用的工作物质主要包括两类，一类是有机荧光染料溶液，另一类是含有稀土金属离子的无机化合物溶液，其中稀土金属离子(如 Nd)起工作粒子作用，而无机化合物液体(如 SeOCl)则起基质的作用；④半导体激光器，这类激光器是以一定的半导体材料做工作物质而产生受激发射作用，其原理是通过一定的激励方式(电注入、光泵或高能电子束注入)，在半导体物质的能带之间或能带与杂质能级之间，通过激发非平衡载流子而实现粒子数反转，从而产生光的受激发射作用；⑤自由电子激光器，这是一种特殊类型的新型激光器，工作物质为在空间周期变化磁场中高速运动的定向自由电子束，只要改变自由电子束的速度就可产生可调谐的相干电磁辐射，原则上其相干辐射谱可从 X 射线波段过渡到微波区域，因此具有很诱人的前景。

10.2.4 固体激光材料的结构与主要性能

固体激光材料包括激光晶体和激光玻璃两类，激光晶体在其中占主导地位。

1. 激光晶体的构成

激光晶体是可将外界提供的能量通过光学谐振腔转化为在空间和时间上相干的具有高度平行性和单色性激光的晶体材料，是晶体激光器的工作物质。与发光材料的构成相同，激光晶体也是由发光中心和基质晶体两部分组成，然而与发光材料的区别在于激光晶体一定是单晶体。激光晶体的发光中心由激活离子和敏化离子构成，激活离子部分取代基质晶体中的阳离子形成掺杂型激光晶体。激活离子成为基质晶体组分的一部分时，则构成自激活激光晶体。

激光晶体大部分属于掺杂型。掺杂型激光晶体是激活离子固溶于基质晶格的固溶体。基质晶体为各种激活离子提供合适的晶格场，使之产生所需的受激辐射。激活离子绝大部分是三价稀土离子和过渡金属离子。

目前已知的激光晶体约有 320 种，主要是单一的氧化物、复合氧化物、氟化物和复合氟化物，以及一些组成和结构更复杂的化合物，包括石榴石型晶体，如 Yb：YAG，磷灰石型晶体，如 Yb：FAP，硼酸盐系列晶体，如 Yb：YAB，萤石型晶体，如 Yb：CaF_2 等。

作为基质晶体，除要求其物理、化学性能稳定，易生长出光学均匀性好的大尺寸晶体，且价格便宜，还要考虑它与激活离子间的适应性，如基质阳离子与激活离子的半径、电负性和价态应尽可能接近。此外，还要考虑基质晶场对激活离子光谱的影响。此外，基质晶体还具有如下性质：

1) 良好的光学性能；

2) 具有可满足激发和获得激光波长的透明性；

3) 良好的硬度可满足激光操作的要求；

4) 良好的耐激光击穿损伤功能；

5) 在高重复率或连续操作的情况下，具有良好的热传导性和小的应力光学系数。

激活剂绝大部分是稀土离子和过渡金属离子。过渡金属离子的 3d 轨道没有外层电子屏蔽，在基质晶体中受周围晶格场的直接作用，d－d 分裂能变化较大，在不同的基质晶体中其光谱特性有很大的差异，其实际应用的比例较小。稀土离子的 4f 电子受到 5s 和 5p 外层电子的屏蔽作用，使晶场对其作用减弱，但晶场的微扰作用使本来禁戒的 4f 电子跃迁成为可能，产生窄带的吸收和荧光谱线。所以三价稀土离子在不同晶体中的光谱不像过渡族金属离子变化那么大，应用较为广泛。在 320 种激光晶体中掺杂稀土做激活剂的有 290 余种，约占全部激光晶体的 90%，掺杂其他过渡金属离子如 V^{2+}、Ni^{2+}、Co^{2+}、Ti^{3+}、Cr^{3+} 和 U^{3+} 的只占约 10%。除镧、铕和镥外所有三价镧系离子和 Sm、Dy、Tm 三个二价离子均已实现激光输出，激光发射波长分布在 0.31 ~ 5.15 μm 范围内。

在往介质中掺杂敏化离子，可以吸收泵浦辐射，并将激发能有效地传递到激光的上能级，从而有效地提高光泵浦效率和输出功率。通常发光材料的敏化效应及其相关的荧光现象也都可以应用于激光材料。激光材料对敏化离子的要求包括：

1) 在激光发射波段上没有基态或激发态吸收；

2) 它的吸收带只起到补充作用，而不与激光离子的吸收带相竞争，这是由于敏化离子吸收带的存在势必会使荧光转换效率降低；

3) 在激光上能级之上有一个或多个亚稳能级；

4) 没有其他的能级可以淬灭激活剂荧光。

有可能作敏化剂的离子包括激活剂以外的其他镧系和锕系的离子、其他过渡金属离子以及由分子组成的配合物。它们可以杂质形式存在，也可作为基质的组分形式存在。

2. 激光晶体的主要性能

决定激光晶体性能的主要指标有以下三个：

(1) 吸收截面

吸收截面可表征吸收泵浦光能力的大小。显然，晶体吸收的能量越多，产生的激光能量越高。吸收截面用 σ_{abs} 表示

$$\sigma_{abs} = \frac{\ln \dfrac{I_0}{8I}}{C_n \cdot l} \qquad (10-8)$$

式中：I_0 为入射光强度；I 为出射光强度；l 为通光路程；C_n 为单位体积激活离子数，可按下式求出

$$C_n = \frac{M \cdot c \cdot N_A}{\rho} \qquad (10-9)$$

式中：M 为相对分子质量；c 为激活离子质量分数；N_A 为阿伏加德罗常数；ρ 为晶体密度。

（2）发射截面

发射截面用 σ_{em} 表示

$$\sigma_{em} = \frac{\lambda^2}{4\pi \cdot n^2 \tau} \left(\frac{\ln 2}{\pi} \right)^{\frac{1}{2}} \cdot \frac{1}{\Delta v} \qquad (10-10)$$

式中：λ 为发射中心波长；n 为晶体折射率；τ 为荧光寿命；Δv 为荧光峰半高宽。

（3）荧光寿命 τ

荧光寿命长有利于激光的产生，并可以采用调 Q、锁模等方式提高功率密度，实现超短脉冲输出。

对高功率激光晶体还需要有良好的物理和力学性能，如热导率要高，可以利用晶体散热，降低热透镜效应。晶体要有足够的机械强度和较高的硬度，这样在使用过程中才不易磨损，而且要易于光学加工、不潮解、易于在大气环境中使用。

10.2.5　典型的激光晶体

1. Nd^{3+} : YAG 激光晶体

钇铝石榴石 $Y_3Al_5O_{12}$（YAG）属于立方晶系，空间群为 O_h^{10} – I_a3d，每个晶胞含有 8 个 $Y_3Al_5O_{12}$ 分子。晶体中有 3 种阳离子格位，每个 Y^{3+} 处于 8 个 O^{2-} 配位的十二面体格位，40 个 Al^{3+} 中有 16 个处于由 6 个 O^{2-} 配位的八面体格位，余下的 24 个 Al^{3+} 处于由 4 个 O^{2-} 配位的四面体格位。三价稀土离子的半径与 Y^{3+} 相近，所以稀土激活离子可以取代部分 Y^{3+} 进入十二面体格位。钇铝石榴石硬度很高且各向同性，晶体格位很适合三价镧系元素取代而不需要电荷补偿。Nd^{3+} : YAG 晶体材料具有良好的热学和机械性能，其激光发射波长为 1.064 μm，是目前最好最实用的高功率激光材料，占使用器件的 90%。

Nd^{3+} : YAG 的优良激光性能引起人们对石榴石型激光晶体的普遍关注。用 Gd、Ho、Er、Yb 或 Lu 等稀土元素取代十二面体格位的 Y^{3+} 和用 Ga、Sc 或 Fe 等过渡金属元素取代八面体格位和四面体格位的 Al^{3+}，并掺杂适当的稀土或过渡金属离子作为激活剂已研制出一批性能各具特色的石榴石型激光晶体材料。例如可调谐波长的 Cr^{3+} : $Gd_3Sc_2Ga_3O_{12}$（简称 Cr^{3+} : GSGG）晶体、具有较高储能能力的 Nd^{3+} : $Gd_3Ga_5O_{12}$（Nd^{3+} : GGG）晶体以及 20 世纪 90 年代初开发的 Tm^{3+} : YAG 红外可调谐激光晶体等。掺杂 Nd、Gd、Ho、Er、Tm、Yb 和 Cr 等激活离子的石榴石晶体是目前应用最为广泛的一类激光晶体，已在 0.314 ~ 2.936 5 μm 波长范围内实现激光发射。

Nd^{3+} : YAG 晶体材料是实用性较好的高功率激光材料，但因 Nd^{3+} 在 YAG 中的分凝系数小（约 0.21），掺杂量最多约为 1%，限制了激光效率的提高。此外，由于稀土离子的吸收较弱，不能充分利用光泵的能量。为了使这两方面有所改善，已开展了增加 Nd^{3+} 掺杂量或加入

另一个离子对 Nd^{3+} 进行敏化等研究工作。

掺 Nd^{3+} 和 Cr^{3+} 的 $Gd_3Sc_2Ga_3O_{12}$(Nd^{3+}，Cr^{3+}：GSGG) 是近年来引起人们重视的一种新型激光晶体。与 Nd^{3+}：YAG 相比，这种材料中 Nd^{3+} 掺杂量可提高 1 倍，达 4% 以上，故可缩小激光器的设计尺寸。但由于它的热透镜效应和双折射都比 Nd^{3+}：YAG 大，因此目前看还无法取代 YAG。在 $LaMgAl_{11}O_{19}$ 晶体材料中，Nd^{3+} 掺杂量可提高 6 倍。但晶体生长困难，在导热性等方面还不如 YAG 晶体。

20 世纪 70 年代初，采用提拉法生长出掺钕的铝酸钇 $YAlO_3$(Nd^{3+}：YAP) 激光晶体，Nd^{3+} 在 YAP 中的分凝系数(约为 0.8)比在 YAG 中大，进而 Nd^{3+} 的掺杂量也比 YAG 中高，有利于吸收光泵能量。YAP 属于正交晶系，是各向异性的，所以可利用晶体的不同取向而制得不同性能的激光晶体材料。其缺点是在高温下存在相不稳定性，热膨胀系数是各向异性的，致使晶体生长过程中易出现开裂、色心和散射颗粒等缺陷。

由于 Cr^{3+} 的光谱和 Nd^{3+} 相匹配，所以通常用 Cr^{3+} 敏化 Nd^{3+}，以提高激光晶体对光泵能量的利用率。但由于在 YAG 中 Cr^{3+} 的能级寿命较长(约为几毫秒)，而 Nd^{3+} 的荧光寿命约为 250 μs，故能量传递效率较低，仅对连续操作方式略显效果，而对于脉冲操作方式效果不大。中国科学院长春应用化学研究所用 Ce^{3+} 敏化 Nd^{3+} 的激光晶体材料，在脉冲方式下效率可提高 55% ~70%。研究表明，Ce^{3+} 的能级寿命较短，为 70 ns，并可通过无辐射跃迁和辐射再吸收两种途径转移能量。

2. Nd^{3+}：YVO_4 激光晶体

激光二极管(LD)泵浦的全固态激光器是一种新的激光光源，即保留了半导体激光的高效特点，又可获得高光束质量的激光，二极管泵浦固态激光器正在迅速取代传统的水冷离子激光器和灯泵浦激光器，可实现激光器的小型化。

以 Nd^{3+}：YVO_4 为代表的新型激光材料成为 LD 泵浦的首选晶体。

YVO_4 属四方晶系，空间群 $D_{4h}^{19} - I4_1/amd$，具有 $ZrSiO_4$ 结构，见图 10-6。

晶胞中有 4 个 YVO_4 分子。Y、V 和 O 的电负性分别为 1.22、1.63 和 3.44。V 和 O 的电负性差为 1.81，Y 和 O 的电负性差为 2.22，可见，V-O 键的共价键成分高于 Y-O 的，因此其结构特征是 [VO_4] 构成孤立的四面体簇群，Y 则以与 O 形成八配位的形式连接 [VO_4] 四面体，YVO_4 的熔点为 1 810

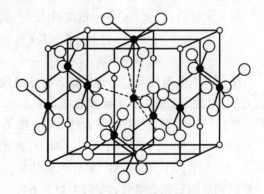

图 10-6　$ZrSiO_4$ 结构

℃，莫氏硬度 4.6 ~5。掺杂的 Nd^{3+} 的半径 0.112 nm，Y^{3+} 的半径为 0.104 nm，在 YVO_4 晶体中掺杂小于 8% 时，不影响晶体结构。

在众多的激光晶体中，掺钕钒酸钇 Nd^{3+} ：YVO_4 具有一系列优良的性质，是中小型功率激光器的理想工作物质。Nd^{3+} ：YVO_4 激光晶体可以允许掺入更多的 Nd^{3+} 离子而不发生浓度淬灭，晶体在 1 064 nm 处的受激发射截面约为 Nd^{3+} ：YAG 的 4 倍，在 809 nm 处的吸收系数是 Nd：YAG 的 3.5 倍，其吸收带宽为 21 nm，是 Nd：YAG 的 2 倍。这些优点可以很容易获得稳定的激光输出，使器件进一步小型化、简单化。目前，以 Nd^{3+} ：YVO_4 晶体为工作物质的 LD 泵浦的激光器中，基波光的光 - 光转换效率达 45%。最新进展表明 Nd^{3+} ：YVO_4 晶体和 KTP 晶体的组合可以用以制作高功率稳定的红外、绿光或红光激光器。晶体的主要缺点是热导率低，适合于小功率激光器。

3. 钛宝石激光晶体(Ti^{3+} ：Al_2O_3)

20 世纪 80 年代后期以来，随着宽带可调谐激光晶体和激光器的飞速发展，用它产生超短激光脉冲已成为国际上激光技术研究的热点和激光学科发展极其重要的方向，而具有综合优良性能的宽带可调谐激光晶体主要就是掺 $3d^3$ 过渡金属离子的晶体(也有掺稀土离子的晶体)。

钛宝石激光晶体(Ti^{3+} ：Al_2O_3)是较为成功的固体可调谐激光晶体。可调谐激光晶体借助于过渡金属离子的 d - d 跃迁易受晶格场影响的特点，从而实现激光波长在一定范围内的调谐。因为电子跃迁终态是振动能级，所以可调谐激光晶体又称为终端声子激光晶体或电子振动晶体。在过渡金属离子中，已实现室温工作的主要有 Ti^{3+} 、Cr^{3+} 和 Cr^{4+} 晶体。

钛宝石激光晶体(Ti^{3+} ：Al_2O_3)是掺 3 价钛的宝石，基质结构为 α - Al_2O_3 与红宝石结构相同。它属于六方晶系，空间群为 D_{3d}^6 - $R\bar{3}c$，$a_H = 0.512$ nm，$c_H = 1.3$ nm。其结构可以近似地看成是 O^{2-} 六方紧密堆积，堆积方式为 ABAB…，Al^{3+} 填充 O^{2-} 六方密堆积体中的八面体空隙，按组成比，只能填满 2/3 的八面体间隙，这样 Al^{3+} 占有 3 种晶位，将这 3 种方式排列的 Al^{3+} 层，分别用 c^1、c^2、c^3 表示依次插入 AB 氧密排层，则结构在 c_H 轴的排列方式为

$$A\ c^1B\ c^2A\ c^3B\ c^1A\ c^2B\ c^3$$
$$|\cdots\cdots\cdots c_H\cdots\cdots\cdots|$$

α - Al_2O_3 具有优异的物理性能，在宽波段的透光性好、光学均匀性好；硬度高，莫氏硬度为 9，仅次于金刚石；热导率也很高，为 0.348 W/(cm·K)，无解理性。纯的宝石无色透明，含 Cr^{3+} 的宝石呈红色，称为红宝石，掺 Ti^{3+} 的宝石呈蓝色，称为蓝宝石。

1982 年，Moulton 证实：Ti^{3+} ：Al_2O_3 激光以 808 nm 为中心有 200 nm 的调谐范围。在 Ti^{3+} ：Al_2O_3 中，Ti^{3+} 置换 Al^{3+} 处在八面体中，d 轨道只有 1 个电子，在短光波区 400 ~ 600 nm 的蓝绿光范围有宽带吸收，室温发射 640 ~ 1 300 nm。掺钛宝石是最佳的宽带可调谐激光晶体，具有增益带宽、高饱和通量、大的峰值增益、高的量子效率、高热导率、高级光破阈值及热稳定性，又是超短脉冲和高功率可调谐激光系统优良的振荡及放大介质。目前，已实现全固态连续(CW)波可调谐激光的运转，而且实现了全固态自锁模超快(28 ps)激光的运转。

对于波长可调谐的激光来讲，其应用领域包括激光分离同位素、激光光谱学、非线性光学、生物学、医学和空间遥感等。自从20世纪60年代第一台可调谐激光器——有机染料激光器问世以来，能产生可调谐激光的手段已有几十种，包括固体、液体染料，高压气体，半导体和自由电子激光器以及用光学参量、非线性变频等技术产生的可调谐激光，其波段以可覆盖从真空紫外到毫米波段，输出功率从微瓦到千兆瓦以上，运转方式从飞秒到连续波。从20世纪80年代起，固体可调谐激光器得到了飞速发展，成为可调谐激光器的主流。

4. 其他固体激光材料

(1)稀土光导纤维

目前，用于光导通信的石英玻璃纤维的光损失已降到0.2 dB/km，接近理论最低值，不会再有太大的改善。在几百千米远距离信号传输过程中，如此大的光损耗，必然需要很多的中继器。随着集成光学器件和光导纤维通信的发展，对微型的激光器和放大器的需求更为迫切，同时对激光器的输出功率也提出了更高的要求。

近年来，对掺Er(或Tm、Nd、Ho等)的光导纤维放大器的研制取得了很大进展。研究发现，将Er^{3+}等稀土离子掺杂到光导纤维材料中后，可以降低光导纤维传输过程中光的损耗，增加光的有效传输距离。这时光导纤维不再是单纯的光导介质，同时也是一个激光元件，具有激光振荡介质、光放大器或纤维传感器等的功能。激光在光导纤维中传输的时候，可以获得能量补充。在掺铒光纤(Erbium – doped fiber, EDF)中Er^{3+}的受激发射波长(1.53～1.55 μm)处于石英纤维最低损失波长带(1.55 μm)内，1.55 μm谱带振动是源自$^4I_{13/2} \rightarrow {}^4I_{15/2}$跃迁产生的。由于采用纤维做振荡介质，所以EDF具有如下特点：

1)因振荡介质的截面积小，用较低功率的激发光就可得到高激发密度；

2)虽然采用长波振荡，每单位长度的放大是微小的，但因是长距离传输，故能得到很高的综合增益；

3)振荡器本身就是低损耗的波导。

掺铒放大光纤(EDF)、掺铥放大光纤(TOF)等放大光纤与传统的石英光纤具有良好的整合性能，同时还具有高输出、宽带宽、低噪声等许多优点。用放大光纤制成的光纤放大器(如EDFA)是当今传输系统中应用最广的关键器件。

(2)紫外纳米激光器

目前，涉及到纳米结构产生的激光，主要包括两类。一类是无序纳米激光，它产生于随机分布的纳米增益介质中，激光的形成是在纳米结构间隙中而不是纳米结构的内部，其发光机理可以用Anderson定域化理论来解释。当光在无序介质中传播时，若散射光在介质中的平均自由程小于或等于波长时，光可能回到初始散射处，从而形成一个闭合环形光路，若光在沿环路传播过程中的增益大于损耗，并且运行一周时相位改变为2π的整数倍，就可能形成一个振荡激光。与传统的激光器不同，无序激光可能在所有的方向都能够被观察到，这是因为产生无序激光的环形腔可以由不同的多程散射路径形成，而沿不同的路径激光输出方向可能不同。

　　另一类纳米激光是由规则的纳米结构产生的，激光的形成是在纳米结构内部，它要求纳米结构有良好的形貌，两个端面必须是较理想的平面，目前能实现这类激光的纳米材料多见于 ZnO 单纳米线或纳米线列阵。ZnO 是重要的直接带隙宽禁带半导体氧化物，其禁带宽度为 3.37 eV，激子结合能（60 meV）高，能在室温及更高温度产生近紫外的短波激子发光。其工作原理类似于法布里－玻罗腔型激光器，两端面相当于两个腔镜，工作物质就是纳米结构本身。

按照激光振荡的条件，相邻纵模的频率间隔为 $\dfrac{c}{2nl}$，其中 c 为光速，n 为氧化锌的折射率，l 为纳米线的长度。这种氧化锌纳米激光器在光激励下能发射线宽小于 0.3 nm、波长为 385 nm 的激光，被认为是世界上最小的激光器，也是采用纳米技术制造的首批实际器件之一。ZnO 纳米激光器容易制作、亮度高、体积小，性能优于 GaN 蓝光激光器，尤其是它的点状发光（ZnO 团簇激光尺度可小到微米），可以实现激光器的微小化，所以，ZnO 纳米激光器可以进入许多今天的 GaAs 器件不可能涉及的应用领域。

　　目前，人们已用多种方法，包括气相传输法、金属有机气相沉积法、化学气相沉积法、激光蒸发法、水热分解法以及电化学沉积法等研制了不同结构的纳米 ZnO 材料。研究人员相信，这种短波长纳米激光器可应用在光计算、信息存储和纳米分析仪等领域中。

10.3　光导纤维

　　利用玻璃光纤传输光信号的设想早在 1930 年就有人提出，但是直至 1970 年美国康宁公司用化学气相沉积法（CVD）制成高纯 SiO$_2$ 光纤，使得信号传输损耗降到 20 dB/km 以下，才使得长距离传输光信号的设想成为现实。光纤的优点是：超大传输容量，特别是单模光纤能提供的带宽超过 50 000 GHz，这一频带超过了所有现有通信技术使用频段的好几个数量级；传输信号质量高，不受电磁波和无线电射频的干扰等；与传统的传输材料如铜线相比，重量更轻，强度更高，抗腐蚀性更好；容量价格比低。实践证明光纤是长距离信息传输的理想材料和传统电缆的更新替代产品，光纤已成为人类信息社会的重要基石。

10.3.1　光纤的结构及光在光纤中的传输原理

　　光纤是可将光波约束在其中并能定向传播的器件，其结构如图 10－7 所示。光纤是一种介质光波导，内层为折射率高的纤芯，外层为包层，折射率较低，两者之间有良好的光学接触界面。光纤的特点是中央介质的折射率比周围介质高，利用光在两种

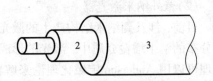

图 10－7　光纤结构示意图
1—纤芯；2—包层；3—缓冲涂敷层

介质界面上的全反射来约束光波，从而实现光在中央介质中的定向传输。

　　按纤芯折射率不同, 光纤可分为阶跃折射率型光纤(简称阶跃光纤 SIF, step index fiber)和梯度折射率型光纤(简称渐变光纤或梯度光纤 GIF, graded index fibcr)两种。图 10 – 8 表示了这两种光纤的横截面折射率分布。图 10 – 8(a)是光纤的横截面图, 纤芯直径为 $2a$, 包层直径为 $2b$。图 10 – 8(b)表示阶跃光纤的横截面折射率分布, 其中 n_1 是纤芯折射率, 分布是均匀的, 其值略高一些; n_2 是包层的折射率, 分布也是均匀的, 其值略低一些。图 10 – 8(c)表示渐变光纤的横截面折射率分布, 包层中折射率为 n_2, 是均匀的, 但在纤芯中折射率 $n(r)$ 是半径 r 的函数, 其分布由包层起逐渐增大, 并在纤芯中心处达到最大值 n_1。

　　按光纤传输特性不同, 光纤又可分为单模光纤和多模光纤两大类。如图 10 – 9 所示, 当光纤中只传输一种模式时, 叫做单模光纤。单模光纤的纤芯直径极小, 约在 $2a = 2 \sim 12 \ \mu m$ 范围, 纤芯 – 包层的相对折射率差也小, $\Delta = \dfrac{n_1 - n_2}{n_1} = 0.0005 \sim 0.01$。当光纤中传输的模式是多个时, 则称多模光纤。多模光纤的纤芯直径较大, 芯径约在 $2a = 50 \sim 500 \ \mu m$ 范围, 纤芯 – 包层的相对折射率差大, $\Delta = 0.01 \sim 0.02$。

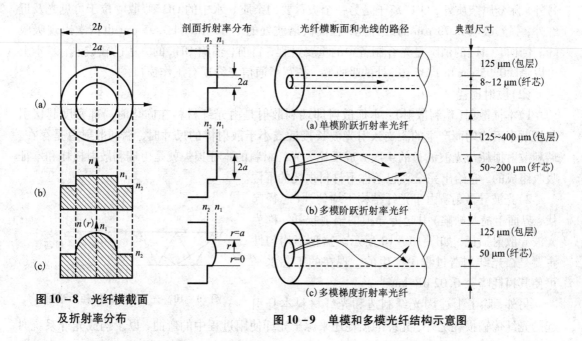

　　图 10 – 8　光纤横截面　　　　　　图 10 – 9　单模和多模光纤结构示意图
　　　　　及折射率分布

10.3.2　光纤的传输特性

1. 光纤的损耗

　　光纤的损耗导致光信号的衰减, 是光纤的一个重要指标, 常用衰减常数 $A(dB \cdot km^{-1})$ 表示。定义为

$$A = -\frac{10}{L}\lg\frac{P_{\text{out}}}{P_{\text{in}}} \qquad\qquad (10-11)$$

式中：L 为光纤长度；P_{in} 为光纤输入光功率；P_{out} 为光纤输出光功率。

引起光纤损耗的原因很多，归纳起来主要是材料的吸收损耗和散射损耗。损耗机理如下。

(1) 吸收损耗

吸收损耗是指光传输过程中部分光能转化成热量造成的损失。不同机理引起的吸收损耗均与光纤材料的不同能级状态间量子跃迁有关。

1) 本征吸收：本征吸收指光纤的基质材料本身(如纯 SiO_2 玻璃)的吸收，它决定了材料损耗下限。红外区域本征吸收由组分原子振动产生，紫外区域吸收由电子跃迁产生。熔融硅(Si)、SiO_2 纯介质材料在可见光区的吸收可以忽略，故通信光纤都采用高纯石英玻璃。

2) 杂质吸收：对于高纯度、均匀的玻璃，在可见和红外光区域的本征损失很小。但一些外来元素，如过渡金属离子在可见和近红外光区域($0.5 \sim 1.1\ \mu m$ 波段)有很强的吸收损耗。另外，除金属杂质外，OH^- 离子是另一个极重要的杂质。水中的 OH^- 吸收峰位于可见光及近红外，强烈吸收 $2.73\ \mu m$ 的红外光，在高次谐波处的 $1.38\ \mu m$ 和 $0.95\ \mu m$ 也依次出现吸收峰。因而，OH^- 的消除是光纤制备中的重要过程，目前，消除 OH^- 的方法已较成熟，基本上可以消除 $0.95\ \mu m$ 和 $1.38\ \mu m$ 处的吸收峰，拓宽了通信光纤现有工作窗口。

(2) 散射损耗

1) 本征散射(瑞利散射)：本征散射即瑞利散射是由光纤材料在固化时局部密度起伏引起折射率不均匀而产生的。当入射光波长接近或小于散射体的尺寸时，瑞利散射总是存在。瑞利散射损耗与光波波长的 4 次方成反比。光纤材料的本征损失就是由瑞利散射损耗和本征吸收组成的，它给出完全理想条件下材料损耗的下限。

2) 光波导散射：由于光纤结构不均匀性(芯径起伏、界面粗糙及缺陷)引起传导模的辐射损耗，称为光波导散射损耗，如图 10-10 所示。这种不均匀性主要是在光纤制造过程中产生的。现在的工艺水平可使其损耗降至 $0.02\ dB\cdot km^{-1}$。

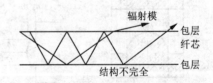

图 10-10 光波导散射损耗示意图

另外，除了上述因光纤制造和光纤材料本身引起的光纤传输损耗之外，光纤的损耗还来源于光纤使用过程中的弯曲，以及构成光纤系统时因光纤连接耦合而产生的损耗。

2. 光纤的色散

(1) 色散现象

如图 10-11 所示，当光纤中输入一个光脉冲，传播一段距离后产生"延迟畸变"(脉冲展宽)的现象称之为色散现象。"延迟畸变"程度决定于光纤折射率分布、材料色散特性、模式分布及光源光谱宽度等。

（2）色散产生的原因

在光纤中，光脉冲信号分解成许多模式分量和频谱分量，人们关心的是光脉冲整体向前传播的速度，即群速

$$v_g = \frac{\mathrm{d}\beta}{\mathrm{d}\omega} \qquad (10-12)$$

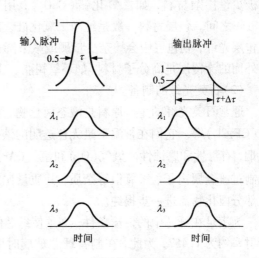

式中：ω 为光角频率；β 为传播常数。

光脉冲传播单位距离所需的时间为

$$\tau_0 = \frac{1}{v_g} = \frac{\mathrm{d}\omega}{\mathrm{d}\beta} \qquad (10-13)$$

τ_0 称为光脉冲的群时延。由于光纤中组成光脉冲的各模式分量和频谱分量的传播常数不同，因而传播速度也不同，导致群时延弥散，从而使光脉冲展宽。

图 10-11　通过色散材料的光脉冲展宽

（3）色散的分类

1）多模色散：多模色散又称模式色散，只存在于多模光纤中。由于多模光纤中存在许多传输模式，各模式之间群速度不同，所以到达光纤出射端的时刻也不同，造成光脉冲展宽，从而产生色散。

2）材料色散：同一材料对不同波长光的折射率不同，由此产生色散。即当非单色光通过光纤传输时，光脉冲要被展宽。

3）波导色散：光纤波导结构一定时，即使是同一传输模式，其传播常数也随入射光波长不同而变化，由此产生色散。这是由于传输模的群速度对于光的频率（波长）不是常数，同时光源又有一定宽度（非单色光）的原因。

此外，在单模光纤中还存在特有的偏振色散。这是由于单模光纤中实际上存在偏振方向相互正交的两个基模，当光纤中存在双折射时，这两个正交模式的群时延不同，由此产生色散现象。偏振色散也属于一种模式色散。

10.3.3　典型的光纤材料

1. 石英光纤的构造和制备

石英光纤广泛应用于通信及各种信息传输中，是实现信息化社会的重要基础。

（1）石英光纤的基本构造

石英光纤的基本组成是二氧化硅，密度约为 $2.2\ \mathrm{g \cdot cm^{-3}}$，熔点约为 1 713 ℃。石英光纤的结构见图 10-7，纤芯材料的主要成分是高纯度二氧化硅（SiO_2），纯度高达 99.999 9%，另

有极少量掺杂材料,如二氧化锗(GeO_2),用于提高纤芯的折射率。纤芯直径一般在 5 ~ 50 μm 之间。包层材料一般是纯净二氧化硅,其折射率一般比纤芯折射率低百分之几。若是多包层光纤,则包层中会掺杂少量硼或氟来降低折射率。包层直径通常为 100 ~ 150 μm,包层外面的涂覆层是高分子材料(如环氧树脂、硅橡胶等),旨在增强光纤的柔性和力学强度。

(2)石英光纤的制备

通常石英光纤的生产原料是液态卤化物,如四氯化硅($SiCl_4$)、四氯化锗($GeCl_4$)和氟里昂(CF_2Cl_2)等。它们在常温下是无色透明的液体,有刺鼻气味,易水解,在潮湿空气中强烈发烟,有毒性和腐蚀性。氧气(O_2)和氩气(Ar)作为氧化反应和载运气体。原材料中要严格控制过渡金属离子、氢氧根等杂质,其质量比应低于 10^{-9} 量级,以降低光纤损耗,因此,对大部分卤化物需进一步提纯。

为满足在纤芯中的传输条件,必须使纤芯的折射率稍高于包层的折射率。纯石英玻璃的折射率约为 1.457,为此,在制备纤芯玻璃时应均匀掺入少量的比石英折射率稍高的组分。实践证明,少量适度掺杂剂的加入,并不明显地影响玻璃材料的损耗和色散。表 10 - 1 是几种常用的单组分光学玻璃的物理性能。

表 10 - 1　几种光学玻璃成分的主要特性

名称	相对分子质量	光折射率	膨胀系数/K^{-1}
SiO_2	44.09	1.457	5.5×10^{-7}
B_2O_3	69.62	1.450	100×10^{-7}
P_2O_5	141.95	1.500	140×10^{-7}
GeO_2	104.59	1.48 ~ 1.50	60×10^{-7}

在光纤芯层中掺入稀土离子 Yb^{3+}、Er^{3+} 等会表现出荧光与激光发射特性,这时光导纤维不再是单纯的光导介质,同时也是一个激光元件,具有激光振荡介质、光放大器或纤维传感器等的功能,可以降低光导纤维传输过程中光的损耗,增加光的有效传输距离。

制备石英光纤主要包括两个过程,即制棒和拉丝。为获得低损耗的光纤,整个过程都要在超净环境中进行。制造光纤先要制备具有纤芯和包皮组成的双层或多层结构的玻璃棒。

目前常用的制备光纤预制棒工艺可分为化学气相法和非气相法两大类。属化学气相的工艺方法的包括:改进的化学气相沉积法(modified chemical vapor deposition, MCVD),等离子体化学气相沉积法(plasma activated chemical vapor depsition, PCVD),轴向气相沉积法(vapor phase axial deposition, VAD),外气相沉积法(outside vapor phase deposition, OVD)等。

属非气相工艺的方法有:多组分玻璃熔融法,溶胶 - 凝胶(Sol - Gel)法,机械成形法(mechanical shaped perform)等。

当今工业生产大都采用气相沉积法来制备优质石英玻璃光纤预制棒，下面对常用的几种气相沉积方法做简单的介绍。

改进的化学气相沉积法（MCVD）制备光纤预制棒的工艺特点是在石英反应管（也称衬底管、外包皮管）内沉积内包层和芯层的玻璃，整个系统是处于封闭的超提纯状态。它是目前制作高质量石英系光纤中比较稳定可靠的方法。

MCVD 法中发生的反应主要为

$$SiCl_4 + O_2 \xrightarrow{\text{高温}} SiO_2 + 2Cl_2 \tag{10-14}$$

$$GeCl_4 + O_2 \xrightarrow{\text{高温}} GeO_2 + 2Cl_2 \tag{10-15}$$

$$2CF_2Cl_2 + SiCl_4 + 2O_2 \xrightarrow{\text{高温}} SiF_4 + 4Cl_2 + 2CO_2 \tag{10-16}$$

将 $SiCl_4$、O_2 送入正在旋转着的高纯石英管内，管体温度达 1 400 ~ 1 600 ℃，送入管内的气体便起反应，使 SiO_2 一层一层地沉积在管的内壁上，形成一定厚度的包层材料后，再在 SiO_2 中掺杂折射率较高的 GeO_2，便形成纤芯。通常，普通单模光纤掺有约 3% 摩尔分数的 GeO_2，相应的纤芯折射率提高约 0.4%。掺杂高折射率组分可提高石英的折射率，同理，掺杂低折射率组分可降低其折射率，视掺杂剂种类不同而效果各异。如掺杂 SiF_4 可以降低玻璃的折射率。

气相沉积过程完成后，石英管内壁生长了预期厚度的包层材料及芯材料。石英管内径缩小但仍是空心管，还需缩棒（烧缩）过程。加热该石英玻璃管（温度在 1 700 ~ 1 900 ℃）使之塌陷，收缩成一根实心棒，称为预制棒。

轴向气相沉积法（AVD）是以高纯 $SiCl_4$ 为原料，在高温下使原料气化并在高温的氢氧焰中进行水化反应生成玻璃微粒粉尘。

$$SiCl_4 + 2H_2O \longrightarrow SiO_2 + 4HCl \tag{10-17}$$

氢氧焰喷灯上面有一根石英棒，玻璃粉尘就沉积在它的顶部，将石英棒不停地旋转，并且向上提拉，在石英棒的下方就生成多孔的预制棒。然后将多孔棒置于炉中，通于氯化亚硫酰气体，除去表面残留的氢氧离子；最后再加热到 1 500 ~ 1 700 ℃，烧熔成透明的预制棒。轴向法中氧化物沉积速度比管内法提高 5 ~ 10 倍。因此，适于制作大型棒材。以 MCVD 法和 AVD 法为基础，根据国内实际情况进一步开发了低制备成本的轴向包层气相沉积（ACVD）工艺。

外气相沉积法（OVD）以耐火材料（一般使用碳一类的材料）为沉积芯棒，将原料气体输入，经高温分解合成得到的玻璃粉尘，一层一层地沉积在耐火材料芯棒的表面，形成多孔的预制棒。拔去芯棒之后，再放入高温炉内加热熔缩，得到透明的预制棒。这种方法可制成大直径的预制棒，一次拉几十千米长的光学纤维。

等离子体化学气相沉积法（PCVD）基本上与 MCVD 法相同，只是加热源采用等离子火焰。这种方法可制得大尺寸坯棒。

得到符合预定组成和结构的玻璃预制棒后，接着就是拉丝和涂覆。将预制棒送入加热炉

（石墨炉），在接近 2 000 ℃ 的高温下，预制棒下端被加热至近熔融状态，拉制成外径为 100 ~ 150 μm 的光纤。目前可将光纤直径波动控制在 ±1 μm 以内。

拉丝后要立即涂覆丙烯酸树脂或硅树脂，通过加热或紫外光照射的方法使其固化，形成一层坚固的涂层。以增加石英光纤抗拉强度，防止弯曲和摩擦，因此在光纤成形后，一般在成缆前，要进行二次涂覆。涂覆的目的是提高光纤机械强度和减少光纤传输损耗。

涂覆过的光纤组合起来可以制成各种光缆。光缆的结构形式有层状光缆、单元型光缆、衬架型光缆以及带状光缆。光缆的增强材料可以是金属，也可以是非金属。光缆与同轴电缆相比，具有重量轻、传输容量大、传输质量高和施工比较简单等特点。

2. 红外光纤

超长距离海底通信需要超低损耗光纤，目前石英光纤在 1.55 μm 的传输损耗达 0.19 dB·km^{-1}，已接近 0.14 dB·km^{-1} 的理论极限。但非硅基红外玻璃材料的本征损耗只有 10^{-1} ~ 10^{-3} dB·km^{-1}，为进一步降低传输损耗，人们便开发了红外玻璃光纤。为制备低损耗的红外光纤，要求材料满足：

1）本征吸收位于短波长区，材料能隙宽，对红外透明；

2）晶格吸收位于红外区域以外；

3）散射损耗要小；

4）杂质吸收损耗要小；

5）材料能形成稳定的玻璃。

目前用于制造红外光纤的主要材料有重金属氧化物玻璃、氟化物玻璃和硫属化合物玻璃。

（1）氟化物红外光纤

根据理论估算，氟化物玻璃光纤的理论损耗在 2.5 μm 附近约为 0.001 dB·km^{-1}，比石英光纤的最低理论损耗低 1 ~ 2 个数量级，红外波长可延伸到 4 ~ 6 μm，预计无中继距离可达 10^6 km，并且色散系数小，零色散点在 1.50 ~ 2.0 μm 之间。氟化物红外光纤被认为是最有前途、最有希望用于超长距离无中继光纤通信的材料体系。研究表明，以氟锆酸盐玻璃（ZrF_4 – BaF_2）和氟铪酸盐玻璃（HfF_4 – BaF_2）为基础的两玻璃体系性能稳定，适合拉制光纤。表 10 – 2 给出某些典型氟化物玻璃的主要性质，其中为便于比较，也给出了石英玻璃的相应性质。

氟化物光纤的总损失主要由吸收损耗和光散射两部分组成，目前氟化物光纤的损耗一般在 1 dB·km^{-1} 左右。氟化物玻璃的本征损耗主要来源于红外多声子吸收，据理论计算，氟化物玻璃的本征吸收损耗约为 0.003 dB·km^{-1}。可见目前的损耗主要是杂质吸收损耗。所以红外光纤制造技术中，进一步减小散射和杂质吸收仍是最基本的问题。对损耗有较大影响的杂质有 Fe^{2+}、Co^{2+}、Ni^{2+}、Cu^{2+} 和 Nd^{3+} 等阳离子，以及 OH^- 等阴离子。若采用化学气相纯化和升华等方法，提高氟化物原料的纯度，使阴、阳离子杂质的摩尔分数控制在 $5 × 10^{-10}$ 以下，且消除亚微米散射，预期以 ZrF_4 为基础的氟锆酸盐玻璃光纤在 2.55 μm 波长处最低损耗可达

到 $0.035~dB \cdot km^{-1}$。在太空中制造的掺 Zr、Ba、La、Al、Np 五种元素的氟化物玻璃光纤（ZBLAN），损耗已降到 $0.001~dB \cdot km^{-1}$，可称无损耗光纤，比石英光纤最低理论损耗值小，但离氟化物玻璃的最低理论损耗值仍有较大差距。

通常氟化物玻璃光纤制造方法分为四步：原料纯化、玻璃熔化、制棒和拉丝。对选定的玻璃系统，关键步骤是纯化和制棒技术。

表 10 – 2　氟化物玻璃的物理化学性质

物理化学性质	氟化物的化学组成				
	ZrF_4(57%) BaF_2(34%) LaF_3(5%) AlF_3(4%)	AlF_3(35%) YF_3(15%) MgF_2(10%) CaF_2(20%) SrF_2(10%) BaF_2(10%)	ThF_4(28.3%) YbF_3(28.3%) ZnF_2(28.3%) BaF_2(15%)	BeF_2	SiO_2
透光范围/μm	0.2 ~ 7.5	0.2 ~ 7.0	0.3 ~ 9	0.2 ~ 4	0.2 ~ 3.5
密度/($g \cdot cm^{-3}$)	4.62	3.87	6.43	1.99	2.20
折射率 n_d	1.519	1.427	1.54	1.275	1.458
转变温度/℃	300	425	344	250	1 100
熔点/℃	520	730	665	545	1 710
膨胀系数/($10^{-7}~K^{-1}$)	157	149	151	40	5.5
零色散波长/μm	1.7	1.6	1.8	1.1	1.3
化学稳定性	好	更好	更好	差	极好

注：表中的"%"数为摩尔分数。

（2）硫化物光纤

在激光医疗器械中，SiO_2 光纤可以用于传输钇铝石榴石（YAG）激光（1.06 μm），但是用它传输二氧化碳激光（10.6 μm）就难以胜任。考虑到硫系玻璃具有比氟化物玻璃更宽的透红外性能和更好的成玻能力，人们对硫系玻璃开始了系统、深入地研究。

20 世纪 80 年代初开始探索新一代超低损耗通信光纤和用于传输高功率 CO 激光（5.3 μm）和 CO_2 激光（10.6 μm）的硫系玻璃传能光纤，典型的 As – S 和 Ge – S 二元系玻璃的部分物理性质见表 10 – 3。

表 10-3　硫化物玻璃的物理性质

性能	As$_2$S$_3$	GeS$_3$
密度/(g·cm^{-3})	3.20	2.5
折射率	2.41	2.113
透光范围/μm	0.6~11	0.5~11
转变温度/℃	182	260
软化温度/℃	205	340
晶化温度/℃		500
膨胀系数/K^{-1}	24×10^{-6}	25×10^{-6}

硫系光纤是目前唯一具备光子能量低、非辐射衰弱速率低和红外透过谱区宽等特点的光纤材料。其主要特点是:

1)折射率高,一般为 2.1~2.4;

2)光谱区宽,从可见光一直延伸至 20 μm;

3)非线性系数大(比石英材料要高出两个数量极);

4)在可见光谱区有光敏性。

硫系玻璃是含硫、硒、碲元素(周期表ⅣA、ⅤA、ⅥA 族的 Si、Ge、As、Sb、S、Se、Te)的可以透过最长波长区的玻璃。硫系玻璃的特点是基本为共价键,离子键性小。

Si - O 的电负性差为 1.7,将氧换成硫、硒、碲元素时则为 0.7、0.63、0.3,电负性差变小。P - O 的电负性差为 1.4,将氧换成硫、硒、碲元素时该差小于 1。即离子键性小而共价键性大。Si 系玻璃的离子键性与共价键性的比例约为 50:50,而硫系玻璃基本上为共价键,这样网络更加牢固,故除 Pb、Bi 外其他具有离子键性的玻璃改性阳离子(Na$^+$、K$^+$、Ba^{2+}、Ca^{2+})基本不溶于硫系玻璃。目前硫系玻璃的主要成分有:As - S,Ge - Se,Ge - As - Se,Ge - Se - Te,Ge - As - Se - Te 系等。

硫系玻璃光纤的制备通常包括原料的纯化、玻璃熔制和拉制光纤等阶段。制备硫系玻璃光纤的原料都是超纯单质,但为除去原料表面的氧化物及吸附的其他杂质,在使用前仍需进一步纯化处理。玻璃熔制是在 800~1 000 ℃下进行,硫系玻璃光纤是在流动的惰性气体保护下拉制的,包皮材料为折射率较低的硫系玻璃或聚全氟乙丙烯。也可采用双坩埚法制备。

近年来,人们还对用化学气相沉积法(CVD)和溶胶 - 凝胶法(Sol - Gel)制备硫系玻璃和光纤进行了探索性研究,但用这两种方法得到的玻璃往往含有较高的含氢杂质。

3. 紫外光纤

随着激光医疗技术以及紫外激光器的发展,迫切需要研制能传输紫外光的光纤。一般光纤对紫外光透过性能都很差。石英玻璃在紫外波段的透过率较高,但由于其折射率较高,而且难于找到紫外折射率比石英玻璃更低的玻璃材料做光纤包层。用低折射率的聚合物作包层可制成石英芯和塑料包层的紫外光纤。

光学塑料在紫外波段也具有较好的透光性能。例如，聚甲基丙烯酸甲酯（PMMA）对 0.25 ~ 0.29 μm 的紫外光，其透过率高达 75% ，远比普通光学玻璃（透过率仅为 0.6% ~ 1% ）高。在众多的透明塑料中，只有那些拉伸时不产生双折射和偏光的品种才适合制造光纤。表 10 – 4 给出几种光学塑料的主要物理化学性能。利用光学塑料制作的塑料光纤可传输紫外光。

制作塑料光纤的芯材料主要是聚甲基丙烯酸甲脂和聚苯乙烯（PS）。如果芯材料采用折射率 $n_d = 1.49$ 的聚甲基丙烯酸甲酯，涂层可以采用折射率 $n_d = 1.40$ 左右的含氟聚合物。如果芯材料采用 $n_d = 1.58$ 的聚苯乙烯，涂层就可以用聚甲基丙烯酸甲酯。

为了制备低损耗塑料光纤，原料的精制、聚合和光纤的拉制全部需要在密封的净化条件下进行。

表 10 – 4　几种光学塑料的主要物理化学性能

性能		聚甲基丙烯酸甲酯	聚苯乙烯	聚硫酸酯
密度/(g·cm^{-3})		1.71 ~ 1.20	1.04 ~ 1.09	1.20 ~ 1.40
抗冲击强度/(kg·cm^{-2})		~ 10	≥12 ~ 16	65 ~ 70
抗压强度/(kg·cm^{-2})		773 ~ 1 336	810 ~ 1 120	830 ~ 1 350
洛式硬度		M80 ~ 100	M65 ~ 90	M75 ~ 90
熔点/℃		85	85	125 ~ 149
脆化温度/℃		~ – 100	– 30	– 100 ~ – 135
膨胀系数/K^{-1}		7×10^{-5}	7×10^{-5}	6.6×10^{-5}
成形收缩率/%		—	0.4 ~ 0.7	0.5 ~ 0.8
吸水率/%		0.3 ~ 0.4	0.03 ~ 1.05	0.09 ~ 0.13
长期使用温度/℃		~ 76	~ 93	– 50 ~ 120
最高工作温度/℃		~ 90	~ 100	~ 140
体电阻率/(Ω·cm^{-1})		10^{18}	$> 10^{16}$	8×10^{-5}
电击穿强度/(V·mm^{-1})		500	500	400
介电常数	60 Hz	3.7	2.6	2.9
	6×10^6 Hz	2.2	2.45	2.88

10.3.4　光纤的应用

1. 在通信网络中的应用

光具有最快的传播速度，因此，利用光作为信息的载体传递信息是最理想的。近年来由于 Internet 的兴起及高速发展，对通信速度和容量的要求越来越高。光纤通信技术是目前速度最快、容量最大、质量最高的技术，可以最快的速度提供最优美的音质和最清晰的图像，是解决高低耗宽频通信技术的最佳途径。光纤通信网络的建立是构成极快速度和巨大容量传递信息的系统的基础，在某种意义上讲，建设信息高速公路就是建设四通八达的光导纤维通信网络，可见光纤已成为信息时代最重要的角色之一。

2. 在医疗技术中的应用

光导纤维可以做医疗照明光源。传统的医疗照明均采用灯泡照明，由于照明光有阴影，且亮度不足，操作相当不便。而光纤照明是将光导纤维与医疗器械结合，将光直接引入到需要照明或治疗的部位。纤维导光头灯、光纤手术床灯、脑外科光纤照明器等以及眼科、耳鼻喉科、内窥镜类器械用光纤，这类光纤主要起着各种强度的冷光照明作用，它极大地改变传统器械的照明问题，使器械的性能、品质得到很大改善和提高。光纤照明使微创手术成为可能。

在医学上可将紫外激光用于眼科和心脏的组织切除等，在心脏和心血管成形术中的应用是采用激光气化动脉粥样硬化斑块，使血流通畅，可以取代心脏旁通术和气球血管成形术。采用脉冲紫外激光，如能正确选择波长，脉冲能量和宽度就可精确气化各种组织的斑块，紫外激光切割皮肤组织，产生规则整齐的切口而没有热损伤。为了把这种激光传输到要求达到的狭小空间，可采用空芯光纤来传输高能量紫外激光。

3. 仪表照明及工业自动化

对于有防爆防燃要求的实验室、控制室及各种仪表表盘，采用单路或多路光纤缆照明可满足要求。带电的光源留置在室外或安全地方，将光纤缆与之连接，光线就可以引到需要照明的地方。这样就很好地解决了照明与防燃、防爆的矛盾。

光纤用于自动化仪表中的光电转换，具有转换快、性能稳定、传输可靠、抗干扰强，并能在恶劣环境下工作等优点，目前已广泛用于温度、压力、流速、液面、浓度、位移等传感器和传感系统。

4. 信号显示

采用一进多出的导光束，可将多出的一端编成一定的形状，就构成了光学纤维信号显示器，可用于工业自动控制、交通指示、体育场馆信号显示等。具有节省灯具，耗电量少，信号稳定、准确、清晰，显示视野大，控制简单等优点。

10.4 光子晶体

光子晶体亦称光子带隙材料(photonic band – gap，PBG)，是目前功能材料研究中的前沿课题。自 1987 年美国科学家 Yablonovitch 和 John 分别提出光子带隙材料这个概念以来，光子晶体引起了物理、化学、电子、光学等领域的科学家的广泛兴趣。这种材料有一个显著的特点是它可以如人所愿地控制光子的运动。光子晶体的出现使信息处理技术的"全光子化"和光子技术的微型化与集成化成为可能，它可能在未来导致信息技术的一次革命，其影响可能与当年半导体技术相提并论。

10.4.1　光子晶体的概念

　　光子晶体是介电常数(折射率)在空间呈周期性排列形成的人工结构。所谓晶体就是指这种周期性而言的,根据周期性的维数,光子晶体也分为一维、二维和三维的。光子晶体里重复结构或称晶胞的单元尺度是光波长量级。图 10 - 12 是不同维数光子晶体的模型。

1D　　　　　　　　2D　　　　　　　　　3D

图 10 - 12　不同维数光子晶体的模型

　　光子晶体的结构可以这样理解,正如半导体材料在晶格结点(各个原子所在位点)周期性的出现离子一样,光子晶体是在高折射率材料的某些位置周期性的出现低折射率(如人工造成的空气空穴)的材料。与半导体晶格对电子波函数的调制相类似,光子带隙材料能够调制具有相应波长的电磁波——当电磁波在光子带隙材料中传播时,由于存在布拉格散射而受到调制,电磁波能量形成能带结构。能带与能带之间出现带隙,即光子带隙。所具能量处在光子带隙内的光子,不能进入该晶体。光子晶体和半导体在基本模型和研究思路上有许多相似之处,原则上人们可以通过设计和制造光子晶体及其器件,达到控制光子运动的目的。通过巧妙的设计,光子晶体可以控制光子流,使光停滞而又不吸收,捕获光的同时又保持光信息的完整性和可被利用性。光子晶体的出现,使人们操纵和控制光子的梦想成为可能。

　　与普通晶体相似,光子晶体的周期性排列具有能带结构,光子能带之间可能存在光子带隙或光子禁带,光子带隙或禁带是指一个频率范围。在这个频率范围里的电磁波不能在这个光子晶体里传播,而频率位于能带里的电磁波则能在光子晶体里几乎无损地传播。带隙的宽度和位置与光子晶体的介电常数比值、周期性排列的尺寸及排列规则都有关系。

　　固体物理中的许多概念都可用在光子晶体上,如倒格子、布里渊区、色散关系、Bloch 函数、Van Hove 奇点等。由于周期性,对光子也可以定义有效质量。不过需要指出的是光子晶体与常规的晶体(从某种意义上来说可以叫做电子晶体)有相同的地方,也有本质的不同,如光子服从的是 Maxwell 方程,电子服从的是薛定谔方程;光子波是矢量波,而电子波是标量波;电子是自旋为 1/2 的费米子,光子是自旋为 1 的玻色子;电子之间有很强的相互作用,而光子之间没有。光子带隙的存在带来许多新物理现象和新应用。

　　而如果我们通过引入缺陷破坏光子晶体的周期性结构特性,那么在光子带隙中将形成相应的缺陷能级。将仅仅有特定频率的光,可在这个缺陷能级中出现。这就可以用来制造单模发光二极管和零域值激光发射器。而如果产生了缺陷条纹——即沿着一定的路线引入缺陷，那么就可以形成一条光的通路，类似于电流在导线中传播一样，只有沿着"光子导线"传播的光子得以顺利传播，其他任何试图脱离导线的光子都将被完全禁止。理想状态下我们已经实现了一条无任何损耗的光通路。这种光通路甚至比光纤更有效。

10.4.2 光子晶体的制备

自然界有光子晶体的例子，如蛋白石和蝴蝶翅膀等。电子显微镜揭示它们由一些周期性微结构组成，由于在不同的方向不同频率的光被散射和透射不一样，呈现出美丽的色彩，但它们没有形成三维的光子带隙。光子带隙的出现与光子晶体结构、介质的连通性、介电常数反差和填充比有关，条件是比较苛刻的。一般说，介电常数反差越大(一般要求大于2)，得到光子带隙可能性越大。制作具有完全光子带隙的光子晶体无疑是一项巨大的挑战。

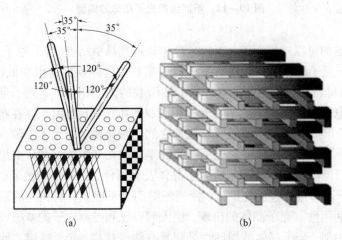

(a)   (b)

图 10 – 13 机械钻孔式和木堆式方法制造的微波带隙结构
(a)机械钻孔式；(b)木堆式

工作于不同频段的光子晶体周期尺寸也有所变化，相应的制备方法也有所区别。根据加工尺度不同，这些制备方法可分为两类：大尺寸三维陶瓷基光子晶体的制备方法，即厘米、毫米周期光子晶体的制备法；微小尺寸三维陶瓷基光子晶体的制备方法，即微米、亚微米周期光子晶体的制备方法。

1. 大尺寸陶瓷基光子晶体制备方法

具有厘米、(亚)毫米级周期尺寸的光子晶体的工作电磁波频带很宽，在 GHz 至 THz 之间，因此在无线通信、射线成像、射频电路中都有很好的应用前景。由于三维有序周期尺寸比较大，加工相对容易。目前在实验室获得成功的主要方法如下。

（1）机械加工法

1989 年，Yablonovitch 等人采用机械加工方法制备三维光子晶体，制备了具有光子(电磁波)带隙结构的光子晶体。通过巧妙地设计在氧化铝的块状材料中按照一定的规则钻出了近8 000 个空洞(见图 10 - 13)，将这种周期性排列的介质结构进行微波频段的透射性能测试，发现在中心频率为 15 GHz，宽度在 1 GHz 的范围出现了光子带隙。这个实验首次验证了电磁波带隙在三维周期性介质中的存在。机械加工方法还可以加工一些尺寸一致的陶瓷条状物，进而使用这些条状结构搭建一种木堆结构[见图 10 - 13(b)]，这种结构中也可以得到电磁波带隙。

（2）激光立体成形

激光立体成形技术是近几年在快速原型制造技术的基础上发展起来的一种新技术，其原理是采用计算机辅助设计(computer aid design，CAD)确定模型，并在计算机控制下使激光束在三维空间中运动，通过激光与材料间的相互作用固化成形，达到加工制造各种立体结构的目的。根据成形工艺的不同，这种技术可以细分为光固化成形、熔融沉积成形、选择性激光烧结等。该技术能够快速、精确、高效地自由成形制造形状极为复杂的零件，体现了制造技术智能化和自动化。Yin 等人通过激光立体成形方法制备出周期尺寸为 2.8 ~ 5 mm，带隙位置在 17 GHz 附近的光子带隙结构。具体制备方法为：先通过 CAD 设计具有金刚石点阵的三维有序木堆结构，并将模型参数转换为激光立体成形设备能够识别的机器编码。在计算机控制下，激光束按照设计模型的轨迹在三维空间对液相光敏化环氧树脂材料进行扫描；激光通过的路径上的环氧树脂材料由于光聚合而发生固化，从而得到具有三维有序结构的有机材料模板。随后，在模板的空隙中填充 TiO_2 和 SiO_2 复合体系陶瓷浆料，对样品进行冷等静压以提高密度，最终经热处理排除环氧树脂和陶瓷粉体中的黏结剂，烧结得到了陶瓷基金刚石点阵的光子带隙材料。考虑到工作效率和可靠性，应当考虑作以下探索：将纳米晶功能陶瓷材料与有机固化剂混合，直接通过光固化成形得到需要的三维有序结构；直接选择激光烧结制备陶瓷基大尺寸光子带隙材料，这些将成为激光立体成形制备光子晶体材料的新的研究方向。通过激光立体成形技术制备的三维光子晶体材料在微波天线基座、微波波导、THz 波发生器方面都具有很广阔的应用前景。

（3）无模直写成形技术

无模直写成形技术是以胶体为基本浆料，通过直写成形制备三维结构的一种直接成形技术，可以制备具有很大高宽比或跨度(无支撑)的复杂三维结构。无模直写成形设备可以被形象的认为是一支能够进行精细运动的"微笔"，可以自动"走出"通过 CAD 得到预先设计的结构图形。作为"墨水"的陶瓷浆料被灌装在一个"注射器"中，通过压力作用由细小的针尖挤出并立即固化。通过精细的运动控制，挤出的浆料可以在空间中搭建成复杂的三维结构。最早发展出这种设备的是美国 Sandia 国家实验室的 Cesarano 等人。他们在 1998 年制造了第一台无模直写成形设备，它是安装在 z 轴上的浆料挤出装置，能随着由计算机控制的 $x - y$ 平台运动，挤出成形出第一层结构。在完成第一层成形后，z 轴马达带动浆料输送装置向上移动，第二层注浆成形将在第一层注浆成形形成的结构上进行。通过这样的层叠过程，就可以制备出用传统的陶瓷成形工艺无法制备的复杂三维结构。在最初的工作中，这些有序结构的特征尺寸只能做到毫米量级。继 Sandia 实验室的工作之后，美国伊利诺依大学香槟分校（UIUC）的 Lewis 小组进行了更小尺度结构的研究，并取得了一些重要的进展。他们详细研究了可以用于无模成形的材料的流变学特性、挤出成形过程中的动力学模型以及大跨度有序结构中的变形等问题，制备了具有高度有序性的三维结构。图 10 – 14 为通过无模成形方法制备的样品的实物电镜照片。很多材料体系都可以通过这种方法制备成有序结构。已经见于文献报道的水基胶体陶瓷浆料包括：二氧化硅微球、氧化铝、锆钛酸铅和纳米钛酸钡功能陶瓷粉体等。通过这种方法制备的陶瓷基光子带隙材料周期尺寸可以做到几十微米到毫米量级，根据理论推导，其光子带隙位置可能在几十 GHz 到 THz 之间。目前，尚不能用无模直写成形方法制备亚微米以及纳米尺度的周期性结构，因此，用该方法制备特征尺寸更小的三维有序结构须作进一步研究。

图 10 – 14 通过无模成形方法制备的三维有序结构

2. 微米及亚微米周期尺度陶瓷基光子晶体制备方法

（1）蚀刻法

目前，得到小尺寸光子晶体材料的一种主要方法是用光刻技术。在红外频段，半导体蚀刻技术的优越性得到了充分的发挥。利用光刻和牺牲层（sacrificial layer）技术，已经在实验中得到了近红外频段的全带隙光子晶体结构。蚀刻法首先是在基板上覆盖一层可以在后续工艺中蚀刻掉的牺牲层，再在上面通过沉积或者通过其他工艺制备一层充当"原木"的半导体层。之后利用半导体蚀刻的方法刻蚀出平行的条带结构。通过这样的处理以后，就得到了图 10 – 15（b）所示的单层"原木"带。将同样方法制作的两层相同结构交叉接触，并使两层之间如图 10 – 15（c）所示紧密结合，然后将牺牲层腐蚀掉就得到一个双层的结构［图 10 – 15（d）］。重复上面的步骤，就可以制备出如图 10 – 15（e）的多层三维周期性结构。日本京都大学的 Noda 和他的同事们在 2000 年发表了迄今为止使用该方法得到的一个令人满意的结果，他们用直径 7 μm 的砷化镓圆柱堆积的木堆结构阻挡了照射在结构上的 99.99% 近红外光。

（2）物理或化学组装方法

利用胶体粒子自组装制备三维有序结构是一种成本低廉的方法。利用这种方法组装得到的具有规则结构的蛋白石结构晶体在光子带隙材料中具有较好的应用前景。

自组装法制备蛋白石结构光子晶体通常可以分为三个步骤：微球"溶解"，沉降和烘干。首先，将通过化学方法获得的单分散微球（如二氧化硅球、聚苯乙烯微球等）置入有机溶剂（如无水乙醇）中，同时可外加超声波，使"溶解"更快、更充分。此后，微球将在重力的作用下沉降，该过程对于不同的粒径有不同的要求。

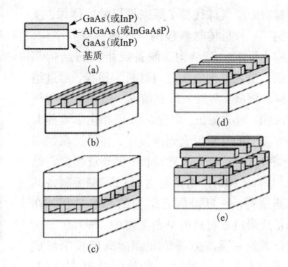

图 10 - 15　半导体技术制作光子晶体的典型工艺流程

对于粒径较大的微球，可采用直接沉降，通常得到的光晶体工作波段在微米段；对于粒径较小的微球，可采用离心、加电场等方法强制沉降。介质微球在沉降过程中自组装，得到有序排列的介质球光子晶体。待完全沉降后，除去溶剂并烘干，即可得到蛋白石结构光子晶体。在近年来，世界各地的许多研究小组尝试着使用各种不同的胶体粒子组装方法来制备大面积的胶体单晶，所有的制备方法都可以被归入物理方法、化学方法或者两者的结合，其中包括微球的自由沉积、离心作用下沉积、抽滤作用下沉积、表面张力作用下组装、限位生长和电泳作用下组装等。不过，这些方法均存在不同程度的缺点，因此，在制备大尺寸有序胶体单晶材料中遇到了一些困难。2001 年 Vlasov 等人介绍了一种在基片提拉方法的基础上增加一个温度梯度，利用基片和溶液接触弯月形界面的表面张力在硅基片上直接组装近乎完美的蛋白石结构的方法，被认为是通过胶体自组装方法制备可用于光子器件中的大面积单晶结构的一个非常令人兴奋的突破。该方法基本原理是在由上到下的温度场作用下，含有胶体颗粒的悬浮液与硅片的接触界面形成一个弯月面，提拉硅基板时，在界面附近的胶体粒子会同时受到界面的作用力而向硅基板表面集聚，完成这个过程需要使胶体粒子的沉积速度和液体蒸发速度相配合。在微球沉积在基板上时，蒸发作用同时使液体完全挥发，否则会因为液体中胶体粒子的移动而在材料中造成结构缺陷。Vlasov 等人提出的办法，正好的解决了两者间配合的问题，从而可以得到低缺陷的蛋白石结构。

自组装法也可制备反蛋白石结构三维光子晶体材料。普遍用于制备蛋白石结构的胶体粒子是由聚苯乙烯等高分子材料或者氧化硅材料构成，除具有成本低廉和工艺重复性好等而被广泛使用，它们的另一个重要的优点是微球易于被去除。在通过自组装方法得到蛋白石晶体以后，用陶瓷材料填充空气孔隙，然后对这种填充体再进行处理，去除原有的微球，处理后的材料中空气球代替了原来堆垛的胶体球，就得到了一种母体材料包围空气球的点阵结构，被称为反蛋白石结构。制备反蛋白石结构都是以自组装得到的蛋白石材料为模板，通过纳米颗粒沉降、溶胶－凝胶填充、物理－化学气相沉积、电泳沉积、电化学沉积和化学镀等方法将需要的材料填充到模板中，并通过腐蚀或煅烧等方法选择性去除模板，得到反蛋白石结构。图 10－16 给出了通过蛋白石模板制备其反演结构——反蛋白石结构的基本过程。在制备反蛋白石材料的早期工作中，SiO_2 和 TiO_2 被以溶胶－凝胶方法填充到微球模板中形成反蛋白石材料。此后，多种无机材料，如：CdS 和 CdSe、Si 等半导体材料，Ag、Au、Co、Cu、Ni 和 Pt 等金属材料以及 ZrO_2、Al_2O_3、$BaTiO_3$、Ge、InP、PLZT 和 Zn_2SiO_4：Mn^{2+} 等无机材料，被用于制备反蛋白石结构。

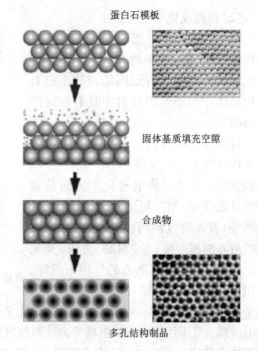

蛋白石模板

固体基质填充空隙

合成物

多孔结构制品

图 10－16　制备反蛋白石材料的常用方法示意图

10.4.3　光子晶体的应用

　　光子晶体的光子带隙的存在使它具有很重要的应用背景，可以制作全新原理或以前所不能制作的高性能器件。

　　(1)高性能反射镜

　　频率落在光子带隙中的光子或电磁波不能在光子晶体中传播，因此选择没有吸收的介电材料制成的光子晶体可以反射从任何方向的入射光，反射率几乎为100%。这与传统的金属反射镜完全不同。传统的金属反射镜在很大的频率范围内可以反射光，但在红外和光学波段有较大的吸收。这种光子晶体反射镜有许多实际用途，如制作新型的平面天线。普通的平面天线由于衬底的透射等原因，发射向空间的能量有很多损失，如果用光子晶体做衬底，由于电磁波不能在衬底中传播，能量几乎全部发射向空间。

　　(2)光子晶体波导

　　传统的介电波导可以支持直线传播光，但在拐角处会损失能量。而光子晶体波导不仅对直线路径，而且对转角都有很高的效率，这对于光学器件的集成非常有意义。

　　(3)光子晶体微腔

　　在光子晶体中引入缺陷可能在光子带隙中出现缺陷态，这种缺陷态具有很大的态密度和品质因子。这种由光子晶体制成的微腔比传统微腔要优异的多，用它制作微腔激光器，体积可以非常小。

（4）光子晶体光纤

在传统的光纤中，光在中心的氧化硅纤芯传播。通常，为了提高其折射系数采取掺杂的办法以增加传输效率。但不同的掺杂物只能对一种频率的光有效。英国 Bath 大学的研究人员用二维光子晶体成功制成新型光纤：由几百个传统的氧化硅棒和氧化硅毛细管依次绑在一起组成六角阵列，然后在 2 000 ℃下烧结后制成了二维光子晶体的光纤，直径约 40 μm。蜂窝结构的亚微米空气孔就形成了。为了导光，在光纤中人为引入额外空气孔，这种额外的空气孔就是导光通道。与传统的光纤完全不同，在这里传播光是在空气孔中而非氧化硅中，可导波的范围很大。

（5）光子晶体超棱镜

常规的棱镜的对波长相近的光几乎不能分开。但用光子晶体做成的超棱镜的分开能力比常规的要强 100～1 000 倍，体积只有常规棱镜的 1%。如对波长为 1.0 μm 和 0.9 μm 的两束光，常规的棱镜几乎不能将它们分开，但采用光子晶体超棱镜后可以将它们分开到 60°。这对光通信中的信息处理有重要的意义。

（6）光子晶体偏振器

传统的偏振器只对很小的频率范围或某一入射角度范围有效，体积也比较大，不容易实现光学集成。而用二维光子晶体制作的偏振器则具有很多传统的偏振器所没有的优点：工作频率范围大，体积小，易于集成，很容易在硅片上集成或在硅基上制成。

光子晶体还有许多其他应用背景，如无阈值激光器、光开关、光放大、滤波器等新型器件。对光子晶体的许多新的物理现象的深入了解和光子晶体制作技术的改进，光子晶体更多的用途将会被发现。

习 题

1. 简述发光材料的基本构成和各组分的基本作用。

2. 简述发光材料的发光基本过程。

3. 选取合适的例子，试用晶体场理论阐述基质晶体对发光的影响。

4. 举例说明发光材料在各个领域的应用。

5. 简述激光晶体的构成，试述与发光材料的异同点。

6. 分析在钛宝石激光晶体 Ti^{3+} : Al_2O_3 和钇铝石榴石激光晶体 Nd^{3+} : $Y_3Al_5O_{12}$ 中，激活离子分别置换基质晶体的哪个质点位置，估计置换量，说明理由。

7. 光纤的损耗有哪些？哪些因素影响光纤的使用频段？

8. 试述光纤的纤芯和包层材料选取的原则，相互之间应如何匹配。

9. 讨论光子晶体可能在哪些领域应用。

主要参考文献

[1] 朱敏. 功能材料. 北京：机械工业出版社，2002

[2] 刘海涛，杨郦，张树军，林蔚. 无机材料合成. 北京：化学工业出版社，2003

[3] 赵文元，王亦军. 功能高分子材料化学. 北京：化学工业出版社，2003

[4] 王国建，王德海等. 功能高分子材料. 上海：华东理工大学出版社，2006

[5] 常铁军，刘喜军. 材料近代分析测试方法. 哈尔滨：哈尔滨工业大学出版社，2005

[6] 吴兴惠. 敏感元器件及材料. 北京：电子工业出版社，1992

[7] 郭卫红. 现代功能材料及其应用. 北京：化学工业出版社，2002

[8] 李树尘. 现代功能材料应用与发展. 成都：西南交通大学出版社，1994

[9] 刘迎春. 新型传感器及其应用. 北京：国防科技大学出版社，1991

[10] 殷景华. 功能材料. 哈尔滨：哈尔滨工业大学出版社，2002

[11] 连法增. 工程材料学. 哈尔滨：东北大学大学出版社，2005

[12] 连法增. 材料物理性能. 哈尔滨：东北大学大学出版社，2005

[13] 何开元. 功能材料导论. 北京：冶金工业出版社，2000

[14] 关小蓉，张剑光，朱春城等. 锰锌、镍锌铁氧体的研究现状及最新进展. 材料导报，2006，20(12)

[15] 王琦洁，黄英，熊佳. 纳米钡铁氧体制备技术的研究进展. 硅酸盐通报，2005，(3)

[16] 刘玉红. 软磁铁氧体材料的现状及其发展趋势. 材料导报，2000，14(7)

[17] 彭龙，徐光亮，张明等. 纳米复合永磁材料的研究进展. 磁性材料及器件，2007，37(2)

[19] 赵培仲，花兴艳，朱金华等. 结构型磁性高分子的研究进展. 化学工业与工程技术，2005，26(4)

[20] 刘爽，孙维林，何冰晶等. 有机磁体——新世纪的新材料. 高分子通报，2004，(4)

[21] I. Konovalov. Material requirements for CIS solar cells. Thin Solid Films, 2004, 451～452：413～419

[22] 赵玉文. 太阳电池新进展术. 物理，2004，33(2)

[23] P. Peumans, S. Uchida, S. R. Forrest, Efficient bulk heterojunction photovoltaic cells using small molecular-weight organic thin films. Nature, 2003, 425(6954)

[24] 杨术明，李富友. 染料敏化纳米晶太阳能电池. 化学通报，2002，65(5)

[25] A. F. Nogueira, C. Longo, M. -A. De Paoli. Polymers in dye sensitized solar cells：overview and perspectives. Coordination Chemistry Reviews, 2004, 248(13 – 14)

[26] Q. B. Meng, K. Takahashi, X. T. Zhang. Fabrication of an efficient solid-state dye-sensitized solar cell. Langmuir, 2003, 19(9)

[27] I. Kaiser, K. Ernst, Ch. -H. Fischer. The eta-solar cell with CuInS$_2$：A photovoltaic cell conc-ept using an extremely thin absorber (eta). Solar Energy Mater and Solar Cells, 2001, 67(1 – 4)

[28] M. Nanu, J. Schoonman, A. Goossens. Inorganic nanocomposites of n-and p-type semiconductors：A new type of three-dimensional solar cell. Adv. Mater. , 2004, 16(5)

[29] K. Ernst, A. Belaidi, R. K. nenkammp. Solar cell with extremely thin absorber on highlystructured substrate. Semocond. Sci. Techno. , 2003, 18(6)

[30] 李景虹. 先进电池材料. 北京：化学工业出版社，2004

[31] Kuriyana K, Krshida K. Sol-gel growth of $LiCoO_2$ films on Sisubstrates by a spin-coating method . Journal of Crystal Growth, 2002

[32] Ohzuku T, Makimura Y. Chemistry Letters, 2001(7)

[33] 李瑛，王林山，燃料电池. 北京：冶金工业出版社，2000

[34] Badwal S P S. Ciacchi F T. Milosevic D. Scandia-zirconia electrolytes for intermediate temperature solid oxide fuel cell operation. Solid States Ionics, 2000, (91)

[35] 李英，龚江宏，谢裕生等. Y_2O_3 稳定 ZrO_2 材料的电导活化能. 无机材料学报，2002，17(4)

[36] Fang Q, Zhang J Y. Preparation of $Ce_{1-x}Gd_xO_{2-0.5x}$ thin films by UV assisted sol-gel method. Surface and Coatings Technology, 2002

[37] 吕喆，刘江，黄喜强等. $SrCe_{0.90}Gd_{0.10}O_{3-\delta}$ 固体电解质燃料电池性能研究. 高等学校化学学报，2001，2(4)

[38] 纪媛，刘江等. 甘氨酸－硝酸盐法制备中温 SOFC 电解质及电极材料. 高等学校化学学报，2002，23(7)

[39] 杨晶，连建设，董奇志等. 自蔓延法制备 ZrO_2 － Y_2O_3 纳米粒子的影响因素. 功能材料与器件学报，2003，9(3)

[40] 王正品，张路，要玉宏. 金属功能材料. 北京：化学工业出版社，2004

[41] 大角泰章. 吴永宽译. 金属氢化物的性质与应用. 北京：化学工业出版社，1990

[42] 刘靖，毛宗强，郝东晖等. 定向多壁碳纳米管电化学储氢研究. 高等学校化学学报. 2004，25(2)

[43] 范月英，刘敏，廖彬等. 纳米炭纤维的储氢性能初探. 材料研究学报，1999，13(3)

[44] Chen J, Kuriyama N, Xu Q, et al. Phys Chem B, 2001

[45] 姚康德，成国祥. 智能材料. 北京：化学工业出版社，2002

[46] 姚德康. 智能材料：21 世纪的新材料. 天津：天津大学出版社，1996

[47] 姜德生，RichardO. Claus(美). 智能材料器件结构与应用. 武汉：武汉工业大学出版社，2000

[48] 陶宝祺，熊克. 智能材料结构. 北京：国防工业出版社，1997

[49] 杜善义，冷劲松，王殿富. 智能材料系统与结构. 北京：科学出版社，2001

[50] 杨大智. 智能材料与智能系统. 天津：天津大学出版社，2000

[51] 徐祖耀等. 形状记忆材料. 上海：上海交通大学出版社，2002

[52] 滕枫，侯延冰，印寿根等. 有机电致发光材料及应用. 北京：化学工业出版社，2006

[53] Frederic Chaput, Jean-Pierre Bolot. Low-temperaturerouteto lead magnesium niobate. J. Am. Cerarn. Soc. 1989, 72(8)

[54] Ravidranathan P. Komarneni S, Bhalla A S etal. Synthesisanddi electricproperties of solution sol-gel-derived $0.9Pb(Mg_{1/3}Nb_{2/3})O_3 - 0.1PbTiO_3$ ceramics. J. Am. Ceram. Soc. 1991, 74(12)

[55] 史鸿鑫，王农跃，项斌等. 化学功能材料概论. 北京：化学工业出版社，2006

[56] 朱道本等. 功能材料化学进展. 北京：化学工业出版社，2005

［57］孙争光，李盛彪，朱杰，黄世强. 化工新型材料，2001，29(3)

［58］Eur. Patent 0667382, 1995. 08. 16

［59］Eur. Patent 0576164, 1993. 12. 29

［60］Kzaumune Nakaot, Adhesion, 1994, (46)

［61］Eur. Patent 452034, 1991. 10. 16

［62］陈孔常，田禾等. 北京：中国轻工业出版社，1999

［63］Huriye Icil, Siddik Icil, Cigdem Sayil. Spectroscopy letters, 1998, 31(8)

［64］Yossi Assor, Zeev Burshlein, Salman Rosenuwaks. Applied Oprics, 1998, 37(21)

［65］Kauffman J M, et al. US50411238, 1991

［66］田禾，苏建华，孟凡顺等. 北京：化学工业出版社，2000

［67］宋心远. 新型染整技术. 北京：中国纺织工业出版社，2000

［68］Matsuoka M. Chem. Lett. , 1990

［69］Miaoguchi Akira. JP 194520, 1991, 5

［70］Matsumoto shiro. JP 121 826, 1989, 4

［71］Jianrong Gao, et al. Chinese Chemica Letters, 2002, 13(7)

［72］Brellas J L, Adant C, Tackx P. Chem Rew, 1994, 94

［73］Friend R H, et al. Nature, 1990, 347, 539

［74］Rangel-Rojo R, Kimura K, Matsuda H. et al. Optic Commun. 2003, 228

［75］Junji K, et al. Appl. Phys. Lett. , 1994, 65(17)

［76］Baldo M A, et al. Nature, 1998, 395

［77］Baldo M A, et al. Appl. Phys. Lett. , 2000, 77

［78］牛俊峰等. 化学学报，2002，60(6)

［79］Zhang M, Su Z M, Qiu Y Q, et al. Synthetic Metals, 2003, 137

［80］Shirota Y, et al. Appl. Phys. Lett. , 1994, 65

［81］Zhu W H, et al. Synth. Met. , 1998, 96

［82］(美)K. J. 克莱邦德. 纳米材料化学. 北京：化学工业出版社，2004

［83］耿保友. 新材料科技导论. 浙江：浙江大学出版社，2007

［84］王国建，王德海，邱军等. 功能高分子材料. 上海：华东理工大学出版社，2006，8

［85］Michael Quirk, Julian Serda 半导体制造技术. 北京：电子工业出版社，2004

［86］M. Kira, et al. Nature, 2003, 421

［87］Mitsuo Kira, et al. Science, 2000, 290(5491)

［88］孙家跃，杜海燕. 固体发光材料. 北京：化学工业出版社，2003

［89］倪嘉缵，洪广言. 稀土新材料及新流程进展. 北京：科学出版社，1998

［90］I. K. Battisha, Visible up-conversion photoluminescence from IR diode-pumped $SiO_2 - TiO_2$ nano-composite films heavily doped with $Er^{3+} - Yb^{3+}$ and $Nd^{3+} - Yb^{3+}$. Journal of Non-Crystalline Solids, 2007, 353(18 – 21)

［91］李夏，薛唯，蒋玉蓉等. 光子晶体的制备方法及其应用. 光学技术，2006，32(6)

[92] 朱永政，曹艳玲，李志慧等. SiO₂微球非密堆积 FCC 结构光子晶体的制备与表征. 吉林大学学报，2007，45(1)

[93] 李勃，周济，富鸣等. 陶瓷基光子晶体的研究进展. 硅酸盐学报，2007，35(2)

[94] 潘传鹏，周明，刘立鹏等. 光子晶体的制备及其应用. 激光与光电子学进展，2004，41(12)

[95] 韩喻，谢凯. 三维光子晶体及其制备技术研究进展. 材料导报，2007，21(5)

图书在版编目(CIP)数据

功能材料导论/李廷希,张文丽主编. —长沙:中南大学出版社,
2011.7

ISBN 978 - 7 - 5487 - 0252 - 8

Ⅰ.功... Ⅱ.①李...②张... Ⅲ.功能材料 Ⅳ.TB34

中国版本图书馆 CIP 数据核字(2011)第 076216 号

功能材料导论

李廷希 张文丽 主编

□责任编辑 周兴武
□责任印制 易红卫
□出版发行 中南大学出版社
　　　　　社址:长沙市麓山南路　　邮编:410083
　　　　　发行科电话:0731-88876770　　传真:0731-88710482
□印　装 长沙印通印刷有限公司

□开　本 787×960　1/16 □印张 20.75 □字数 449 千字
□版　次 2011 年 7 月第 1 版　□2014 年 7 月第 2 次印刷
□书　号 ISBN 978 - 7 - 5487 - 0252 - 8
□定　价 42.00 元

图书出现印装问题,请与经销商调换